卓越教师培养系列教材
高等院校心理学公共课教材

发展与教育心理学

主编　连榕

高等教育出版社·北京

内容提要

本书涵盖发展与发展理论、认知发展、智力发展、社会性发展、人格发展、道德发展、学习与学习理论、学习动机、学习策略、学习风格、学习迁移、网络与学习、教师心理等13章内容，覆盖了《教师教育课程标准（试行）》《中小学和幼儿园教师资格考试标准及大纲（试行）》中的儿童青少年发展、认知与学习、教学心理、品德发展与道德教育等心理类知识点与技能点。

本书用二维码关联了大量数字资源，既方便教师教学，也方便学生学习、备考。本书可作为师范类院校公共课、通识课教材，还可供在职中小学教师阅读。

图书在版编目（CIP）数据

发展与教育心理学 / 连榕主编. -- 北京：高等教育出版社，2018.12（2025.6 重印）

ISBN 978-7-04-050658-7

Ⅰ. ①发… Ⅱ. ①连… Ⅲ. ①发展心理学－高等学校－教材 ②教育心理学－高等学校－教材 Ⅳ. ① B844 ② G44

中国版本图书馆 CIP 数据核字（2018）第 221510 号

Fazhan yu Jiaoyu Xinlixue

策划编辑 魏延娜　　责任编辑 陈　容　　封面设计 李小璐　　版式设计 马　云
插图绘制 于　博　　责任校对 李大鹏　　责任印制 高　峰

出版发行	高等教育出版社	网　址	http://www.hep.edu.cn
社　址	北京市西城区德外大街 4 号		http://www.hep.com.cn
邮政编码	100120	网上订购	http://www.hepmall.com.cn
印　刷	北京新华印刷有限公司		http://www.hepmall.com
开　本	787mm×1092mm　1/16		http://www.hepmall.cn
印　张	17.25		
字　数	400 千字	版　次	2018 年 12 月第 1 版
购书热线	010-58581118	印　次	2025 年 6 月第 6 次印刷
咨询电话	400-810-0598	定　价	32.80 元

本书如有缺页、倒页、脱页等质量问题，请到所购图书销售部门联系调换

物 料 号　50658-00

重印说明

为贯彻党中央、国务院关于加强和改进新形势下大中小学教材建设的意见，全面、准确、系统体现习近平新时代中国特色社会主义思想和党的二十大精神内涵，全面贯彻党的教育方针，落实立德树人根本任务，充分发挥教材的铸魂育人功能，服务教育高质量发展和教育强国建设，在本次重印前，主编按照教育部《普通高等学校教材管理办法》中的教材编写要求，以习近平新时代中国特色社会主义思想为指导，对教材内容与知识体系进行了全面梳理和完善，更新了一些内容，力求反映中国特色社会主义实践，反映相关学科教学和科研最新进展。

教材建设是一项战略工程、基础工程、系统工程，要持之以恒，久久为功。本次重印前的一些订正得益于部分热心读者提出的宝贵意见，在此谨表示真诚的谢意。期望广大师生在使用本教材的过程中继续提出宝贵意见，以便我们后续组织修订此教材。

前　言

习近平总书记在党的二十大报告中明确指出，要“加强师德师风建设，培养高素质教师队伍”。“发展与教育心理学”是培养教师的一门重要的教师教育专业课程。如何理解中小学学生的发展？如何理解中小学学生的学习？如何促进中小学学生更好地发展？如何帮助中小学学生更好地学习？等等。这些是每一位准备成为中小学教师的同学需要思考的问题。本书以“发展与学习”为主线，帮助各位同学在获得相关的知识、技能的同时形成教师素养。这对各位未来教师树立“躬耕教坛、强国有我”的志向和抱负，把学生培养成德智体美劳全面发展的社会主义建设者和接班人具有重要的意义。

由于“发展与教育心理学”涵盖的范围非常广，因此从浩瀚的“发展与教育心理学”知识的海洋之中撷取信息形成教材必然是一件审慎之事。我们的目标是编写一本既受同学们喜爱又对同学们有意义的教科书，同学们可以通过它了解到“发展与教育心理学”是一门科学，学到“发展与教育心理学”众多领域中的精华之处，并关注这门科学在教育实践中的应用。最重要的一点是，我们希望通过它能提高身为未来教师的师范生的素养，满足促进教师专业化发展、培养高尚品德的教师教育课程之需。据此，我们编写的这本教材在充分反映近些年发展心理学与教育心理学新进展的同时，根据《教师教育课程标准（试行）》和《中小学和幼儿园教师资格考试标准（试行）》的政策要求，认真研究了教育对象的特点和教材使用主体的需求，体现了我国教师教育改革的时代需求；体现了《教师教育课程标准（试行）》中对中小幼教师的心理学素养以“儿童发展与学习”为核心的要求；体现了《中小学和幼儿园教师资格考试标准（试行）》中对考生心理学知识以“发展与学习”为主的要求。

为了更好地传达教师教育的“发展与教育心理学”理念，本书用十三章将发展心理和教育心理有机地联系起来。在发展心理部分，我们主要介绍有关发展与发展理论、认知发展、智力和创造力发展、社会性发展、人格发展和道德发展的相关内容和应用性研究成果。在教育心理部分，我们主要介绍有关学习与学习理论、学习动机、学习策略、学习风格、学习迁移、网络与学习、教师心理等相关内容和应用性研究成果。这些内容使同学们了解中小学生心理发展的特点和规律，在此基础上进一步了解教育教学情境中的学与教的心理学原理，在“发展与教育心理学”科学指导下掌握现代教育科学的知识与能力。在每一章的结构安排上，包括学习目标、知识导图、案例导入、正文、本章小结、实践·反思·探究、推荐阅读等部分，同时，每一章都附上了二维码学习材料，以丰富学习内容，拓宽学习视野。

参加本书编写的作者均为福建师范大学心理学院教师，分别为：陈幼贞（第一章）、高华（第二章）、王东宇（第三章）、刘建榕（第四章）、游艳华（第五章）、陈黎静（第六章）、连榕（第七章）、罗丽芳（第八章）、张锦坤（第九章）、许艳凤（第十章）、孟迎芳（第十一章）、连榕（第十二章）、陈坚（第十三章）。本书由连榕负责拟订编写大纲，初审工作由张锦坤、刘建榕完成，终审工作由连榕完成。

本书在编写过程中参阅和引用了国内外大量的有关文献，在此对所有的引用者致以深深的谢意！在本书的编写过程中，我们得到了高等教育出版社的大力支持，得到了本书编辑所提供的大量的宝贵意见；此外，我们还得到多方热情的鼓励和具体的帮助，在此不再一一述举，就在本书完稿付梓之际，一并表示衷心的感谢！

在学习领会习近平总书记的重要指示精神，以大力弘扬教育家精神推进职业教育教师队伍建设的今天，我们期待本书能够提升未来教师的专业素养，满足教师教育专业课程建设的需求。本书不仅可以作为高等师范院校教师教育专业课程的教材，也可以作为各级各类中小学教师培训的教材。最后，我们希望读者喜欢本书，并敬请广大读者批评斧正本书的疏漏偏差之处，也恳请专家学者提出宝贵意见，我们在此深表感谢！

编者

2018 年 10 月

（2024 年修改）

目　录

第一章　发展与发展理论

【学习目标】

- 了解青少年在青春期身体和外表的变化。
- 了解神经系统的“过度生长—修剪”理论。
- 了解大脑不同分区的功能和成熟时间。
- 掌握心理发展的含义及其特点。
- 掌握关于心理发展的实质的几种不同看法。
- 掌握毕生发展观与传统心理发展理论之间的区别。
- 理解各大心理学流派对心理发展理论的不同阐述，并尝试进行评论。

【知识导图】

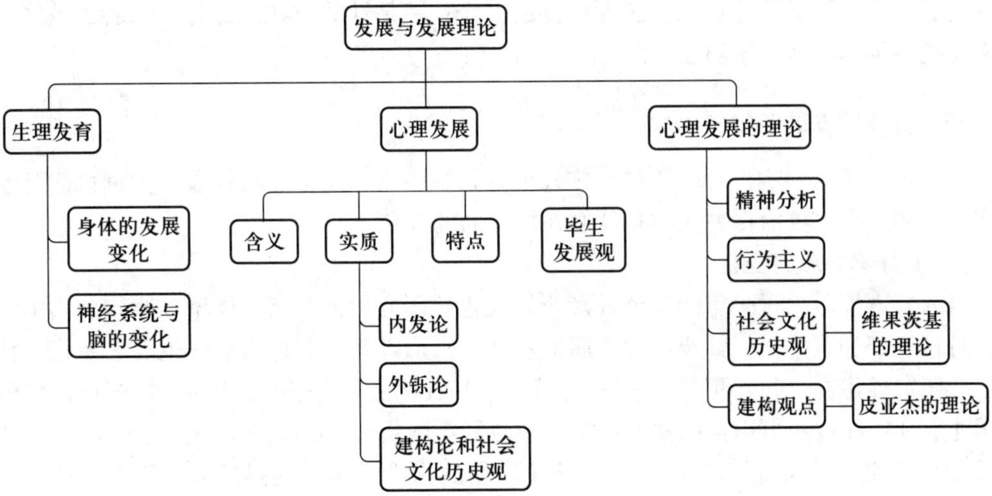

林健今年 14 岁，读初二，在两三个月的时间里，他感觉自己长高了很多，像个大人了，周围的人也都说："几个月不见，林健快跟你爸一样高了。"这让他感到欣喜，但同时也有一些烦恼。他的声音变得粗哑，长出了胡须和体毛。而且，他感觉自己的情绪像坐过山车一样无法控制，有时候会莫名其妙地沉入谷底，有时候又无比亢奋，而且很容易冲动。林健的身体和心理为什么会出现这些变化呢?

发展心理学研究表明，个体一般在 12—13 岁进入青春期。我们把十二三岁至十七八岁的这个时期称为青少年期（adolescence）。这个时期的个体在生理和心理上会经历暴风骤雨般的剧变：一方面，青少年的身体外形和神经系统发育已接近成人，另一方面，青少年的心理发育尚未成熟，缺乏社会经验。因此，这一时期就伴随着种种困扰和问题：生理的迅速发育对青少年的心理发展产生了什么影响？生理成熟和学习哪一个更重要，它们是如何促进心理发展，让一个个青涩的青少年成为稳重可靠的成年人的？本章通过生理发育、心理发展和心理发展理论三个方面的学习来解答这些问题。

第一节　生理发育

个体从出生到成熟，生理发育的速度是不均衡的，有两个阶段处于生长发育的高峰期，一次是在出生后的第一年，另一次就是在青少年期。女生从十一二岁开始，男生从十三四岁开始，他们的身高、体重、胸围、头围、肩宽、骨盆等都加速增长；神经系统、肌肉力量、肺活量、血压、脉搏等均开始接近成人。在身体素质方面，如速度、耐力、感受性、灵活性、平衡感等均有加强；在内分泌方面，各种激素的分泌也发生变化。生殖器官及性功能逐渐发育成熟，第二性征开始出现。青少年身体上的变化归纳起来主要有三类：一是身体外形的变化；二是脏器机能的健全；三是性的成熟。此外，与心理发展关系最密切的是脑与神经系统的变化。

一、身体的发展变化

由于内分泌的影响，青少年的身体外形开始摆脱童年期青涩的样貌，生理机能开始接近成年人的水准，更值得关注的是他们在性方面的成熟。

（一）身体外形的变化

进入青春期后，青少年的身体外形开始发生急剧变化，身高、体重、胸围、头围、肩宽、骨盆等都加速增长，骨架粗大，肌肉壮实，外形以及外部行为动作也随之变化。特别是，个子突然窜高，每年可长 6—8cm，多则 10—11cm；体重迅速增加。据统计，我国城市男生在 13—15 岁期间体重增加最快，平均每年增长 5.5kg；城市女生在 11—14 岁期间体重增加最快，平均每年增长 4.4kg。这个阶段的男生，体格变得高大，肌肉发达，体表常有多而密的汗毛，长胡须，喉结突出，嗓音低沉；而女生则开始变得骨盆宽大，乳腺发达，嗓音细润，由于皮下脂肪多而显得体态丰满。

在青春期，一般是女生发育较早，而男生在两年之后奋起直追直到超过女生。不仅在两性间有差异，不同的个体在身体外形的发育上也有快有慢。由于身体发育较早的青少年"看上去更像成人"，身体发育较迟的青少年"看上去更像儿童"，因此他们经常被区别对待，这让他们形成了不同的自我概念。早熟的男孩一般有较积极的自我评价，这可能是因为他们的身体更为强壮，在体育运动中更为得心应手，让人感觉更可靠、能力强，因此他们更容易受女孩和成人的欢迎，常常被选为领导者。但早熟也有不利的一面：社会对他们寄予了更高的期望，这些青少年往往要承受超出他们自身能力的压力。而晚熟的男孩虽然能够更安然地享受童年的欢乐，但当他们要表现自己时却常常因为外表而受人轻视。晚熟的女孩往往不会像早熟的女孩那样，较早地陷入亲子冲突之中，成人对她们可能会更宽容，但她们也常常由于自己经常受到忽视而苦恼，甚至会嫉妒已经发育成熟的同龄伙伴。

（二）脏器机能的健全

进入青春期后，人体的心血管系统出现了第二次生长加速，在 10 岁时，个体的心脏重量是出生时的 6 倍，从青春期开始则增长到 12—14 倍。同时，心脏密度也在青春期成倍增加，心室壁的肌肉增厚，心肌纤维更富有弹性，这促进了心脏压缩机能的增强。青少年在十一二岁时，脉搏从新生儿的 140 次 /min 降到 80 次 /min；血压达到 90—110 / 60—75mmHg，接近成人的血压指标。研究表明，心血管系统的生理发育存在性别差异。一般情况下，女生的发育比男生要早一两年，但女生在心脏的体积、重量、每搏输出量等方面均比男生低，而心率则比男生快。

肺的结构在 7 岁时就已经发育完成，在 12 岁时，肺的重量达到出生时的 9 倍。男生到十七八岁，女生到十六七岁时，肺活量就可以达到或接近成年人的标准。

随着心肺功能的完善和肌肉力量的不断增长，青少年日益体会到身体中所蕴藏的巨大力量，这使得他们产生“成人感”，渴望别人像对待成人一样对待自己。

（三）性的成熟

当身体开始迅速发育时，神经突触的修剪导致下丘脑对脑垂体发出启动信号，在脑垂体接收到信号以后，增加了促性腺激素的分泌，就好像裁判扣动了发令枪的扳机，体内激素的分泌就开始迅速增加——男性体内释放更多的雄性激素，女性则释放更多的雌性激素。激素含量的增加引发了第一性征（睾丸或卵巢）以及第二性征（如乳房、阴毛、胡须、喉结等）的发育。

实际上在人出生前就已经基本具备了第一性征，但第一性征在青春期前仍然处于不成熟状态，青春期时性激素的分泌让它加速成长；外生殖器的外形开始发生变化，阴茎变长，阴道深度增加。第二性征在性激素的作用下出现，雄性激素能促进体内蛋白质的合成，使人体各个系统向雄性化的方向发展，如可以促进骨骼发育，表现出骨骼粗壮；促进肌蛋白合成，使肌肉发达有力；促使男子头发稠密，胡须、腋毛、阴毛生长发育旺盛，促使汗腺和皮脂腺发育，分泌物增多，喉结突起，声带增宽，声音变粗钝等。雌性激素的分泌可以促使阴毛和腋毛生长；促使脂肪开始沉积在皮下，使女子看上去体态丰满圆润、皮肤细腻，使乳房发育，骨盆逐渐变宽，臀部变大，有利于日后的生育。雌性激素也使声带增长变窄，声音变得尖细。

青春期的男生、女生常常为第二性征的出现而烦恼，男生要对付讨厌的体臭和青春痘，以及越来越多的腋毛；女生则发现自己突然开始长胖，而且要忍受麻烦的胸罩。这个时期正是他们最在意外貌的时候。女生在 12—14 岁时，会出现月经初潮，刚开始的月经周期并不规律，这给她们造成了不小的困扰。男生则在十五六岁开始出现遗精。第二性征的出现在近几年有前移的趋势，女生的初潮年龄和男生的遗精年龄都有所提前，而随着国内青春期教育的逐渐普及，如今，许多男生、女生能安然面对这一变化，但仍有少部分青少年会感到恐惧和害怕。另外，性的成熟也导致了他们对异性产生微妙的感情。

二、神经系统与脑的变化

脑的发育是心理发展的物质基础，新生儿的脑重是390g左右，3岁儿童的脑重约1000g，10岁时脑重达到1300g左右，相当于成人脑重的95%，12岁时则达到1400g，和成人脑重相当。在青春期，不仅神经纤维的髓鞘化过程基本完成，而且大脑皮质的沟回增多，机能日趋完善。传统观点认为，在12岁时，大脑已经是一件“成品”了，因此12岁前是诸多能力培养的关键时期，早年的学习将影响个体毕生的成就。这种观念让学龄前儿童和小学生的父母非常紧张，他们害怕错过大脑发育的黄金阶段，因此给子女的日程表上排满了各种学习和培训。然而，认知神经科学的研究表明，青少年的脑不仅远没有发育成熟，而且他们大脑中的灰质和白质都在经历着巨大的结构变化，而这种变化将持续到25岁或更晚。

（一）神经元、树突及突触的大量增长

大脑由两种基本细胞构成——神经元和神经胶质细胞，神经胶质细胞占了脑细胞的90%，它的作用是连接和支持各种神经成分、分配营养物质，而其余10%的脑细胞是神经元，它们以极快速度在脑内传递各种信息，是我们所有感知、思维、记忆的基础。

神经元由胞体、树突和轴突组成，树突是神经元接受信息的部位，它像分岔的树枝一样从细胞体上发出，与其他神经元的轴突接近，形成突触。每当我们产生一种新的体验，接受一种新的信息时，就会形成一个新的联结（见图1–1）。

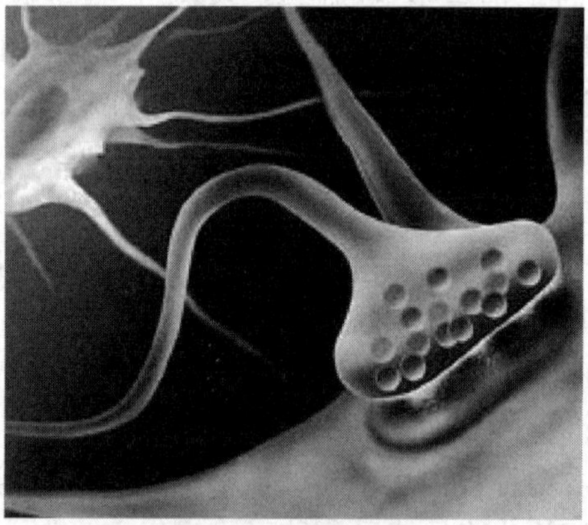

图1–1　突触所形成的神经联结

在12岁以前，人脑的早期发育基本是神经元的大量增长占上风，每一个神经元的树突大量生长，与其他神经元的轴突形成大量的突触，增长的速度可以用“疯狂”来形容：在6—12岁青少年的大脑内，每分钟突触的形成可以多达25万个。

大脑灰质的密度在女孩11岁和男孩12岁半的时候达到顶峰。

（二）神经元的修剪

神经元的修剪（pruning）与大量增长是一个并行的过程，实际上，修剪从出生后就开始了，在神经元大量增长后，相当一部分神经元就会死亡，同样，大量突触形成后，绝大

多数也都会消退，修剪的原则就是“用进废退”。

在12岁后，灰质的密度达到最高，这时候修剪的过程逐渐占据上风，灰质会以每年0.7%的速度逐渐减少，并且变得稀薄，直到20多岁。这种对神经元的修剪是有选择性的，在过剩的神经元和突触形成后，经常被使用的神经元和突触被保存下来，而极少被使用的神经元和突触就渐渐被淘汰。神经元的大量增长、突触的广泛形成使青少年在任何一个领域都有潜力和发展的机会，但只有他热衷参与的活动所形成的联结才会被保留下来并发展良好，而这个时期没有被用到的联结就会永远被淘汰。举例来说，一个爱读书却不爱运动的少年也许会抱怨自己“没有运动神经”，但实际上是因他较少参与体育活动，某些关于运动技能的神经联结就渐渐消失了。不过他却可能会成为一位杰出的学者，因为他在青春期花了大量时间去阅读，形成的大量有效的神经联结会让他受益终身。

（三）神经纤维的髓鞘化

在青春期，随着神经元和突触的大量增长和修剪，神经纤维的髓鞘化也渐渐完成。髓鞘是一种包裹在神经纤维外面的髓磷质，像是包裹在裸露金属导线外的绝缘层。除了绝缘的功能外，髓鞘覆盖在神经元的轴突表面，使得信息能够实现跳跃性传递。髓鞘化的程度越高，信息在神经元之间传递的速度就越快。同时髓鞘也能在一些轴突受损的情况下，引导轴突的再生。

大脑中不同的神经类型髓鞘化完成的时间不尽相同。主管运动和感觉的部位会提早髓鞘化，专司高级思考的部位其髓鞘化则较迟，脑神经在婴儿出生后3个月内可完成；听觉和视觉系统的神经纤维髓鞘化要到4岁以后；10岁左右，枕叶和颞叶的神经元基本完成髓鞘化；11—17岁完成大脑联络皮质的髓鞘化，而大脑前额叶新皮质的神经元要在18—26岁才完成髓鞘化。髓鞘化的完成标志着神经元的发育成熟，意味着大脑内部的“信息高速公路”修建完成，青少年可以流畅地运用数理逻辑进行计算，熟练地运用各种比喻、象征和类比等修辞手法来展示他们的幽默，此后，他们的认知能力发展迅速。

（四）大脑各部分的发育完善

青少年的大脑处于成熟与不成熟之间，一方面，与儿童相比，他们的脑结构和功能都出现了巨大的变化，另一方面，与成年人比起来，他们的大脑仍然不能成熟稳重地处理各类问题。大脑不同的部分，成熟的速度不同，负责感知觉的脑区最早成熟，而负责高级认知和控制情绪的脑区则较晚成熟，这就是青少年总有一些令成人无法理解的情绪化的怪异举动的原因。

顶叶位于大脑的最上部，是两个半球的背部，它是最先完成髓鞘化和修剪的脑区（大概在12岁左右），顶叶前部的功能是接受各种不同的感觉信息，如疼痛、寒冷和压力；顶叶后部负责逻辑和空间知觉，和运动有密切的关系。顶叶在成熟中不断形成并修剪神经突触，使大脑对手指、四肢的运动控制更加精细化。青少年在乐器演奏、绘画和运动上的表现会有突飞猛进的变化，这种变化往往会让成人感到惊讶。

枕叶位于脑的后部，主管视觉。视觉信息从眼睛到达视觉中枢，可以分析事物的位置、模样和运动状态。枕叶的视觉功能要到12岁以后才基本发育成熟。男生在刚刚开始打篮球的时候，总是无法看准球的落点而抢不到篮板球，一般在12岁之后，他们会迅速成为这方面的高手。

颞叶位于额叶的下方，耳朵的正上方。16岁前，颞叶还处于生长阶段，16岁后，颞叶才开始修剪和髓鞘化过程。虽然颞叶发育得较晚，但一旦开始，它的发育速度是所有脑区中最快的。[①]颞叶主要负责加工听觉刺激和语言信息，著名的威尔尼克区（听觉性语言中枢）就位于颞叶，它和前额叶的布洛卡区（运动性语言中枢）协同工作，让我们能听懂并运用语言。越复杂的言语任务就越依赖左右半脑和脑区之间的联系，在16岁以前，青少年的颞叶还没有发育完善，他们也许还不能理解一些词语的特殊含义，也经常在需要辩解的时候词不达意。

额叶位于脑的前部，是大脑皮质最大的区域，它最后才发育完善，功能也最复杂，主要负责说话、写作、计算、音乐等认知加工过程，还具备分析、应用、评估的功能，它和学习的关系最为密切。青少年的额叶不断发育成熟，开始具备抽象思维能力，他们可以阅读复杂艰深的文本，对难题进行分析并推理，找出解决方案。另外，前额叶也控制着我们的情绪：右前额叶与消极情绪有关，左前额叶与积极情绪有关，只有它们协同工作，我们的情绪才能维持平衡。在青少年的前额叶没有发育成熟前，他们更依赖杏仁核来处理与情绪有关的信息，因此倾向于用非理性的反应来应对情绪性刺激，从而容易表现出各种情绪化的行为。[②]

小脑位于脑的后下部，它包含的神经元比其他脑区多，它负责人的运动协调，与平衡、调节身体姿态等有关。小脑到了成年早期才发育成熟。在青少年刚开始长个子的时候，其运动神经的发育往往跟不上身体的发育，因此经常摔坏东西，弄伤自己。此外，认知神经科学家还发现，小脑也参与思维加工和决策过程，这使我们的思维更加流畅。我们处理的任务越复杂，小脑就越深入地参与问题解决的过程。

杏仁核是一个跨越大脑两侧的杏仁形结构，长2.5cm，它和我们的“本能”有关。与大脑皮质相比，它决定的是较低级的反应。成年人的额叶已经发育完善，因此，他们更多依靠前额叶来决定他们的行为，较少用到杏仁核。但是青少年的额叶对杏仁核的控制还未成熟，他们依赖杏仁核来解读情绪，并做出冲动的回应，因此常常会误解别人的态度，并且表现出比成年人更激烈的反应。因此，青春期也是一个“危险的”时期，一些青少年在激烈的情绪支配下，会忘记自己已经身处触犯法律的边缘。

第二节 心理发展

青少年的身体在迅速成长发育的同时，他们的心理也在经历着巨大的发展变化。那么，什么是心理发展？它的实质是什么？心理发展有什么特点？心理发展只在青春期进行吗？何谓毕生发展观？我们又该如何看待毕生发展？

一、心理发展及其特点

（一）心理发展的含义

成熟（maturity）和发展（development）在心理学中有着不同的内涵：成熟指的是由于成长过程而非学习、伤病或者其他生活经历导致的身体或者行为上的变化；发展则

① THOMPSON P M, GIEDD J N, WOODS R P, et al. Growth patterns in the developing brain detected by using continuum mechanical tensor maps[J]. Nature, 2000, 404(6774): 190-193.

② BAIRD A A, GRUBER S A, FEINDA, et al. Functional magnetic resonance imaging of facial affect recognition in children and adolescents[J]. Journal of the American academy of child and adolescent psychiatry, 1999, 38(2): 195-199.

是指个体从受精卵到死亡整个过程中系统的、连续性的变化。用“系统的”来描述“变化”，意思是这些变化是有序的、模式化的、相对持久的，而一些短暂的变化，比如一时的情绪激动、暂时的思想摇摆，并不包括在内。除了发展的系统性，心理学家还对发展的连续性感兴趣，我们不可能一觉睡醒就变成另外一个人，发展的连续性就是指个体自身保持的跨时间的稳定性。发展在多数情况下指的是成长，但也包括衰退（如记忆衰退、死亡等）。

人类个体的心理发展，是一个随着年龄增长，在相应环境的作用下，反应活动不断得以改进，日趋完善、复杂化的过程，大致体现为：反应活动从混沌未分化向分化、专门化演变；反应活动从不随意、被动向随意、主动演变；从认识客体的外部现象向认识事物的内部本质演变；对周围事物的态度从不稳定向稳定演变。这一系列的变化使人类个体对环境更有适应性，能够表现出更有组织、更高效和更为复杂的行为。这一过程在青春期最为典型。

（二）心理发展的实质

如同物理学史上关于“光的本质是波还是微粒”的争论一样，心理学史上关于“成熟”“发展”“学习”也有一个著名的大论战，即所谓“天性和教养之争”。在20世纪心理学蓬勃发展的数十年之中，争论的双方各执一端，互不相让，都试图从自己一方的观点去说明心理发展的实质是什么。在这场论战中，主要有以下三种观点。

1. 个体心理发展的内发论

内发论认为，人类个体的心理发展完全是由个体内部所固有的自然因素预先决定的，心理发展的实质是这种自然因素按其内在的目的或方向而展现的。外部条件只能影响其内在的固有发展节律，而不能改变节律。内发论观点又称自然成熟论、预成论、生物遗传决定论等。

这种观点以美国心理学家霍尔（G. S. Hall）、奥地利心理学家彪勒（K. Bühler）为代表。霍尔以一句“一两的遗传胜过一吨的教育”的论断闻名于世。他们将个体的心理发展过程视为复演物种进化的过程，认为心理发展是按预先形成了的生物学形式，即按遗传程序进行的。比如，霍尔认为胎儿的发展复演了动物进化的过程，而出生后的个体的心理发展则复演了人类进化的过程。以弗洛伊德（S. Freud）为代表的精神分析学派认为，存在于个体的潜意识中的性本能是人的心理发展的基本动力，是决定个人发展的永恒力量。以马斯洛（A. Maslow）为代表的人本主义心理学家则认为，人的心理发展是人固有潜能的自我实现的结果。人不是被塑造或教育成人的，环境的作用最终只是容许或帮助他，使他自己的潜能现实化。环境、文化等外界因素只是阳光、食物和水，但不是种子。

【微课】内发论

2. 个体心理发展的外铄论

与内发论持完全相反立场的外铄论认为，人类个体的心理发展完全取决于个体生存发展的外在环境，个体心理发展的实质是环境影响的结果，环境影响决定个体心理发展的水平与形式。这种观点又称为环境决定论、外塑论或经验论等。

行为主义学派理所当然地成了心理发展外铄论的典型代表，华生（J. B. Watson）有一段充满自信的经典论断：给我一打健康和天资完善的婴儿，并在我自己设置的特定环境中教育他们，那我愿意担保，任意挑选一个婴儿，不管他的才能、嗜好、定向、能力、天资和他祖先的种族，都可以把他训练成我所选定的任何一种角色：医生、律师、艺术家、商界首领乃至乞丐和盗贼。华生从根本上否认了“本能”的作用，认为环境与教育是心理发展的唯一条件，教育是万能的。斯金纳（B. Skinner）继承了华生的环境决定论观点，认为人的行为乃至复杂的人格都可以通过外在的强化或惩罚手段来加以塑造、改变、控制或矫正。

3. 个体心理发展的建构论

建构论既反对心理发展的内发论，又反对外铄论。建构论以瑞士心理学家皮亚杰（J. Piaget）为代表，认为个体心理的发展是在主客体及内外因相互作用的基础上，通过主体不断建构心理结构，从而产生心理的量变和质变而实现的。他在《发生认识论原理》一书中指出：认知的结构既不是在客体中预先形成了的，因为这些客体总是被同化到那些超越于客体之上的逻辑数学框架中去；又不是在必须不断地进行重新组织的主体中预先形成了的。在他看来，心理发展既不是起源于先天的成熟，也不是起源于后天的经验，而是起源于个体与环境不断的相互作用中的一种心理建构过程。

4. 个体心理发展的社会文化历史观

社会文化历史学派在发展心理学历史上独树一帜，不仅在苏联受到重视，而且被西方心理学界推崇。社会文化历史观也是既反对内发论，又反对外铄论。社会文化历史学派由苏联心理学家维果茨基（L. S. Vygotsky）首先提出，后经列昂节夫（A. N. Leontiev）和鲁利亚（A. R. Luria）等人进一步完善。

维果茨基认为，应区分两种心理机能：一是作为动物进化结果的低级心理机能，这是个体早期以直接的方式与外界相互作用时表现出来的特征；二是作为文化历史发展结果的高级心理机能，这是以符号、语言等间接方式与外界相互作用时表现出来的特征。低级心理机能和高级心理机能是两条完全不同的发展路线的产物，前者是种系发展的路线，后者是文化历史发展的路线。虽然两种机能在个体心理发展过程中是融合在一起的，但在人类个体心理发展过程中，高级心理机能的发展是其本质标志，也是不同于动物的根本所在。个体心理的发展是在教育和环境的影响下，在低级心理机能的基础上，逐渐向高级心理机能的转化过程。具体来说，就是在特定的社会文化历史条件下，个体借助语言符号而进行人与人之间的相互交往、相互作用，致使其心理活动逐渐由外部向内部转化，心理机能逐渐由低级向高级发展。

【微课】
社会文化
历史观

总结以上争论，我们认为，天性和教养的两分法是不恰当的。人类个体的心理发展同时受到来自个体遗传和外界环境的影响，单纯地肯定其中一个方面而否定另一个方面都曲解了心理发展的实质。在大多数情况下，遗传和环境的作用总是紧密联系，我们很难把它们分开。比如，男生的运动能力比女生强一些，女生的人际交往能力比男生强一些。当一部分人打算以遗传和天性来解释这一情况时，另一部分人便会发现，用性别角色的社会化同样也可以解释：社会鼓励男生多参加运动，鼓励女生多去接触他人，他们在这些领域的活动经验影响了大脑神经元的修剪，产生了更多的联结。对于这种差异，我们很难说清楚多少是遗传在起作用，多少是环境在起作用。基因的力量需要在一定的环境中通过行为表现出来，而环境总是在遗传的基础上发挥作用，没有两者的交互作用也就没有发展可言。

（三）心理发展的特点

1. 连续性和阶段性

长期以来，发展心理学家对人类心理发展是连续性的还是阶段性的争论从未休止。强调发展是由外部环境所决定的心理学家，如行为主义学派认为发展只有量的积累而不存在什么阶段；强调发展由内部成熟或者遗传决定的心理学家，如皮亚杰和科尔伯格，则持不同观点，认为在认知、道德、性别认同等方面，个体会表现出质上明显不同的发展阶段。虽然双方各自有研究支持他们的不同观点，但是今天更多的心理学家认为，心理发展既体现出量的积累，又表现出质的飞跃，特定领域的发展会出现明显的阶段性，但是作为发展阶段的标志性转变是量的不断积累，它们为儿童发展的阶段性飞跃做准备（见图 1–2）。

图 1–2 发展的连续性和阶段性

2. 方向性和可塑性

正常情况下，心理发展遵循一般规律，具有一定的方向性和先后顺序，既不能逾越也不能逆向发展。比如，个体动作的发展就遵循“头—尾律”“近—远律”和“大—小律”，即自上而下、由躯体中心向外围、从大肌肉动作到精细动作的发展。虽然发展似乎被描述成一个被规律支配的持续累积的过程，但是心理学家也发现，在个体生活的重大方面发生改变的时候，发展的过程也会产生突变。例如，一个婴儿的家庭发生变故，婴儿从温暖而充满爱意的父母怀抱中被送入孤儿院，此时，社会性刺激减少，婴儿就会变得很孤独，与外界的交互行为减少，甚至在旁人看来，他的动作减少，发展反而“退化”了。但发展具有可塑性也可以是一件幸事，因为这同时意味着一位有不良开端的儿童可以在他人帮助下获得良好的发展。

3. 常态发展和个别差异

有些人会误以为心理学家只关心个体所经历的一般发展轨迹，即关心人类发展的共性和一般规律，但事实上，很多领域的研究也围绕着发展的个别差异展开。每个人的发展优势、发展速度、发展高度往往是千差万别的，表现如此多样以至难以准确地去描述。比如，有人长于观察，有人长于计算；有人早慧，有人大器晚成；有人很早就停滞不前，有人却毕生都在不断挑战新的发展可能。虽然在婴儿时期，个体之间就已经表现出明显的差异，但是早期的发展更多还是受到可预测的种系发展蓝图的引导。比如，大多数婴儿在出生后前 10 个月的动作发展都会经历相似的顺序，1 岁左右迈出第一步，说出第一个有意义的词。随着年龄增长，个体之间的差异会越来越大。许多家长都会烦恼自己的孩子和别的孩子有如此显著的不同，以至于他们无法用一般通行的教育方法来教育孩子。

4. 发展的关键期

一般家长会认为，孩子的发展有一些“关键时期”，一旦错过就失去了领先的机会（如表 1-1 所示）。他们的观点并非全无科学根据。心理学家所言的“关键期”（critical period）是指，人的某些行为与能力的发展有一定的特殊时期，如果在此时给予良性刺激，会促使其行为与能力得到更好的发展，反之则会阻碍发展甚至导致行为与能力的缺失。“狼孩”卡玛拉从小就离开人类社会，在狼群中生活了 8 年，后来虽然被救回并经过教育与训练，但到 17 岁时她的智力仅仅只有 3 岁儿童的水平，只能学会 50 个词，进行简单的沟通。不少人依此认为，一旦错过关键期，即使后面如何竭力去弥补也无济于事。但也有研究者认为，关键期的缺失对人类发展所造成的负面影响，只有在极端的情况下才难以弥补，对人类大部分心理功能而言，也许用“敏感期”（sensitive period）这样的概念更为合适。敏感期是指一个系统在迅速形成与发展的时期，此时，对外界的刺激特别敏感。每一种心理功能产生和发展的敏感期不同。敏感期更强调的是在这个特殊时期以后，某种心理功能产生和发展的可能性依然存在，只是相对而言可能性比较小，形成和发展这种心理功能比较困难而已。

表 1-1 一些心理发展的关键期列举

关键期	心理发展的内容
0—4 岁	形象视觉发展
1—3 岁	口语学习
4—5 岁	书面语言学习
5 岁以前	音乐学习
5 岁左右	掌握“数”的概念
10 岁以前	外语学习

5. 受历史和文化背景影响

人的发展不同于动物的发展，人总是处于一定的历史和文化背景中。在不同的社会文化、社会阶层和种族群体中，发展会呈现出不同的形态。从历史上来看，我们会发现 18 世纪以前中国科举制度下的人的发展形态和当今多元价值下人的发展形态有极大的差异。从跨文化的研究结果来看，中国家庭更重视家长权威，教育强调集体目标而不是个人目标，抑制自我奖赏；美国家长则和孩子平起平坐，鼓励发展交往技能和自我表达，鼓励孩子去追求个人的成功。无论是教师还是其他成人，在给予评价的时候必须慎重，应避免教条和种族主义的束缚，不存在对每一个个体都最佳的某一种价值观、儿童教养方式和发展模式。因为在特定的历史文化背景之下，某种教养方式会比其他教养方式让孩子更好地适应外部环境，充分展现他们的潜力。

二、生命的毕生发展观

（一）毕生发展观的提出

在心理学发展的相当长的一段时间里，尤其是随着第二次世界大战后大量婴儿的出生，发展心理学的研究重点是从儿童到青少年，人们称发展心理学为“儿童发展心理学”。但是近三四十年以来，受系统科学方法论的影响，以及现代社会逐步向老龄化过渡的社会现实，加之发展心理学本身研究范围的拓展，发展心理学界已经以个体生命的全过程为其研究对象，研究者对个体从胎儿期直到衰老、死亡的发展历程进行了深入的研究。毕生心理发展的研究渐渐成为主流趋势。

毕生发展心理学是研究从妊娠到死亡的整个生命过程中行为的成长、稳定和变化规律的科学。其核心假设是个体心理和行为的发展并没有到成年期就结束了，而是扩展到整个生命过程，它是动态、多维度、多功能和非线性的，心理结构与功能在一生中都有获得、保持、转换和衰退的过程，发展存在很大的个体可塑性。德国柏林的 Max-Plank 人类发展研究所是目前毕生发展领域的研究中心，该研究所的巴尔特斯（P. Baltes）教授是毕生发展心理学研究领域内的代表人物。他曾说出豪言，要用毕生发展观统一整个发展心理学——事实上，他本人及其同事们提出的观点和研究成果在该领域已经形成了很重要的影响。

（二）毕生发展观的主要观点

1．个体发展贯穿一生

人的一生都处在不断的发展变化中，从生命的孕育到生命的晚期，其中的任何一个时期都可能存在发展的起点和终点。

传统心理发展观主张，心理发展从生命之初开始，儿童和青少年是发展的主要年龄阶段，成年期到达顶点并处于稳定状态，到了老年阶段，心理衰退则成为其主要特征。正如弥尔顿在《失乐园》中所言：童年昭示成年，正如早晨昭示一天。传统的心理发展观强调早期经验对以后发展的重要性，认为后继的发展为先前经验所决定。毕生发展观则主张，心理发展不仅取决于早期经验，而且也与当时特定的社会背景等因素有关，因此，一生发展中任何阶段的经验对发展均有重要的意义，没有哪一个年龄阶段对于发展的本质来说是特别重要的。

2．个体的发展是多方面、多层次的

心理和行为发展的各个方面，甚至同一方面的不同成分和特性，其发展的进程与速率是不相同的，发展的路线、模式、机制和结果都不是单一的。

传统心理发展观认为，心理发展在成年期到达顶点，到老年期逐渐衰退，这似乎与我们的经验相矛盾：虽然在部分西方国家，曾一度将老年人视为累赘，但在多数时候，老年人都是智慧和权威的化身，其社会地位和作用都高过年轻人。巴尔特斯将智力分成认知机械（mechanics of cognition）和认知实用（pragmatics of cognition）两种成分，认知机械反映了认知的神经生理结构特性，它随生物进化和成熟而发展，在中年以后有下降的趋势；认知实用主要与知识体系的获得和文化的作用密切相关，在操作上，它多以言语知识、专业特长等为指标，其中，以才智（wisdom）为典型指标，即使在成年之后仍可以保持增长的趋势。

3．个体的发展是由多种因素共同决定的

毕生发展心理学认为，年龄只是对人的心理变化产生影响的一种因素，以年龄为依据的发展框架是不合适的。主要有三类影响因素决定个体的发展。

（1）年龄阶段的影响。主要指生物性上的成熟和与年龄有关的社会文化事件，包括受教育的年龄（如6岁入学、18岁高考等），职业事件（如退休）等。

（2）历史阶段的影响。主要指与历史时期有关的生物和环境因素，如战争、经济状况等。

（3）非规范事件的影响。主要指对某些特定个体发生作用的生物与环境因素，包括疾病、离异、职业变化等。

有关研究表明，一年内，个体的生活事件应激值（LCU）若超过200，则有50%患病概率；若应激值超过300，则患病概率接近100%；应激值低于30时，保持身心健康的概率大大高于平均水平。同时，过去一年内的生活事件应激值对抑郁症状有显著的预测作用。也就是说，无论这些生活事件发生在人生的哪一个年龄阶段，都会对人的心理产生影响。表1–2列出了一些常见的生活事件的应激值。

表1–2 常见的生活事件应激值

排序	生活事件	应激值（LCU）
1	配偶死亡	100
2	离异	73
5	亲人死亡	63
6	个人不适与身体疾病	53
8	被解雇	47
10	退休	45
11	家庭成员中有人生病	44
15	工作改变	39
16	经济状况的改变	38
17	好友死亡	37
27	升学或辍学	26

（三）毕生发展观的进展及发展趋势

1．毕生发展的总体框架——生物和文化共同进化的结构

从进化论和个体发展观（ontogenetic perspectives）角度，巴尔特斯等人提出了一个个体毕生发展的总体框架——生物和文化共同进化的结构（joint biological and cultural coevolution architecture)。该结构强调人的行为是“生物—基因”和“社会—文化”的过程与条件共同建构的结果，包含三个原理。

（1）进化选择的优势随年龄增长而衰退。巴尔特斯认为，这主要源于生殖适宜性(reproducitive fitness)。对于人类而言，进化选择的压力主要在前半生，这样可以保证生殖适宜性和有效的养育行为。因此，相对于年轻人而言，老年人的基因组中包含了大量不利的和机能失调的基因，老年人更易得病且生物潜能不断损失。

（2）对文化的需求随年龄增长而增加。在这里，文化是指人类在几千年里所创造的并经过代际传递下来的心理的、社会的、物质的和符号的（以知识为基础的）资源总和。这些资源包括认知技能、动机倾向、社会化策略、读写的能力、文献、物理建筑、世界经济和医疗技术，等等。这个原理有两层含义：第一，对个体发展而言，不管是身体还是心理领域，要达到越来越高的功能水平，就必须拥有更丰富的文化资源；第二，随年龄增长，生物功能下降，此时需要文化资源来补偿以产生和维持高水平的功能。

（3）文化的效能随年龄增长而下降。一方面，生物潜能随年龄增加而衰退，另一方面，类似学习曲线或专长的习得，在学习的后期会产生“边际效益递减”——要达到较高的功能水平，需要越来越多的努力和更高的技术。因此，在老年人的认知学习中，年龄越大，要达到同一功能水平所需要花费的时间和努力就越多。

2. 带有补偿的选择性最优化模型

带有补偿的选择性最优化模型（selective optimization with compensation，简称 SOC）可以说是将毕生发展的结构框架应用于建构一个发展的总体模式的结果。如前所述，个体的发展是多方面、多层次、动态、多功能和非线性的，我们不能简单地认为发展就是单纯的积累和获得。毕生发展观以一种更全面的眼光来审视发展：任何时候的发展都是获得与丧失、成长与衰退的整合，任何发展都是新适应能力的获得，同时也包括已有能力的丧失，但从总体上来说发展是选择、最优化、补偿这三者的协调。选择是指个体对发展的方向性、目标和结果的趋向或回避；最优化是指获取、优化和维持有助于获得理想结果，并避免非理想结果的手段和资源；补偿则是由资源丧失引起的一种功能反应，创造新手段以达到原有的目标或调整目标。在这三者的相互作用与转化中，发展的结果在总体上还是得大于失。青春期个体的大脑对神经元的大量增长采取修剪的策略就是一个例子，大脑修剪掉不经常使用的神经元，增强了神经元的效率和精细程度，但损失的是广阔发展的可能性和修复能力，即便如此，总体而言还是促进了个体适应环境的能力。

第三节　心理发展的理论

发展的实质是什么？天性和教养哪个对发展的影响更大？发展的内部机制是什么？……对于这些问题，心理学家从 20 世纪初就展开了极富建设性的讨论，但时至今日，这些问题仍未被完全阐明，也没有统一的理论见解，各个学派的心理学家采用他们独创的研究方法，在各自的领域内开展了大胆探索，形成了各自独特且风格鲜明的学术见解，以下着重介绍几种有代表性的理论流派的心理发展理论。

一、精神分析流派的心理发展理论

（一）弗洛伊德的心理发展理论

弗洛伊德是一位医生兼心理学家，他生于摩拉维亚，1860年随家庭迁居于奥地利维也纳。19世纪的奥地利帝国，宗教气氛十分浓厚，社会禁欲非常严重，两性关系得不到正常发展，许多精神病多源于性的压抑，这促使弗洛伊德从性心理方面研究精神病的根源和其对于个性发展的影响。最后他提出了一整套的精神分析理论（psychoanalytic theory），并迅速发展成为一种具有广泛影响力的学说。

弗洛伊德认为，推动人类心理发展的基本动力是存在于潜意识中的性本能，它是决定个人和社会发展的永恒力量。弗洛伊德是一个坚定的决定论者，他认为精神生活里的任何事物，诸如梦、精神错乱的症状等都不是偶然发生的，显然，人的心理发展也是这样，他认为人的所有行为都有其动机，所有行为都是为了满足某方面的需要，而有的需要和动机从根本上说都是人的本能。

弗洛伊德在早期将人的心理活动分为“意识”和“潜意识”：意识是人能认识自己和认识环境的心理能量活动部分；潜意识则不被个体本人意识，包括个体的原始冲动、各种本能和欲望，其中，最为强烈的是性欲。后来，弗洛伊德为了让他的潜意识理论更具解释力，将“意识”“潜意识”修改成为本我（id）、自我（ego）和超我（superego）。在弗洛伊德看来，本我指原始、本能的自己，包含生存所需的基本欲望、冲动和生命力。它是一切心理能量之源，按快乐原则行事。自我是意识结构部分，是自己可意识到的执行思考、感觉、判断或记忆的部分，根据环境的现实性来限制基本的冲动，按照现实原则来满足个体的需要和冲动。超我包括良心和自我理想两个部分，以公认的道德标准来指导自我限制本能的冲动，通常被称为“道德化了的自我”。一个人在正常的状态下，这三者处于相互平衡的状态。弗洛伊德认为，由于人格中的三个“我”分别代表着三种不同的力量，它们能保持相对的平衡与和谐，人格就是健康的；如果三者之间不能保持相对的平衡，如一味地放纵本我，或超我过分严厉和完美，就容易产生适应困难，甚至出现心理异常。

弗洛伊德为心理发展提出了独特的心理性欲发展阶段。他认为，人从出生到死亡的一切行为都受性欲的支配，因此，人的一生是由许多性欲阶段组成的，在每一个阶段上，身体上都存在着敏感区域，通过刺激这些区域可获得快感。每一阶段的发展不良或冲突未能得到解决都可能影响儿童日后的人格发展。具体内容将在第五章“人格发展”中阐述。

弗洛伊德经常因为他的“泛性论”受人诟病，而且他的理论完全建立在他个人的临床经验之上，但在20世纪初，这套极富争议的理论却展现了它独特的影响力。弗洛伊德的理论是对禁欲主义、理性主义的有力反抗，他的研究扩大了心理学的研究范围，自弗洛伊德提出潜意识理论之后，人们才开始重视潜意识的研究。弗洛伊德的理论还特别强调人格的形成与儿童早期经验有关，与父母对儿童的教养态度有关。这对推动心理学界重视并积极开展儿童早期经验、早期教养和儿童期心理健康问题的研究产生了较大影响。

（二）埃里克森的心理发展理论

埃里克森（E. Erikson）曾经在奥地利受到精神分析学派的训练，接受了弗洛伊德的人格结构说，但他并不主张把一切活动和人格发展的动力都归结为“性”。他认为，人的发展受生物因素、心理因素、社会文化因素的影响，其中，社会文化因素更重要。个体发展过程是自我与周围环境相互作用和不断整合的过程，在这一过程中，自我起到了重要作用。他在《儿童期与社会》一书中提出了人生八个发展阶段。他认为，最初人的本性既不好，也不坏，有向任何一方面发展的可能性。个体的发展可分为既连续又有不同的八个阶段，每个阶段都有一个特定的受文化制约的发展任务，都有一个核心的冲突或矛盾，人在这对趋向积极或消极的矛盾中实现平衡。如果人在各阶段能解决矛盾，向积极品质发展，就完成了这个阶段对应的任务，就有助于自我力量的增强，有利于个人适应环境，就能顺利转向下一阶段，能适当地应对下一阶段将要遇到的矛盾和冲突，逐渐实现健康成熟的人格。否则就会产生消极品质，发生心理社会危机，出现情绪障碍，从而阻止个人适应环境，为后一发展阶段制造麻烦，出现病态或不健全的人格。另外，如果前一阶段的矛盾解决得好，就会有助于后一阶段矛盾的积极解决，某一阶段的矛盾如果在当时没有解决好，那么在后面阶段还有机会解决。

1. 信任对怀疑（0—1.5 岁）

这一阶段的主要任务是满足生理上的需要，发展信任感，体验希望的实现。本阶段的基本冲突是信任对怀疑。如果婴儿得到较好的抚养并与父母建立了良好的亲子关系，儿童将对周围世界产生信任感，否则将产生怀疑和不安。

2. 自主对羞怯（1.5—3 岁）

这一阶段的发展任务是获得自主感，克服羞怯和疑虑，体验意志的实现。儿童开始表现出自我控制的需要与倾向，他们能凭自己的力量做越来越多的事情，他们渴望自主，也开始认识到自我照料的责任感。如成年人未能对儿童的努力尝试给予鼓励，则幼儿会对自己的能力产生怀疑。本阶段体会到过多的怀疑和羞怯的个体，可能会导致其一生对自己的能力缺乏信心。

3. 主动感对内疚感（3—6 岁）

这一阶段的发展任务是获得主动感，克服内疚感，体验目的的实现。儿童的活动范围逐渐超出家庭的圈子，他们想象自己正在扮演成年人的角色，并因能从事成年人的角色和胜任这些活动而体验一种愉快的情绪。但如果他们出于自我动机的活动被成年人禁止，使他们认识到“想做的”和“应该做的”之间的差距，则可能会降低从事活动的热情。

4. 勤奋感对自卑感（6—12 岁）

这一阶段的发展任务是获得勤奋感和克服自卑感，体验能力的实现。这时，儿童开始进入学校学习，面临来自家庭、学校以及同伴的各种要求和挑战，他们力求保持一种平衡，从而形成一种压力。困难和挫折导致自卑感，被认可和取得成绩则形成成功感。这些成功的体验有助于个体在以后的社会中建立勤奋的特质，表现为乐于工作和有较好的适应性。个体在这一阶段的危机未解决好，往往是其以后学业颓废的重要原因。

5. 角色同一性对角色混乱（12—18 岁）

这一阶段的发展任务是建立自我同一性，避免角色混乱，体验忠诚的实现。此时，个体开始体会到自我概念的困扰，即开始考虑“我是谁”这一问题，体验角色同一性与角色混乱的冲突。这里的角色同一性有关自我形象，它包括有关自我的能力、信念、性格等的一贯经验和概念。自我既与个体的过去经验相联系，又与个体当前面临的任务有关，自我同一性的形成与职业的选择、性别角色的形成、人生观的形成等有着密切的联系。如果个体在这一时期把这些方面很好地整合起来，他所想的和所做的与他的角色概念相符合，个体便获得了较好的角色同一性。

6．亲密感对孤独感（18—25 岁）

青年进入这一阶段后感受到了情感和婚姻的需求，此阶段的发展任务是获得亲密感以避免孤独感，体验爱的实现。这时，人们需要在工作、家庭、娱乐中获得别人更多的认同，并与异性建立亲密关系。如果可以顺利建立自己的亲密关系，那么就有助于个体满意地进入社会生活，但如果无法建立亲密关系，那么就有可能产生孤独感，影响到正常的社会生活。

7．精力充沛感对颓废感（25—65 岁）

这一阶段是成年期，主要任务是为了获得繁殖感而避免停滞感，体验关怀的实现。对于这段时期的男女，他们的精力从建立家庭过渡到抚育下一代，满足自身关怀子女、指导子女成长的需要，而缺乏这种体验的人难免会产生停滞颓废的感觉。

【微课】埃里克森的八阶段理论

8．完美感与沮丧感（65 岁之后）

最后一个阶段是从老年期到死亡，主要是为了获得完美感和避免沮丧感，体验智慧的实现。这时人生已经进入最后阶段，如果对自己的前半段人生感觉获得了较大的收获和他人的尊重，则产生一种完美感，也包括一种成熟的智慧和人生哲学。如果缺乏这种体会，就不免觉得人生短促，缺憾太多。

二、行为主义流派的心理发展理论

（一）华生的心理发展理论

华生是行为主义的创始人，于 1908 年和 1912 年提出了自己的心理学观点——心理学应该研究可以观察到的行为，而不是研究看不见摸不着的意识和精神。1913 年，华生又发表了著名论文《行为主义者心目中的心理学》，从此宣告了行为主义的诞生，揭开了美国心理学史上行为主义时代的序幕。无论他的学说受到了多少的质疑，但对于心理学界而言都是一场真正的革命。

华生曾经受到巴甫洛夫经典条件反射理论的影响，通过对儿童行为的研究，他认为人类只是在程度上比动物复杂，二者遵循一样的操作原则。因此，他认为，心理学必须成为一门不容争辩的自然科学，不能再研究一些看不见、摸不着、无法准确定义的东西——意识。他明确指出，人类心理学的研究材料，乃是人类所有的行为。他反对使用内省法，主张采用客观方法来进行心理学的研究。

华生不仅否定“意识”的研究，也否认“遗传”的作用，他不承认人一生下来在机能上就有所差异。他明确指出：在心理学中，再也不需要本能的概念了。他认为，行为的产生是由刺激决定的，刺激来源于客观，而非遗传，行为不可能受遗传的影响。遗传上存在的差异，并不能引起心理上的差异，遗传在心理发展过程中不起作用。他还主张，行为主义者研究心理学的目的是为了提高行为的可控制性，而遗传是不可控制的，否认遗传因素就能提高对行为的可控性。除去遗传，决定人心理发展的只能是环境和教育。儿童一出生，其构造上虽然有所不同，但也仅仅是一些最简单的反应而已，而较复杂行为的形成完全是由于环境和教育，尤其是早期训练。

华生的论调虽然完全否认了遗传的作用，并且鼓吹教育万能论，但是与美国当时的文化精神却不谋而合：不论种族、不论阶级，只要为他们创造一个适合成长的环境，只要是个人为梦想勤奋努力，就有可能成功。华生的理论重视学习，提出要用正确的方式来培养幼儿良好的行为习惯，对儿童发展心理学有着重要的影响。他还在某种程度上批驳了种族歧视和种族优越感，他认为，人种的差异，对以后的行为不会有决定性的影响，而谁能发展优异，就在于他们后来的环境和接受的教育。这种分析有其进步意义。

（二）斯金纳的心理发展理论

斯金纳是新行为主义的代表人物。与华生不同的是，斯金纳用操作性条件反射来解释行为的获得，从而扩展了行为主义的解释性。所谓操作性条件反射就是个体偶尔发生的动作如果得到强化，则建立起了某种联结，这个动作后来出现的概率就会大于其他动作。例如，儿童的助人行为如果得到教师的表扬，以后就更可能表现出助人行为。

斯金纳的操作性条件反射强调塑造、强化与消退、及时强化等原则。他的基本观点为：学习是刺激与反应的联结，有什么样的刺激，就会有什么样的反应；学习是一个不断尝试与改正错误的过程，认识事物遵循从部分到整体的规律；强化（包括直接强化、替代强化和自我强化）是学习成功的关键，学习应重知识、重技能、重外部行为的模仿和研究。

在斯金纳看来，强化作用是塑造行为的基础。他认为，只要了解强化效应和操纵好强化技术，就能控制行为反应，就能随意塑造出教育者所期望的儿童的行为。如果儿童偶然表现出某一行为得到了教育者的强化，那么这一行为后来出现的概率就会大于其他动作，强化的次数增多，行为出现的概率也就随之增大；如果行为不被强化就很容易消退。在儿童的眼中，是否多次得到外部刺激的强化，是他衡量自己的行为是否妥当的唯一标准，练习的多少本身不会影响行为反应的速率。练习在儿童行为形成中之所以重要是因为提供了重复强化的机会。只练习不强化，不会巩固和发展一种行为。除此之外，斯金纳还强调及时强化的作用，他认为强化不及时是不利于人的行为发展的，教育者要及时强化那些希望在儿童身上看到的行为。

斯金纳在理论联系实际上也做了不少贡献，他甚至拿自己的女儿作为实验对象，将她放在自制的育婴箱中进行研究。这个箱子是从动物实验的“斯金纳箱”改良而来的，有着舒适的环境、自由宽阔的空间和充足的游戏装置。她的女儿最后成长为一名画家。除此之外，斯金纳还把他的思想体系应用到行为矫正上，减少对儿童不良反应的强化，也取得了良好的效果。

（三）班杜拉的心理发展理论

班杜拉（A. Bandura）最出名的是他的社会学习理论。相对于华生和斯金纳，班杜拉算是温和的行为主义者。他的社会学习理论也源于行为主义学派的强化学习理论，即强化的影响，改变了行为的发生概率。班杜拉研究了大量儿童的社会性行为，认为不仅加诸个体本身的刺激物可以让其获得或失去某种行为，观察其他个体的学习过程也可以获得同样的效果。例如，儿童看到教师夸赞有礼貌的小朋友后，等到他自己见到教师时，也会彬彬有礼。

他与合作者通过实验证明，在观察学习中，人们不需要接受什么奖励或强化，甚至也不必参加实践，只要通过对榜样的观察，就可学到新的行为。在他著名的实验里，实验者让一些儿童观看一个成人玩弄人形玩偶的过程，这个成人玩一会儿后便开始攻击这个玩偶，手打、脚踢、口骂，另一些儿童则未看到攻击行为。然后把儿童带进游戏室玩玩偶。那些看到攻击行为的儿童比未看到攻击行为的儿童对玩偶表现出更多的攻击性。那些通过电影看到攻击行为的儿童也表现出更多的攻击行为。

班杜拉认为，许多社会行为通过观察、模仿即可习得，不需强化。这是一种“无尝试学习”，也可称为认知，是通过形成一定的行为表象来指导自己的操作或行动的。班杜拉提出的观察学习虽考虑到了内部过程，但其重点仍放在对外界榜样的模仿上。他认为，学习是在模仿的基础上进行的，榜样人物的行为因被观察仿效而成为模仿者的榜样，新的行为就是行为的榜样化。榜样，特别是受到人们尊重的人物的行为具有替代性的强化作用。替代强化也是一种认知过程，包括对榜样的观察和模仿，即观察榜样的行为和行为的结果及理解这种行为是否适用于自己。儿童在这种替代强化的影响下，尽管没有进行任何直接的动作，也可产生大量的行为效果。

这个理论在常识上看是进步一小步，但是在科学上却是进步一大步，如此一来，强化就未必都要训练有素的教育者每日给予个体奖赏或者惩罚。自社会学习理论出现之后，大量的电视报道、英雄模范报告会随之出现，社会管理者开始更多地注意示范作用，榜样的教育意义被空前重视起来。

三、维果茨基的心理发展理论

维果茨基是苏联卓越的儿童心理学家，是苏联儿童心理学的开创者。他短暂的一生对苏联心理学的理论和体系的建立与发展做出了不可磨灭的历史贡献。他从历史唯物主义的观点出发，在20世纪30年代提出了“文化历史发展理论”，主张人的高级心理机能是社会历史的产物，受社会历史发展规律的制约；强调社会文化对人的心理发展的重要作用，以及社会交互作用对认知发展的重要性。

维果茨基十分强调学习的作用，认为儿童只有通过学习才能掌握全人类的经验，并内化于自身的经验体系中。内化学说认为，运用符号系统将促进心理活动的根本改造。语言既为儿童表达思想和提出问题提供了可能性，又为儿童从他人那里学习提供了可能性。同时，儿童的言语也直接促进了其高级心理机能的发展。心理发展是一个量变和质变相结合的过程，是由结构的改变到最终形成新质的意识系统的过程。心理结构是内化的结果，在社会和教学的制约下，儿童的心理活动首先是属于外部的、人与人的相互作用，之后才内化为自身的内部活动，并随着外部与内部活动相互联系的发展，形成了人所特有的高级心理机能。维果茨基还强调环境与儿童的相互作用，他指出，在教育中要重视受教育者本人的特点，儿童在与周围环境的作用中不是消极被动的，外界影响是在儿童过去经验中所形成的特点上的折射。

四、皮亚杰的心理发展理论

皮亚杰是国际著名的儿童心理学家，是建构主义的代表人物。他认为，发展就是个体在与环境的不断作用中的一种建构过程，其内部的心理结构是在不断变化的。这种变化不是简单地在原有信息的基础上加上新的事实和思想，而是涉及思维过程的质的变化。他认为，所有生物都有适应和建构的倾向，这同时也是认知发展的两种机能。一方面，由于环境的影响，有机体的行为会产生适应性的变化；另一方面，这种适应性的变化不是消极被动的过程，而是一种内部结构的积极建构过程。

在这一发展过程中，认知结构在与环境的相互作用下不断重构，从而表现出具有不同质的不同阶段，他把人的心理发展分为四个阶段：感知运动阶段、前运算阶段、具体运算阶段和形式运算阶段。具体内容将在第二章“认知发展”中阐述。

【本章小结】

1．青少年身体上的变化归纳起来主要有三类：身体外形的变化、脏器机能的健全、性的成熟。此外，与心理发展最密切的是脑与神经系统的成熟变化。

2．发展是指个体从受精卵到死亡整个过程中系统的、连续性的变化。人类个体的心理发展，是一个随着年龄增长，在相应环境的作用下，反应活动不断得以改进，日趋完善、复杂化的过程。对于心理发展的实质，存在着内发论、外铄论、建构观和社会文化历史观等不同观点。

3．心理发展具有五个特点：连续性和阶段性、方向性和可塑性、常态发展和个别差异、发展的关键期、受历史和文化背景影响。

4．毕生发展心理学是关于从妊娠到死亡的整个生命过程中行为的成长、稳定和变化规律的科学。

5．弗洛伊德认为推动人类心理发展的基本动力是存在于潜意识中的性本能，它是决定个人和社会发展的永恒力量。

6．埃里克森强调社会文化因素的作用，认为每个人在成长的过程中，都按照一定的成熟程度分阶段向前发展，并提出了人生八个发展阶段。

7．华生反对使用内省法，主张采用客观方法来进行心理学的研究。他认为，行为的产生是由刺激决定的，刺激来源于客观，而非遗传，行为不可能受遗传的影响。

8．斯金纳用操作性条件反射来解释行为的获得。学习是刺激与反应的联结，是一个不断尝试与改正错误的过程，强化是学习成功的关键。

9．班杜拉认为，许多社会行为通过观察、模仿即可习得，不需强化。

10．维果茨基主张人的高级心理机能是社会历史的产物，受社会规律的制约；强调社会文化对人的心理发展的重要作用，以及社会交互作用对认知发展的重要性。

11．皮亚杰认为发展就是个体在与环境的不断作用中的一种建构过程。

【实践·反思·探究】

1．回想一下你所经历的青春期，那时候你的生理和心理有哪些变化？

2．请想一想自己的发展过程，你是渐渐地成为今天这个样子，就像一粒种子缓慢地长成大树那样，还是发生了突然的不连续的成长，就像从毛毛虫到蝴蝶那样的质变呢？

3．“狼孩”的例子说明什么？心理发展的关键期对儿童教育和发展有何借鉴意义？

4．不同学派如何阐述心理发展的实质？对儿童教育有何借鉴意义？

5．用所学心理发展理论解释“电子娃娃”现象。

【推荐阅读】

1．林崇德．发展心理学[M]. 北京：人民教育出版社，2009.

2．白学军．儿童发展[M]. 北京：高等教育出版社，2016.

3．FEINSTEIN S. 探索青少年脑的奥秘：基于脑科学研究的青少年教育方法[M]. 北京师范大学"认知神经科学与学习"国家重点实验室，脑科学与教育应用研究中心，译．北京：中国轻工业出版社，2006.

4．SHAFFER D R, KIPP K. 发展心理学：儿童与青少年：第9版[M]. 邹泓，等译．北京：中国轻工业出版社，2016.

第二章　认知发展

【学习目标】

- 了解认知发展的含义、模式、过程及其影响因素。
- 熟悉认知发展的三种重要理论。
- 掌握青少年认知发展的特点与差异及其在教学设计上的运用。

【知识导图】

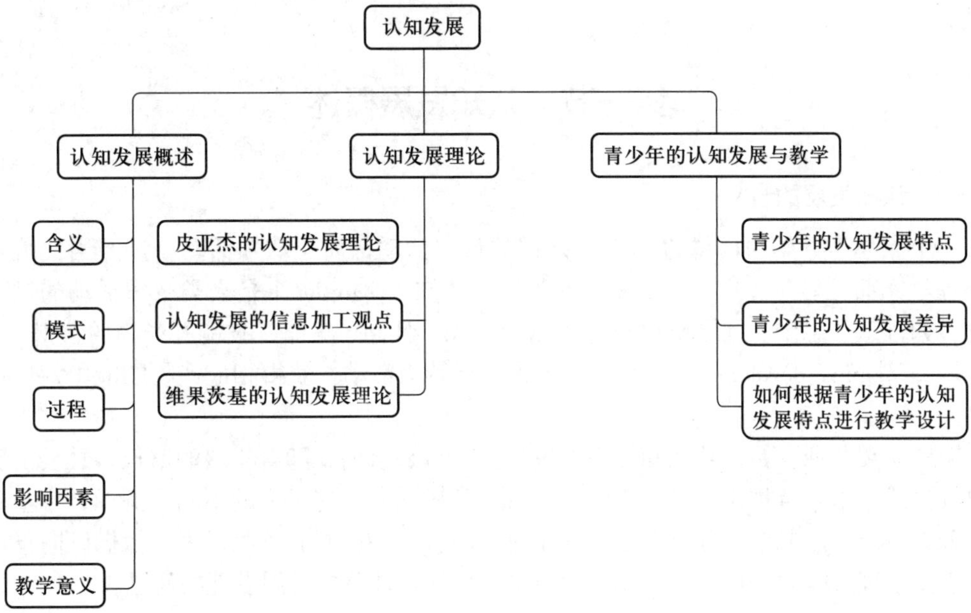

在一年级的数学教学中，孙老师非常注意利用信息技术发展学生的思维能力。例如，在讲解 0 的加减法时，孙老师是这样做的：

先讲解 0 的减法，依次出示：1−1=0，2−2=0，3−3=0，5−5=（ ）。

当学生说出 5−5=0 后，让学生自己总结得出规律：相同的两个数相减等于 0。

在教一个数加 0 和一个数减 0 时，孙老师也利用同样的方法——先出题，再总结规律。

孙老师发现，通过多媒体的形、声、色的功能，能够非常好地吸引、引导学生在教学情境中自己去思考、发现、解决问题，同时也能培养学生初步选择和处理信息的能力。

孙老师的教学妙在哪里？青少年的认知发生了哪些变化，有何特点和规律？如果你也采用孙老师的教学方法，但是发现由于认知发展差异，班级里有些孩子仍然学不好时，将如何处理？

本章将介绍与认知发展相关的内容，重点阐述三种认知发展理论——皮亚杰的认知发展理论、认知发展的信息加工观点以及维果茨基的认知发展理论。这些理论观点并非毫不相容，而是分别从不同方面对认知发展进行了解释。当代心理学家更倾向于将这些理论与观点融为一个共同的整体来解释认知发展的丰富性和复杂性。阅读本章，你还将了解一些认知研究，它们揭示了青少年认知发展的特点和规律。我们将讨论这些特点和规律对教学设计的启示，进而探讨教师如何应对学生之间存在的认知发展的个体差异，促进学生的认知发展。

第一节 认知发展概述

一、认知发展的含义

一个人思考并解决问题进而掌握知识的学习活动都属于认知活动。按照当代著名认知心理学家弗拉维尔（J. H. Flavell）的看法，认知（cognition）是人类智力活动的过程与产物，如推理、思维、问题解决等过程以及知识、计划、策略、技能等产物的获得。[①] 认知发展（cognitive development）是指一个人进行智力活动并获得相应产物的能力的进步或提高。

个体从婴儿期开始，其认知能力的发展是十分显著的，随着年龄的增长，总会出现新的思维方式。与儿童相比，青少年思考和解决问题的方式有很大的不同。例如，儿童在思维过程中很少使用概括、分类等原则，很难进行抽象的推断和预测未来，他们倾向于在具体的现实中理解问题；青少年则能够相对轻松地解决抽象的或假设性的问题。

二、认知发展的模式

各种认知发展理论先后探讨了很多重要问题，其中之一就是关于认知发展的模式问题。一些理论认为认知发展模式表现出阶段性的特点，另一些理论则认为其表现出连续性的特点，并由此形成了阶段性观点和连续性观点这样两种不同的认知发展理论观。

---

① 弗拉维尔，米勒，米勒．认知发展：第 4 版 [M]. 邓赐平，译．上海：华东师范大学出版社，2002: 7.

（一）阶段性观点

持有阶段性观点的认知发展理论认为，个体的认知技能是以一种分离的、阶段性的模式发展的，如同人爬楼梯，在楼梯的每一个台阶上的人都处于不同的高度。阶段性观点认为，认知发展一般有如下三个方面的表现。第一，每个阶段都伴随着一套性质完全不同的认知结构（或称之为心理组织模式），它影响着人们处理外部世界的方式。例如，皮亚杰提出，儿童在每一个阶段的发展水平都显著不同于另一阶段，处在认知发展水平较晚阶段的儿童，与处在较早阶段的儿童相比，其思维水平有着根本的差别。通常，年龄较大的儿童能够与外部世界发生相互作用，而那些年龄较小的儿童因处于认知发展的早期阶段而无法进行这种相互作用。第二，认知发展的方向对于每个人而言是相同的，认知能力总是向前发展而不会倒退，只是在各阶段的速度可能因人而异。第三，后面的阶段虽然与前面的阶段不同，但均以前面的阶段为基础而得以建立。例如，随着年龄的增长，儿童会巩固先前已发展的认知能力，在此基础上发展出新的认知能力。

（二）连续性观点

持有连续性观点的认知发展理论认为，认知能力的提高按照连续性的模式平缓地、持续地增长，更高水平的认知能力是逐渐获得并显现的。也就是说，认知发展并非沿着一系列不同质的阶段进行，不同水平的认知能力是由相同性质的智力结构组成的，人的思维在年龄或发展水平上并没有根本差别。认知发展的连续性类似于一个人沿着斜坡向上走逐渐到达更高层的过程，其中，每一个新的进步都建立在前面的发展之上。

（三）当前的观点

尽管对于认知发展的模式存在阶段性与连续性两种不同的观点，但当前越来越多的研究揭示了一种阶段性与连续性并存的认知发展模式。①

一方面，儿童的认知发展呈现按年龄发展的趋势，表现出阶段性的特点。例如，一年级儿童的各种守恒概念还处于发展中，二年级儿童能够掌握部分守恒概念，五年级儿童则掌握了除容积守恒之外的其他守恒概念并表现出比较稳定的特点。②另一方面，儿童的认知发展又表现出连续性的特点，形式运算阶段所具有的特征在具体运算阶段就已逐渐出现。如方富熹等人的研究发现，具体运算阶段的一年级新入学儿童不仅具体运算能力发展迅速并趋于成熟，而且逻辑推理能力也已萌芽并逐渐发展，表现出认知发展的连续性。③也有研究表明，儿童在4—6岁都具有音乐守恒能力，只是能力的高低有所差异。④以上这些研究结果都证明了儿童的认知发展模式是阶段性和连续性的统一。

三、认知发展的过程

认知发展的另一个重要话题是关于认知发展的过程的：认知发展是否是一个整体？认知发展是同时在多个领域发生还是以不同的速度在不同领域发生？不同的认知理论在上述问题上持有不同的观点。下面就分别介绍领域一般性和领域特殊性这两种不同的观点。

---

① 张丽，辛自强，李红，等．探测认知发展的非连续性：思路与方法[J]．心理发展与教育，2010, 26(1): 100–106.

② 龚少英，盖笑松，刘国雄，等．小学儿童认知发展的个体差异研究[J]．心理科学，2004, 27(6): 1314–1316.

③ 方富熹，方格．初入学儿童认知发展中的个别差异和个人内部差异初探[J]．心理学报，1991, 23(4): 372–379.

④ 于睿．4—6岁儿童音乐守恒概念发展的实证与理论研究[D]．长沙：湖南师范大学，2016.

（一）领域一般性

持有领域一般性（domain-general approach）观点的认知理论认为，只存在一条认知发展路线，即认知发展几乎同时在多个领域发生。例如，儿童对重力概念的理解能力和比较两个数字大小的能力，实际上是由儿童相同的基本认知技能的变化决定的，二者是同步发展的。

皮亚杰的认知发展理论主张领域一般性的观点。他认为，逻辑思维发展是认知发展的基本路线。因为许多行为依赖我们对周围世界进行逻辑归类的推断能力，所以逻辑思维能力具有一般性，它影响智力行为的每一方面。皮亚杰认为，儿童掌握概念的主要障碍是不能正确运用逻辑推理。例如，为了明白如何使用直尺，可以借助直尺的计量单位来理解两个数量之间的关系，这是一种逻辑推断的过程，但小于 8 岁的儿童没有这种推断能力。

（二）领域特殊性

持有领域特殊性（domain-specific approach）观点的认知发展理论认为，认知发展以不同的速度在不同的领域发生，它们之间是相互独立的。举例来说，按照这种观点，儿童对重力概念的理解能力和比较两个数字大小的能力是两种毫不相干的能力，可能分别由不同的机制支配并且彼此独立地发展。

认知发展的信息加工观点坚持的就是认知发展的领域特殊性，认为人类的认知包括注意、记忆、思维、想象、思维和语言等不同领域，各个领域的发展是彼此独立的。进化心理学家关于领域特殊性的论证始于对某些适应问题的推测，归属适应功能并产生心理机制的假设。① 多数领域特殊性认知发展理论家认为，可能存在一系列先天功能模块，它们会在儿童发展的不同阶段出现。例如，莱斯利（A. Leslie）在 1992 年提出了物理的和心理的两种先天功能模块，但是他过于强调了独立模块的内在固定机制，很少考虑学习的重要性。有些学者认为，正是这些功能模块为儿童学习提供了基础，这种学习又使儿童能更清晰地意识到他们所学的东西，从而增强了对学习的控制。② 换句话说，先天的、领域特殊性原则能够引导学习并能够决定随后学习发生的本质。③

当前还有一些学者认为，领域特殊性和领域一般性并非截然对立的，二者和认知发展技能的本身特性有关。比如，多年来一直颇受争议的创造力领域性研究逐步呈现出从对立转向融合的趋势。④ 在实际生活中也有例子可以证明这一观点，如一个孩子可能在艺术课上得到优秀的成绩，而英语却不及格，显示出发展的领域特殊性；但他也可能在英语上得到优秀的成绩，在语文上也得到优秀的成绩，显示出发展的领域一般性。可见在某些领域中，当各领域所运用的技能重合的部分较少时，这些技能就是领域特殊性的；在另一些领域中，各领域所运用的技能重合的部分较多时，这些技能就是领域一般性的。领域特殊性和领域一般性是相互补充，相互渗透的。⑤

① 陈红 . 进化心理学：人类心理设计之路 [M]. 合肥：安徽大学出版社，2014.

② 艾森克 . 心理学：一条整合的途径 [M]. 闫巩固，译 . 上海：华东师范大学出版社，2005.

③ 加涅 R M，韦杰 W W，戈勒斯 K C，等 . 教学设计原理：第 5 版 [M]. 王小明，庞维国，陈保华，等译 . 皮连生，审校 . 上海：华东师范大学出版社，2007.

④ 蔺素琴，申超男，段海军，等 . 创造力的领域性研究进展：从对立到融合的转向 [J]. 心理与行为研究，2016, 14(3): 426–432.

⑤ 陈红 . 进化心理学：人类心理设计之路 [M]. 合肥：安徽大学出版社，2014.

四、认知发展的影响因素

在关于认知发展的研究中，许多学者都探讨了影响认知发展的因素。在这方面存在多种不同的看法，但大多集中在生理因素和环境因素的探讨上。英海尔德（B. Inhelder）和皮亚杰认为，认知发展从本质上来源于主体与其所处环境的相互作用，即认知发展可以通过成熟、学习或两者的结合得以发生。[①] 成熟是指认知、情绪或生理等方面相对持久的改变，是生物性成长的结果而不是个体经验的结果。学习是指通过经验而引发的思维或行为的相对持久的改变。

在青春期，大脑的发展变化对于促进青少年的认知发展是非常必要的，而解决复杂问题的经验、正规的教育、与同伴之间的思想交流和思想冲突等，对青少年形式运算思维的发展也是非常必要的。皮亚杰认为，儿童是自身认知发展的积极参与者。认知结构不是缓慢形成的，更不是由父母、教师或环境的其他方面强加在孩子身上的，而是儿童通过与周围环境进行持续、主动地相互作用建构起心理结构，而心理结构正是建构认知和智力"大厦"的基本材料。

对于生理因素（如遗传和成熟）和环境作用（如学校教育和练习的机会）在认知发展过程中所起的作用，目前仍然存在激烈的争论，找出导致、阻碍和促进认知发展的因素是认知发展研究的一个重点。[②]

五、教师为什么要了解认知发展

以上介绍的是关于认知发展研究中的一些关键性问题，那么，学习认知发展的理论和了解相关研究对于教师有何意义呢？

为什么有的学生成绩好，而有的学生虽然很用功但成绩却不好呢？这或许是许多教师都会遇到的普遍性问题。如果教师能够理解学生的认知发展规律并在教学中合理运用相关知识，那么在教育过程中碰到诸如此类的问题时就会得到更好的解决。

对认知发展的阶段性与连续性的了解，将有助于教师更加客观地制定教学目标。一方面，有些教师可能会赞同认知的阶段发展的观点，相信先天的因素在很大程度上决定着儿童的能力如何随时间而发展。在这种观点的指导下，这些教师就能够认识到认知发展在很大程度上是由非环境因素决定的，因此学生认知能力的发展是突发的、跳跃的，而不是随时间平缓地发展的。那么在实际工作中，这些教师就不会强迫学生跨越某个阶段。他们会认识到无论自己工作多么尽心、多么优秀，也不能强迫学生思考或做一些其生物成熟程度还不允许的事情。例如，一位中学数学教师就会判断，面对"梯子斜靠在墙上"这个陈述，他的学生在认知上是否能理解其背后隐藏的数学问题。另一方面，有些教师可能会接受连续发展的观点，相信儿童在相当小的年龄时，至少已具备了成人思维的初级水平。[③] 在这种观点的指导下，教师就可以更好地理解学生技能的发展，因为许多技能（包括学业技能和人际沟通等技能）的发展只依赖环境。在实际工作中，有经验的教师能够识别这些技能，进而为这些技能的发展提供支持和指导，例如，通过参照学生在环境中的表现，教

---

① 英海尔德 B，辛克莱 H，博维尔 M. 学习与认知发展 [M]. 李其维，译 . 上海：华东师范大学出版社，2003.

② GALOTTI K M. 认知心理学：第 5 版 [M]. 吴国宏，等译 . 北京：机械工业出版社，2016: 1.

③ GALOTTI K M. 认知心理学：第 5 版 [M]. 吴国宏，等译 . 北京：机械工业出版社，2016: 1.

师可以为学生设定相应的学习目标。

对认知发展领域的了解有助于教师评估“为什么一个学生在某个领域的成绩不如他在另一领域中的成绩？”之类的问题。例如，一个学生阅读很好而数学成绩很差，基于领域特殊性的观点，教师就能够认识到“这可能不是因为他在数学方面缺乏努力，而是因为他在数学领域的发展速度比较慢”。

对认知发展理论的了解有助于教师理解学生应有的一般思维水平，明白自己的班级里大多数学生所处的认知发展水平，并以此为依据为课程、活动和评估制订计划，进行日常的课堂管理。同时，教师能够进一步认识到自己的学生在什么时候其认知发展会落后，在什么时候需要特别的帮助。有经验的教师可以逐渐探索并运用一种既能促进认知发展而又不会导致挫折感的方式来激励自己的学生。

本章的主旨就是探讨如何基于对认知发展的了解来实施教学，从而促使学生更高效地学习。下面，我们将通过对认知发展理论的介绍来进一步加深对认知发展的理解。

第二节 认知发展理论

认知发展理论关注的是认知如何发生以及如何转变成为系统的逻辑推理能力和问题解决能力。关于儿童认知发展的理论建构经历了漫长的发展过程。不过迄今为止，尚没有理论能对认知发展进行完全充分的解释。目前，最有影响并且相对完善的观点主要有皮亚杰的认知发展理论、认知发展的信息加工观点和维果茨基的认知发展理论三种，下面我们将逐一介绍。

一、皮亚杰的认知发展理论

皮亚杰的认知发展理论对我们认识儿童有着深刻的影响，他的观点引发了人们对认知发展领域最初的关注，填补了传统认知领域的空白。[①] 皮亚杰支持认知发展的阶段理论，认为在每一个连续的阶段中，认知发展都发生了质的改变。儿童在每个阶段所取得的成就都是以前一个阶段为基础，但又不同于前一个阶段的。皮亚杰的理论属于领域一般性的认知发展理论。他认为，一个在某个领域表现出认知发展的儿童，一般来说也会在其他领域表现出相应的认知发展。下面，我们就分别介绍皮亚杰理论所主张的一些基本原理以及他所提出的认知发展的四个阶段。

（一）基本原理

皮亚杰的认知发展理论用平衡调节机制来解释认知发展的动力，他认为是发展中的不平衡导致了发展和变化。皮亚杰的这种思想源自他早年对自然科学的兴趣。他认为，儿童认知发展的方式与有机体在环境中生存发展的方式是相似的，二者都涉及适应。皮亚杰相信，智力代表了心理结构对物理、社会和智力环境的一种适应。[②] 在皮亚杰理论中涉及几个重要概念：图式、适应和平衡化。

1．图式

皮亚杰认为，所有儿童都具有与周围环境相互作用并理解周围环境的本能倾向。皮亚

① 于珺．皮亚杰发生认识论述评 [D]. 长春：吉林大学，2014.

② NEWMAN, NEWMAN. 发展心理学：第 8 版 [M]. 白学军，等译．西安：陕西师范大学出版社，2005: 12.

杰把组织和加工信息的基本方式称为认知结构，把使得个体能够理解世界的认知结构叫作图式（schemes），个体与物体发生相互作用的每一种方式都可以看作一种图式。儿童运用图式来探索周围的世界并与之互动，每种图式都以相同的方式来应对各种事物和情景。皮亚杰认为图式是认知发展变化的基本单元。

2. 适应

皮亚杰认为，认知发展的主要机制是心理结构的适应（adaptation）。适应就是调整图式以对环境做出反应的过程，它包括同化（assimilation）和顺应（accommodation）这两种相互联系但又截然不同的过程。

同化就是根据已有图式来理解新事物或事件的过程，是对新的环境信息加以修改，使之更为适合已有的知识结构。当婴儿遇到一个新的物体时，他们怎样全面地了解这个物体呢？根据皮亚杰的理论，儿童一般运用他们已有的图式去探究。例如，儿童往往会把新玩具放到自己嘴里吮吸。在皮亚杰看来，儿童是在用自己最熟悉的图式——吮吸来同化新刺激，从而感受、探索新玩具——“尝起来是什么味道？能否供给奶水？”

可是，也有图式不能奏效的时候。当已有图式在探究世界的过程中不能奏效时，个体就会根据新信息或新经验对已有的图式进行修改或重新构建，以使新的信息得到更为全面的理解，这就是顺应。例如，一名高中生有一种学习图式，即把知识写在卡片上，记住卡片上的内容。也就是说，她仅通过记忆来进行学习。可是当她学习诸如经济学之类的较难的知识时，这种图式就无效了，但很快她就会运用不同的策略来学习经济学，比如与朋友一起讨论较难理解的概念。

【微课】
同化与顺应

3. 平衡化

皮亚杰认为，当已有的图式不能应对眼前的问题时，就产生了一种不平衡状态，即已有的经验和当前问题之间产生了不平衡。人们很自然地试图通过某些方式来减少这种不平衡，比如，关注引起不平衡的刺激、建立新的图式，或者调整旧的图式等，直至达到一种新的平衡，这种恢复平衡的过程叫作平衡化（equilibration）。皮亚杰认为，学习依赖平衡化过程，只有出现不平衡时，儿童才有机会成长和发展。最终，儿童表现出具有质变的不同的新思维方式，并提升到一个新的发展阶段。

因此，根据皮亚杰的理论，认知系统既能使现实适应于自己的模式（同化），又能使自己适应于环境的模式（顺应）。儿童的认知系统经过对环境因素不断的同化、顺应和平衡化过程，内在结构逐渐发生了由简单到复杂的变化，由此发生了认知发展，并形成了本质不同的心理结构和认知发展的不同阶段。

皮亚杰认为，亲身体验以及对环境的操纵是产生发展性变化的关键所在。例如，研究表明，指尖游戏促进了儿童语言思维认知的发展。[①] 同时他也相信，同伴间的相互作用，尤其是争论和讨论，有助于理清思维使其更加合乎逻辑。因此，让学生置身于一种与其已有经验相矛盾的活动事件或资料中是提升其认知发展的有效方式，心理学研究也强调了这类方式的重要性。

① 林小苹．指尖游戏促进儿童语言思维认知发展实证研究 [J]. 中国教育学刊，2017(2): 79–82, 88.

（二）认知发展阶段

皮亚杰认为，儿童的认知发展经历了四个主要阶段，每个阶段都出现了新的能力和信息加工方式。

1. 感知运动阶段（0—2 岁）

在感知运动阶段（sensorimotor stage），婴儿依靠感觉和知觉来适应外部环境，因而在这个时期，思维与动作是紧密联系在一起的。儿童往往是在活动中掌握关于空间、时间和因果关系的规则，皮亚杰认为此时获得的是“实践智力”。在实践的基础上，儿童形成了客体永久性（object permanence）概念，即当某一客体从儿童的视野中消失时，儿童相信该客体仍然存在。所以，处于此阶段的儿童可以学会玩捉迷藏的游戏。

2. 前运算阶段（2—7 岁）

在前运算阶段（preoperational stage），儿童具有相对的具体性，借助表象进行思维，还不能进行运算思维。而且，思维具有不可逆性，缺乏守恒结构。具有自我中心性，儿童站在自己经验的中心，只有参照自身才能理解事物，他们认识不到自己的思维过程，缺乏一般性，谈话多半以自我为中心。还具有刻板性，表现为在思考眼前问题时，其注意力还不能转移，不善于分配注意；在概括事物性质时缺乏等级的观念。

3. 具体运算阶段（7—11 岁）

在具体运算阶段（concrete operational stage），儿童的逻辑推理能力明显进步，但仍局限于对具体物体进行推理，还不能用抽象的方式进行思考，并且与青少年相比，其思维还缺乏系统性。但此阶段的儿童的思维具有可逆性（reversibility），即能在头脑中进行精确的位置转换。这种思维可逆性的进步给儿童带来两个变化：一是理解了守恒（conservation）法则，懂得物质的基本属性（如体积）不随非本质特征（如形状）的改变而改变；二是表现出去中心化（decentration）的思维倾向，即能站在他人的立场思考问题。

【微课】皮亚杰的认知发展理论各阶段的特点

4. 形式运算阶段（11 岁左右的青少年期至成人）

在形式运算阶段（formal operational stage），个体的思维更加抽象化，能离开具体事物对自己的想法进行思考。稍大一些的青少年还能根据假设来进行各种逻辑推理。例如，当问一个青少年学生：“如果人一下子会飞了，你认为会发生什么事？”那么他可能会跟你讨论在每种可能条件下会发生什么情况。更大一些的青少年则能运用归纳推理和演绎推理，能够理解数学、哲学等抽象的学科。

（三）对皮亚杰理论的评价

认知发展的领域一般性和阶段性是皮亚杰理论的核心观点，他认为在认知发展的每一阶段都有其相对稳定的认知结构（图式），儿童的认知发展是图式发展的结果，但这也正是皮亚杰理论自提出以来饱受争议之处。

争议之一为是否存在图式这样一种相对稳定的认知结构。从皮亚杰对“守恒”问题的研究中，很多学者对图式的存在产生了质疑。因为所有的守恒问题都具有相同的逻辑结构，所以按照皮亚杰的观点，一旦儿童掌握了守恒的原则，就应该能够解决所有守恒的问题，但实际的结果并非如此。研究发现，5—6 岁的儿童只能够完成数量守恒的问题，7—8 岁的儿童才能够完成液体、长度、质量守恒的问题，11—12 岁甚至更大一些的儿童才能完成体积守恒的问题。

争议之二为认知发展出现阶段性转变的内在机制，即是什么引起了发展。皮亚杰的理论并未说明这个问题，它仅仅是对认知发展的阶段性特点进行了详细的描述。如果皮亚杰的理论能对这个问题进行解释，那么将具有更大的理论价值。

争议之三是皮亚杰的理论是否低估了幼儿的能力。一些研究者认为，儿童在守恒等问题上的困难似乎不是推理技能不足，而是由于知识储备不足。新生儿与成人的大脑似乎比我们想象的更接近，只是知识储存数量不同。儿童所缺少的只是成年人的知识基础以及对信息如何组织的认识。例如，儿童能认识到像动物和蔬菜这样较大分类之间的区别，但还不能掌握像马和斑马这样较小分类之间的精细差异。①

尽管皮亚杰的认知发展理论还不完善，但它蕴含着丰富的二重矛盾性的心理学思想资源，至今仍被认为是一种最完整、最有影响的认知发展理论。②

二、认知发展的信息加工观点

认知心理学的信息加工观点认为，人脑就像一部复杂的计算机，能够快速和精确地处理信息。尽管计算机和人脑在物理结构上存在明显的区别，但二者均以各种内部机制为特征，均按照类似的普遍原则进行操作。例如，计算机有一个有限容量的中央加工机制，而人则表现出有限的注意容量；计算机和人都是运用逻辑和策略进行信息加工。通过人与计算机的类比，认知发展的信息加工观点认为，人类，特别是儿童，是通过发展硬件（脑和感觉系统）和软件（加工策略和规则）来提高认知水平的。③

认知发展的信息加工观点与皮亚杰理论不同的是，前者坚持认知发展的领域特殊性观点，认为人类的认知包括注意、记忆、思维、想象、思维和语言等不同领域，各个领域的发展是彼此独立的。这一领域特殊性的发展观决定了信息加工观的研究特点。第一，它们不像皮亚杰的理论那样试图建立一个概括性的认知发展体系，它们更侧重分析儿童在某一领域所处的认知发展状态。第二，它们不是对发展状态进行简单的描述而是更关注认知发展转变的机制。第三，在解释认知发展的机制时，它们更关注信息加工过程，从信息的获得、储存、加工和提取等几个环节来分析和解释人的认知活动。第四，它们注重研究知识基础与信息加工水平的关系，以及知识在儿童的认知活动中的作用。例如，在教育领域的研究中，它们重视研究新手和专家、学困生和学优生、儿童和成人解决问题能力的差异，试图由此确定新手、学困生、儿童的认知能力低下的原因。

总体上，信息加工观点认为存在基础发展和高级发展这样两种认知发展过程。在认知的基础发展方面，它们认为，儿童预先存在一种精细的认知过程，儿童的认知水平可以表现为在某一特定环境中的注意、记忆能力和信息加工方式，但单位时间内的信息加工数量会制约其表现。在认知的高级发展方面，它们认为，儿童在发展过程中通过实践和经验（而不是个体的成熟）而具有了范围更广、更灵活的认知策略，并能更系统、更精确地使用这些策略，从而引起信息加工数量的增加并表现出认知水平的提高。在下面的内容中，我们将结合多种研究结果来分别介绍认知的基础发展过程和认知的高级发展过程。

---

① 陈烜之 . 认知心理学 [M]. 广州：广东高等教育出版社，2009.

② 张家昱，霍涌泉，宋佩佩 . 试论康德心理学思想及其对当代的影响 [J]. 心理科学，2015, 38(5): 1264–1277.

③ 陈烜之 . 认知心理学 [M]. 广州：广东高等教育出版社，2009.

（一）认知的基础发展

认知发展的信息加工观点认为，认知的基础发展表现在很多方面，例如，工作记忆的容量与加工速度、注意与知觉编码、信息加工方式等，下面就分别加以介绍。

1．工作记忆的容量与加工速度

持信息加工观点的心理学家认为，认知的基础发展的一个重要方面就是工作记忆的发展。工作记忆是指一个人对正在使用的信息进行储存和操作的系统，通常，工作记忆的广度受到信息消退速度的影响。研究发现，工作记忆的容量和效率随着年龄的发展而不断提高，或者更进一步说，信息加工速度随着年龄的发展而发展。[①] 当面对复杂的认知任务时，较大儿童和成人比年幼儿童有更好的表现。例如，向儿童呈现一些数字、字母或单词后让儿童重复，结果表明，儿童的记忆广度（即能稳定再现出来的项目数）随年龄的增长而增加。[②] 而在视觉搜索任务中，成人和较大儿童的表现往往比较小儿童更快。例如，在看两幅十分相似的图画并找出其中的十处不同时，年幼儿童与较大的儿童相比，年幼儿童往往会觉得这种游戏更难。

2．注意与知觉编码

持信息加工观点的心理学家认为，认知的基础发展的另一个重要方面就是注意与知觉编码能力的发展。研究发现，儿童和青少年的注意与知觉编码能力不断提高，一方面，儿童注意内容的广度随年龄而提高，如较小儿童在从环境中寻找可得信息时往往只使用较少的时间，因此其回答常常是冲动式的，也就是说，虽然很快找出信息但容易出错。另外，较小儿童区分相似物的能力也更低。另一方面，儿童集中注意的能力不断提高。在一项研究中，要求成人和儿童将一叠几何图形卡片尽快分类。当按照形状分类时，有些图片上只有圆形或方形，而在另一些图片的图形旁边还存在线条或星形图案等不相关信息，这种干扰信息不影响成人的分类速度，但当儿童年龄越小时受到的影响就越大。也有研究者通过实验研究发现，尽管儿童和成人都表现出了基于工作记忆内容的视觉注意，但儿童较成人能更好地运用该注意机制以提高视觉搜索成绩且受其不利影响较少。[③]

3．信息加工方式

持信息加工观点的心理学家认为，认知的基础发展除了上述两个方面的发展以外，还表现为其信息加工方式逐渐转变，即从整体性（holistic）到分析性（analytic）的转变。[④] 具体地说，就是较小儿童从总体上加工信息，关注物体间的总体相似性，而较大儿童和成人则关注信息的某个方面。例如，如果给他们一个红色三角形、一个橙色的菱形和一个绿色三角形，然后让他们把同类的物体放在一起，结果较小儿童倾向于把红色三角形和橙色菱形放在一起，因为二者颜色相似度更大，而成人一般会把红色和绿色三角形分到一类，因为它们的形状相同。

① GALOTTI K M. 认知心理学：第 5 版 [M]. 吴国宏，等译 . 北京：机械工业出版社，2016: 1.

② GATHERCOLE S E, PICKERING S J. Working memory deficits in children with low achievements in the national curriculum at 7 years of age[J]. The British journal of educational psychology, 2000, 70(2): 177–194.

③ 侯秀，潘毅 . 基于工作记忆内容的注意：儿童与成人的比较研究 [J]. 杭州师范大学学报（自然科学版），2015, 14(3): 247–251, 26.

④ GALOTTI K M. 认知心理学：第 5 版 [M]. 吴国宏，等译 . 北京：机械工业出版社，2016: 1.

（二）认知的高级发展

1．认知策略

持信息加工观点的心理学家认为，认知的高级发展的一个重要表现是运用认知策略的能力。当面对一个复杂认知任务时，为了更高效地达到该任务的要求，人们常常会设计出某种系统的方法来帮助自己，这种方法就是策略（strategy），策略有助于信息的加工。研究者认为，较小儿童由于不能像青少年和成人一样运用策略，因此在许多认知任务上处于劣势。研究表明，较小儿童在记忆任务中可以学会使用复述这种记忆策略，但不会自发地使用。[①②] 较小儿童与较大儿童相比，前者运用策略难度更大，而青少年往往能够和成人一样熟练地运用策略。例如，许多中学生在为即将到来的考试做准备时，会复习一遍他们的课堂笔记，列出每堂课的阅读大纲，并就不清楚的材料向教师进行咨询。

一些学者认为，较小儿童之所以不能更好地运用策略，是因为使用策略要消耗心理能量。也许随着基本认知能力的提高，例如，神经发展更加成熟、工作记忆容量增加、知识基础更丰富以及其他因素的作用等，个体执行一项策略所需的心理能量就会随之减少。由此，研究者进一步认为，高级的认知发展与知识基础、知识结构的建立有关。因为有了相应知识基础以后，在对相关信息进行编码、提取以及注意新异特征时才会只需要付出较少的认知努力。例如，在标准的数字记忆广度任务中，成人比儿童的成绩更好；但在对棋盘上的棋子位置进行记忆时，参加过国际象棋锦标赛的儿童（从小学三年级到八年级）比不会国际象棋的成人的成绩更好。

2．元认知

持信息加工观点的心理学家认为，认知的高级发展的另一个重要表现是元认知能力的发展。元认知是指对自己认知能力和局限性的认识。研究发现，较大儿童的元认知知识有所提高。例如，较大儿童会精确描述出自己的记忆能力、注意广度以及对某一特定领域（如足球）知识的深度与广度，能了解自己的优势和不足，知道哪些策略对自己最有用，并懂得何时可以运用策略。而较小儿童对其信息加工的元认知控制较弱，对自己的能力了解不多，不知道如何判断任务的难度，不能采用必要的程序或使用其他方法，往往过于乐观，认为自己能很好、很容易且很快地完成大多数认知任务。例如，在一项研究中，研究者给学前儿童和小学生一组项目让他们去记忆，直至他们确定自己能全部记住为止，结果发现，相比之下，较大儿童能够相对准确地判断自己何时已经学得充分了，并且能更好地预测自己可以回忆出多少个项目。[③] 此外，方平等人的研究发现，年级不同，其自我调节学习发展模式不同；低年级学生的自我效能感、学习策略对成绩有直接作用，高年级学生的自我效能感对成绩的作用必须以元认知和认知策略为中介，随着年级增长，元认知的直接作用更加明显。[④]

---

① FLAVELL J H, BEACH D R, CHINSKY J M. Spontaneous verbal rehearsal in a memory task as a function of age[J]. Child development, 1966, 37(2): 283–299.

② KEENEY T J, CANNIZO S R, FLAVELL J H. Spontaneous and induced verbal rehearsal in a recall task[J]. Child development, 1967, 38: 953–966.

③ FLAVELL J H, FRIEDRICHS A G, HOGY J D. Developmental changes in memorization processes[J]. Cognitive psychology, 1970, 1(4): 324–340.

④ 方平，姜媛，马英 . 初中生自我调节学习发展模式研究 [J]. 心理科学，2014, 37(5): 1160–1166.

三、维果茨基的认知发展理论

皮亚杰的观点强调认知发展的根源在于儿童自身的成熟，儿童运用因成熟而获得的能力去解决他们在社会环境中遇到的问题，即发展先于学习。维果茨基的理论则强调了社会文化对认知发展的影响，即学习先于发展。这个理论也因此被称作社会文化理论（sociocultural theory）。

维果茨基理论关于认知发展的看法具体包括社会文化对认知发展的影响、认知发展的内化机制、最近发展区的概念以及认知发展的三个阶段。

（一）社会文化对认知发展的影响

维果茨基认为，认知发展就是由低级心理机能向高级心理机能转化的过程。低级心理机能包括感觉、知觉、注意、记忆、情绪等；高级心理机能包括语言、思维、逻辑推理、想象、情感等。认知发展不仅依赖生理的成熟，更受社会和所处环境的影响。

维果茨基认为，社会文化的影响存在多种途径，如成人对儿童所思所想的看法、对获得技能的鼓励、对适用于儿童的信息资源的筛选、使用信息的方式、社会允许参与活动的种类以及对儿童参与某些情境的限制，等等，这些情形所包含的多重文化信仰和策略都会鼓励和发展不同的认知技能、认知方式和认知产品。例如，研究发现，使用算盘和不使用算盘的亚洲儿童对数字所具有的观念具有很大的差别。

在塑造认知的众多文化因素中，维果茨基特别强调语言的作用，他认为语言是促进认知发展的工具，认知发展的结果在很大程度上依靠语言。语言对认知发展具有两个功能：一是成人将生活经验和解决问题的方法通过语言传递给儿童；二是儿童以语言为工具来适应环境和解决问题。维果茨基认为，学前儿童的自我中心言语就是调和其思想与行动从而促进其认知发展的重要因素。在维果茨基的一个实验中，他让儿童自由地画一张图画，如太阳、月亮等，但故意不给他们面前摆放绘画要用的一些工具，如纸和笔等。在这种情况下，幼儿的自我中心言语的频率急剧增长。这说明，儿童在通过自我中心言语帮助自己思维。他还发现，自我中心言语虽然随年龄增长而逐渐减少，但直到成年并未完全消失，只是因为成年人的“自言自语”现象多数隐而不显而已。[①]

（二）认知发展的内化机制

维果茨基认为，认知发展依赖随个体成长而形成的符号系统（sign systems），它包括语言、写作系统和计算系统等。这些符号帮助人们思维、交流和解决问题，儿童通常通过接受教育以及从他人那里接受信息而获得这些符号。维果茨基认为，认知发展就是将这些符号内化。内化（internalization）是指儿童吸收来自社会环境的知识，以便在没有他人帮助时能够独立思考并解决问题。

维果茨基认为，儿童会观察人们之间的相互作用，并且自己也会同其他人发生相互作用，儿童通过模仿逐渐将他人提供的认知技能内化，而后不断重复这些技能，由此促进自己的认知发展。儿童观察到的相互作用越多，就越会从中受益。例如，一个小学一年级的学生可以通过反复观察来学会高年级学生所玩的操场游戏，通过反复观察成人各持己见的争论而学会如何为自己的观点辩解。婴儿更会从与他人所发生的相互作用中受益。

① 王光荣 . 维果茨基的认知发展理论及其对教育的影响 [J]. 西北师大学报（社会科学版），2004, 41(6): 122–125.

（三）最近发展区

维果茨基提出的最近发展区（zone of proximal development，简称 ZPD）概念将内化的观点进一步深化。最近发展区是指在有指导的情境下，儿童借助成人的帮助所达到的解决问题的水平与在独立活动中所达到的解决问题的水平之间的差异。他认为在认知发展的过程中，最近发展区代表了认知发展的潜力。他认为，儿童的认知发展有两种水平：一是独立解决问题时所具备的现有发展水平，二是在成人的帮助下或在与能力更高的同伴的合作下实现问题解决时所表现出的可能发展水平。二者之间的差距就是最近发展区。最近发展区内的学习是已有能力在被重组和内化后，又在一个新的、更高的内化水平上被整合。维果茨基认为，在认知发展问题上，人们以往过于强调儿童的独立表现，例如，只有当一个孩子在无人帮助的情况下知道"3 + 4 =？"时，人们才认为这个孩子学会了加法。但实际上，虽然独立表现是发展的重要指标，却不能完整地描述认知发展。

【微课】
最近发展区

最近发展区这个概念解释了认知发展如何与学习相结合的问题，也解释了儿童在成人指导和协助下常常有更高水平的表现这一事实。当成年人对儿童的有关行为进行指导时，就为儿童提供了一个"工作平台"，使儿童逐渐具有顺利解决问题所需的能力和策略。受到维果茨基的内化机制和最近发展区概念的影响，当代的社会文化理论都将儿童认知发展视为在成人指导和支持下的主动学习过程，将儿童看作学徒，成人则是儿童认知发展的"助推器"。其中，成人的指导起着"脚手架"（scaffolding）的作用，随着儿童认知的不断发展，"脚手架"才逐渐被"拆除"。

最近发展区理论是促进儿童高级心理机能发展的核心思想。围绕最近发展区理论，维果茨基在教学和发展关系上提出了三个主要观点。

一是最近发展区由教学创造。两种水平之间的差异实际上就是教育教学所带来的发展，是潜力的开发。儿童的这两种发展水平的动力状态是由教育教学决定的，即教学创造出最近发展区。

二是教学应该走在发展前面。环境和教育教学对儿童心理发展具有促进作用，也决定着智力的发展，其决定作用表现在智力发展的内容、水平、速度和活动的特点上。教学可视为"人为的发展"，因此教学要走在发展的前面。

三是学习的最佳期限。对儿童的教育教学必须以生物成熟为前提，又要走在心理机能形成的前面。最佳期限就是建立在正在开始又尚未形成的机能之上的。如果错过学习某一技能的最佳年龄，将不利于其发展。教育教学的最佳期限也就是儿童最容易接受有关教育教学影响的时期。

（四）认知发展的三个阶段

与皮亚杰的理论相同，维果茨基的理论也强调了认知发展的阶段性观点。他认为，每个儿童都按照相同的顺序分阶段地获得符号系统。维果茨基的一个实验很好地说明了认知发展的这种阶段性特点。

实验材料是很多小木块，木块有两种高度（高或矮）的变化和 6 种形状（圆、半圆、正方、梯形、三角形和六边形）的变化，每个木块底部写着无意义音节。实验者翻开木块，让儿童看到底部的无意义音节，然后要求他挑出其他自认为写有相同无意义音节的木块。实验通过要求儿童将形状和高度的各种组合与特定的音节相对应来分离出言语概念中的空间属性。

通过实验，维果茨基提出了儿童认知发展的三个阶段。第一，模糊音节阶段。此时，儿童完全依靠行动，他们以随机性的尝试错误的方式来更换不同的木块，直到发现正确的木块。第二，复杂阶段。这时，儿童已可以使用复杂程度不同的策略，但仍不能明确所要求的属性。第三，前概念阶段。这时，儿童已能处理木块的每一个有关的属性，但还不能同时操作所有属性。当儿童完成这三个阶段的要求时，就可以认为儿童形成概念的能力已经成熟了。

维果茨基是与皮亚杰同时代的心理学家，他们的理论分别强调了认知发展的不同方面。但由于英年早逝，他的理论未能像皮亚杰的理论那样全面而系统。维果茨基的观点激发了人们在社会框架中研究认知发展问题的兴趣，从而完善和扩展了认知发生、变化的毕生发展观。从 20 世纪 70 年代开始，维果茨基的认知发展理论广为传播，至今仍保持着极大的影响力。我国对于维果茨基的研究目前尚存在许多问题，如理论探讨相对较多，应用研究较少，实证研究薄弱，特别是缺少有影响力的研究成果。①

一些赞同皮亚杰观点的学者在吸收了其他理论流派，尤其是信息加工理论的研究方法和思想之后形成了新皮亚杰学派。这种多理论观点的整合将更有利于研究者对认知发展现象的解释。下面，我们也将以这种整合的思想，综合各种认知发展理论的观点以及认知发展研究领域中的多种研究成果，探讨如何根据青少年的认知发展特点进行教学。

第三节 青少年的认知发展与教学

当前，已经有很多关于认知发展的研究成果，在下面的内容中，我们将首先介绍一些研究成果，从中了解青少年的认知发展特点，随后将进一步阐述如何基于青少年的认知发展特点进行教学设计，探讨认知发展与课堂教学的关系，进而提高教学的质量与效率。

一、青少年的认知发展特点

为了更好地了解青少年认知发展的特点，我们将从纵向和横向两个方面进行比较，分别介绍青少年的认知发展水平以及青少年的认知发展差异。从纵向来看，我们主要关注青少年的感知能力、注意力、想象力、记忆力、思维能力五个方面的发展特点。

（一）青少年感知能力的发展

在青少年时期，个体的感觉能力有了较大的发展。研究表明，个体在 15 岁前后，其视觉和听觉的感觉能力甚至超过成人。② 初中生对各种颜色的区分能力比小学一年级学生高 60%，初中生对音高的分辨能力也比小学生高很多。在青少年中，很多人表现出特殊的音乐才能。青少年的其他感觉也有很大发展，特别是关节、肌肉的感觉能力得到了很大的提高，这为青少年从事写字、绘画、体育等活动提供了必要的条件。

在感觉能力发展的同时，青少年的知觉能力也有了很大的发展。一项研究考查了中学生的空间认知能力，结果表明，中学生的空间认知能力包括图形分解与组合能力、数学关系形象化表达能力、心理旋转能力、空间意识能力、空间定向能力、图形特征记忆能力、

① 王光荣 . 我国维果茨基心理学思想研究的历史与现状 [J]. 心理与行为研究，2014, 12(2): 277–280.

② 朱智贤 . 儿童心理学 [M]. 北京：人民教育出版社，2009: 1.

图形特征抽象与概括能力等多种成分。初中生与高中生的空间认知能力的大部分成分是相同的，但这些成分在各自结构中的重要性程度却不尽相同。[①]

（二）青少年注意力的发展

在青少年时期，个体的注意品质也有了良好的发展，这主要表现为注意保持时间的延长和专心程度的提高。研究表明，小学生随着年级的不断升高，其注意力发展水平呈现上升趋势。[②] 在青少年时期，个体能更好地进行有意注意和无意注意的交替运用，通过这种交替，青少年能够以更长的持续时间对特定对象进行观察。有研究表明，在一次飞机模型故障的观察中，初中生持续观察时间平均为 1 小时 35 分钟，而高中生的持续观察时间平均为 3 小时。研究表明，从初一年级到初二年级，学生注意力的稳定性有了迅速而显著的提高；从小学三年级开始到初中三年级，女生注意的稳定性均高于男生。[③] 王称丽等人采用“舒尔特方格”对 243 名 7—15 岁的学生进行注意力测验后发现，不同性别学生的注意力水平都随年龄增长而不断提高，并且男女之间无显著差异。[④]

（三）青少年想象力的发展

在青少年时期，个体的想象能力也有了较大程度的发展，这主要表现在想象的主动性、想象的现实性和想象的创造力等几个方面。我国小学生的创造性想象力从一年级到六年级，随着年龄和知识经验的增长，处于持续上升的趋势，且增长速度较快。低年级小学生的想象力富于模仿与简单再现，逻辑性较差；高年级小学生的想象力的概括性、逻辑性都有所增强，并且加入了不少创造性成分。[⑤] 小学生想象力的新颖性在四年级时遇到关键节点，并且学习成绩越好的小学生其创造性想象力水平越高。[⑥] 在想象的主动性方面，初中生能较好地排除其他因素的干扰围绕主题进行想象，但其想象过程还是表现出较强的随意性和被动性，不善于主动地提出想象的任务；而高中生则不仅能迅速地完成内容较为复杂的想象任务，还能主动地提出想象的任务。另外，由于感知能力、对语词的理解能力的显著提高以及生活经验，特别是科学知识的积累，青少年的想象能更精确地、完整地反映客观现实，从而使想象具有较高的现实性。并且随着表象内容的深刻和丰富以及想象的认知操作能力的提高，青少年想象的创造性也有了很大的发展并逐渐占优势。

（四）青少年记忆力的发展

在青少年时期，个体在记忆的有意性、记忆的理解性、记忆内容的抽象性等方面都有了很大的提高。

从记忆的有意性来看，在初中阶段，有意记忆的主导地位已经基本得到确立，但识记的目的和任务是由成人提出来的。而到了高中阶段，个体则能自觉地、独立地提出较为长远的识记目的和任务，选择适合自己的识记方法，自觉地检查识记的效果，并对识记过程进行自我监控。

---

① 李洪玉，林崇德．中学生空间认知能力结构的研究 [J]. 心理科学，2005, 28(2): 269–271.

② 吕志芳．发展性协调障碍儿童的注意品质特点 [D]. 开封：河南大学，2016.

③ 李洪曾，王耀明，陈大彦，等．中小学学生注意稳定性的研究 [C]. 全国第六届心理学学术会议文摘选集，1987: 78–79.

④ 王称丽，贺雯，莫琼琼．7—15 岁学生注意力发展特点及其与学业成绩的关系 [J]. 上海教育科研，2012(12): 51–54.

⑤ 童柏荣．浅论小学生想象力的培养和发展 [J]. 教育教学论坛，2011(35): 78–80.

⑥ 李秀菊，王丽慧，陈玲．小学生创造性想象力的发展趋势研究 [J]. 科普研究，2014, 9(6): 5–10, 18.

从记忆的理解性来看，在高中阶段，理解识记已成为学生识记的主要方法，机械记忆在初中阶段达到最高水平，在高中阶段呈下降趋势，但仍然保持一定水平。研究表明，在识记材料便于理解记忆时，初二学生的正确回忆项目数为4.43个，高二学生为5.80个；当材料只适合机械记忆时，初二学生的正确回忆项目数为3.19个，高二学生为2.80个。青少年记忆的理解性的发展还体现在知识掌握过程中知识表征的变化上，即发生了由情景记忆向语义记忆的转变。[①] 情景记忆大多是以场景的形式储存的与个人经验有关的事件的信息，语义记忆则是以语言的形式储存的关于现实世界的知识。

从记忆内容的抽象性来看，小学生的思维水平较低、经验贫乏，个体的形象记忆优于抽象记忆。在初中阶段，个体抽象记忆的发展水平逐渐超过形象记忆。到了高中阶段，个体的抽象记忆已占绝对优势，但形象记忆仍然具有重要作用，它为理解抽象材料提供了必要的感性支持，是抽象记忆发展的基础。

（五）青少年思维能力的发展

青少年的形式思维已经具有了很大的发展，这有力地促进了其整体思维的进一步发展，使得此时的思维形式与儿童期相比具有很大的不同，主要表现在抽象思维的发展和批判性思维的发展两个方面。

1. 抽象思维占主导地位

抽象思维能力在青少年期得到了迅速发展，并开始处于优势地位，由此使得青少年能够更好地理解问题解决的过程以及所使用的策略。[②] 抽象思维能力的发展与基本信息加工能力的发展和不同领域知识的获得有关，二者皆是学校生活和经验的结果。研究发现，在11—16岁，个体信息储存的速度、信息加工的效率和能力都有所增长。

在少年期的思维中，尽管抽象思维开始占优势，但在很大程度上还属于经验型的抽象思维，即抽象思维需要感性经验的直接支持。青年初期的抽象思维则属于理论型，他们已经能够用理论做指导，对各种事实材料进行分析和综合，从而不断扩大自己的知识领域。抽象思维从经验型向理论型转化意味着青少年的思维趋向成熟。这种转化的关键期在初中二年级（十三四岁），到了高中二年级（十六七岁），这种转化初步完成。

2. 批判性思维发展迅速

当青少年步入成人早期时，其思维发展的另一个突出特点是思维的批判性有了显著的发展，他们会逐渐认识到，大多数现实生活中的问题并非只有唯一的正确答案，甚至能够对两种相反的论点进行整合，提出一个综合的论点。批判性思维是人类最高级的思维形式，批判性思维技巧与认知灵活性是青少年创造性的重要构成要素，批判性思维的成熟是青少年思维整体结构形成的标志。

批判性思维到高中阶段达到基本成熟的水平，与抽象思维的发展水平相比，青少年批判性思维的发展明显偏低。在一项研究中，中学生被试的批判性思维的平均分数都比较低。其中，初一和初三年级被试的批判性思维的正确率分别为37.94%和45.28%，高二年级被试的正确率也刚刚超过50%，但年级间存在显著的差异。[③] 刘欢的研究也再次证实了

---

① 隋洁，吴艳红，王金凤，等. 中学生知识获得过程是从情景记忆向语义记忆转化的过程[J]. 心理科学，2003, 26(5): 784-789.

② NEWMAN, NEWMAN. 发展心理学：第8版[M]. 白学军，等译. 西安：陕西师范大学出版社，2005: 12.

③ 李洪玉，林崇德. 中学生空间认知能力结构的研究[J]. 心理科学，2005, 28(2): 269-271.

这个观点。[①] 这说明青少年的批判性思维能力随着年龄的增加而迅速发展。

青少年的批判性思维包括概念、判断和推理这三种成分。一方面，批判性思维诸成分的发展趋势具有一致性。例如，在一项研究中发现，初一年级学生在小学的基础上已经开始掌握批判性思维的概念、判断和推理等各种成分，但水平较低，仅仅是个良好的开端；初三年级学生正处于迅速发展的阶段，初三是个重要的转折时期；高二年级学生得分的正确率已超过 50%，这表明高中学生的批判性思维已趋于优势地位，但还不够成熟，距离成熟指标（即统计上的第三四分点：75%）还有一定的距离。

另一方面，批判性思维诸成分之间明显存在发展的不平衡性。其中，概念和判断的发展似乎是同步的，在每个年级中，此二者几乎都处于同一发展水平，推理的发展则远远落后于前两者，即使到了高二年级，其正确率也仅为 37.10%。此外，韩琴[②] 等人对发展初中学生批判性思维能力的实验研究表明，任务情境教学能有效地促进初中生批判性思维的发展，可以显著提升其认知成熟度、寻找真理、求知欲和自信心。

当前值得注意的一个问题是，互联网的使用在促进青少年批判性思维的发展的同时，可能会抑制青少年抽象思维的充分发展。因为互联网中存在海量信息，这些信息的组织与发布遵循去中心化的标准（即信息的组织与发布没有统一的标准），一个信息可以从多角度去理解。因此，在互联网使用过程中，青少年可能逐渐形成批判性思维技巧。但经常使用互联网也可能导致青少年从客观世界获得直接经验的机会减少，而从互联网空间中获得替代经验的机会却在不断增多。直接经验的减少与替代经验的增多，可能在一定程度上会抑制青少年抽象思维的充分发展。同样，互联网的使用对青少年的道德性思维也产生了重要的影响。[③]

二、青少年的认知发展差异

前述内容纵向比较了青少年的认知发展水平，下面，我们将从性别差异和跨文化差异两个方面对青少年的认知发展进行横向比较，以便读者更好地了解青少年认知发展的特点。

（一）青少年认知发展的性别差异

在日常生活中，常常会出现诸如“是男人更聪明还是女人更聪明”之类的争论，或许正是这类无休止的争论促使认知心理学家把这个问题转化为一个心理学的研究问题，即“女性和男性在认知能力上是否存在总体差异”，并利用心理学的研究方法研究了这个问题。在研究认知能力时，研究者主要比较了言语能力、视觉空间能力和数量能力等几个方面的性别差异，下面，我们就从这几个方面进行介绍。

言语能力包括词汇量、言语流畅性、语法、拼写、阅读理解、口头表达和解决字谜游戏等语言问题的能力。一些研究者综合了多年的研究结果发现了这样一个状况，即 1973 年前的大量研究表明，言语能力的性别差异比较显著，例如，在 11 岁以后，女性在语言理解、语言生成、创造性写作、言语类比和言语流畅性等一系列言语任务上的表现都优于男性；1973 年后的研究结果的差异指数则大为下降。因此，研究者认为言语能力在总体

① 刘欢．青少年批判性思维倾向的结构、测量及影响因素 [D]. 温州：温州大学，2016.

② 韩琴，卫晓萍．任务情境教学对发展初中生批判性思维能力的实验研究 [J]. 教育理论与实践，2014, 34(10): 62–64.

③ 兰英，王建．新媒体环境下美国青少年道德思维发展状况 [J]. 当代青年研究，2017(3): 119–123.

上是没有性别差异的。

视觉空间能力通常是指在对不同物体、形状或图画等进行心理旋转或心理转换等任务上的表现。研究表明，信息加工任务所要求的加工速度越快，性别差异就越明显。例如，与简单的二维内容任务相比，一些心理旋转任务由于包含了复杂的三维内容，因而通常会显示出更大的性别差异。研究者从两个方面分析了产生这种表现的原因。一方面，可能是男性和女性在处理问题时使用了不同的策略，另一方面，可能是因为男性和女性的大脑半球在认知活动中的作用稍有不同。大脑半球的单侧化优势观点认为，对于绝大多数人而言，左半球负责言语流畅性、言语推理等分析性推理，右半球负责理解空间关系和处理情绪信息。而上述的性别差异可能是因为男性的两个脑半球的单侧化优势比女性更加突出。

数量能力包括算术知识、技能以及对数量概念的理解。研究发现，数学能力在小学阶段没有性别差异，但从十二三岁开始则逐渐表现出性别差异。但也有研究表明这种性别差异只是发生在那些需要运用代数知识而不是运用几何和算术知识的问题上。[①]

（二）青少年认知发展的跨文化差异

文化通常包含了独特的语言、风俗和信仰等。研究发现，文化因素对认知发展具有显著的影响。我国学者罗平的一项青少年思维发展调查研究表明，藏族、汉族中学生逻辑推理能力的发展、逻辑法则运用能力的发展和批判性思维的发展都存在显著的差异。[②] 陶格斯发现，大学二年级的蒙古族学生与汉族学生存在明显的认知方式的差异，汉族学生比蒙古族学生更倾向于场独立性。[③] 另一项研究发现，亚洲人（日本、中国和韩国）加工信息通常会更加全面、更多地考虑情境，而西欧和北美人则倾向于更多地进行解析[④]。关于产生这种认知发展的跨文化差异的原因，有研究者指出了语言对于认知的影响，即语言与其他认知过程之间存在非常密切的关系，一个人在成长中使用的语言会影响其思维和知觉的方式。

三、如何根据青少年的认知发展特点进行教学设计

青少年的认知发展特点和认知发展理论的知识都可以应用到日常的教育实践中来指导教师教学。教学设计的目的就在于帮助个体的学习，经过系统设计的教学能极大地影响个人的发展。下面，就从教学目标、教学内容、学习环境与课程教学等几个方面来讨论如何根据认知发展的相关知识进行教学设计。

（一）认知发展与教学目标

为了促进青少年学生的认知发展，教学的重点应该是启发和促进思维发展，使学生具有逻辑推理以及掌握复杂抽象概念的能力。也就是说，教师不仅要向学生传授知识，增加知识的分量和深度，更要重点讲解知识得以建构的理论框架；不仅要让学生记一些定义和原理，更应让他们了解这些定义和原理的理论假设、逻辑和事实依据以及推理过程，等

① GALOTTI K M. 认知心理学：第 5 版 [M]. 吴国宏，等译 . 北京：机械工业出版社，2016: 1.
② 罗平 . 藏族在校青少年思维发展的调查研究 [J]. 西藏大学学报（汉文版），2002, 17(1): 75-80.
③ 陶格斯 . 蒙汉族学生认知方式与人格特质的相关性及其发展研究 [D]. 呼和浩特：内蒙古师范大学，2008.
④ NORENZAYAN A, SMITH E E, KIM B, NISBETT R E. Cultural preferences for formal versus intuitive reasoning[J]. Cognitive science, 2002(26): 653-684.

等。智慧训练的目的是形成智慧而不是储存记忆，是培养出智慧的探索者，而不仅仅是博学之才。皮亚杰认为，个体心理发展的过程实际上就是思维发展的过程，因此，促进学生的认知发展是教学目标的一个重要方面。

（二）认知发展与教学内容

对于每个教师而言，教学中的一项重要任务就是确定学生的认知发展水平并提供与其水平相一致的教学内容。

教学实践中的一个常见问题是学习困难。造成这个问题的原因有多种，但其中的一个重要原因是学生的认知能力的发展低于其生理年龄的发展。按照皮亚杰的观点，儿童必须具备一种相应的图式结构才能同化某一信息。可见，正是学生的认知发展水平上的局限造成了教育上的智力落后。从前述介绍的研究中可知，青少年的认知发展水平存在个体差异，不同民族、不同地区的学生认知发展水平差异很大。而对于同一个地区、同一个年龄、同一班级的学生的认知发展水平也可能处于不同的阶段。

在教学内容适应学生的认知发展这个问题上可以从两个方面进行考虑。一方面，在教学大纲内容的安排上要有层次性，教师要以处于平均认知发展水平的学生为标准，提出既不超出当时的认知结构的同化能力，又能促使学生从现有认知阶段发展到高级认知阶段的教学方案，即既有基础内容又有提高的部分。同时，还要兼顾处于认知发展一般水平之外的学生，对于一些认知发展水平较低的学生，注重培养其掌握基础知识；对于一些认知发展水平较高的学生，则注重给予其提高性知识的教学。另一方面，在教材的选择上也要考虑所在地区的特点，鉴于不同地区学生认知发展水平的差异，就要考虑到适合汉族学生使用的教材可能并不适合藏族学生。

（三）认知发展与学习环境

除了从上述的教学目标和教学内容方面进行合理设计以外，为了促进学生的认知发展，还需要创设以学生为中心的学习环境（student-centered learning environments, SCLES）。因为学生是从自己的经验中建构自己的意义的人，所以教学并不仅仅是向学生传播观念的过程，学校教学的实质是为学习提供一种环境。

有学者认为，这种以学生为中心的学习环境关注的不是教师应以什么方式最有效地传递信息，而是提供互动的、鼓励性的活动，满足学生个人独特的学习兴趣和需求，在不同复杂程度下学习并加深理解。[①] 因此，教师应该将学习的主题和问题置于更宽广的背景下，培养学生的感知力、创造力和想象力以及分析问题、解决问题的能力。下面就从感知环境、体验情境、探索情境、自主学习环境和合作情境等几个方面来介绍创设以学生为中心的学习环境应如何创设。

1. 优化感知环境

在建立以学生为中心的学习环境的过程中，一个重要环节就是优化感知环境。优化感知环境可以提高学生信息获取的效率，促进青少年的认知发展。优化感知环境可以从实现知觉情境的丰富性和新奇性两个方面入手。

首先，教师可以在教学过程中创设引发直接感知的丰富的知觉情境。根据对学生的认知特点的研究结果可知，在通常情况下，儿童认识事物通常遵循“直接感知—表象—概念

① NEWMAN, NEWMAN. 发展心理学：第 8 版 [M]. 白学军，等译 . 西安：陕西师范大学出版社，2005.

系统”的规律，并且研究发现，在人类获取的信息中，83%来自视觉，11%来自听觉，而通过多种感官则可以获取更多的认知信息。因此，教师可以积极利用多媒体等技术，通过文本、图形、动画、视频图像和声音等多种手段，把教学内容展现在学生面前，让学生通过多种外部刺激迅速感知教学内容，从而优化信息的获取过程，加深对事物的理解。

其次，在教学过程中，教师还需要创设能够引发注意的新奇的知觉情境。研究表明，注意经常指向环境中的新事物或变化，因此，教师可以利用问题、故事、游戏等方式来设置新奇的知觉情境来引发学生的注意，使学生产生强烈的探究欲望，从而迅速进入学习状态。

2．创设体验情境

为了创设以学生为中心的学习环境，教师可以在教学过程中创设体验情境，使学生有可能对认知技能进行模仿和内化。因为大部分中学生的思维还未充分达到抽象水平，或是仅仅在某些领域达到了抽象水平，因而大部分学生学习抽象概念和规则仍然需要具体经验的支持。

教师可以将学习内容与学生的已有知识联系起来，并对学习过程中可能发生的认知过程进行实践。在教学过程中，教师可以通过让学生解决课程中的疑问、专题或案例来促进学生对抽象概念及理论的理解。例如，在基于案例的学习中，学生对案例（如法律、医学、社会工作等）进行研究、归纳和判断时，必须像实践者那样思考并处理复杂的问题。在这个过程中，学生从自己的经验中自主构建出新的知识体系，而且发展了必需的思维技能。研究表明，与其他学习方式相比，学生通过自身的经历、体验来学习，掌握知识技能的效果更好。此外，教师还可以积极利用多媒体技术与虚拟网络技术提供演示性、参与性的学习环境，培养学生的把所学知识转化为实际的操作能力。

3．创设探索情境

在创设以学生为中心的学习环境的过程中，可以通过创设探索情境来培养学生的批判性思维。教师可以通过给学生提供假设性问题来创设探索情境。例如，让学生写诸如“如果地球上人们灭绝会是什么样”等探索性的文章以培养学生的想象力，提高学生的创造力。与此同时，向学生提供有趣的、相关的、有吸引力的问题是十分必要的。学生往往知道课本上的问题是规定性的和结构良好的，这样就会缺少解决它们的理由和欲望，因此，问题应该是结构不良的，即由学生去发现问题的某些关键因素。在此过程中，教师也需要保持足够的逻辑性并能向学生提供具有建设性的意见。

4．创设自主学习环境

此外，还可以通过创设个性化的学习环境来促进青少年的认知发展。青少年的认知发展水平存在个别差异，为了让各种层次的学生的认知能力都能得到发展，教师可以通过构建以学生为中心的个性化学习环境，帮助学生完成自主学习，从而使不同的学生在不同的学习阶段都能获得学习上的进步，进而使其认知能力得到发展。在创造自主学习环境时，教师可以尝试多种途径。

计算机辅助教学就是一种有效的途径。例如，教师可以充分利用多媒体网络技术，通过预习辅导型的课件帮助学生了解活动课程教学中将要涉及的内容、知识；利用课堂教学辅助型的课件进行个别化教学，并帮助学困生克服因群体教学时不主动提问、不理解题意、讨论不深入等不良学习习惯，增强学习的自信心；利用课后反馈型的课件（如网上测试等）使学生进一步加深对知识的理解。

宽松、民主的学习情境对于自主学习也是非常重要的。研究表明，学生只有在宽松、民主的环境中学习，才能思路开阔，思维敏捷，积极主动地参与学习活动。因此，建立和谐的师生关系，营造一种轻松愉悦的氛围，可以唤醒学生求知的欲望和参与的热情。在教学过程中，教师应该允许学生自由提出问题并在课堂上展开讨论，鼓励并重视学生提出的有建设性、有创意的想法，给学生以自主思考的空间，营造出一种民主、平等的课堂氛围，使学生敢于发表意见，从而充分发挥他们的想象力和创造力。

学生的成功体验也是自主学习不断深化的保障。教师可以运用激励性评价创设成功情境。在教学过程中，教师可以采取分层的评价标准，对学生取得的进步和成功及时给予鼓励和表扬，同时，及时帮助学困生分析原因，肯定他们的努力，从而让每个学生都能得到激励，享受到学习的快乐，激发起学习的积极性，增加学习动力。

5. 创设合作情境

在创设自主学习情境的同时，也可以通过创设合作情境来促进学生的认知发展。根据维果茨基的最近发展区概念，学生的认知发展存在一个潜在水平，因此，通过使青少年得到成人的指导或能够与其他更优秀的同龄人合作从而创设一个合作交流的情境，这对于青少年的认知发展具有很大的意义。在教学过程中，教师可以把全班学生分成不同的小组，以小组为单位进行学习，让不同水平的学生互相学习、互相帮助从而共同提高。因为对于同一个问题，不同思维风格的学生可能会从更多不同的角度、不同的思考方向以及不同的视角得出不同的观点，因而相互间的启发性也更强。

同时，教师要让学生有更多的机会发表自己独立思考的见解，鼓励学生积极参与教学活动。教师要提倡教学相长和学生之间的相互启发，使不同水平的学生相互激发，逐步提高其认知发展的水平。这一点对提高和维护学生的学习热情、增强其学习兴趣和信心尤为重要。

（四）认知发展与学科课程教学

除了以上途径以外，教师还可以充分利用课程教学来促进青少年的认知技能的发展。青少年的认知能力是在各科教学和各种实践活动的推动下迅速发展起来的。中学里复杂多样的学习环境可以使学生形成概念的技能得到极大的发展。具体学科的教学为青少年的认知发展提供了条件而各科教学和实践活动不断地对其认知能力提出了更高的要求，推动青少年的认知发展。

下面以外语课程教学为例，谈学科课程教学对青少年认知发展的影响。外语学习是一种新的认知技巧的习得过程，教师可以把皮亚杰的同化与顺应的观点应用在外语教学中，积极促进学生的认知发展。在外语学习过程中，学生通过对本民族和另一个民族的语言、文化和价值观念系统的扬弃，找到认知发展的平衡点，这是一种相互适应的互动过程。例如，在接收到新的语言信息时，学生需要使已经学过的语言知识适应新的信息，从而使新的信息与已有知识及时得到同化。在教学过程中，教师可以鼓励学生积极参与新语言的学习过程，这样就把学生看作语义建构的积极参与者而不是把学生看成语言的消极接受者。另外，教师在外语教学中进行有意义的语言练习也有利于培养学生的积极思维，帮助学生提高认知水平。教师可以设计有关任务和活动，例如，让学生通过观察、翻译等方法解决语言问题，从而实现语言技能、语言知识和心理过程的同化，并在解决语言问题的过程中掌握语言。同时，教师还可以根据学生的实际认知水平确定学习任务，为认知发展水平较低的学生所确定的学习任务相对具体，而为认知发展水平较高的学生所确定的学习任务则相对复杂。

综上所述，教师了解认知发展的理论以及相关的研究成果是非常必要的，而在此基础上，根据所掌握的认知发展知识对教育教学进行更加科学的设计则是一项更为重要而有意义的工作，需要广大教师做出更多的努力和尝试。

【本章小结】

1. 认知发展是指一个人进行智力活动并获得相应产物的能力的进步或提高。它由生理因素（如遗传和成熟）和环境作用（如学校教育和练习的机会）共同决定。

2. 阶段性观点认为，个体的认知技能是以一种分离的、阶段性的模式发展的。连续发展观点认为，认知发展并非沿着一系列不同质的阶段进行，不同水平的认知也由相同性质的智力结构组成，更高水平的认知能力是逐渐获得或显现的。当前很多研究表明，认知发展是阶段性与连续性的统一。

3. 关于认知发展是同时在多个领域发生还是以不同的速度在不同领域发生，当前存在领域一般性和领域特殊性两种不同的观点，二者是相互补充，相互渗透的。

4. 皮亚杰的认知发展理论认为，个体从出生到成熟的发展过程中，个体的认知系统经过对环境因素不断地同化、顺应和平衡化过程，内在结构逐渐发生了由简单到复杂的变化，由此发生了认知发展，并形成了本质不同的心理结构和认知发展的不同阶段（如表 2-1 所示）。

表 2-1 皮亚杰的四个认知发展阶段

序号	阶段名称	年龄区间	主要特点
1	感知运动阶段	0—2 岁	① 认知发展主要是感觉和动作分化 ② 此阶段后期，思维开始萌芽 ③ 探索周围主要靠手的抓取和嘴的吮吸
2	前运算阶段	2—7 岁	① 语言能力和运用象征符号的能力逐步发展 ② 在思维上没有获得守恒概念 ③ 三个典型的局限性特点是：自我中心、思维不可逆、刻板性
3	具体运算阶段	7—11 岁	① 能用逻辑方式解决遇到的具体问题 ② 能理解可逆性 ③ 不能进行抽象思维
4	形式运算阶段	11—15 岁	① 能用逻辑方式解决遇到的抽象问题 ② 思维更具灵活性、系统性和抽象性 ③ 具备补偿性的可逆思维 ④ 不再刻板地恪守规则，反而常常由于规则与事实的不符而违反规则

5. 信息加工观点坚持认知发展的领域特殊性观点，将人类心智比拟为一个复杂的计算机，其核心思想是“人们在一个有限的系统中，通过使用不同的认知操作或策略对信息进行加工”，认为存在基础发展和高级发展这样两种认知发展过程。前者包括工作记忆的容量与加工速度、注意与知觉编码、信息加工方式；后者包括认知策略与元认知。

6. 维果茨基认为，认知发展是个体心理在环境和教育的影响下，由低级心理机能向高级心理机能转化的过程，是将符号系统内化的过程。他提出了最近发展区的概念，并由此阐述了教学与发展的关系：最近发展区由教学创造；教学应该走在发展前面；学习有最佳期限。与皮亚杰的理论相同，维果茨基也强调认知发展的阶段性观点，认为儿童认知发展包括三个阶段，分别是模糊音节阶段、复杂阶段以及前概念阶段。

7. 青少年认知发展的特点主要为：感受性和观察力发展迅速，知觉的有意性、目的性、精确性和概括性更加发展，出现逻辑性知觉；注意力的集中性和稳定性、转移和分配能力均有一定发展，能很好地进行有意注意和无意注意的交替运用；想象的主动性、现实性日趋增强并具有逻辑性，想象的创造性开始占优势地位；有意识记开始占主导地位，理解识记成为记忆的主要方法，抽象记忆进一步提升；抽象思维占主导地位，批判性思维能力迅速发展，但思维发展存在个别差异。青少年的认知发展的某些方面也存在性别差异和跨文化差异。

8. 教学设计的目的在于帮助学生的学习。在教学设计中，教师应充分考虑学生现有认知水平的层次，提出能够促进学生从现有认知阶段发展到高级认知阶段的方案。学校教学应该根据学生的认知发展的特点，创设以学生为中心的学习环境，并且要在课程教学中创造复杂多样的学术环境使学生形成概念的技能得到极大发展。

【实践·反思·探究】

1. 在课堂教学中，你会如何处理学生认知发展差异问题？如何根据认知发展的相关知识进行教学设计？

2. 回顾你的成长经历，你和同伴间的争论或讨论对于你的认知发展有什么影响。

【推荐阅读】

1. 陈英和. 认知发展心理学[M]. 北京：北京师范大学出版社，2013.

2. 英海尔德，辛克莱，博维尔. 学习与认知发展[M]. 李其维，译. 上海：华东师范大学出版社，2001.

3. 郭本禹. 道德认知发展与道德教育：科尔伯格的理论与实践[M]. 福州：福建教育出版社，2005.

4. 连榕. 认知心理学[M]. 北京：高等教育出版社，2010.

第三章　智力和创造力发展

【学习目标】

● 了解智力和创造力的测量方法，智力和创造力发展的影响因素。

● 理解智力含义、智力理论、创造力含义、创造性思维的要素、智力和创造力的关系。

● 掌握青少年智力和创造力发展的特点。

● 懂得如何在教育教学中培养青少年的智力和创造力。

【知识导图】

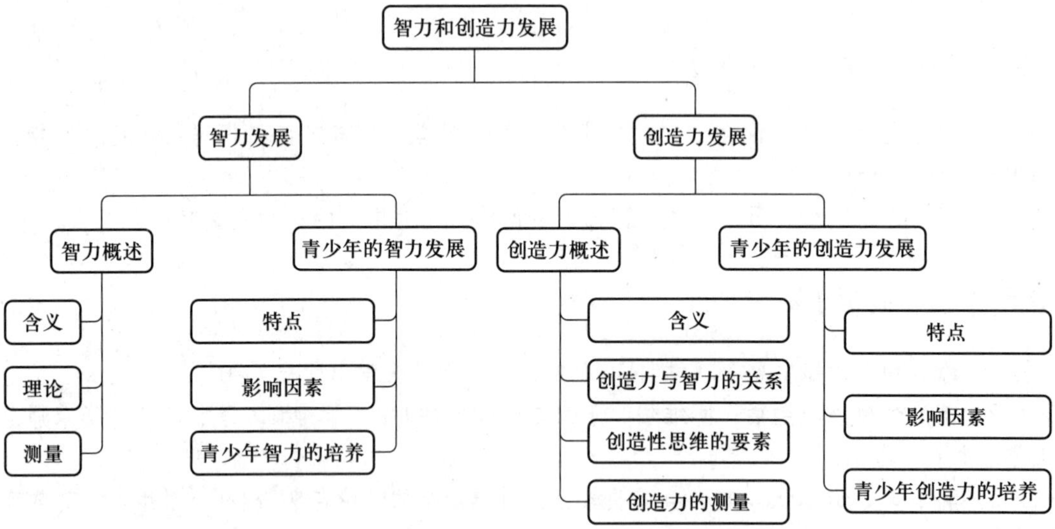

在人类历史上，能够创造一个时代的人寥若晨星，比尔·盖茨就是其中的一个。身在信息时代，他靠计算机征服了世界，从而使世界面貌发生了根本性的变化，有人称他为“电脑帝国的拿破仑”。他不仅是计算机的玩家，更是一个经营家，31 岁就已经拥有了 10 亿美元的资产，41 岁就成为世界首富，有人也称他为信息时代的福特。

比尔·盖茨的成功靠的是什么？靠的是他超群的智力和创造力，以及坚毅、自信、冒险和不甘落后的个性。

智力和创造力是个体重要的心理品质，也是学校教育中对青少年培养的重要方面。本章探讨青少年智力和创造力的发展问题，首先介绍智力的含义、智力理论以及智力的测量方法；然后探讨青少年智力发展的特点和影响因素，以及如何通过学校教育来促进青少年的智力发展；最后讨论创造力的一般性知识、青少年创造力发展的特点和影响因素，以及培养青少年创造力的主要途径。

第一节　智力概述

智力作为心理学的研究内容之一，在教育中一直受到高度重视。然而，人们在智力的性质和智力的测量方法上产生的一些错误的观念可能会严重阻碍一个青少年在教育上本应获得的进步。下面就从智力的含义、智力的理论和智力的测量三个方面进行介绍，力求使读者对智力的内涵获得更为全面而准确的理解。

一、智力的含义

在讨论智力的含义之前，请你先思考下面这个问题：假如有两位高中生，其中一位和别人交谈时说不过三句话，从未写出过一篇好文章，也画不出一幅好画，可是他会计算微积分方程；另一位高中生受人喜爱，善于交流，连续两年当选为学生会主席，可是圣诞晚会的预算他却算不清楚。那么，谁更有才智呢？对此问题，有人认为第一位学生聪明，有人认为第二位学生聪明，也有人认为他们都聪明，只不过表现在不同的方面而已，还有人提议给他们做一个智力测验，看一看他们的智商水平是否有差异。事实上，为了回答上面的问题，我们就需要了解什么是智力。

智力是一个复杂而颇有争议的概念。关于智力的定义，心理学家众说纷纭，至今还无法提出一个被所有学者都一致认可的定义。韦克斯勒（D. Wechsler）认为，智力是有目的的行为、合理的思维以及有效适应环境的整体能力。加德纳（H. Gardner）认为，智力是个体解决实际问题的能力，是产生或创造出具有社会价值的有效产品的能力。斯滕伯格（R. J. Sternberg）认为，智力是从经验中学习和获益的能力，是抽象思维和推理能力，是适应不断变化、模糊多样的世界的能力，也是激励自己有效地完成应该完成的任务的能力。有研究者认为，智力就是进行抽象思维、解决问题和学习的能力。由于智力问题本身的复杂性，心理学家对智力的看法虽不尽相同，但各种定义之间并不矛盾，只是从不同的角度和方面对智力加以界定，进一步反映了智力的多面性。表 3–1 是调查了 1020 位智力问题专家的部分结果，其中，至少有 75% 以上的人认为表中列出的元素是智力的重要组成部分。总之，大多数心理学家倾向把智力看作人的一种综合的认知能力，包括学习能力、解决问题能力、适应能力、抽象推理能力，等等。

表 3–1 专家对智力的重要元素的评价 ①

重要元素	认为此项内容重要的人数百分比 /%
抽象思维或推理能力	99.3
问题解决能力	97.7
知识获取能力	96.0
记忆力	80.5
对环境的适应能力	77.2

二、智力的理论

心理学界对智力的看法有一个不断深化和发展的过程，了解智力理论的发展对于我们了解智力的实质、科学设计智力的测量工具以及开发智力都有重要的意义。自 20 世纪以来，心理学家从不同角度对人的智力进行了广泛的研究，形成了各种不同的智力理论。

（一）传统智力理论

传统智力理论认为：智力是人脑的内部特征和有待发现的心理结构；智力是以语言能力和数理逻辑能力为核心的、以整合的方式存在的一种能力，这种能力可以通过智力测验测量出来的。因素分析法是建构这类理论的主要方法。研究者们试图寻找智力的构成因素，不同的研究者通过因素分析法得到的智力构成因素各不相同，形成了各种不同的智力理论。

1. 斯皮尔曼的二因素理论

英国心理学家斯皮尔曼（C. E. Spearman）最早在智力领域中应用了因素分析法。他发现个体在不同智力测验上的分数具有高度相关，因此，他认为智力包括两种潜在的因素。一种是一般因素（general factor），简称 G 因素。他认为，尽管完成不同的任务需要不同的能力，但在所有的学习中都存在一个 G 因素，它是一切智力活动的共同因素，会影响个体在所有智力测验中的表现。另一种是特殊因素（specific factor），简称 S 因素，它只与特定的智力活动有关。完成任何一项任务都必须依靠这两种因素的参与，G 因素是智力结构的关键和基础。

2. 卡特尔的晶体智力和流体智力理论

卡特尔（R. B. Cattell）采用更为先进的因素分析法，将 G 因素进一步分为两个相对独立的成分，即晶体智力（crystallized intelligence）和流体智力（fluid intelligence）。晶体智力是指一个人所获得的知识以及获得知识的能力，如知识、词汇和理解力等。它主要是后天获得的，与知识、文化和经验的积累有关。而流体智力是指与基本心理过程有关的能

① COON D, MITTERER J O. 心理学导论：思想与行为的认识之路：第 13 版 [M]. 郑钢，等译 . 北京：中国轻工业出版社，2014: 426.

力，如感知能力、记忆力、运算速度和推理能力等。它主要和神经生理结构和功能有关，随神经系统的成熟而加强，相对不受教育文化的影响。研究表明，晶体智力可以随年龄增长而提高，而流体智力发展到一定年龄就不再提高，在成年期保持一段时间以后，开始逐渐下降。

3. 瑟斯顿的多因素理论

美国心理学家瑟斯顿（L. L. Thurstone）通过研究发现，人的智力是由言语能力、词句流畅能力、数字能力、空间能力、知觉能力、记忆能力和推理能力七种彼此独立的基本心理能力组合而成的。这些基本心理能力的不同搭配，便构成了个体独立的智力整体。在瑟斯顿之后，又有许多心理学家致力于智力的不同因素的研究，而且这方面的研究还在继续。

4. 弗农的智力层次结构理论

英国心理学家弗农（P. E. Vernon）提出了智力层次结构理论。他认为智力的结构是按层次排列的，并把它分为四个层次：最高层次为一般因素；第二层次为大因素群，即语言和教育方面的因素、操作和机械方面的因素；第三层次为小因素群，包括言语、数量、机械、信息、空间能力、手工操作等；第四层次为特殊因素群，即各种各样的特殊能力。

5. 吉尔福特的智力三维结构模型

美国心理学家吉尔福特（J. P. Guilford）否认智力中一般因素的存在，认为把智力分为几个有限的因素过于简单化。他采用因素分析法检验了许多与智力相关的任务，提出了智力的三维结构模型。他认为，智力结构应从操作、内容和产品三个维度来考虑，每一个智力任务都包含这三个维度，每一个内容—操作—产品的结合都代表了一种独立的智力。之后，吉尔福特对这个三维空间结构不断充实，从最初的 120 种智力因素，扩大为 180 种智力因素，后来又扩大为 240 种智力因素。

（二）当代智力理论

传统智力理论主要是对智力结构进行静态描述，很少涉及智力活动的内部心理过程，忽视了智力活动的动态过程以及智力与现实世界的联系。传统智力理论的内涵狭窄，主要以语言能力和数理—逻辑能力为智力的核心。针对传统智力理论存在的弊端，20 世纪 80 年代以后，涌现出许多新的智力理论，它们把智力研究的重点转移到对其内部活动过程的分析上。基于人的智力可能表现在许多不同方面这一事实，倾向于将智力的概念定义得更加宽泛，强调智力的多元性；重视社会适应能力和社会文化对智力的影响，体现了智力理论发展的新趋势。下面将介绍两种具有影响力的当代智力理论。

1. 加德纳的多元智力理论

加德纳将智力看作一个复杂的系统，于 1983 年提出了多元智力理论。加德纳认为，只有生活中多方面的心智活动才代表智力，应该对个体在许多生活情境下的行为进行观察和评价。因此，他归纳并描述了涵盖人类经验范围的 8 种智力。加德纳认为，这 8 种智力，每一种智力都是一个独立的功能系统，各种智力不是以整合的形式存在，而是以相对独立的形式存在。这 8 种智力在每个人身上以不同方式、不同程度组合，从而使每个人的智力各具特色。

言语智力（linguistic intelligence）：对语言的掌握和灵活运用的能力。这种智力在记者、编辑、作家、演讲家和律师等身上有比较突出的表现。

逻辑—数学智力（logical-mathematical intelligence）：数学运算及逻辑思维推理的能力。这种智力在科学家、会计、计算机程序员、侦探等身上有比较突出的表现。

空间智力（spatial intelligence）：对色彩、形状、空间位置等要素的准确感受和表达的能力。这种智力在画家、雕刻家、建筑师、航海家等身上有比较突出的表现。

音乐智力（musical intelligence）：对音乐的感受、辨别、欣赏及表达的能力。这种智力在作曲家、指挥家、歌唱家、演奏家等身上有比较突出的表现。

身体—动觉智力（bodily-kinesthetic intelligence）：身体协调、平衡能力和运动的力量、速度、灵活性等。这种智力在运动员、舞蹈家、外科医生、赛车手和杂技艺人身上有比较突出的表现。

人际智力（interpersonal intelligence）：对他人的表情、说话、手势动作的敏感程度以及个人觉察、体验他人的情绪、情感并做出适当反应的能力。这种智力在教师、心理治疗师、律师、推销员、公关人员和政治家等人身上有比较突出的表现。

内省智力（intrapersonal intelligence）：认识、洞察和反省自身的能力。这种智力在哲学家、小说家、诗人、牧师等人身上有比较突出的表现。

自然智力（naturalist intelligence）：观察自然界中的各种形态，对物体进行辨认和分类，能够洞察自然或人造系统的能力。这种智力在植物学家、博物学家、生态学家、医药人员、庭园设计师等身上有比较突出的表现。

2. 斯滕伯格的三元智力理论和成功智力理论

斯滕伯格认为，传统的智力理论（与智商有关的）不能充分地表述智力，它们只是从某个特定的角度解释智力。他认为，完整的智力理论应该超越 IQ，他试图在更为广泛的意义上解释智力行为，从信息加工的角度提出了超越 IQ 的三元智力理论。

（1）三元智力理论

他从个体的内在世界、个体生存的外在世界和联系主客体的经验世界三个维度来阐述智力的本质及其结构，形成了以成分亚理论（componential subtheory）、情境亚理论（contextual subtheory）和经验亚理论（experimential subtheory）为维度的三元智力理论。

成分亚理论与个体的内部世界相联系，主要考察思维和问题解决等所依赖的心理过程。斯滕伯格认为，存在三种心理过程使人产生适应行为：元成分、操作成分和知识获得成分。其中，元成分是用于计划、控制和决策的高级执行过程；操作成分是指用于任务操作时执行不同的策略；知识获得成分是指用于获得新的知识过程。

情境亚理论涉及个体的外部现实世界，主要强调适应环境、选择环境和塑造环境在个体对生活环境适应过程中的作用。它考察个体对日常事务的处理能力，包括对新的和不同环境的适应，选择合适的环境以及有效地改变环境以适应自己的需要。研究表明，没有较高智商值的人，也可以具有较高的情境智力。

经验亚理论涉及个体的外部和内部世界，经验是联结内部和外部世界的桥梁。它主要强调个体对任务或情境的经验对我们理解智力在人和任务或情境交流中的作用有很大的关系。经验亚理论说明了解决新异性问题的能力和自动化加工信息能力之间的关系。斯滕伯格认为，智力水平较高的人善于解决比较新颖的问题，智力水平越高的人越能够迅速、有效地自动化完成任务，从而将注意力转向新的学习。

（2）成功智力理论

1996 年，斯滕伯格在三元智力理论的基础上，又提出了“成功智力理论”，将智力理论研究推上新的高度。“成功”是指个体能在现实生活中实现自己的目标，这种目标是个体通过努力能够最终达成的人生理想。因此，成功智力也就是指用以达成人生主要目标的智力，它能使个体以目标为导向并采取相应的行动。它不仅要求儿童掌握知识，更重要的是把自己的潜能发挥到极致，让每一个具有不同潜能的人都能获得成功。

斯滕伯格认为，成功智力是由分析性智力、创造性智力和实践性智力这三个相对独立的能力组成的，这三个方面是彼此联系的。分析性智力是指有意识地确定心理活动的方向，以发现有效解决问题的办法；创造性智力是指一种能超越已知给定的内容而产生新异观点的能力；实践性智力是指一种可在日常生活中将思想及其分析的结果以一种行之有效的方法加以使用的能力。成功智力中这三个成分各具特定的作用和功能，三者互相关联、相互协作，缺一不可。绝大多数人在这三个方面的表现不均衡，个体智力的差异主要表现在这三个方面的不同组合上。

斯滕伯格认为，成功智力只有在分析、创造和实践能力三方面协调、平衡时才最为有效。知道什么时候以何种方式来运用成功智力的三个方面，要比仅仅具有这三个方面的智力更为重要。成功智力高的人知道什么时候、以何种方式有效地使用这三种智力。斯滕伯格强调的智力不应仅仅同学校中的成功有关，而更应同生活里的成功紧密联系。生活里的成功是个体运用创造和实践的能力去适应环境、选择环境和塑造环境，并最终获得的成功。斯滕伯格的智力理论拓展了智力的内涵，使智力研究与生活实际紧密地结合起来。

加德纳和斯滕伯格的当代智力理论试图超越传统智力理论的范围来解释智力。它们在一定程度上是成功的，但是也有一些局限，如加德纳的多元智力理论自从提出以来，还没有一个公开发表的对该理论的实验检验。而且，关于各种智力彼此独立的看法也逐渐受到人们的质疑，因为太多的研究已经发现了各种智力之间的相关。虽然已有人对斯滕伯格的智力理论进行了检验，但是那种检验太宽泛了。有些研究者和教育者倾向认为创造能力和实践技能超出了智力的范围。虽然当代的智力理论推动了教育者们关于智力的思考，但是，它们在回答了一些问题的同时，也产生了一些新问题[①]。

三、智力的测量

智力测验是测量智力水平高低的一种重要方法，采用的工具是智力量表。最早的智力量表起源于法国。1905 年，法国心理学家比奈（A. Binet）和其助手西蒙（T. Simon）出于诊断异常儿童智力的需要，编制了世界上第一个正式的智力量表——《比奈—西蒙智力量表》。之后，世界上众多的智力量表，其基本原理和重要方法都是由比奈奠定的。目前，常用的智力量表主要有《斯坦福—比奈智力量表》《韦克斯勒成人智力量表》《瑞文标准推理测验》，等等。

【微课】《瑞文标准推理测验》

智力测验主要采用智商作为衡量智力水平的指标。智商分为比率智商和离差智商两种。

① 斯滕伯格，威廉姆斯 . 教育心理学 [M]. 张厚粲，译 . 北京：中国轻工业出版社，2003: 124.

1. 比率智商（ratio IQ）

比率智商是心理年龄（MA）与生理年龄（CA）的比值再乘以100之后所得到的值。其计算公式如下：

$$IQ=MA \div CA \times 100$$

例如，如果一个生理年龄为5岁的孩子所测得的心理年龄（MA）为6岁，那么他的智商值为120（$6 \div 5 \times 100=120$）。而如果这个5岁的孩子只完成了3岁孩子的任务，那么他的智商值为60（$3 \div 5 \times 100 = 60$）。如果这个5岁的孩子所测得的心理年龄也是5岁，那么他的智商值为100（$5 \div 5 \times 100=100$）。可见，那些心理年龄与生理年龄相同的个体的智商值为100，因此，100是平均的智商值，说明这个个体既不超前也不落后。

比率智商存在一定的局限性，它不适用于成年人。因为成年人的生理年龄每年都在增加，而心理年龄则并非如此，到了一定年龄以后，心理年龄就会出现停滞甚至有下降的趋势。如果使用上述公式计算，就会出现生理年龄越大，智商越低的趋势。

2. 离差智商（deviation IQ）

为了克服比率智商的弊端，韦克斯勒提出了一种新的智商计算方法，称其为离差智商。离差智商是将一个人的测验成绩与同年龄组受测者的平均测验分数相比较而得出的相对分数。IQ值为100是“平均值”。其计算公式如下：

$$IQ=100+15Z \qquad \text{其中，} Z=(X-M) \div SD$$

所以，上式可转化为：

$$IQ=100+15(X-M) \div SD$$

式中，X为个体测验分数，M为个体所处团体的平均分数，SD为该团体的标准差。

离差智商是对个体智力在同龄人中的相对位置的度量，通过离差智商，我们可以知道一个人在同龄人中的相对位置是更靠前，是处在中间，还是排在后面。由于离差智商不受个体年龄增长的影响，因此具有更强的适用性，现在，它已经取代比率智商并得到了广泛使用。

值得注意的是：现行的智力测验主要是依据传统智力理论编制的，偏重测量语言能力和数理逻辑能力，但它们毕竟只是复杂智力结构中的一部分。因此，智力测验分数并不能充分反映一个人智力的全貌。

第二节 青少年的智力发展

促进青少年智力的发展是当代教育所追求的重要目标之一。如果能够全面客观地了解青少年智力发展的特点及影响因素，那么将有助于该目标的实现。

一、青少年智力发展的特点

国内外已有大量研究考查了青少年智力发展的特点。下面就从智力发展的一般趋势和智力发展的差异两个方面进行介绍。

（一）智力发展的一般趋势

心理学研究表明，人的智力是随着年龄的增长而发展变化的。智力发展的速度是不均衡的，一般经历增长、稳定和衰退三个阶段。美国的心理学家贝利（N. Bayley）使用《贝利婴儿量表》《斯坦福—比奈智力量表》和《韦氏成人智力量表》等工具，对同一组被试从其出生开始做了36年的追踪测量，把测量结果绘制成如图3–1所示的智力发展曲线。曲线显示，智力在十一二岁之前是快速发展的，其后发展速度放缓，到20岁前后达到顶峰，随后保持这一水平直至30多岁，之后开始出现衰退的迹象。另外，研究显示，智力优异者的智力水平不仅发展速度快，而且延续发展的时间也长，而智力落后者的智力不仅发展缓慢，并且有提前停止发展的倾向。[①]

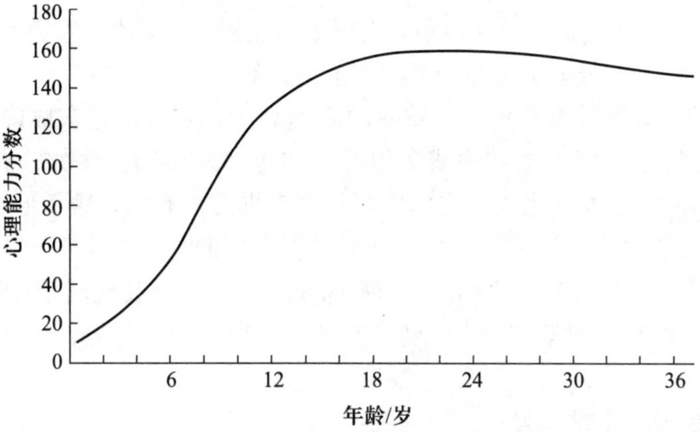

图3–1　智力发展曲线

研究还表明，不同性质的智力、智力中的不同成分也分别在发展且发展速度并不完全同步。对流体智力和晶体智力的发展研究表明，流体智力发展到一定年龄就不再提高，在成年期保持一段时间以后将开始逐渐下降；晶体智力则在人的一生中一直在发展，即使到了老年期，仍可以得到一定的提高。瑟斯顿考察了智力的不同成分的发展情况，结果发现智力不同成分的发展速度各不相同（如图3–2所示）。

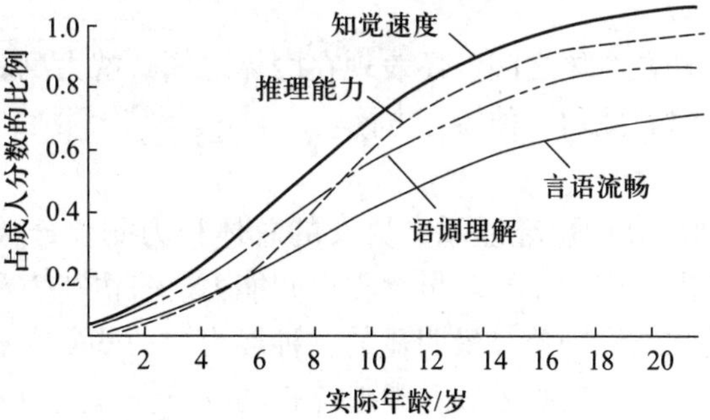

图3–2　智力各成分的发展趋势[②]

（二）智力发展的差异

研究显示，智力发展存在一般趋势，也存在差异。智力发展的差异主要表现在个体差异和团体差异两个方面。

① 黄希庭，郑勇．心理学导论[M]. 3版．北京：人民教育出版社，2015: 570–571.

② 张厚粲．大学心理学[M]. 北京：北京师范大学出版社，2001: 210.

1. 智力发展的个体差异

个体的智力存在一定的差异，研究者普遍认为这与人们先天的遗传素质、后天的生长环境和所接受的教育等方面不尽相同有密切的关系。智力的个体差异主要表现为智力发展水平上的差异、结构或类型上的差异以及速度上的差异。

（1）智力发展水平上的差异

在智力发展水平上，不同的人所达到的最高水平不同。研究表明，人类的智力分布基本上呈两头小、中间大的正态分布。智力发展水平非常优秀者和智力落后者在人口中只占很小的比例，中等水平智力的人占绝大多数。

【微课】
智力落后儿童的特点及教育

（2）智力发展结构或类型上的差异

由于智力不是一个单一的心理品质，它可以分解成许多基本成分，因此每个人智力的结构或者组成方式也有所不同。例如，有的人记忆力好。有的人观察能力强，有的人擅长逻辑推理，有的人善于形象思维。

加德纳的多元智力理论认为，每个人都不同程度地拥有相对独立的 8 种智力，这 8 种智力在个体身上发展水平是不同步的，8 种不同智力的组合表现出个体间智力类型的差异。例如，有的人逻辑—数学智力占优势，有的人言语智力占优势，还有的人际智力占优势，等等。

（3）智力发展速度上的差异

个体的智力存在发展速度上的差异，主要有三种基本的模式。一是以稳定的速度发展，这是大多数人的发展模式。二是以先快后慢的速度发展。有的人在早期就显露出非凡智力，通常被称为“才华早露”或“早慧”。古今中外，“早慧”的事例不胜枚举。例如，李白 5 岁通六甲、7 岁观百家，莫扎特 5 岁作曲、12 岁创作大型歌剧。三是智力以先慢后快的速度发展。有的人在早期智力表现一般，到了中晚年才表现出聪明才智，俗称“大器晚成”。这种情况在科学界和政治界较为多见。例如，达尔文早年时被认为智力低下，后来却创立了影响深远的生物进化论；李时珍在 61 岁时才完成他的巨著《本草纲目》。

2. 智力发展的团体差异

智力的差异不仅表现在个体之间，还表现在团体之间。智力测验的结果显示，智力的团体差异主要表现在不同的性别、种族等方面。

（1）性别差异

许多关于智力性别差异的研究显示，男女的总体智力测验分数不存在显著差异，但在智力的不同方面表现出一定的差异。男女在空间能力、言语能力和数学能力等方面差异较为明显。空间能力是体现性别差异最明显的一种能力。一些研究表明，男女在视觉—空间能力上存在明显差异。男性在心理旋转和追踪移动物体任务上的成绩高于女性。总的来说，男性在空间能力上具有一定的优势，这种优势具有一定的年龄特征，其发展趋势表现为随年龄增长而优势加大。[①] 女性在某些语词任务（如同义词生成和词语流畅性）上的平均成绩明显高于男性，特别是在词语流畅性上，女性的优势最为明显。女性在大学文学和写作测验上的平均成绩高于男性；在阅读和拼写上的成绩也比男性好。与女性相比，男性

① 张厚粲 . 大学心理学 [M]. 北京：北京师范大学出版社，2001: 212–213.

更容易被诊断为具有阅读障碍。[①] 在数学能力上，男女两性之间也存在稳定的差异。一般来说，女性在小学和初中阶段的数学能力优于男性，但在青春期以后，这种优势被男生占有，并且男生一直把这种优势保持到老年。[②]

此外，研究还发现，男女的智力差异还表现在智力分布的差异上。男性智力分布的离散性比女性大，也就是说，在智力超常和低能的比例方面，女性比男性小。而在智力中等的比例方面，女性比男性大。这多少也解释了男生的学习成绩两极分化较女生严重的现象。[③]

造成男女在空间能力、言语能力和数学能力上差异的原因，既有男女在大脑结构或功能上的差异等生理因素的影响，也有社会文化、教育等环境因素的影响，其中，社会期望是造成这种差异的一个重要因素。社会对男女的不同角色期望培养了男女不同的兴趣和能力。例如，数学和科学传统上被认为是男性的领域。从小，男孩的数学和科学能力的发展就得到更多的鼓励，因此，男性在这方面的优势随其年龄一起增长。但随着越来越多的女孩被鼓励发展其数学和科学能力，这种性别差异正在逐渐缩小。[④] 智力的性别差异更多地表现在儿童身上，青春期阶段，这一差异开始下降以至消失。某些认知能力的差异可能在成人身上也有体现，但这可能是因为这些研究大都是 20 世纪 60 年代完成的，那时性别角色要比现在明显得多。因此，在将来，智力的性别差异很可能会降低或消失。[⑤]

（2）种族差异

智力的团体差异还表现在种族方面。一项由 52 位智力研究者联合发表的声明指出：白人的 IQ 正态曲线大致是以 100 为中心的；美国黑人的 IQ 正态曲线大致是以 85 为中心的；各种不同的西班牙裔群体的 IQ 正态曲线大致位于白人和黑人之间。近些年来，黑人和白人之间的差异已经有所降低，某些新近的研究显示，儿童之间的智力差距已经降低了 15 分。[⑥] 对于这种差异究竟是由遗传还是环境条件造成的，一直存在着争论。有的研究者把黑人和白人在智力测验分数上的差异归因于遗传的差异。但更多的研究证据表明，黑人和白人在智力测验分数上的差异主要归因于环境条件（如医疗条件、营养和社会经济地位等）的差异。随着环境条件的改善，黑人和白人的智力差异也会越来越小。

在使用智力测验进行智力的团体差异研究时，我们必须注意一个问题：智力测验的文化不公平性也是造成不同团体间智力差异的原因之一。因为大多数智力测验是依据某一团体的生活经验编制的，测验所使用的语言符合该团体的文化习惯，评价标准也依该团体而定。当把它运用到其他团体中时，文化上的不公平性势必影响到其他团体的 IQ 分数。[⑦] 历史上曾经出现过由于忽略这一点而使测验结果的解释缺乏公平性的情况，这也使心理测验在 20 世纪 70 年代曾一度受到了批判。

---

① 张厚粲 . 大学心理学 [M]. 北京：北京师范大学出版社，2001: 213.
② 张厚粲 . 大学心理学 [M]. 北京：北京师范大学出版社，2001: 213.
③ 黄希庭，郑涌 . 心理学导论 [M]. 3 版 . 北京：人民教育出版社，2015: 578.
④ 迈尔斯 . 心理学：第 9 版 [M]. 黄希庭，等译 . 北京：人民邮电出版社，2013: 405.
⑤ 张厚粲 . 大学心理学 [M]. 北京：北京师范大学出版社，2001: 198.
⑥ 迈尔斯 . 心理学：第 9 版 [M]. 黄希庭，等译 . 北京：人民邮电出版社，2013: 402.
⑦ 张厚粲 . 大学心理学 [M]. 北京：北京师范大学出版社，2001: 214.

二、青少年智力发展的影响因素

对于智力发展的影响因素的研究也是智力研究领域的一个重要方面，对这个问题的研究有助于我们在教育实践中更好地促进个体的智力发展。研究发现，影响智力发展的因素有很多，但主要表现在遗传和环境两个方面。

（一）遗传

遗传对智力影响的一个主要证据来自对同卵双生子和异卵双生子的研究。同卵双生子具有完全相同的遗传素质，异卵双生子的遗传素质只有部分相同。通过比较同卵双生子和异卵双生子的智力相关关系，我们可以推测出遗传对智力的影响程度。大量的研究表明，血缘关系越近的人智商的相关程度越高。有学者总结了世界上已发表的 34 个 4672 对同卵双生子的研究和 41 个 5546 对异卵双生子的研究，结果发现：一同抚养的同卵双生子智商的平均相关系数达 0.86，而一同抚养的异卵双生子智商的平均相关系数达 0.60，同卵双生子间的智力相似性高于异卵双生子。对分开抚养的同卵双生子的研究显示，若同卵双生子出生后在不同的环境中长大，那么他们的智力相关系数达 0.75，相关程度仍然很高。可见，遗传对智力的发展具有不可忽视的作用。

（二）环境

许多研究都证明，智商并非一种固定不变的特质，它随着个体对环境变化的反应而变化。通过研究在不同环境中长大的同卵双生子的智力，我们可以探索遗传和环境的相对作用。因为同卵双生子在遗传素质上完全相同，因此，如果他们在智力测验分数上有差异，这种差异就能说明环境对智力的影响。大量研究表明，智力发展除了受遗传因素的影响外，也受环境因素的影响。教育、社会经济地位和生活条件等环境因素对智力发展也有着重要作用。如果环境的改变能引起了一个人智力测验分数的变化，那么这种变化就能反映环境的作用。一些环境变迁的研究显示，生存环境的改变也能导致智力测验分数的变化，较差的环境会降低智力测验分数，而改善环境通常会引起智力测验分数的上升。在一项研究中，研究者从婴儿期到整个学前期给来自低收入家庭的孩子提供丰富的环境条件，刚 2 岁时，他们的智商就已经比控制组高了，更重要的是，7 年后他们的智力测验分数仍然高出 5 分。显然，这种提高反映了环境的力量。①

学校教育对智力影响的最直接证据来自上学儿童和不上学儿童在智力测验分数上存在显著差异。当学生停止接受学校教育时，智力分数就会降低。读完高中的儿童与那些较早离开学校的对照组儿童相比，前者智力分数的提升幅度要大一些。② 有研究者发现，人们离开学校之后，智商每年下降高达 6 分。如果一个人在初中二年级时辍学，那么他在成人期时智商下降最多可达 24 分。相反，人们在学校学习的时间越长，智商提高越多。③

遗传和环境对智力的影响不是单独起作用，而是发生交互作用。遗传是智力发展的生

---

① COON D, MITTERER J O. 心理学导论：思想与行为的认识之路：第 13 版 [M]. 郑钢，等译 . 北京：中国轻工业出版社，2014: 369.

② 迈尔斯 . 心理学：第 9 版 [M]. 黄希庭，等译 . 北京：人民邮电出版社，2013: 402.

③ COON D, MITTERER J O. 心理学导论：思想与行为的认识之路：第 13 版 [M]. 郑钢，等译 . 北京：中国轻工业出版社，2014: 369.

物前提和自然条件，它决定智力发展的潜在可能范围，而环境则决定了智力发展的程度。遗传素质为智力的发展提供了可能性，而环境则把智力发展的这种可能性变为现实。

三、青少年智力的培养

智力发展并非教育的全部内容，因此在教育过程中，我们要客观地、合理地使用智力测验，只有这样，我们通过教育实践促进智力发展的努力才会取得令人满意的成果。

（一）科学运用智力测验促进智力发展

智力测验最初曾作为有效的教学指导工具而被广泛使用。研究证明，智力测验有助于识别智力发育迟滞的学生或天才学生，智力分数也是有效预测学业成就的心理指标。但通过这样一种简单的测验形式来评定个体的智力潜能是不全面的。从前面的探讨中我们可以看到，智力具有复杂的结构，在某个领域中的表现并不能说明在其他领域中也会有类似的表现。而且智力测验过于强调言语能力和数理—逻辑能力，因此它只能提供每个学生某一方面的信息，并不能充分反映学生的特殊能力和才智。

虽然智力测验可以作为了解人的部分智力以及预测学业成就的有效工具，但不能把它看成对一个人智力的结论性意见。现在，很多人主张把智力测验和其他方法（包括自我评价、同伴介绍、父母评定、教师评定、创造力测验结果、学业成绩等）结合起来，从多方面评定学生的能力水平。只有通过多种途径，运用多种方法，把所得的各种数据相互参照，综合分析，才能有效地对智力给予鉴定。①

在儿童成长过程中，教育的关键因素除了智力，还有其他方面的因素，如动机、群体压力、学习习惯、创造性、注意力和父母的期望等。如果教师过于依赖智力测验，就必然忽视学生在其他方面的信息。学生的实际表现远比智商分数重要得多，学生更容易受到教师与学校教育的直接影响。如果教师希望充分挖掘学生的智力潜能，希望所有学生都成为“聪明”的学生，就必须采用更为广泛的行为评价标准，增加多种活动来发展学生的多种智力，对这些更广泛的行为表现进行奖励。②学校也应当致力于发展学生的才能，而不应当将智力视为固定不变的特质。③

（二）通过学校教育促进智力发展

当代智力理论强调智力的多元性。近年来，关于智力问题的许多争论主要集中在确定有几种不同的智力类型、如何对每种类型加以描述上。基于人的智力可能表现在不同方面的这一事实，对于教育工作者来说，要注意以下方面。

首先，必须树立起这样一个观念：一个人在某个方面的表现并不能说明他在其他方面也会有类似的表现。教师应该避免将学生看成聪明的或不聪明的，因为可以有多种方式来显示学生是否“聪明”，遗憾的是，传统的学校教育只关注极少的一部分行为表现，主要依据加德纳的语言智力和数理—逻辑智力将学生划分成不同等级。这将不利于学生智力的全面发展。④

其次，教学方法要灵活多样。长期以来，我国学校教育重视学生语言智力和数理—逻

---

① 全国十二所重点师范大学联合编写．心理学基础 [M]. 北京：教育科学出版社，2002: 151.

② 斯莱文．教育心理学：理论与实践：第 7 版 [M]. 姚梅林，等译．北京：人民邮电出版社，2004: 94.

③ 斯莱文．教育心理学：理论与实践：第 7 版 [M]. 姚梅林，等译．北京：人民邮电出版社，2004: 95.

④ 斯莱文．教育心理学：理论与实践：第 7 版 [M]. 姚梅林，等译．北京：人民邮电出版社，2004: 94.

辑智力的培养，较少关注学生其他智力的发展，导致教学内容、教学方法和评价标准、评价手段过于单一，使学生的智力得不到全面有效的开发。基于加德纳的多元智力理论，教师在教学过程中不应只使用单一的教学方法，以避免在使用此教学方法时处于弱势的学生无法有效地学习。教师应尽量利用多种教学方法帮助学生学习，让学生在不同的教学方式中，利用自己的优势智力来学习或在多元的教学活动中发展其较为弱势的智力。学校教育向学生展示的智力领域应该是全方位的，课堂中基本知识和基本概念的教学方法应涉及多个智力领域，教师从不同角度、通过不同的教学活动帮助学生理解和学习，充分调动学生多方面的智力潜能。值得注意的是，在将加德纳多元智力理论应用于课堂教学时，教师应注意一些错误运用的观念或方法，如想使用所有的智力来教授所有的概念或学科；假定使用一种智力就足够了；将一种智力当作其他活动的背景，如当学生做数学题的时候放音乐；将智力和教师期望的其他品质混淆；直接评价甚至不考虑情境就对智力进行评估。因此，为正确运用多元智力理论，教师应该有个别化教学的观念，运用各种不同的方法来获得概念、主题知识和学科知识，培养学生多方面的能力。①

最后，评价标准、评价方式应该多元化。评价具有导向作用，不同的人才评价观对基础教育的影响不同。传统教育倾向于用单一的学业考试成绩来评价学生，这种评价方式不利于学生智力的全面发展。学校如果想让所有学生都成为“聪明”的学生，就必须采用更为广泛的行为评价标准，并且对更广泛的行为表现进行奖励，而不是奖励几种有限的智力表现。个体智力的表现形式是多样化的，评价学生的方式也应是多元的，不但评价内容是多元的，而且评价的标准和方式也应该是多元的。教师不仅要注重学习结果的评价，更要注重学习过程的评价。有学者认为，学校在设计评价工具时至少应考虑以下四个方面：评价应是形成性的，必须能显露、唤出并引起学生的优势智力；评价应能提供给学生广泛且不同的机会，让学生在不同的情境下展现、示范或表现出他们所知道的知识或事物；评价应能有益于学生，即应能加强、加深与扩展学生对他们自己、学科内容及所在生活世界的了解，以帮助学生的智力与认知发展；评价应能适合各种智力类型的学生，让学生能在他们认为可以清楚地说明自身所精熟的学习内容的基础下，选择适合他们自己的评价方式。②

第三节 青少年的创造力发展

创造力是人类社会进步不可或缺的重要条件，正是人的创造力改变了我们的生存世界。培养个体的创造力是创新教育的终极价值所在，它对个体和整个民族都具有重要而深远的意义。

一、创造力概述

（一）创造力的含义

创造力不是个别天才所特有的，而是人皆有之。由于种种原因，过去人们往往认为创造力只是个别人的天赋，与多数人无缘，对创造力缺乏理性的认识。其实，创造有真创造

① 吴庆麟．教育心理学：献给教师的书 [M]. 上海：华东师范大学出版社，2003: 89.

② LAZEAR D G. Multiple intelligence approaches to assessment: solving the assessment conundrum [M]. Tucson：Zephyr Press, 1994: 108.

和类创造之分，前者是一种产生了具有人类历史首创性产物的活动，如鲁班发明锯子；后者产生的成品并非首创，只是对个体而言具有独创性。现在人们一般认为，创造力不仅表现在较为罕见的真创造中，而且表现在更为常见和普遍的类创造中。在生活中，不是人人都能有真创造，但应该说个个都可能有类创造。

在心理学上，创造力和智力一样，也是一个十分复杂、颇有争议的概念。目前，研究者给创造力下的定义很多，归纳起来，主要是从创造性过程、创造性主体、创造性产物等角度来定义创造力。大多数的定义是从创造性产物入手，目前较为一致的看法是把创造力定义为：根据一定的目的和任务，运用一切已知的信息，产生出新颖的、独特的、有社会或个人价值的产物的能力。这里的“产物”既可以是一种新概念、新设想、新理论，也可以是一项新技术、新工艺、新产品。

（二）创造力和智力的关系

创造力和智力的关系不仅是研究者共同关心的一个理论问题，而且是培养创造力实践的一个十分重要的问题。关于创造力和智力的关系，研究者进行了大量的研究。迄今为止，关于创造力与智力关系的研究得出了一些不同的结论。有的学者认为，创造力是智力的构成因素，如亚里士多德和斯滕伯格把创造力看作智力的一个方面，他们认为创造力就是智力，或者说至少是智力的一个因素。① 有的学者认为创造力和智力是两种完全不同的能力；但更多学者认为创造力与智力是两种不同但又有一定相关的能力。目前比较一致的看法是：创造力与智力的关系是一种相对独立、在一定条件下又有相关的非线性关系。具体表现为：低智力者难以有高创造力；高智力者可能有高创造力，也可能有低创造力；低创造力者的智力水平可能低，也可能高；高创造力必须有中等水平以上的智力。可以说，智力是创造力必要而非充分条件。智力和创造力的关系如图 3–3 所示。

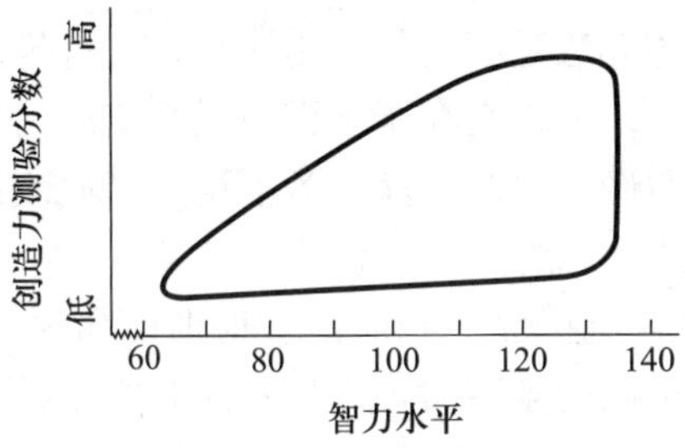

图 3–3　智力与创造力之间的关系

（三）创造性思维的要素

创造性思维是创造力的核心和基础。下面我们就来介绍创造性思维所包含的要素。

1. 独创性

独创性（originality）是指对问题能提出不同寻常的独特新颖的见解。它是创造性思维的重要标志之一。例如，如果有人问“铁钉”有什么用途，儿童 A 回答说可以“钉东西”；儿童 B 回答说可以用来“治病”，因为人体严重缺铁会得缺铁性贫血症，在没有任何

① RATHUS S A, VALENTINO L. 当代心理学导引：第 7 版 [M]. 尤瑾，张钊，李敏荣，等译 . 郭永玉，审校 . 西安：陕西师范大学出版社，2006: 398.

药物的情况下，铁钉可以经过特殊处理后作为铁源补充人体内部的需要。显然，儿童 B 的回答比儿童 A 的回答具有更好的独创性。

2. 流畅性

流畅性（fluency）是指在短时间内能对规定的刺激做出快速而众多的反应。例如，对于“如果你有钱，准备干什么”这个问题，儿童 A 回答说“买巧克力”“买玩具”，而儿童 B 则回答说“买书”“买游戏机”“买电影票”“存银行”和“给妈妈买生日蛋糕”。那么，儿童 B 比儿童 A 具有更好的思维流畅性。

3. 变通性

变通性（flexibility），也称思维的灵活性，是指对同一问题能从不同角度思考和解决问题。比如，对于“面粉有什么用处”的问题，儿童 A 说出“可以做面包、蛋糕、喂猪”等答案；儿童 B 说出了“做馒头、调胶水和捏面人”三种答案。那么儿童 B 的变通性比儿童 A 好，因为儿童 B 不仅利用了面粉的可食性，而且还利用了面粉的黏性，而儿童 A 所有的回答都只与“食物”这一单一的性质有关。

4. 精细性

精细性（elaboration）是指思维过程中对已有想法做进一步完善，从而使思维的产品更具体化。思维的精细性表现在计划的周密性和行为的严谨性上。在解决问题时，从一个人所做的准备工作中就可以看出其思维是否精细。例如，对于“出远门旅行要带些什么”的问题，有的儿童回答“带钱和替换的衣服”，而有的儿童还想到了要带一些“巧克力、食盐、火柴和膏药等”。前者所带的东西虽然在一般情况下能应付过去，但如果出现意外情况就难以生存，而后者则能应付自如。

5. 现实价值

现实价值（practical value）是指创造性思维必须考虑其结果的现实价值，具有可行性和指向性。可行性是指想出的办法是否可行，是否真正具有价值；指向性是指创造性思维应指向解决问题的目标。例如，无论是在十字路口设立交通信号灯，是建造立交桥，还是派交通警察值班，都有一个明确的目的，就是为了增加交通流量。如果某想法最终不能达到目的就不能算是真正的创造性思维。

在创造性思维的独创性、流畅性、变通性、精细性和现实价值五个要素中，前三个要素属于发散思维范畴，是早期的创造力理论特别强调的，后两个要素属于辐合思维的范畴，是近期的创造力理论所强调的。①

（四）创造力的测量

创造性思维活动是发散思维和辐合思维的有机结合。发散思维是一种不依常规、寻求变异、从多方面寻求解决问题方法的思维方式，而辐合思维是把问题所提供的各种信息聚合起来，得出一个正确答案的思维方式。相比而言，发散思维对创造性思维活动的作用更大。吉尔福特视发散思维为创造力的核心，此观点受到了许多研究者的认同。吉尔福特认为，智力测验注重辐合思维，其测验项目通常要求被试从给定的若干备选答案中选出一个。评分则以固定的正确答案为标准，并不鼓励发散思维（即多样化的、与众不同的反应）。创造力在传统智力测验中无法得到充分的反映，创造力测验应强调发散思维，即思

① 施建农，徐凡．超常儿童发展心理学 [M]. 合肥：安徽教育出版社，2004: 281.

维的流畅性、变通性和独创性。许多创造性思维测验基本上是用吉尔福特的理论观点编制而成的。以发散思维为主要指标的创造性思维测验被广泛用于创造力的评估中。例如，写出包含某一特定字母的单词；列举指定物品的所有可能用途；列举一种假想事件的所有可能结果；给一个短故事加上所有合适的标题；等等。目前，运用比较广泛的创造性思维测验主要有《托兰斯创造性思维测验》《南加利福尼亚大学测验》《芝加哥大学创造力测验》，等等。

对于创造力测验，心理学界还存在一些争议。一些研究者认为，人格因素、环境因素等对创造性活动也很重要，创造力测验也应该考察人格、环境等因素。因此，以测量创造性人格、创造性环境和创造性产品为目的的创造力测评工具也应运而生。目前，只从某一个角度入手测量创造力受到众多研究者的质疑。结合认知、人格、环境和产品四个层面的综合性创造力测验成为创造力测评的一种趋势。但是，综合性创造力测验又面临着诸多问题，如评价指标的选择及各种指标的权重等。创造力测验的综合趋势代表了该领域的一个发展方向，它将进一步推动创造力研究的深入化和全面化。①

二、青少年创造力发展的特点

青少年创造力发展的特点一直是创造力研究的一个重要内容，下面我们重点介绍研究中发现的青少年创造性倾向和创造性思维的发展特点。

（一）青少年创造性倾向的发展特点

青少年创造力发展的一个主要表现是创造性倾向的发展。创造性倾向是指一个人对创造活动所具有的积极的心理倾向，包括自信心、探索性、挑战性、好奇心、意志力等维度。创造性倾向作为一种潜在的创造力表现，是创造力的重要组成部分，也是创造性思维得以发展的前提和基础。创造性倾向对个体的心理过程起着调节的作用，为个体创造力的发挥提供着心理状态和背景。因此，具有良好的创造性倾向是创造力发展不可缺少的心理保障。

申继亮等人对小学五、六年级，初中一、二年级及高中一、二年级的 467 名学生进行了创造性倾向测验，结果表明，随着年级的升高，青少年自信心、探索性、挑战性、好奇心和意志力等创造性倾向总体上呈现倒 V 形的发展趋势。初中一年级学生的创造性倾向得分最高，而且和其他各个年级都存在显著差异。初中一年级是创造性倾向发展的关键期。②

（二）青少年创造性思维的发展特点

青少年创造力发展的另一个主要表现是创造性思维的发展。下面我们主要介绍创造性思维发展上的年龄差异和性别差异。

1. 青少年创造性思维发展的年龄差异

国内外学者对青少年创造性思维发展的研究还未取得一致性的结论。一些研究结果显示，青少年的创造性思维随年龄增长而逐步提高。另一些研究结果显示，青少年创造性思维发展不是直线上升的，而是有起伏和波动的。沃建中等人采用自编的青少年创造性思维测验，从发散思维和辐合思维两个方面对我国北京、湖北、四川、河南、山东和

---

① 张晓，陈维凤，刘月．国外青少年创造力测评工具的研究综述 [J]. 科普研究，2015(1): 93–100.

② 申继亮，王鑫，师保国．青少年创造性倾向的结构与发展特征研究 [J]. 心理发展与教育，2005(4): 28–33.

广东等六个地区的小学四年级至高中三年级的3653名学生的创造性思维发展进行了研究，结果显示，我国青少年创造性思维从小学四年级起呈上升发展趋势，小学六年级到初中一年级时明显提升，到初中三年级时达到最高峰，进入高中后，有所下降并呈稳定状态；青少年的发散思维在小学五年级出现低谷，到初中三年级一直处于上升阶段，初中三年级为其发展的顶峰，之后到高中三年级一直处于下降趋势，而辐合思维从小学四年级至高中一年级一直处于上升状态，其后至高中三年级保持稳定状态。小学六年级到初中一年级为创造性思维发展的关键期。①

2. 青少年创造性思维发展的性别差异

创造性思维发展的性别差异一直以来受到人们的关注，但研究结论却不尽相同。一些研究结果显示，青少年的创造性思维没有显著的性别差异。另一些研究结果发现，青少年的创造性思维存在显著的性别差异。许多研究结果支持男性创造性思维优于女性的观点。国外有研究发现，男生在言语独创性、图形独创性和语句变通性方面的得分显著高于女生。郑日昌和肖蓓苓等人的研究发现，中学生在创造性思维的变通性上表现出男生优于女生的倾向，在其他方面的差异不显著。还有研究发现，在一些非言语任务上，男生比女生更具创造性。但也有一些研究表明，女性创造性思维优于男性。沃建中等人的研究结果表明，女生创造性思维的整体水平高于男生，主要表现在发散思维的流畅性和变通性上，小学阶段男女生的流畅性和变通性水平相近，在中学阶段，女生的水平高于男生，但高中阶段两者间差异减小。②一些跨文化研究指出，社会在性别平等方面的进步是减少性别差异的一个重要原因。研究发现，在主张男女平等的社会中，男女差异较少，即使有也只不过是在创造方式上各具特色而已。

三、青少年创造力发展的影响因素

研究青少年创造力的影响因素，不仅有利于人们对创造力本质的理解，更好地把握青少年创造力发展的规律，而且能够为青少年创造力的培养提供一定的依据。个体创造力的发展受到各种因素的影响，既受先天素质的影响，又受后天环境的影响；既有认知因素的影响，也受到人格因素的影响和制约。下面将介绍影响创造力的几个主要因素。

1. 知识

创造就其本质来说，它是一种对现有知识进行重新组合和转换的过程，它给创造性思维提供加工的信息，创造需要以知识为基础。若一个人对某件事一无所知，就不可能对该事物产生新的想法，一个人没有掌握某一领域的一定的知识和技能，是不可能在该领域取得创造性的成果的。当然，并不是说一个人的知识越丰富，其创造力就越强。机械接受的、杂乱无章的丰富背景知识有时也可能让人形成心理定势，使人循规蹈矩，阻碍其创造力的发挥。

2. 智力水平

智力影响个体对问题情境的感知、表征以及选择解决问题的策略等过程，即影响信息的输入、转译、加工和输出过程。智力是创造力充分发挥的必要条件，高创造力者必须以一定的智力水平为基础。

---

① 沃建中，王烨晖，刘彩梅，等. 青少年创造力的发展研究 [J]. 心理科学，2009, 32(3): 535–539.

② 沃建中，王烨晖，刘彩梅，等. 青少年创造力的发展研究 [J]. 心理科学，2009, 32(3): 535–539.

3．人格特征

个体的人格特征对创造力的发挥有着重要影响。大量研究显示，创造力与某些人格特征之间有密切关系。富有创造力的个体具有一些鲜明的共同的人格特征，综合国内外的相关研究，我们发现，强烈的好奇心和求知欲，勇于冒险、敢于质疑、富于幻想，独立性强，坚定自信，抱负水平高，坚忍不拔等是重要的创造性人格特征。

4．动机

动机是驱使个体从事创造性活动的动力。一些研究表明，内部动机（如兴趣、爱好等）比外部动机（如追求物质奖励）更有利于个体创造活动的产生和创造力的发挥。心理学家阿马比尔（T. Amabile）指出，当人们感到主要是由对任务本身的兴趣、愉快、满足和挑战所推动而不是受外部压力所驱使的时候，他们是最有创造性的。

5．环境

外在的环境因素会影响个体创造力的表现与发挥。创造性的环境可以鼓励、支持创造性的思想。研究发现，宽松的外部环境和正确的激励将促使个体产生强烈的内在创造动机，而不适当的外在奖励、任务、评价和监督等往往会导致内在动机下降，妨碍创造力的发挥。

以上多种因素对创造力的影响并非孤立地起作用，而是以互动、关联的方式共同影响个体的创造力。

四、青少年创造力的培养

创造力是人类普遍存在的一种潜能，这种潜能能否得到充分的开发，在很大程度上取决于后天的培养。那么，如何开发和培养个体的创造力呢？创造力是由社会环境、个体的认知能力和人格特征相互作用而产生的行为结果，因此可以从以下三个方面来探索创造力的培养途径。

（一）营造有利于创造力发展的环境

每个人都具有创造潜能，但这种潜能能否得到充分的开发，这在很大程度上依赖个体所处的环境。社会环境、家庭环境和学校环境与个体的创造力的发展有着紧密的关系。民主、和谐和宽松的环境，能激发个体的创造性思维，促进创造潜能转化为现实的创造力。反之，则会扼杀个体的创造力。

学校作为教育的主渠道，学校环境直接影响学生的创新意识和创新能力。中国传统教育过于重视知识的传授，忽视对学生创造力的培养；过分强调教师的主导性、权威性，忽视学生的主体性；强调学生个性的统一性而忽视个性的多样性；等等，在这种环境中培养出来的学生远远不能适应时代对创造性人才的需求。因此，转变教育观念、实施创新教育，是培养创造性人才的关键。如何营造一个有利于培养学生创造力的教与学的环境？我们需做到以下几点。

1．树立以创新为目的教育理念

当今，科技的竞争力来源于人才的竞争，而人才的核心内涵是创新。学校教育应以创新为目的。传统的教学以接受教材知识为目的。为了达到这个目的，教师总是不厌其烦地讲解课文，即使运用了一些灵活的教学方式，其最终目的也是为了让学生更好地掌握教材内容。这样，势必束缚学生的自由想象力和创造力。事实上，教材只是给学生提供了一个基本的知识平台，并未终止知识的增长。正如余文森指出的那样，我们应该“开放教材，充实教材，超越教材，使教材成为教学活动的真正‘跳板’，成为学生创新活动的有力凭借”。[①]

2. 提供鼓励性的支持环境

为了培养学生的创造力，教师应该及时鼓励和奖赏学生的创造行为。教师往往喜欢辐合思维能力更强的学生，而发散思维能力强的学生可能无法得到及时的鼓励。尽管发散思维的观点通常是独特的、有价值的，但它们也可能是幼稚的，甚至是荒诞、离奇的，有时会使教师怀疑这只是学生的自我表现。

教师要避免对学生的错误采取惩罚的方式。斯滕伯格的研究表明，越是具有创造性的人越是倾向冒险，因为能从错误中汲取教训，然后找到新的解决问题的好策略。如果对学生的错误采取惩罚的方式，则会使他们变得因害怕出错而不愿冒风险去独立思考。

3. 创设男女平等的校园环境

研究显示，性别角色是影响男女创造力差异的一个重要因素。为了更好地培养全体学生的创造力，必须创设性别平等的校园环境。在传统的性别角色观念中，男性被认为是积极进取、果断、独立、喜欢冒险、竞争性强、自信、不怕打击、善于解决复杂的和有创造性的问题的；女性则被认为是贤惠、竞争性弱、依赖性强、易受暗示、富有情感、成就动机弱、推理能力弱、较适合于解决一般的和非创造性的问题的。传统的性别角色观念有利于男生的创造性发展，却抑制了女生的创造性发展。因此，必须消除传统性别角色观对青少年的消极影响，使青少年不受性别角色标准的局限，从而更加自由地发展其与生俱来的创造潜力。

4. 建立评价体系完整的教育环境

完整的教育评价体系可以使评价结果既能反映学生的学业成就，又能反映学生的创造力。传统的学校教育往往只强调认知发展以及分析综合能力的培养。在对学校的教育质量的评价体系中，强调语言能力和数理—逻辑能力。通常的学业考试一般具有固定的答案，由此得到的学业成绩主要反映的是学生掌握知识的程度，虽在一定程度上也能反映学生的智力水平，但无法反映其创造力水平。如果学校过分重视学生的学业成绩，则在一定程度上可能会抑制学生创造力的发挥。

5. 培养创造型的教师

教师是教学环境的创设者。教师的教育观、知识结构、人格特征、教学艺术和管理艺术对学生创造力的培养都会产生重要影响。要培养富有创造力的学生，首先要有创造型的教师。季诚钧认为，创造型教师的特征主要包括以下几点。第一，知识特征：灵活贯通的知识结构。第二，人格特征：开拓、创新的个性特征。第三，认知特征：独特发散的思维方式。第四，行为特征：鼓励、宽容的行为方式。[②]要成为一名创造型教师，一般可以从以下几个方面入手：转变传统的教育观念，树立起创造性教育观念；具备丰富、合理的知识结构；培养和塑造自己的创造人格，如自信、好奇、幽默、兴趣广泛、睿智等；提高教学艺术水平，把教学安排得生动活泼、有声有色、趣味横生，不断赋予教材以新意和活

① 余文森. 创新教育与课堂教学 [J]. 福建师范大学学报（哲学社会科学版），2002(1): 130–135.

② 季诚钧. 创造型教师：一个值得推广的概念 [J]. 教师教育研究，2006, 18(2): 44–47.

力；有高水平的管理艺术，努力创设并维护一种易于表现创造力的师生关系、同伴关系及班级风尚。[①]

（二）培养创造性的认知能力

培养创造性的认知能力主要包括两个方面：一是重视创造力的知识基础，二是培养创造性思维能力。

1. 重视创造力的知识基础

知识是提高创造力的基础。有学者认为，知识基础是创造过程的根基，智力、才能、动机条件和特殊的技巧策略等均在特定的知识基础之上或通过知识基础而运作。[②] 大量研究表明，高水平的创造力确实需要以一定的知识为基础。在特定的创造性活动领域，获得足够的知识经验是在该领域做出杰出创造性成果的必要条件，掌握丰富的专门知识是产生高度创造力的前提和基础。当然，知识和创造力之间并不是简单的线性关系。一个人的知识是否有利于其创造力的发挥，关键看他能否形成良好的知识结构。有些人书读得越多越死板，是因为“死读书，读死书”，其获得的知识、概念之间没有形成良好、灵活的结构，面对新问题、新情境，不能很快找到新旧信息之间的联结点，因而束手无策。[③] 因此，在开展创造教学时，教师要在重视学生知识积累的基础上，促进学生构建良好的知识系统，形成灵活、开放、广博的知识基础，促进学生创造力的发展。

2. 加强创造性思维与创造技法的训练，掌握创造策略

国内外的研究显示，受过创造教育的学生比未受过这种教育的学生的创造力水平更高。因此，通过开设专门的课程，进行创造性思维和一些创造技法的训练，是培养学生创造性思维能力的一个重要途径。

（1）创造性思维的训练

中国传统教育注重学生辐合思维的培养，忽视发散思维培养。因此在教育教学过程中为了充分培养青少年的创造性思维，我们在强调辐合思维的同时，也应该重视对学生发散思维的训练。

培养发散思维应从培养思维的流畅性、变通性和独特性这三个方面入手。在教学过程中，教师可以建立开放的教学情境，尽可能为学生提供发散思维的机会，善于启发学生从不同角度去思考问题，鼓励学生开阔思路并对问题提出尽可能多的解题设想和方法，逐步养成学生多方向、多角度认识问题和解决问题的习惯。可以进行一些发散思维训练，如进行一题多解、一题多问的练习；给一篇文章尽可能多地加上合适的标题或给一篇文章设想各种不同的结尾；对某一物品提出尽可能多的用途；等等。在课堂讨论活动中，力求营造轻松、自由和活跃的课堂气氛，鼓励学生畅所欲言。要给学生充分思考问题的时间。因为学生寻求答案，特别是有创见性的答案时会有一个思维过程。教师要尽量避免过多地传达作为教师的权威性，例如，避免对学生的讨论做过多的总结、评价或经常提出自己的观点，教师的观点会被许多学生认为是一种“正确”的回答，从而阻碍了学生进一步的思维活动。

---

① 吴庆麟 . 教育心理学：献给教师的书 [M]. 上海：华东师范大学出版社，2003: 101.

② 施建农，徐凡 . 超常儿童发展心理学 [M]. 合肥：安徽教育出版社，2004: 312.

③ 童秀英，张艳莲，姜雅东，等 . 创造性思维的心理学研究（综述）[J]. 河北职业技术师范学院学报 ，2003, 17(1): 71–75.

教师还应帮助学生分清发散思维和辐合思维的区别，使学生学会在特定的情境中运用适宜的思维类型。许多研究证明，面对同样的问题，如果要求他们一方面考虑解决问题的方法的独创性，而另一方面又要考虑到方法的实际可行性，那么他们就会产生不同类型的解决方法。因为实际上，可行性通常被认为是“与已知的方法紧密联系的”，而强调独创性则会促使学生运用自己的想象去寻找新的事物。

此外，教师还应加强对学生侧向思维、直觉思维等思维方式的训练，这些思维方式也有助于人们打破常规的思维习惯和思维定势而产生新颖、独特的想法。

（2）创造技法的训练

【微课】创造技法

除了加强创造性思维的训练外，教师还应该给学生传授创造技法，对学生进行创造技法的训练。随着创造力日益受到重视，许多用于训练创造力的技术和方法，即创造技法应运而生。目前，创造技法种类繁多，如智慧激励法、特性列举法、分析借鉴法、触类旁通法、聚焦发明法、未来预测法、检核表法和信息交合法等。

（三）塑造创造性人格

创造性人格对个体的创造力的发挥有重要影响，创造性人格的培养也是促进学生创造力发展的重要途径。在教育中，应重视培养青少年广泛的兴趣、强烈的好奇心和求知欲，勇于冒险和挑战、敢于怀疑、富有批判精神、独立自信、富于幻想、坚忍不拔等创造性人格特征。

中国传统的教育对学生的问题意识、独立性和批判性的培养相对薄弱，这造成学生主体意识较差，怀疑和批判精神较为缺乏。当今教育应特别重视对学生问题意识、怀疑和批判精神的培养。问题可以激发学生的积极思维活动。一个学生没有问题，说明这个学生没有思考；没有思考，就不能把书本的东西真正融会贯通，就不会有所创新。缺乏问题意识是中国学生的通病，这个通病并非先天遗传，而是由不良的传统教育所致的。在传统教育中，教师只注重学生对书本知识的接受程度，而不重视学生是否进行了独立的思考和创见，导致学生丧失了独立思考和创造的欲望。

现代教育不仅要传承，更重要的是创造。因此，教师要特别重视对学生问题意识的培养，鼓励学生积极思考，提出问题。教师对学生所提出的问题要有浓厚的兴趣，并给予充分肯定。当学生提出让教师一时难以解答或出乎意料的问题时，教师应赞赏他们敢想敢问的勇气，并与学生一同商讨问题，寻找解答方法。在教学中，教师要善于结合教学内容提出一些开放性的问题来引发学生思考。开放性问题的答案不是单一的和现成的，而是多种的，可能超越课本范围。因此，开放性问题更易于激发学生的创造想象和发散思维，有助于学生产生独特的、有创见的想法。教师也可以通过创设问题情境来充分调动学生思维活动的积极性和自觉性，使学生的学习从传统的“吸收—储存—再现”过程转变为“探索—转化—创造”的过程。

不破不立，没有对前人的怀疑批判就不可能有所创新。要改变这种状况，就必须为学生营造一种宽松、安全、相互尊重的学习环境，注意培养学生敢于向传统、习惯、权威提出挑战的精神和尊重不同观点与意见的态度。我国著名语文特级教师宁鸿彬在课堂上公开向学生提出了“三不迷信”“三欢迎”“三允许”的要求：“三不迷信”即不迷信古人、不迷信名家、不迷信教师；“三欢迎”即欢迎上课随时质疑、欢迎发表与教材不同的意见、欢迎发表与教师不同的见解；“三允许”即允许讲错答错、允许改正改变观点、允许保留意见。这种做法值得提倡。培养学生怀疑、批判精神要特别注意克服教师权威的消极作用。来自教师权威的压力会导致学生丧失自信，批判精神不能得以张扬。为此要特别注意形成民主、平等的新型师生关系，克服教师权威的消极作用。

【本章小结】

1. 尽管心理学家对智力的定义还在存着争议，但综合有关智力的研究，大多数心理学家倾向于把智力看作人的一种综合认知能力，包括抽象推理能力、适应能力、学习能力、解决问题能力，等等。

2. 由于研究思路和手段的不同，心理学家提出了不同的智力理论。主要包括斯皮尔曼的二因素论、卡特尔的晶体智力与流体智力理论、瑟斯顿的多因素理论、弗农的智力层次结构理论、吉尔福特的智力三维结构模型、加德纳的多元智力理论、斯滕伯格的三元智力理论和成功智力理论等。其中，加德纳和斯滕伯格的当代智力理论代表了智力理论的新发展。以加德纳和斯滕伯格为代表的心理学家认为，智力是多元化的。

3. 智力测验是测量智力水平高低的一种重要方法。世界上常用的智力测验主要有《斯坦福—比奈智力测验》《韦克斯勒成人智力测验》等。智商是衡量智力水平高低的一种客观指标。智商有比率智商和离差智商两种，其中比率智商不适用于18岁以上的成年人。

4. 智力发展既表现出一般趋势又表现出差异性。智力发展的一般趋势表现为智力随着年龄的增长而发展变化，一般经历增长、稳定和衰退三个阶段。智力发展的差异性表现为个体差异和团体差异，个体差异表现在智力发展的水平、结构和速度方面；团体差异表现在性别和种族等方面。智力发展受遗传和环境因素的共同影响。通过改善环境和教育可以促进青少年智力的发展。

5. 大多数心理学家从创造力的结果入手，把创造力定义为人们根据一定的目的和任务，运用一切已知的信息，产生出某种新颖的、独特的、有社会或个人价值的产物的能力。

6. 对智力与创造力的关系，比较一致的结论是：低智力者难以有高创造力，高智力者可能有高创造力，也可能有低创造力；低创造力者的智力水平可能低，也可能高；高创造力必须有中等水平以上的智力。

7. 创造性思维活动是发散思维和辐合思维的有机结合。创造性思维包括五个要素：独创性、流畅性、变通性、精细性和现实价值。前三个要素属于发散思维范畴，是早期的创造性理论特别强调的；后两个要素属于辐合思维的范畴，是创造力理论所强调的。

8. 现有的创造力测验大多以测量发散思维为主要指标。只从某一个角度入手测量创造力受到了众多研究者的质疑。结合认知、人格、环境和产品四个层面的综合性创造力测验已成为创造力测评的一种趋势。

9. 青少年创造力倾向的发展表现出年龄差异，创造性思维的发展表现出年龄和性别的差异。在主张男女平等的社会中，男女创造力的差异较少，社会在性别平等方面的进步是减少创造力的性别差异的一个重要原因。

10. 个体创造力受个体的知识、智力水平、人格特征、动机及环境等多种因素的影响。这些因素不是孤立起作用，而是以互动、关联的方式一起影响青少年的创造力。创造力是由个体的认知能力、人格特征和社会环境相互作用产生的行为结果，可以从这几个方面来培养青少年的创造力。

【实践·反思·探究】

1. 有些人认为，学生在智力测验上得到的分数可以有效预测其未来在事业上的成就。你如何看待一个学生的智商与其未来成就之间的关系？

2. 一位家长带他 8 岁的儿子去做智力测验，测得这个孩子的智商是 85。据测查人员说，这属于中等偏下，他感到很失望：“现在测得的智商，是不是就给孩子一生的智力发展水平‘盖棺定论’了呢？”这位家长提出的问题带有一定普遍性。你如何看待这个问题？

3. 如何将加德纳的多元智力理论的核心思想融入教学过程中？请举例说明在课堂教学中如何采用多种方式讲解概念，促进学生多元智力的发展。

4. 陈老师是一位年轻教师，希望在自己的教学过程中能更好地促进学生智力和创造力的发展。在学了本章知识之后，请你从理论与实践两方面出发，给陈老师提出一些有益的教育建议。

【推荐阅读】

1. 奥姆罗德．教育心理学：第 6 版 [M]. 龚少英，等译．北京：中国人民大学出版社，2011.

2. 阎力．创造心理学 [M]. 上海：华东师范大学出版社，2016.

第四章　社会性发展

【学习目标】

- 理解社会性发展的内涵和特点。
- 了解影响个体社会性发展的因素。
- 掌握儿童青少年社会性发展的特点。
- 掌握儿童青少年的社会性发展心理辅导的技能。

【知识导图】

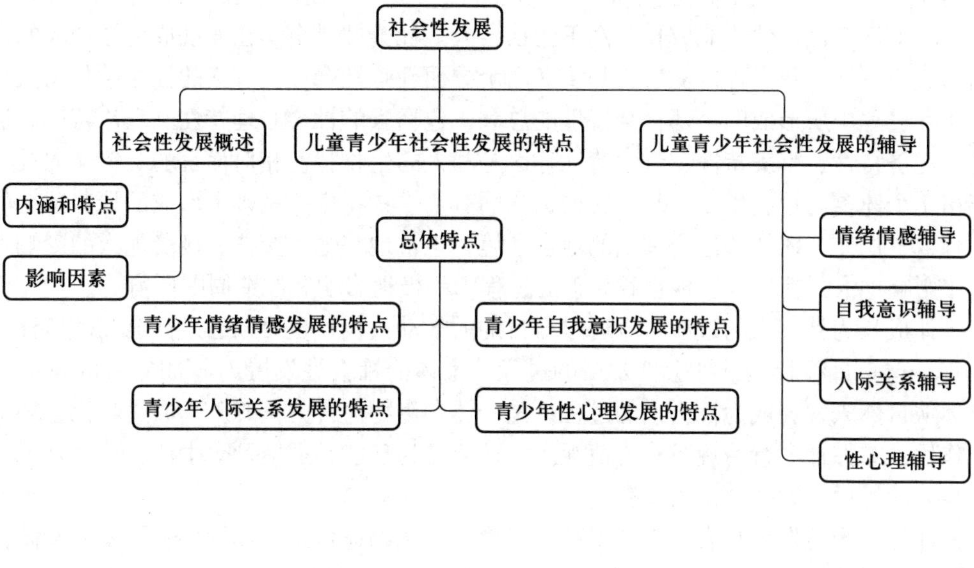

14岁的小凡最近有点烦：她和最要好的朋友吵了一架，因为好朋友将她的秘密无意透露给了另一个同学；她一冲动，就对好朋友说出了“断绝关系”的话；事后，她十分后悔。爸爸妈妈天天唠叨她的学习，对她的生活习惯横挑鼻子竖挑眼，她真想离家出走了。再有，她似乎对隔壁班的班长产生了好感，总希望见到他，可又害怕见到他，难道这就是老师说的‘早恋’？唉，烦心事咋天天都有呢！

本章将要探讨儿童青少年的社会性发展问题，介绍社会性发展的内涵、特点、影响个体社会性发展的因素，个体在学童和青少年阶段的社会性发展的历程以及如何根据儿童青少年社会性发展的特点进行有针对性的心理辅导。

第一节 社会性发展概述

“找呀找呀找朋友，找到一个好朋友，敬个礼，握握手，你是我的好朋友。再见！”这首耳熟能详的儿歌告诉我们，个体需要与他人建立人际关系，并在这样的关系世界中生活、发展。作为一个在人际社会中生存的个体，我们必定带有社会生活的烙印，必定具有社会性，这是人不能脱离社会而孤立生存的属性。

一、社会性与社会性发展

个体从母体中诞生，获得了生命，此时，他只是一个生物人，拥有发展所需的生理条件，但还不是一个真正的社会实体。只有通过社会交往，在社会互动中习得相应的规范、行为，获得社会性，他才能成长为真正的社会人。社会性是个体在发展成为社会人的过程中所形成的特性。我们可以从广义和狭义两个方面理解社会性。广义的社会性是指人在社会上生存过程中所形成的全部社会特性的总和，包括人的社会心理特性、政治特性、道德特性、经济特性、审美特性、哲学特性等，是和人的生物特性相对而言的。狭义的社会性是指由于个体参与社会生活、与人交往，在固有的生物特性的基础上形成的那些独特的心理特性，它们使个体能够适应周围的社会环境，正常地与他人交往，接受他人的影响，也反过来影响他人，在努力实现自我完善的过程中积极地影响和改造周围环境。①

个体成长为社会人的过程可以通过有目的的活动进行，也可以通过社会互动潜移默化地实现，这一过程就是其社会性发展的过程。个体的社会性发展（social development）是指个体从自然人发展成为社会人的过程，是个体在生物遗传的基础上，通过与社会环境的相互作用，掌握社会行为规范、价值观念、社会行为技能，适应社会生活，成为一个独立的社会人的过程，即社会化的过程。

个体的社会性发展具有以下几个特点：第一，生物遗传是个体社会性发展的基础，为个体的社会性发展提供可能性；第二，个体的社会性发展是通过与社会环境的相互作用进行的；第三，社会性发展是一个毕生发展的过程，从个体出生开始，经历婴儿期、幼儿期、学童期、青春期、成年早期、成年中期、成年晚期直至死亡，在这个过程中，发展并非匀速，而是以非线性的模式进行的。

---

① 陈会昌．儿童社会性发展的特点、影响因素及其测量：《中国3—9岁儿童的社会性发展》课题总报告[J]. 心理发展与教育，1994(4): 1–17.

二、影响个体社会性发展的生物因素

从进化的角度来看，个体的许多社会行为有其生物学上的传承性。社会生物学家认为，生物因素影响了个体的发展，将个体的社会行为限制在一定的范围内，这种影响因人而异。我们可以将影响个体社会性发展的生物因素区分为两大类，一是遗传因素，二是个体出生前在母亲体内的生物环境因素。

（一）遗传因素

关于遗传因素对个体发展的影响属于行为遗传学的研究范畴。行为遗传学是一门探讨行为的起源、基因对人类行为发展的影响，以及在行为形成过程中遗传和环境之间的交互作用的学科。[①] 其研究经历了从定量遗传学（quantitative genetics）到分子遗传学（molecular genetics）的发展进程。

定量遗传学主要通过家谱研究、双生子研究和领养研究来区分遗传和环境的作用。现有的研究发现，遗传素质在不同程度上对个体的社会行为产生了影响。一项对双生子和家谱进行了元分析的研究结果显示，“大五人格”的平均遗传度为 37%，具体到各个维度的比例估计为：神经质 37%、外倾性 36%、开放性 41%、宜人性 35%、尽责性 31%。[②] 定量遗传学的研究虽然取得了一定的成果，但对复杂性状与遗传之间的联系估计得不太精确，仅停留于统计学层面。

分子遗传学致力于找到以概率的而非预定的形式与性状发生联系的多个基因（QTLs）。[③] 它的研究成果为行为的遗传基础提供了新的证据。例如，有研究发现，人格的神经质维度可能与大麻素Ⅰ型受体基因（CNRI）、5-HTTLPR、5- 羟色胺转运体基因溶质载体家族 6 成员 4（SLC6A4）、脑源性神经营养因子（BDNF）、多巴胺转运体 1（DAT1）、DRD4 等基因有关；外倾性可能与乙醇脱氢酶 4（ADH4）、BDNF、儿茶酚 -O- 甲基转移酶（COMT）、DRD4 等基因相关；宜人性可能与 CNR1、ADH4、SLC6A4、单胺氧化酶 A（MAO-A）等基因相关；尽责性可能与 ADH4、MAO-A、DRD4 等基因相关；开放性可能与 5- 羟色胺转运蛋白（5-HTT）、Ras GTP 酶活化蛋白 1（RASA1）等基因关联。MAOA、COMT、多巴胺 D3 受体（D3R）三者的共同作用可以预测宜人性的高低等。[④] 这些基因总是相互关联且与环境相互作用，从而对个体的社会性发展产生影响。

总的来说，遗传因素对个体发展的作用不容否认，但它对个体社会性发展的直接作用的效应大小仍在探索之中。

（二）母亲体内的生物环境

生物环境是指由机体特定的生物物质及其生化反应所构成的环境。[⑤] 对个体发展而言，个体在出生之前所处的母亲体内的生物环境，即通常所说的胎内环境和出生时的环境状况。我们将影响个体发展的生物环境因素分为非遗传的染色体变异、母亲的身心状况以及

① 白云静，郑希耕，葛小佳，等. 行为遗传学：从宏观到微观的生命研究 [J]. 心理科学进展，2005, 13(3): 305-313.

② 周明洁，陈杰，王力，等. 人格有多少是遗传的：已有的证据与未来的取向 [J]. 科学通报，2016(9): 952-957.

③ PLOMIN R, DEFRIES J C, MCCLEARN G E, et al. 行为遗传学：第 4 版 [M]. 温暖，王小慧，杨彦平，等译. 刘晓陵，金瑜，审校. 上海：华东师范大学出版社，2008: 286.

④ 周明洁，陈杰，王力，等. 人格有多少是遗传的：已有的证据与未来的取向 [J]. 科学通报，2016(9): 952-957.

⑤ 张文新. 儿童社会性发展 [M]. 北京：北京师范大学出版社，1999: 77.

出生过程的危险因素。

1. 非遗传的染色体变异

染色体是携带遗传物质的载体，染色体若发生数目上的异常或结构上的畸变，就会引发染色体疾病，导致个体的发展发生障碍。例如，患有特纳综合征（Turner syndrome）的女性性染色体少了一条，患者身材矮小，青春期到来却没有女性的第二性征。唐氏综合征（Down syndrome）患者的第 21 号常染色体异常，个体的大小脑发育异常，大脑皮质薄，脑内沟回不明显，一般脸形圆满、两眼距离远、塌鼻梁、口小舌大、伸舌流涎，还有蹼手、蹼脚等。

2. 母亲的身心状况

母亲的身心状况将直接影响体内胎儿成长的生物环境的状况。我们将从母亲所处的外界环境中的有毒物质和辐射、药物、烟酒，以及母亲自身的疾病和情绪状态等方面展开讨论。

（1）环境中的有毒物质和辐射

母亲所处环境中的有毒物质，如释放到环境中的铅、汞等重金属对胎儿的影响是很大的。还有如 X 射线等辐射也会对胎儿造成极大的不良影响。例如，汽车尾气、家庭装修的油漆中都含有铅，孕妇若长时间、高频率地处于这样的环境中，会对胎儿产生脑损伤等危害。

（2）药物

有些药物对母亲体内的胎儿有明显损害。例如，"反应停"对胎儿有明显的致畸作用；四环素类药物可影响胎儿的骨骼发育，造成胎儿畸形；氯霉素可致循环衰竭；磺胺酸类药物会导致贫血和畸胎；喹诺酮类药物可通过胎盘抑制软骨生长。孕期摄入咖啡因可直接影响胎盘和胎儿的发育。① 麻醉剂的使用也会增加胎儿缺陷的概率。研究发现，接触过海洛因、可卡因、美沙酮的母亲，其胎儿在出生后会表现出极端易激惹、神经功能紊乱、肌肉痉挛和颤抖。

（3）烟酒

孕妇吸烟会使流产、死胎、早产的危险增大。即使是被动吸烟也可直接或间接导致胎儿宫内发育迟缓、胎死腹中、先兆流产及出生畸形等不良妊娠结果。② 香烟中的有害物质会使生殖细胞卵子和精子受到毒害，甚至引起遗传基因的变化，导致胎儿宫内发育迟缓或先天畸形。

胎儿若处于酒精环境中，会出现大脑发育中断、细胞和器官的发育受干扰、神经递质的产生发生改变等，即通常所说的胎儿酒精综合征（fetal alcohol syndrome）。这些孩子出生后心智发育迟缓、注意力不集中、过分好动，同时还伴有如生长速度慢、头小、面部畸形以及其他器官系统的缺陷等明显的生理症状。

（4）母亲自身的疾病

母亲在怀孕期间感染某些疾病会对胎儿造成影响。目前的医学研究发现，某些病毒

---

① 周书，黄晶，鲍冲，等. 咖啡因致胎儿宫内发育迟缓机制的研究进展 [J]. 中国药理学与毒理学杂志，2010(1): 77–80.

② 张桂兰，黄志华，张茂芬，等. 被动吸烟孕妇胎儿 GSTM1、GSTT1 及 CYP1A1 基因多态性对胎儿出生畸形的影响 [J]. 中国优生与遗传杂志，2015, 23(11): 17–19, 23.

性、细菌性和寄生性的疾病会造成胎儿的畸形。例如，孕妇若感染了TORCH病原体，虽无明显临床表现，或症状轻微，但病原体却可通过胎盘或产道引起宫内感染，一旦胎儿也被感染，可致流产、早产、死产及先天异常。[①]再如，梅毒、结核、疟疾等也可能引起胎儿流产、心理迟滞。寨卡病毒（Zika virus）也被认为可能是新生儿罹患小头症的罪魁祸首。

（5）母亲自身的情绪状态

强烈的情绪反应会通过影响孕妇身体内激素的分泌来直接影响胎儿生长的环境。动物研究发现，孕期暴露于应激情境中，会增加垂体肾上腺素的分泌量，而垂体肾上腺素会影响新生儿的反射行为和言语行为。母亲在孕期有严重的心理压力时，也会导致胎儿出现问题。研究发现，伴有焦虑的孕妇的胎儿出生后，往往出现低体重、好动、情绪不稳定、易哭闹、消化功能紊乱等情况。[②]

3. 出生过程中的危险因素

在母亲分娩过程中也有少数胎儿遭遇过危险。孩子在出生的过程中，会由于胎位不正、脐带绕颈、胎盘前置等因素而缺氧，缺氧达到一定时间就会引起脑损伤。在新生儿的阿普加量表的测试中，当分数低于7分时就有不同程度的脑损伤，会导致新生儿在将来出现生长发育迟滞。

三、影响个体社会性发展的社会环境因素

社会环境因素是影响个体社会性发展的重要因素。我们将从家庭环境、同伴关系以及大众传媒等方面探讨社会环境对个体社会性发展的影响。

（一）家庭环境

家庭是个体社会化的重要场所。家庭结构、父母的教养方式、父母的婚姻关系等都会对个体的社会性发展产生重要影响。

1. 家庭结构

家庭结构按代际层次和亲属关系可分为核心家庭、主干家庭、单亲家庭、重组家庭等。家庭结构对儿童青少年社会性的发展会产生一定的作用。例如，在单亲家庭中，子女与父母的交流更困难，父母对子女的管理更松散，家庭的集体活动也更少。[③]有研究发现，离异家庭的儿童有许多不良的行为，如更容易脾气暴躁、善于说谎、同伴关系不良、欺骗等。[④]随着人口的流动，家庭成员之间的分离也产生了新的家庭结构——留守家庭。父母的外出使留守家庭的亲子关系出现了残缺或断裂，稳定的核心家庭或主干家庭模式出现异化，从而引起了家庭功能的改变——家庭情感功能弱化和家庭教育功能的受损，[⑤]这些都影响了留守儿童的社会性发展。有研究发现，留守儿童的心理健康状况普遍堪忧。留守处境

① 闻良珍. TORCH感染与出生缺陷[J]. 中国实用妇科与产科杂志，2008(2): 110–113.

② 钱嵘，许涛，廖贻农，等. 地震后孕妇焦虑对胎儿生理状态影响超声研究[J]. 临床精神医学杂志，2010, 20(2): 100–101

③ 王梅，温煦，吕燕，等. 家庭结构对于青少年健康行为的影响[J]. 体育科学，2012(5): 34–41.

④ EMERY R E, WALDRON M, KIZMANN K M, AARCON J. Delinquent behavior, future divorce or nonmarital childbearing, and externalizing behavior among offspring: a 14-year prospective study[J]. Journal of family psychology, 1999, 13(4): 568–579.

⑤ 吕吉，刘亮. 农村留守儿童家庭结构与功能的变化及其影响[J]. 中国特殊教育，2011(10): 59–62.

是影响心理健康的重要原因，安全感在留守处境与心理健康之间发挥了完全中介的作用，[①] 而监护人（或单亲）的教养方式、家庭缺失和家庭环境因素、留守儿童的监护类型、父母外出类型、外出时间、回家频率等因素都影响到了留守儿童的心理健康。[②]

2. 父母的教养方式

父母的教养方式是父母的教养态度、行为及非言语表达的集合，它反映了亲子互动的性质，具有跨情境的稳定性。[③] 美国心理学家鲍姆令特（D. Baumrind）最早对父母的教养方式进行了研究，将父母的教养方式分为专制型、权威型和纵容型。专制型是一种限制性的教养方式，父母希望孩子能够严格遵守他们为之设定的规则，通过权力迫使孩子顺从；权威型是一种灵活的教养方式，父母给孩子一定的自主权，通过讲道理的方式谨慎地向孩子说明规则，保证孩子能够遵从指导；纵容型的父母几乎不对孩子提出任何要求，也不控制孩子的任何行为。

父母的教养方式的影响体现在子女情感发展、社会适应、心理健康等诸多方面。鲍姆令特将父母的教养方式与儿童的特征相联系后发现，专制型父母的孩子一般情绪不太稳定，大多时间不愉快、不友好、易激惹、对周围事物不感兴趣；权威型父母的孩子心情愉快、有社会责任感、自立、有成就定向、易与人合作；纵容型父母的孩子尤其是男孩其攻击性、冲动性较强，较粗鲁，易以自我为中心，控制性差，缺乏独立性和成就感。鲍姆令特对不同父母教养方式下的孩子的成长进行了追踪研究，结果如表 4–1 所示。

表 4–1 父母教养方式对子女成长的影响

父母教养方式	结果	
	儿童时期	青少年时期
专制型	一般的认知和社会能力	一般的学业表现和社会技能比纵容型教养方式下的青少年更为顺从
权威型	较高的认知和社会能力	较高的自尊，非常好的社会技能，较强的道德、亲社会关注和较高的学业成就
纵容型	较低的认知和社会能力	较低的自我控制能力和学业成就，比权威型和专制型教养方式下的青少年更容易吸毒

3. 父母的婚姻关系

父母的婚姻关系会影响父母的教养行为，进而影响子女的社会化。有三种假说解释了父母的婚姻关系与教养方式之间的关系机制。一是溢出假说（spillover hypothesis）。该假说认为，由婚姻关系引起的情绪情感会迁移到亲子关系中：健康的婚姻关系引发积极的情绪情感，促使父母能更敏感地觉察到孩子的需要并给予理性引导和鼓励支持；婚姻冲突引

① 廖传景，吴继霞，张进辅．留守儿童心理健康及影响因素的研究：安全感的视角 [J]. 华东师范大学学报（教育科学版），2015(3): 88–97.

② 杨晓燕．影响留守儿童心理健康的家庭因素综述 [J]. 内蒙古师范大学学报（教育科学版），2010, 23(10): 72–74.

③ DARLING N, STEINBERG L. Parenting style as context: an integrative model[J]. Psychological bulletin, 1993, 113(3): 487–496.

发的消极情绪则会导致父母以严格的纪律管束子女，减少对孩子的温暖回应，表现为婚姻冲突对有效教养的破坏作用。二是补偿假说（compensatory hypothesis）。该假说认为，对婚姻关系存在不满的父母会转而从子女身上寻求补偿，在教养方面表现出高接纳和低控制。三是区分假说（compartmentalization hypothesis）。该假说指出，父母能够区分自己在婚姻关系和亲子关系中的不同角色，将婚姻冲突引发的消极情绪局限在夫妻关系内，因此婚姻冲突对教养方式没有影响。[①] 这三种假设各有依据，但溢出假说获得了最多证据支持。易进、庞丽娟的研究发现，夫妻冲突对母亲的教育行为、教养方式和抚养困难都有显著或极其显著的消极作用。[②] 陈玲玲、伍新春等人的研究发现，父母的婚姻满意度在一定程度上通过协同教养来对父亲的教养投入行为产生影响。[③] 可见，父母的婚姻关系会影响子女的发展，但影响机制、影响效果却因不同父母、不同教养条件而异。

（二）同伴关系

作为儿童青少年社会性发展的微观系统之一，同伴对个体的社会化起着不同于家庭的作用，也弥补着家庭中亲子关系的不足。1940 年，安娜·弗洛伊德（Anna Freud）等人对第二次世界大战后六个德国犹太裔孤儿进行了追踪研究，发现这六个在出生后父母就惨遭杀害的、在集中营里度过了依恋关键期的孩子，正因为有了同伴之间的相互支持，才避免了出现更多的发展问题。

林崇德认为，同伴关系有利于儿童社会价值的获得、社会能力的培养以及认知和人格的健康发展。他把同伴关系的意义总结为四个方面：一是同伴关系可以满足儿童归属和爱的需要以及尊重的需要；二是同伴交往为儿童提供了学习他人的机会；三是同伴关系是儿童特殊的信息渠道和参照框架；四是同伴关系是儿童得到情感支持的一个来源。[④] 同伴的影响随年龄的变化而有所变化，在青少年早期达到顶峰。有研究发现，儿童的同伴关系对其亲社会行为有正向的影响作用。[⑤] 青少年在日常生活的穿着方面和流行“暗语”的使用上，随着年龄增长，越来越易受同伴群体的影响。[⑥] 同伴关系可以调节社会负性环境对留守儿童和普通儿童问题行为的预测作用。[⑦]

同伴群体的影响与家庭的影响是相互作用的。父母的社会化策略会影响儿童在同伴关系中的地位；父母对于儿童在同伴中如何交往有明确的指导；父母作为孩子社会生活的管理者，为孩子和其他儿童的接触提供机会，并在如何与其他儿童交往、交往深度及与什么人交往方面发挥着积极的作用。[⑧] 例如，在权威型家庭中，青少年由于受到了温暖的关怀而将父母的观点内化，他们往往与能够分享价值观的同伴交往，以保护其免受不良同伴的

① 王明珠，邹泓，李晓巍，等 . 幼儿父母婚姻冲突与教养方式的关系：父母情绪调节策略的调节作用 [J]. 心理发展与教育，2015, 31(3): 279–286.

② 易进，庞丽娟 . 夫妻冲突与母亲儿童教养关系的研究 [J]. 心理发展与教育，1995 (4): 48–54.

③ 陈玲玲，伍新春，刘畅 . 父母的婚姻满意度对父亲教养投入的影响：父母协同教养的中介作用 [J]. 心理发展与教育，2014(3): 268–276.

④ 林崇德 . 发展心理学 [M]. 2 版 . 北京：人民教育出版社，2009: 246–247.

⑤ 李丹 . 影响儿童亲社会行为的因素的研究 [J]. 心理科学，2000, 23(3): 285–288, 381.

⑥ 陈会昌，辛浩力，叶子 . 青少年对家庭影响和同伴群体影响的接受性 [J]. 心理科学，1998, 21(3): 264–265.

⑦ 金灿灿，刘艳，陈丽 . 社会负性环境对流动和留守儿童问题行为的影响：亲子和同伴关系的调节作用 [J]. 心理科学，2012, 35(5): 1119–1125.

⑧ 张文新 . 儿童社会性发展 [M]. 北京：北京师范大学出版社，1999: 140–141.

影响。若父母对子女要求太严，没有很好地调节青少年自主的需求，则会使青少年疏远父母，对同伴的消极影响过分敏感，违反父母规定，取悦朋友。

（三）大众传媒

大众传媒包括电视、网络、广播、书籍等，这些传媒，特别是网络，在儿童青少年的生活中占据重要的地位。《第 41 次中国互联网络发展状况统计报告》显示，截至 2017 年 12 月，10—19 岁年龄段的网民占整体网民的 19.6%。网民中学生群体规模最大，占比为 25.4%。可见，网络对青少年的影响不可忽视，它能为青少年提供多样化的选择，能满足其多元化的需求，这对青少年的习惯、兴趣、自主意识的培养都有影响。

网络犹如一把双刃剑，既有积极的作用，也有消极的影响。网络具有快捷性、方便性、同步性，给青少年提供了极多的信息，提供了无限的交往范围，提供了自由、平等的交往机会。但如果过分沉迷于网络，则会有不良的影响，如网络成瘾。网络成瘾指的是由于过度使用互联网而导致个体出现明显的社会功能退化、心理损害的一种现象。研究显示，2009—2014 年我国青少年网络成瘾率为 10%。[①] 网络成瘾的青少年平常不主动与人交往，更难与周围人相处，对不良行为的容忍度也较高。

此外，电子游戏在儿童青少年的社会性发展中也会发挥相当大的作用，例如，亲社会性电子游戏提高了小学生的亲社会意识，进而促进其亲社会行为；[②] 暴力游戏则会助长游戏者的敌意归因，[③] 诱发游戏者的攻击行为。[④]

第二节 儿童青少年社会性发展的特点

个体的社会性发展是一个连续不断的过程，社会性发展进程顺利与否，直接关系到个体的人格健全发展。本节从儿童和青少年的社会性发展概况出发，重点介绍青少年时期的情绪发展、人际关系发展、自我意识发展以及性心理发展的特点。

一、儿童青少年的社会性发展概况

个体的心理发展是个毕生的过程，儿童青少年时期只是其中的一个阶段。本节介绍了学龄儿童和青少年社会性发展的特点。由于青少年期是个体从童年向成年过渡的时期，因此，我们将青少年阶段单独进行重点讨论。

（一）学童期社会性发展的特点

"太阳当空照，花儿对我笑，小鸟说早早早，你为什么背上小书包？我去上学校，天天不迟到，爱学习爱劳动，长大要为人民立功劳。"这首耳熟能详的歌曲陪伴着一代又一代孩子成长。六七岁的儿童在生活环境上发生了很大的变化，他们要进入学校接受正规的学校教育，我们习惯上将从六七岁到十一二岁的小学儿童称作学童。学童期与婴幼儿时期相比，是一个相对稳定的时期，个体社会性的各个方面都在稳步发展。

---

① 卞宏毅，刘缨，李宁，等．青少年网络成瘾率的 Meta 分析 [J]. 中国学校卫生，2016(1): 67–70.

② 牛玉柏，肖帅，温广辉，等．亲社会电子游戏对小学儿童亲社会行为的短时效应 [J]. 人类工效学，2015, 21(3): 1–5.

③ ANDERSON C A, BUSHMAN B J. Human aggression[J]. Annual review of psychology, 2002, 53(1): 27–51.

④ 李婧洁，张卫，甄霜菊，等．暴力电脑游戏对个体攻击性的影响 [J]. 心理发展与教育，2008(2): 108–112.

1. 情感丰富深刻

随着学童生活范围的扩大，他们的情感内容更加丰富，与集体生活、学校、学习有关的情绪出现，情绪越来越社会化，情感分化更为精细，如考试成绩、教师的表扬或批评、同伴的接纳、集体的荣誉等都会唤起学童诸如愉快、自豪、悲伤、失望、嫉妒等各种情绪情感。从深刻性来看，唤起学童情绪情感的刺激越来越社会化，他们的情感体验也越来越深入事物的内部本质。学童情绪情感的稳定性提高了，与之相应，情绪情感的控制能力也在逐渐增强。

2. 同伴交往频繁

随着学校生活的深入，学童的同伴交往频率大大增加、交往范围也在不断扩大，此时的同伴关系也表现出了新的特点。根据塞尔曼划分的友谊发展阶段，多数学童处在双向帮助和亲密的共享阶段。处于双向帮助阶段的学童，认识到友谊是一种相互关系，是共享，是相互尊重，有情感交流。随着学龄增加，学童的友谊进入亲密共享阶段，朋友成了有共同的兴趣和价值观，相互支持、共享亲密和个人信息的那个人。同时，学童时期也开始建立同伴群体，这种群体会通过集体的舆论对学童的个性、社会性等产生重大影响。如果学童能遵守同伴群体的规则，其行为符合同伴群体的标准，往往会得到同伴的好评和尊重；相反，则受到团体的谴责与排斥。

3. 自我稳步提升

学童的自我意识也在迅速发展。小学一年级至三年级处于上升时期，其中，一年级到二年级的上升幅度较大，是上升期中的主要发展时期；小学三年级到五年级处于平衡阶段；小学五年级到六年级又处于第二个上升期。[①] 从自我描述的特点来看，学童的自我描述从比较具体的外部特征的描述发展到比较抽象的内部特征的描述。在自我评价方面，学童已能进行一定的有独立见解的评价；评价从比较笼统发展到能对自己的个别方面或多方面行为的优缺点展开评价，并表现出对内在品质进行评价的初步倾向；自我评价的稳定性逐渐增强。在自我控制方面，学童的自控能力逐步提高，二年级（下学期）至三年级（上学期）和四年级（下学期）至五年级（上学期）是自控发展的关键期。[②]

4. 道德协调发展

在整个小学阶段，学童在道德发展的认识与行为上基本是协调的，但也在逐步走向分化。学童已具有一定的道德评价能力：从小学三年级起，绝大多数学生已能根据行为原因或从行为的因果关系做出自己的判断。在道德情感方面，学童的发展过程显示出一定的阶段性和连续性，并表现出一定的年龄转折。三年级是道德情感发展的转折期，但学童的道德情感发展具有不平衡性。[③]

（二）青少年期社会性发展的特点

从幼稚的学童时期进入懵懂的青少年时期，勒温（K. Lewin）用“边缘人”来形容青少年所处的地位，霍林沃斯（H. L. Hollingworth）则用“心理性断乳”形象地说明这一过程。青少年时期的社会性发展总体上可以概况为以下几个特性。

---

① 韩进之，魏华忠 . 我国中、小学生自我意识发展调查研究 [J]. 心理发展与教育，1985(1): 11–18.

② 李凤杰，石婧 . 小学生自我控制的发展特点及启示 [J]. 上海教育科研，2014(6): 56–58, 83.

③ 王立菲 . 我国小学生道德情感发展研究述评与展望 [J]. 当代教育论坛（学科教育研究），2007(10): 44–45.

1. 过渡性

青少年时期是童年向成年过渡的时期，过渡性是青少年阶段最突出、最本质的特性，其过渡性突出表现在生理、认知和社会地位三个方面。生理上的过渡表现为青春期身体各方面发展迅速，性逐步发育成熟。青少年在外形上像个成年人，在身体机能方面也基本接近成熟的成年人。这为“成人感”的出现奠定了基础。认知上的过渡主要表现在认知结构发生了质的改变。青少年处于形式运算阶段，思维已从具体事物中解放出来，抽象思维开始占主导地位，能运用假设、推理去解决问题，思维有了很强的预见性，出现了反省思维。但青少年在社会认知方面又存在着新形式的自我中心主义，即假想观众（imaginary audience）和个人神话（personal fable）。这种自我中心的思维形式又给青少年已接近或达到成年人的认知水平抹上了不成熟的色彩。社会地位的过渡指的是随着青少年个体的生理成熟和认知的改变，其社会角色发生了变化。人们不再把他们当作儿童，而开始把他们当作成人，对他们提出了新的更高的要求。

【微课】过渡性

2. 闭锁性和开放性

闭锁性是指青少年的内心世界日趋复杂，不轻易将自己的内心活动表露出来。这种闭锁性在青春早期表现得更为明显，他们自己保管自己的物品，自己选择交际的对象。青少年的这种闭锁性是面向一定对象的，即他们是对家长、教师等成人的闭锁。这种闭锁也使他们产生了强烈的孤独感，他们十分渴望与人交往，希望有人来关心、理解他们。于是，他们就将目光投向了同龄人。他们对同龄伙伴是很开放的，愿意向对方敞开心扉，愿意暴露自己的真实情感。

3. 社会性

与儿童期相比，青少年受社会环境的影响越来越大。随着社会交往范围的扩大，青少年已不再拘泥于学童时那种仅仅对自己或自己周围生活中的具体事物的关心，而是以极大的兴趣观察、思考和判断社会生活中的种种现象与问题，政治、历史、文化艺术、法律道德、社会风气、人际关系等都成了他们认识和思考的对象。他们也很容易受到社会现象的影响，如追逐明星、追求时尚等。

4. 动荡性

霍尔用“暴风骤雨”形象地描绘了青春期的动荡性，动荡性指的是青少年思想敏感、偏激，敢于行动，情绪不稳定、易激动、不安。由于“成人感”的出现和自我意识的发展，青少年的独立意向特别强烈。他们强烈要求摆脱父母的管教，希望父母和成人不再把他们当小孩，而是尊重和理解他们。但由于心理不够成熟，经验不足，他们常会出现过失或犯错误。另一方面，由于性的成熟，青少年希望像成人那样追求异性、恋爱，但他们经济不独立、社会成熟度不够、心理发展不成熟，还不善于正确认识和处理两性关系、不足以承担恋爱婚姻的责任。在这种矛盾面前，青少年容易出现心理障碍，容易产生行为偏差。这些独立需要与社会地位、心理成熟度之间的矛盾使得青少年表现出矛盾和动荡不安。

二、青少年情绪情感发展的特点

在青春期，由于激素的变化、身体的迅速发育以及环境的改变，青少年面临着许多在学童期没有经历过的新情境和新问题。他们在情绪情感上表现出情绪的起伏波动，情感体验深刻、丰富和复杂，容易陷入情绪困扰中。

具体说来，青少年的情绪情感表现出一系列的矛盾性特点，可以用以下几个方面来概括。

（一）冲动性与两极性

青少年在情绪上有很强的冲动性，当遇到某些意外刺激时，会在极短的时间内产生强烈的情绪反应，表现为一时性起、年轻气盛。同时，他们在生活中的情绪转换很快，常从一个极端走向另一个极端，表现出明显的两极性，时而高兴至极，兴奋得手舞足蹈；时而跌入低谷，怒不可遏。这一方面与青春期大脑的神经活动的兴奋过程比抑制过程占优势、刺激在神经传导过程中易造成泛化和扩散现象有关；同时也与个体肾上腺激素分泌增加有直接关系。另一方面，青少年的社会需要增多、自我意识增强，当认知结构中产生的预期与现实不吻合时都会使他们产生强烈的情绪反应。

随着青少年阅历的增长和经验的丰富，他们逐渐走向成熟，到了青春期的中后期，他们开始对冲动的情绪进行克制和忍耐，情绪反应的强烈程度降低，情绪波动性减少、稳定性增强。

（二）深刻性与延续性

随着学习、生活范围的扩大，身心的巨变和自我意识的觉醒，青少年的情绪体验越来越丰富和深刻。身心及环境的变化为他们带来了丰富的情绪体验，如愉快、欣喜、悲伤、焦虑、抑郁、孤独、失望、愤怒、沮丧、嫉妒等，而这些体验也因生活体验的增多和认知水平的提高而愈来愈深刻，如他们对道德事件的情感随着道德认知水平的提高而上升到了“人人有责”的高度。在情绪情感体验深刻性的同时，青少年的情绪也表现出一种延续性，表现出持久、微弱的心境状态。这种心境状态会影响他们的学习、生活，也会影响到同伴的情绪状态。

（三）掩饰性与表露性

随着年龄的增长，青少年的情绪情感已不再像学童的那样外露、直观了。他们开始掩饰自己的真实感受，使情绪情感带有内隐的特点。在许多特定情况下，他们会把自己的真实想法或情绪曲折地、掩饰地表达出来。例如，他们明明对某事物有很强烈的兴趣，却在表面上装出一副无所谓、可有可无的样子。他们也会根据场合适当表达自己的情绪，如在严肃的情境，他们可能会掩饰自己由于其他原因而导致的内心的喜悦，而表现出与周围人同样的严肃。这种情绪的掩饰并非一般所讲的表里不一、虚伪，而是一种成熟的表现。当然，青少年与成人相比，他们在情绪表现上仍不能像成人那样周密成熟，依旧会通过表情、动作等表露出真实的情绪情感。例如，当青少年遇到让他们觉得很不公平的事时，往往会一吐为快，充分展示自己的思考。

三、青少年自我意识发展的特点

由于生理、心理和社会地位的变化，青少年在自我意识方面发生了飞跃性变化，主要包括以下几个方面。

（一）产生“成人感”

随着身体的成长、思维的改变和社会要求的变化，青少年产生了强烈的“成人感”，他们认为自己已经长大成人，希望别人像对待成人那样对待他们，不要再把他们当作小孩。他们的独立意识增强了，希望能摆脱成人的束缚，能独立自主地学习、生活。当遇到问题时，他们不再向成人求助，而是希望凭借自己的认识和能力去解决问题。他们在社交中常以成人自居，常常模仿成人的行为，如抽烟、喝酒等，以此来证明自己也是个成人了。一旦他们的独立意向受到阻碍，就会产生强烈的不满和反抗行为。

（二）关注自己的身体形象

伴随青春期的到来，青少年在身体外形上发生了很大的变化，身高、体重、外貌等都成了青少年关注的焦点。一般来说，与男生相比，女生在整个青春期对自己的身体更不满意，对身体形象的认识更加消极，这种不满意随着身体脂肪的增加而不断增加。女生更关心自己的体重，希望拥有苗条的身材。男生对自己的身体相对满意，这可能与他们的肌肉与体力增加有关。男生更喜欢中等的运动员身材，不会像女生那样感到自己超重，但也不喜欢太瘦。实际上，个体对自己青春期的身体变化的反应在很大程度上是对父母、大众媒介和其他文化传播途径传递给青少年的社会标准和期望的折射。

（三）关注自己的内心世界和心理品质

随着年龄的增长，青少年逐渐将视野转向自己的内心世界，探索“我到底是个什么样的人”“我要发展成为什么样的人”一类的问题。这种对内心世界和个人心理品质的关注常常体现在青少年间的谈心和他们的日记里。

（四）自我意识出现新的分化

青少年期的自我意识中分化出了“理想自我”和“现实自我”。理想自我是个体按照社会标准和自身的道德准则所形成的关于自己要成为什么样的人的设想；现实自我是个体关于自己现在是一个什么样的人的看法。青少年一方面在观察、评定现实自我，另一方面也在积极追求和实现理想自我。一般说来，现实自我与理想自我有一定距离，这是个体发展中的正常现象，这种距离正是自我意识成熟的表现。

（五）强烈的自尊需求

青少年独立意向的发展使他们的自尊敏感而强烈，他们希望别人尊重和承认自己，期望在群体中具有适当的地位，期望受到好评和重视，他们极易表现出争强好胜。他们极易大喜大悲，容易因一点成绩而沾沾自喜，又容易因一点小事而陷入自卑。

（六）自我评价趋于成熟，自我控制能力先降后升

学童期的自我评价主要依从于成人，以成人的评价作为自我评价的依据。在青少年时期，自我评价能力逐渐发展成熟，表现为能独立评价自己，不盲目听从成人及同伴对自己的评价；自我评价从片面性向全面性发展，评价更加全面，判断更加准确；自我评价从身体特征和具体行为向个性品质方向转化，评价的抽象程度大幅度提高。自我控制水平小学六年级、初一年级时水平较高，之后开始下降，高一年级时水平最低，但自高二年级起，自我控制能力开始上升。①

四、青少年人际关系发展的特点

人际关系是人们在共同的活动中彼此为了满足各种需要而建立起来的相互的心理关系，包括个体间相互认识、相互好恶、相互亲疏的心理上的距离。人际关系对个体生活具有重大的影响，它的质量会影响个体的个性、身心健康以及社会化的进程。

---

① 王红姣，卢家楣．中学生自我控制能力问卷的编制及其调查 [J]. 心理科学，2004, 27(6): 1477-1482.

（一）青少年期亲子关系的特点

青春期的变化导致青少年与父母的关系也在发生着改变。青少年不再像幼年时期那样将父母看作权威，“父母说的”已不再成为他们服从“命令”的理由。在整个青春期，亲子冲突是个重要话题。青少年与父母冲突的频率或强度呈倒U形曲线发展，在初二年级达到顶峰。[①] 这一时期的青少年独立意识很强，原先的亲子作用模式被打破，青少年对自己的认识超前，认为自己已是成熟的成人；父母对他们的认识滞后，只注重他们不成熟的一面，未看到他们已具备的成人感，亲子冲突由此产生。独立和平等的问题成为最尖锐的问题。当然，这种亲子冲突并不意味着亲子间缺乏亲密感，青少年仍需要家庭的建议、指导和情感支持。随着年龄的增长，亲子冲突频率呈下降趋势，而冲突造成的影响则随着青少年年龄的增长呈上升趋势。[②]

（二）青少年同伴关系特点

同伴关系指的是个体与其具有相同社会权利的同伴之间形成的一种关系。这种关系的性质是平等的、互惠的。青少年阶段的同伴关系可以满足个体情感独立和摆脱父母管教的需要。此时的青少年缺乏安全感、充满焦虑，缺乏对自我个性的明确把握及认同，他们需要聚集一帮朋友，获得力量，建立自我，这也使他们将目光转向同伴，从同伴身上学会必要的技能，同伴团体也能给他们提供关于外部世界的信息。

此时的同伴关系表现出以下几个特点。首先，青少年时期的同伴关系是真正建立在相互理解、相互信任、彼此亲密的感情基础上的。同伴之间的亲密程度表现为彼此关心，形影不离，有说不完的知心话，这在女性伙伴中尤为明显。如果他们发现同伴有“背叛”行为，就感觉受到了很大的伤害。其次，青少年时期也是同伴群体普遍形成的时期。在同伴群体中，成员年龄相仿，空间距离接近，志趣相投。青少年十分关心自己在同伴群体中被接纳的程度，他们在同伴群体中的适应会影响到自我的人格健全发展。最后，随着性的发育成熟，性意识开始广泛影响青少年的同伴关系。有调查表明，初中生异性交往的愿望迫切，女生愿意与异性交往的比例明显高于男生，[③] 早恋发生的比例为21.51%。[④]

【微课】
同伴关系

五、青少年性心理发展的特点

青春发育期一个非常重要的生理变化是第二性征的变化和性成熟。第二性征的出现，会使女生出现局促不安和羞怯心理，害怕旁人注视；但其对男生的影响没有对女生这么明显，男生会相应地出现“男子汉”意识。有调查表明，我国城市青少年的性心理发育相对滞后于性生理的发育，性心理认知水平有所下降。[⑤]

（一）异性意识发展

性成熟使青少年产生了异性意识。异性意识的发展经历了以下过程。①异性意识的准备期（学龄前期）：男女儿童在五六岁时对游戏的兴趣有了分化，出现同性别联系密切的倾向，但没有明显的异性意识。②异性疏远期（学龄前期到青春初期）：在学龄期，同性

① 方晓义，张锦涛，刘钊．青少年期亲子冲突的特点 [J]. 心理发展与教育，2003(3): 46–52.

② 宋广文，何文广．青少年亲子冲突研究的现状与展望 [J]. 南京师大学报（社会科学版），2011(4): 105–110.

③ 陈军，隋欣．初中生异性交往心理发展的调查 [J]. 心理科学，2009, 32(5): 1228–1231.

④ 周颖，武俊青，赵瑞，等．城市中学生早恋及其影响因素调查 [J]. 中国计划生育和妇产科，2016, 8(2): 28–31.

⑤ 杨雄．青春期与性：中国大城市青少年性意识性行为跟踪研究 [D]. 上海：上海大学，2006.

联系紧密，常形成闭锁状态的小群体，躲避异性，此时他们虽然对异性也有兴趣，但由于担心会受到同性伙伴的嘲笑而不想接近异性。对异性的恶作剧、态度粗野多发生在这一时期。③异性亲近期（十三四岁到十七八岁）：青少年开始逐渐摆脱心理上的闭锁状态，希望接近异性、了解异性，男女之间相互怀有好感，出现情感上的吸引与亲近。④两性初恋期（十七八岁以后）：一般来说，到了这个阶段，青少年的身心已经接近成熟了，此时再开始约会谈恋爱会比较合适。

（二）异性感受强烈

性成熟使青少年对异性感受强烈。这首先表现在青少年对异性产生强烈的好奇，对有关性的故事或传闻表现出很大的兴趣，会留意有关性的书刊，注意异性特有的生活方式等。并且，他们想接近异性，结交异性朋友，十分注意异性对自己的看法、态度，对异性的反应特别敏感，会做出各种举动吸引注意。例如，他们会因为心仪的异性的在场而手足无措，可能会故意哗众以博得注意，可能会因为对方的一个不经意的眼神而忘乎所以。

（三）性困扰频繁

青春期性的发育成熟给青少年带来了新的困扰，有生理方面的困扰，如早熟、晚熟的困扰，性冲动的困扰，未婚先孕等；也有心理方面的困扰，如早恋、不能妥善处理异性交往与学业的关系等。此时的性困扰若没有被引导好，会对青少年的心理造成伤害。

第三节　儿童青少年社会性发展的辅导

心理辅导的目标是让个体学会适应、寻求发展。在对儿童青少年期进行心理辅导时，教师要根据儿童青少年的心理发展规律和特点，帮助他们建立积极的心态、克服发展中出现的矛盾与问题，更健康地发展。我们将儿童青少年心理辅导的内容分为情绪辅导、自我意识辅导、人际关系辅导和性心理辅导四个主要方面。

一、情绪辅导

对于儿童青少年的情绪辅导，应从正确认识情绪、合理表达情绪、调节不良情绪以及培养良好的情绪习惯四个方面着手。

（一）正确认识情绪

青少年阶段的个体情绪波动大，容易冲动，容易出现消极情绪。因此，心理辅导的首要目的是教会儿童青少年正确认识情绪，提高对情绪的自我认识水平。正确认识情绪包括两个方面：一是正确识别情绪情感；二是正确认识情绪情感产生的根源。

1. 正确识别情绪情感

正确识别情绪情感的目的在于对自身的情绪情感进行实时监控，“做自己情绪的主人”，最终达到对情绪的有效调节与控制。教师可以通过各种途径告诉学生关于情绪情感的基本知识，帮助他们正确认识自己的情绪，如教师可以使用情绪图片、直接指出情绪事件中学生的情绪或通过情景模拟、角色扮演等形式让学生学会识别不同情绪、体验不同的情绪状态。

2. 正确认识情绪情感产生的根源

虽然情绪多变，但儿童青少年也要能正确认识引发情绪的事件，如生理上的变化、学业成就的影响、同伴交往的作用以及性心理的发展等，做到有备无患。除了引发情绪产生的事件外，个体对情绪事件的认识在引发情绪的过程中产生了更为重要的作用。因此，教师要引导学生分析由情绪事件所带来的认识，辨明其中合理和不合理的成分，理解情绪产生的缘由，达到对情绪的有效调控。

（二）合理表达情绪

合理表达情绪也是情绪情感社会化的一个目标。要做到合理表达情绪，首先要正确认识情境中的事件信息，对事件信息进行合理解释和归因。例如，在食堂中，甲端着汤从正在吃饭的乙身边走过，汤洒到了乙的衣服上，乙会有什么情绪反应？在这一情境中，情境事件是甲的汤洒到了乙的衣服上，把乙的衣服弄脏了。如果乙认为甲是故意的，那么乙可能会产生愤怒的情绪反应。在进行情绪情感辅导的过程中，教师要帮助学生正确分析情境因素、合理归因，提高学生的情境认知水平。在上述例子中，如果乙将甲的行为解释为无意的，那么他的情绪就会发生很大的改变。

另一方面，合理表达情绪还要能根据环境背景适时适度地表达情绪。例如，在校园足球比赛中，甲队员故意绊倒了对方球队的乙队员，乙和乙的队友们特别愤怒，但考虑到当时正进行比赛，他们将这种愤怒情绪暂时搁置，只是向裁判说明了情况。教师可以设计类似的情境让学生进行角色扮演，在模拟情境中学习根据环境需要合理表达情绪的技巧。

（三）调节不良情绪

对情绪情感的调节控制是情绪情感辅导的另一重要目的。我们有必要在辅导过程中，针对儿童青少年出现的不良情绪，教会他们调节情绪的有效方法。

1. 纠正认知偏差

艾利斯（A. Ellis）的情绪 ABC 理论认为，情绪事件只是引发情绪的间接原因，个体对激发事件的不正确的认知和评价所产生的不合理信念则会直接引发消极情绪。因此，在进行情绪情感调节时，不仅要先认识到产生情绪的间接因素（即引发事件），更要弄清直接导致消极情绪的认知因素，识别认知因素中的不合理信念，通过改变不合理信念来达到情绪调控的目的。

【微课】如何纠正认知偏差

2. 掌握调节不良情绪的方法

教师要教会学生掌握合理的情绪调节方法，使学生在处于不良情绪状态时能运用这些方法及时调节情绪。调节不良情绪的方法有宣泄法、转移法、幽默法、运动法、放松法、理智法等。教师也可以通过示范教给学生在不同情况下应对消极情绪的策略，如教师在演示如何表达愤怒时，不是提高声音，而是用耳语表达。

（四）培养良好的情绪习惯

个体的情绪习惯是在长期环境的作用下形成的，教师要根据学生的情绪情感特点，培养学生积极的情绪情感状态，消除或减少负面的情绪习惯。例如，有的学生对自己的期望过高，看不到自己的长处，凡事都习惯性地往坏处想，遇事总是习惯性地产生消极的情绪，这就影响到他的情绪健康发展。对于此类学生，教师就要努力营造积极和谐的教育环境，引导学生产生积极向上的情绪情感，促进身心和谐发展。

二、自我意识辅导

从儿童期走向青少年时期的阶段，个体的自我意识发生了飞跃，教师对学生自我意识的辅导可以从如下几个方面进行。

（一）全面、客观、正确地认识自己

全面、客观、正确地认识自己是自我意识成熟的标志之一。首先，教师要帮助学生全面、客观地认识自己。全面认识自己包括认识自己的生理、心理等方面，不要过高评价自己，这容易使人自负；也不要过低评价自己，这容易使人陷入自卑。全面、客观地认识自己就是既要看到自己的优势，又要看到自己的不足，扬长避短。其次，教师在帮助学生认识自己的过程中，要注意予以全面、公正的评价，要引导学生进行恰当的社会比较。虽然儿童青少年已经能够独立地评价自我，但由于认知和社会经验的不足，他们容易低估他人、高估自己，自我评价不稳定，容易受到成绩或挫折的影响。所以，教师的引导十分重要。教师可以通过榜样、角色扮演等方法给学生提供恰当的社会比较模版，使学生在取得成绩时不得意忘形、在失败时不妄自菲薄。

全面、客观、正确地认识自己，其根本目的是要悦纳自己，悦纳自己的长处，同时也要善待自己的不足，乐于接纳自己，努力完善自己。

（二）确立现实合理的理想自我

理想自我是青少年自我发展的目标，其内容的合理性对青少年的发展十分重要。若理想自我过高，则容易无法实现，会使青少年丧失发展的信心或使理想自我成为空想而失去理想自我本身的目标价值；若理想自我过低，也会使青少年失去发展的目标，陷入自我满足中。所以，在确立理想自我时必须根据自身的特点、根据社会所提供的可能性，使理想自我具有现实性，而不是一个脱离实际的空想。

（三）培养良好的自我控制能力

青少年的自我控制欲望强烈，但自我控制的水平却偏低。所以，教师在辅导的过程中要注重学生自我控制能力的培养，提高其自我监控、自我调节的能力。这种培养可以从学习生活中的小事做起，也可以设计专门的活动进行。

（四）克服自我意识障碍

青少年在自我意识的发展过程中，会因为各种原因使自我意识的发展出现障碍。心理辅导的一个目标就是要消除这些障碍，使儿童青少年的自我意识健康发展。在儿童青少年中，常见的自我意识障碍包括过于追求完美、过度自我接受、过度自我拒绝、丧失自我等。

过于追求完美时，个体会对自己要求过高，希望自己完美无缺，易脱离自己的实际情况，从而使“完美”期望受挫，增加适应的困难。他们对自己的“不完美”之处过分看重，甚至把人人都会出现、遇到的问题看成自己“不完美”的表现，从而影响自己的情绪与自信。对于这样的学生，教师要引导他们认识追求完美是健康发展的本能，但也要认识到十全十美、不肯迁就现实中平凡的或有缺点的自我是一种非理性的观念，要教会他们理性地分析思考问题，改变这样的非理性观念。

过度自我接受时，个体会高估自己，对自己的肯定性评价往往有过之而无不及，盲目乐观、自以为是，他们往往会在人际交往中受挫。教师要引导他们客观公正地认识自己，既要看到自己的优点，也要认识自己的不足。

过度自我拒绝与过度自我接受的情况正相反，前者不喜欢自己，自我否定，甚至怨恨自己，他们看不到自己的价值，只会看到甚至夸大自己的不足，感到自己处处不如人，低人一等，丧失信心，严重时会走向自我毁灭。对于这样的个体，教师同样也要引导他们客观认识自己，在看到自身不足的同时，更要看到自己身上的优点与长处。教师可以通过鼓励、增加成功体验的方法提高他们的自我价值感。

丧失自我时，常常会把他人的期望当作自我认识的一部分，以他人期望作为自我发展的方向。这样的青少年在自我发展的过程中常常因为他人意见不统一而迷失发展方向，成为没有统一自我的人。教师应帮助这类学生客观地分析、理智地看待他人的评价，建立独立的自我评价体系，不盲从他人。

三、人际关系辅导

一般情况下，对青少年人际关系的辅导将围绕着日常生活中最重要的两种关系——亲子关系和同伴关系展开。

（一）亲子关系辅导

在青少年时期，亲子关系辅导要从父母和青少年两个方面着手。

1. 从父母着手，辅导亲子关系

在父母方面，亲子关系辅导主要在于三个方面。

（1）了解青春期的孩子

父母要想与孩子建立良好的亲子关系，首先必须了解孩子。了解孩子包括三个方面，一是了解青春期的孩子的一般特点，二是了解孩子的个性特点，三是了解孩子对父母的看法和期待。

青春期是个体发展的第二加速期，有人也将其称之为“第二反抗期”，父母要正视并了解孩子进入青春发育期的生理和心理变化，了解青春期给孩子带来的发展上的困扰，从而在面对孩子的一系列变化时做充分准备、镇定自若。

除了了解青少年的一般特点外，父母还要有针对性地了解自己孩子的个性特点。每一个进入青春期的孩子都会有自己对青春期的特殊反应，这种特殊反应体现了个体差异。父母只有结合青春期的一般特点，加上对自己孩子发展特性的了解，才能真正客观地评价孩子。

对于已经具有了成人意识的孩子来说，父母更要了解他们对父母的看法。父母对自己教养方式的理解与子女感受到的教养方式可能不同，如父母认为自己对孩子已经十分民主了，而孩子可能会觉得父母对他们管得太多、没有留出自由的空间，这就提醒父母必须了解子女对父母的看法和期待。

（2）恰当合理的期望

父母的期望代表了父母的教育要求。天津市的一项调查发现，45.38% 的初中生认为父母对他们的期望过高，这容易使孩子达不到父母的期望而自暴自弃，同时也使父母丧失对孩子的信心，亲子关系陷入恶性循环。所以，父母要根据孩子的特点，结合自己的要求和孩子自身的理想，对孩子建立合理的期望。

（3）良好的教养态度与教养方式

良好的教养态度和教养方式是促进亲子关系和谐发展的重要途径。父母双方必须保持教育上的一致性，对子女采取理解、接纳的态度，关心孩子的成长，理解孩子，给孩子足够的自主空间，在适当的时候给孩子恰如其分的指导与帮助。这种民主的教养有利于亲子关系的良性发展，也有利于孩子的健康成长。

父亲和母亲在亲子互动中的作用是不同的。母亲在亲子交往中更具情感性，即母亲更善于和孩子进行情感交流，更体现情感上的呵护与支持。一般来说，母亲在心理上对孩子的眷恋、疼爱比父亲更强，母亲更多采用情感的方式去教育、感染孩子，表现出更多的关心、体贴、温情。而父亲在亲子互动中更具“工具性”，即父亲更代表了外部世界的要求，是孩子外部世界的引导者、外界信息的传播者和闲暇时间的游戏伙伴。父母的作用是缺一不可的。

2. 从子女着手，辅导亲子关系

从子女的角度，亲子关系的辅导主要在于以下两个方面。

（1）理解父母、体谅父母

青少年要与父母建立良好的亲子关系，就要理解父母的特点以及父母的良苦用心。父母也有父母的年龄特点，有他们成长的时代背景，有他们的压力，青少年若能站在父母的年龄特点来考虑父母的行为，对他们从积极善意的角度进行分析，沟通也就显得容易多了。

（2）与父母进行良好的沟通交流

在理解体谅父母的基础上，要想建立良好的亲子关系，青少年还必须与父母进行良好的亲子交流。青少年要善于倾听父母的心声，也要勇于把自己的真实想法以耐心、合理的方式呈现给父母，保证沟通渠道的畅通。

（二）同伴关系辅导

青少年社会交往策略会影响其同伴接纳性，而社会技能训练可以帮助儿童习得必要的社会技能，从而被同伴接受并得到同伴的认可和支持。因此，对于同伴关系的辅导，重在社会技能的训练与培养上。社会技能的内容很多，普特雷兹（M. Putallaz）等提出了社会技能的六个行为维度：一般性的积极状态；解决冲突和争端的能力；对群体规范和社会规则的意识；准确地沟通的能力；在自己和他人之间建立共同点的能力；积极的自我觉知[①]。

综合以上内容，对同伴关系中社会技能的辅导可以从以下两个方面进行：首先是关于自我及情境认知方面的辅导，其次是对具体交往中的社交技能的辅导。自我认知和对他人及情境认知的技能的辅导目标是正确认识自己、客观评价自己、选择合适的交往对象；正确客观地认识他人，对情境有相对客观的认识和评价。这可以通过角色扮演、情景模拟、游戏活动等方式进行。在交往中，具体社交技能的辅导包括言语沟通技能、情绪调控技能、解决冲突的能力等。这些技能的辅导也可以通过具体的角色扮演、情景模拟等方式进行。

四、性心理辅导

随着青少年性生理发育时间的提前，性生理成熟和性心理成熟之间存在差距，青春期的性心理问题越来越突出。

---

① 周宗奎．儿童的社会技能 [M]. 武汉：华中师范大学出版社，2002: 90.

由于我国长期以来封建思想的束缚，人们视“性”为洪水猛兽，不能登大雅之堂，性教育、性心理辅导一直是个薄弱环节。近年来，随着社会的迫切需求、人们思想观念的改变、社会各界的呼吁，青少年的性教育问题逐步受到了重视。

目前，青少年所面临的性问题主要有性知识缺乏和性早熟与性心理困惑。据范怡悦等人的调查，大部分中学生对基本的性知识不甚了解。[①]郑晓瑛、陈功的研究发现，中国青少年整体缺乏正确的生殖健康知识，他们的知识获取更多处于一种“自学”状态。[②]青少年的性心理困惑主要来自性心理发展与不能认知的矛盾、性要求与性道德的矛盾。[③]家长和教师首先要有科学的性教育的态度，要用科学的眼光来看待性以及青少年性的发育。

第一，对青少年进行性心理辅导要选择合适的时机。青春期的突然到来有时会让青少年感到手足无措，因此青春期的性教育要“走在青春期的前面”。在青春期到来之前，对儿童进行有关的青春期性教育可以达到预防青春期困惑的目的，让儿童对即将到来的青春期有充分的思想准备。

第二，青春期性心理辅导可以围绕以下内容进行。首先，要让青少年通过正常的渠道获得性生理、性卫生及性保健方面的知识；其次，要传授给他们性心理知识，如青春期心理发展的基本特点，青春期性心理的发展与表现，如何合理得体地与异性交往、建立友谊，青春期心理保健知识与技巧等；最后，进行性道德及婚姻家庭的有关教育。

第三，进行青春期的性心理辅导要注意辅导的方式和方法。对于不同的内容可以采用不同的辅导方式，如在进行性生理、性卫生、性保健方面的知识传授时，可以采用录像、书籍阅读、讲座、小组讨论等方式进行；对于性心理和性道德知识，可以通过阅读、讨论、案例分析等方式进行。传统上，实施性心理辅导的主体是青少年的父母和学校中的教师。在家庭中，父母进行性教育时要注意两点：一是要将“性”的问题融入日常生活的点滴中，不要正式谈“性”，要找机会由父母双方共同进行教育；二是应强调在性方面“能做什么”，不要老是强调“不能做什么”，若一味强调“不能做什么”，孩子易产生逆反心理。现在，有人提出可以根据青少年对同伴群体的依赖，让青少年作为实施性心理辅导的主体，这就有了以青少年同伴群体的影响力为基础的“同伴性教育”。这种模式可以打破成人与青少年之间的代际隔阂，利用青少年对同伴群体的“开放”与信任进行性心理辅导，提高性心理辅导的效果。

第四，除了给青少年提供必要的性知识外，教师在进行心理辅导时还要注意帮助学生消除性心理困扰，诸如女性月经、男性遗精、手淫行为、异性吸引、性幻想、性压抑、性恐惧、性骚扰和性侵犯等困扰。

第五，要注意由之引发的“早恋”问题的处理。实际上，青少年所谓的“恋爱”，有别于真正的恋爱，它实质上是接近异性期的表现，这种爱是一种自然朦胧、稚嫩脆弱、盲目冲动的爱，家长和教师要谨慎对待和处理，不要简单地“一棒子打死”。对于青少年间正常的异性交往，成人应该鼓励并帮助他们正确看待异性间的交往；对于超越了正常的异性交往而建立起来的朦胧的爱，成人应该用合适的手段引导他们将青春期的性冲动转向更

① 范怡悦，严玲悦，孙煜，等. 青少年性知识及性心理健康影响因素分析 [J]. 当代青年研究，2014(3): 106–111.

② 郑晓瑛，陈功. 中国青少年生殖健康可及性调查基础数据报告 [J]. 人口与发展，2010, 16(3): 2–16.

③ 陈向东. 初中生青春期性教育研究 [D]. 西安：陕西师范大学，2002.

加积极的方向。

总之，对于青少年的性心理辅导，最终的目的是要帮助青少年建立正确的性价值观，正确看待青春期的性生理和性心理变化，抵御社会上不良性刺激的侵袭，有效控制自己的性冲动和性欲望，建立正常的异性关系，顺利度过青春期。

【本章小结】

1. 广义的社会性是指人在社会上生存过程中所形成的全部社会特性的总和，包括人的社会心理特性、政治特性、道德特性、经济特性、审美特性、哲学特性等，是和人的生物特性相对而言的。狭义的社会性是指由于个体参与社会生活、与人交往，在他固有的生物特性的基础上形成的那些独特的心理特性。遗传是个体社会性发展的基础；社会性发展是通过与社会环境相互作用进行的。社会性发展是一个毕生发展的过程。

2. 影响个体社会性发展的因素可分为生物因素和社会环境因素两大类。生物因素包括遗传和母亲体内的生物环境；社会环境因素主要包括家庭环境、同伴关系、大众传媒。

3. 学童社会性发展表现为情感丰富深刻、同伴交往频繁、自我稳步提升、道德协调发展等特点。

4. 青少年社会性发展的一般特征可以概括为过渡性、闭锁性和开放性、社会性、动荡性。

5. 青少年的情绪表现出一系列矛盾的特点；青少年阶段是自我意识发生飞跃的时期；青少年的人际关系主要包括亲子关系和同伴关系，它们在青少年阶段都经历了与学童时期不同的变化；由于青少年身体的成长发育和性的成熟，青少年在性心理方面表现出异性意识发展、异性感受强烈和性困扰频繁等特点。

6. 儿童青少年的社会性发展辅导主要包括情绪辅导、自我意识辅导、人际关系辅导和性心理辅导等方面。

【实践·反思·探究】

1. 反思自己的社会性发展历程，思考在这个过程中，哪些因素起了重要作用。

2. 青少年阶段是个体成长的第二加速期，个体面临着生理、心理、社会的变化，请对几名中学生进行访谈，倾听他们在社会性发展方面的烦恼，并帮助他们正确面对这些烦恼，提出合理的建议。

3. 阅读下列材料并回答问题：

小慧的妈妈对小慧的管教十分严厉。从小慧记事起，每一次外出，妈妈都紧随其后。进入青春期后，小慧发现自己被妈妈管控得更严了，完全没有了自己的空间——每一次来电都被监听，每一封信件都被私拆，甚至放在抽屉里的日记本也被偷翻了出来。终于有一天，小慧埋在心中的怒火爆发了——妈妈“逮”着了准备溜出门找同学的她，说什么也不让她出去，小慧与妈妈大声争吵起来。

请分析：小慧和妈妈的关系存在什么问题？如何改善母女的关系？

【推荐阅读】

1．谢弗．社会性与人格发展：第5版[M]．陈会昌，等译．北京：人民邮电出版社，2012.

2．安秋玲，陆芳萍．儿童、青少年心理咨询案例分析：原理与方法[M]．上海：上海社会科学院出版社，2014.

3．克罗恩．青春期的大脑：孩子为何难以相处[M]．马嫽，译．北京：北京大学出版社，2015.

第五章　人格发展

【学习目标】

- 掌握人格的含义，人格有哪些特点。
- 了解各人格理论对人格的看法及解释。
- 了解青少年人格发展的特点，学习如何对不良人格进行辅导。

【知识导图】

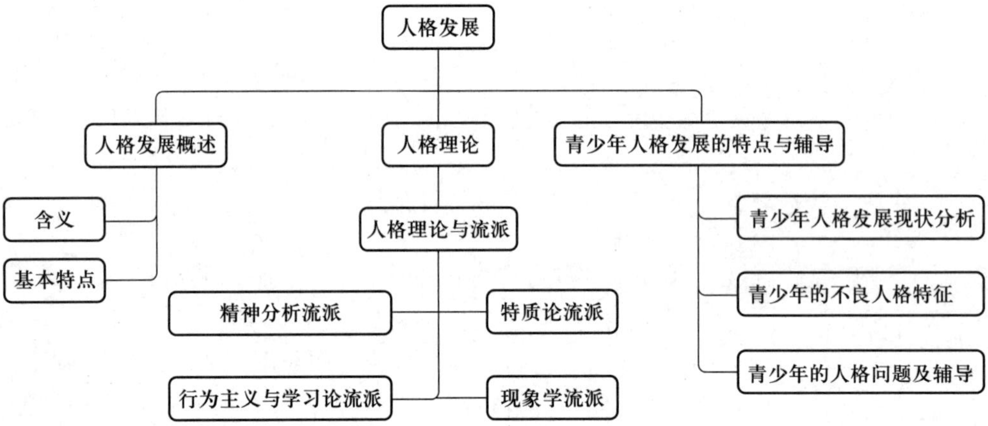

《论语》中记载着这样一则故事：

子路问："闻斯行诸？"子曰："有父兄在，如之何其闻斯行之？"

冉有问："闻斯行诸？"子曰："闻斯行之。"

公西华曰："由也问：'闻斯行诸？'子曰：'有父兄在。'求也问：'闻斯行诸？'子曰：'闻斯行之。'赤也惑，敢问。"

子曰："求也退，故进之；由也兼人，故退之。"

两千多年前，中国著名思想家、教育家孔子就发现了弟子间的个体差异，并根据弟子不同的个性特点进行教育。

本章将探讨与人格相关的内容，除介绍人格的含义、基本特点外，还会介绍各心理学流派的人格理论，分析青少年人格发展现状与人格问题，并提出相应的辅导对策。

第一节　人格发展概述

在日常生活中，我们常常使用"人格"这个词。比如，我们常说一个人"人格高尚"或"人格低下"，此处的人格指的是人品、品格；在法律上也有"侵犯某某人格"的说法，这是将人格视为权利义务的主体而言的；在商业领域，我们常听到使用某些产品后"能增强你的人格魅力"，这里的人格是指容貌、仪表、风度；等等。

在教育领域，我们也讲要促进学生"人格"或"个性"的发展，你知道这里的人格指的是什么吗？个性与人格是相同的概念吗？人格有何特点？

一、人格的含义

人格一词的英文为 personality，源于拉丁语 persona，其原意是指演员为表现剧中人物的身份、性格等特征所戴的面具。后拓展为演员本人，一个在生活中具有某种特性的个体，他（她）有着独特的角色特征、个人品质、声誉和尊严等。

我国心理学界从俄文著作中翻译了大量的心理学文献。在这些文献中，许多译者把俄文的"人格"译为"个性"。应该说，"人格"与"个性"的概念是有差别的，"个性"更多是指人与人之间的差异，而"人格"既包含个体差异，又包含同一文化影响下形成的某种共性。

心理学家对人格所下的定义并不完全一致。人格定义的多样性反映出人格具有丰富的内涵。心理学家从不同的角度对人格进行了诸多探讨，这是见仁见智。

总体来说，心理学家对人格所下的定义大致可分为以下几种类型：罗列式定义，认为人格是个人所有属性的组合，一般只是列举出属于人格的内容；整合式定义，强调人格的组织性和整合性；层次性定义，认为人格不仅是有组织的，而且这种组织是有层次的；适应性定义，强调个体对环境的适应，认为人格是个体在适应环境的过程中所形成的独特的适应方式；区别性定义，强调个体之间的区别，即独特性。

我国心理学界一般认为，人格是"具有一定倾向性的心理特征的总和"，强调人格的结构性、层次性和多侧面性，认为人格由以下几方面复杂的心理特征独特、有机地结合而成：完成某些活动的潜在可能性特征，即能力；心理活动的动力特征，即气质；对现实的稳定的态度和行为方式，即性格；活动的倾向性特征，即需要、动机、兴趣、理想、信念、价值观等。

综合以上各种定义，我们认为：人格是个体内在身心系统的动力组织，它表现为个体适应环境时在能力、气质、性格、需要、动机、兴趣、信念、价值观等方面的整合，是具有动力一致性和连续性的自我，是个体在社会化过程中形成的具有个人特色的身心组织。我们可以从以下方面来理解人格的含义。

1. 人格是一种动力组织

人格是一个整体性的组织，人格的各个成分是相互协调、相互渗透的。人格具有动力性，对人的外部行为起着决定作用：人格具有稳定的动机，习惯性的情感体验方式和思维方式以及稳定的态度、信念和价值观，等等。

2. 人格既是生理的又是心理的

人格在其形成与发展的过程中，既受到个体遗传因素的影响，又受到外界环境、个体经验等的影响，所以人格既不纯粹是生理的，也不纯粹是心理的，而是身、心不可分割的统一体。

3. 人格是相对稳定的

个体的人格及其特征在时间、空间上具有一贯性和一致性，一个人在不同时间、不同场合下的稳定的行为特征才是他的人格表现。偶尔出现的不同的行为不是个体的人格表现。

4. 人格是独特的

每个个体的人格都是独特的，这种独特性不是表现在某个具体的心理和行为特征上，而是表现在整个行为模式上。构成人格的各个主要特质在其性质、强度、稳定性等方面都是不同的，因此所整合而成的人格也具有独特性。

二、人格的基本特点

一般认为，人格具有独特性和共同性、整体性、稳定性和可塑性、社会性和生物性这四个基本特点。

（一）人格的独特性和共同性

正如德国哲学家莱布尼兹所说的“世界上没有两片完全相同的绿叶”，世界上也没有两个人格完全相同的人。人格的独特性指的就是这种人与人之间心理和行为方面的不同之处。即使是同卵双生子，虽然遗传因素是完全相同的，但由于人格是在遗传、环境、成熟和学习等许多因素的影响下发展起来的，所以，同卵双生子的人格也不可能是完全相同的。人格的独特性可以通过人格测验来获知，也可以通过日常生活来了解。

我们在实施教育的时候，应该知道学生是千差万别的。即便是外向的人，其表达方式也会有很大差别。每个人都是独一无二的。我们在进行教学时，不能抹杀孩子的个性特点，在一定时候，要让他充分展示他的独特性。

我们强调人格的独特性，但并不排除人与人之间在心理和行为上的共同性。对每一个人来说，人类文化的影响使个体具有人类的心理特征。同一民族、阶级和群体的社会文化影响，使个体间具有某种相似的人格特征。这种同一文化陶冶出的共同的人格特征被称为群体人格或社会人格，是人格结构的核心部分，源于群体基本的和共同的经验。

（二）人格的整体性

人格的整体性是指人格虽有多种成分和特质，如能力、气质、性格、意志、需要、动机、态度、价值观、行为习惯，等等，但是在一个现实的个体身上，它们并不是孤立存在的，也不是多种人格特质的机械拼凑或简单堆积，而是综合成为一个有机的整体。正常人的行动并不是某一特定成分（如能力或情感）运作的结果，而是各个成分密切联系、协调一致时进行的活动。正如机器的运行，各零件必须协调一致，整体才能进行正常的运作。心理的完整性是人格健康的表征。

所以，我们在培养学生健全的人格时，不应只关注他的行为，只关注他的认知，或者只关注情感的某一方面。我们在实际操作时，常常会寻找到人格的某一特质作为切入点，有时是从行为习惯开始的；有时是通过激发他的情感，让他产生一种愉快的情感体验，然后再进行认知与行为培养；有时是从认识一个道理，了解概念入手使其形成正确的价值观念。不管是从行为、情感、认知、价值观念等其中的哪方面入手，人格都是一个不可分割的整体。

（三）人格的稳定性和可塑性

所谓稳定性是指跨时间的持续性和跨情境的一致性。跨时间的持续性是指人格是稳定的行为特征，不会在短时间内有很大变化。只有持续很长时间都在一个人身上观察到同一个特点时，才能够说这是一个比较稳定的人格特点。我们常说，三岁看大，七岁看老。从儿童小时候的某些人格表现就可推测他未来的发展。而跨情境的一致性就是指人格在不同的情境下，都表现出比较一致的特点。

人格的稳定性源于孕育期，经历出生、婴儿期、童年期、青少年期、成人期、死亡。随着年龄的增长，儿童时代的人格往往变得日益巩固。也正因为人格具有稳定性，才能够将一个人与他人在心理面貌上加以区分，才能够预测他在特定情境下的行为。

人格具有稳定性并不意味着人格是一成不变的，人格具有可塑性。儿童的人格还不很稳定，受环境影响较大；成人的人格比较稳定，自我教育、自我调节在人格改变上起重要作用。人格在一定程度上决定于个人的主观努力。人格是在主客观条件的相互作用下发展起来的，同时又是在主客观条件的相互作用下发生改变的。人格是稳定性和可塑性的统一。

（四）人格的社会性和生物性

人格的社会性是指社会化把人这样的动物变成社会的成员，人格是社会的人所特有的，社会性强调人格是在社会化的过程中形成的。同时，人格又是在个体的遗传和生物性基础上形成的，人格受到个体的生物特性的制约。

每个人在出生时只是一个生物实体，具有生物性特征。但是出生以后，他就进入了社会活动中，他和周围的各种人结成了不同的人际关系。为了将来能够很好地适应他所生活的社会、文化环境，他就要掌握这个社会的道德行为规范、价值观念、信念体系、风俗习惯、风土人情。只有这样，他才能够让自己的行为符合社会的道德行为规范，才能够融入这个社会。在这个社会化的过程中，他获得了社会性，这让他变得更像社会当中的大多数人。从这个意义上讲，人格是个体自然性与社会性的综合。

但人的生物性需要和本能，也是受社会性的制约的。但是，人格作为一个整体，作为一个系统，主要是由社会生活条件所决定的。

第二节 人格理论

在日常生活中，人们会对他人的人格特征进行判断或者对他人是什么样的人做出假设，这种假设被称为内隐人格理论。内隐人格理论是个体在不知不觉中形成的印象，因为仅凭借经验进行推断，所以这类印象通常是片面的、表面的。那么，什么才是科学的人格理论呢?

一、人格理论与流派

人格理论是一套用于描述、解释和说明人格心理现象的假设性符号系统或研究框架，其内容主要涉及人格的界定、人性观、人格结构、人格动力、人格发展理论以及人格的研究与评鉴方法，反映了人格心理现象的本质与规律，同时提出可验证的理论假设和启发人格研究的新观点、新方法。人格理论与内隐人格理论的区别主要表现在三个方面。①人格理论力求对人类的大部分行为做出一致性的解释，对不同的行为做出恰当的说明；内隐人格理论的一致性则相对较差。②人格理论不仅想要说明一个人现在的或过去的行为，而且还力求预测其未来；内隐人格理论仅是过去经验的总结。③人格理论不仅仅停留于推测，而且力求以实证资料加以检验，经得起实践的验证；内隐人格理论则是较为混乱的、凭直觉的、很难解释的。

人格理论虽说是人格理论家用来描述和解释人的心理特征和行为倾向的一套假设系统，但它们仍具有相当大的价值。人格理论是人格研究的核心，一方面它们系统地说明或解释了各种人格心理现象，另一方面为我们提供了研究的框架。

【微课】人格理论流派的解读与区分

不同的哲学家对于科学发展的关键环节持有不同的观点：早期的实证主义哲学家认为科学发展的关键就是通过实证研究来证实其理论假设；波普尔的证伪主义则认为鉴定理论假设的关键是证伪，而非证实，认为任何理论假设都不可能被完全证实，只有那些有可能被证伪的假设才是科学命题。20 世纪 60 年代出现的历史主义代表人物库恩（T. Kuhn）在其著作《科学革命的结构》中提出了“范型”（paradigm）的概念。他认为范型是一定时期在某一或多个学科中的多数科学家所共同接受的一套理论和方法，是为科学家进行研究提供框架的一组基本假设。

一种范型有两个组成部分：专业基体（disciplinary matrix）与共有范例（shared examplars）。专业基体是支持理论建立的一组基本假定，它们在理论体系中没有进行具体的阐述，是约定俗成的，通常不为人所意识，尤其是它们并不受经验的检验。然而就是这组假定却为庞大的科学体系的理论假设提供了基础。共有范例是一些较高水平的研究样板，它们提供理论研究课题的具体方法，被那些训练有素的科学工作者看作自己研究方式的示范。每一种心理学范型或流派都有一个或多个共有范例，受该种范例训练的心理学家将自动地运用它们去研究各种心理学现象。

现在心理学领域中还没有能被众人公认、可解释所有心理学现象的理论体系，有的只是在某些领域内适用的理论与假设。心理学理论并没有像一般科学体系中那种统一的理论范型，每种理论都有其存在的理由、适用的领域。现存的人格理论主要有以下几种范型：古典精神分析流派，代表人物为弗洛伊德；新精神分析流派，代表人物为荣格（C. G. Jung）、阿德勒（A. Adler）、埃里克森、霍妮（K. D. Horney）、弗洛姆（E. Fromm）等；特质论流派，代表人物为卡特尔、艾森克（H. J. Eysenck）等；行为主义与学习论流派，代表人物为斯金纳、班杜拉等；现象学流派，代表人物为罗杰斯（C. R. Rogers）、马斯洛、凯利（G. Kelly）等。

这些人格理论在描述、解释与说明各种人格现象时，采用不同的假设、概念、术语和理论解释。古典精神分析流派倾向于用潜意识、本能来解释人格现象；新精神分析流派也用潜意识来解释人格现象，但注意到了社会文化对人格的影响；特质论流派则关注人类行为的特质成分，关注遗传的作用；行为主义与学习论流派强调外在刺激条件的影响，认为人格是社会学习的结果；现象学流派强调个体主观经验在人格发展中的作用，主要研究个体经验与认知。

二、精神分析流派

（一）弗洛伊德古典精神分析理论

20 世纪初期，弗洛伊德在临床研究的基础上建立了现代心理学史上第一个人格心理学体系，系统地阐述了人格结构、人格的发展及其动力、人格的适应等相关问题。

在《潜意识》一书中，弗洛伊德按觉知水平将意识分为意识、前意识和潜意识三个部分，并用冰山来形容。浮于水面之上仅占极小部分的是意识，紧挨着水面的是前意识，潜藏在水面之下的是潜意识。

意识是人格的表层部分，是由个体能清楚觉知的主观经验组成的，具有逻辑性、时空性及现实性。

前意识位于意识和潜意识之间，这部分意识需要努力回忆才能被感知，同时前意识还扮演着“稽查者”的角色，阻止那些潜意识的内容侵入意识领域。

潜意识位于意识的深层，其内容不为个体所感知，其主要成分有：原始欲望、本能、被压抑的早期经验，等等。

弗洛伊德指出，意识与前意识虽有界限，但不是不可逾越的，前意识可通过回忆进入意识层面，而当意识的内容不被注意时，也可转入前意识，因此它们是同一个系统，与潜意识系统相对应。潜意识则始终在积极地活动着，当“稽查者”放松警惕时，就通过伪装伺机进入意识中。

后期，弗洛伊德在《自我与本我》一书中进一步完善了人格结构体系，把早期的意识潜意识的二分法修订为本我（id）、自我（ego）和超我（superego）。本我是潜藏在潜意识中由先天本能、原始欲望等组成的与生俱来的人格结构成分，它储藏着个体精神活动所需的全部能量（力比多），其活动遵循“快乐原则”（pleasure principle）。自我是本我派生出来的与外部现实环境联系的人格结构成分，它既要满足本我的冲动与需要又要遵守各种社会准则，其活动遵循“现实原则”（reality principle）。超我是从自我和本我中派生出来的，是在社会道德规范（特别是教育）的影响下逐步形成的由良心、自我理想等组成的人格结构成分，其活动遵循“道德原则”（moral principle）。在这个人格结构中，本我向自我提供能量，自我要在现实条件许可的情况下进行活动，而超我则以各种道德准则对自我与本我进行约束，弗洛伊德以“一仆三主”来形容自我的状态，它要周旋于本我、现实与超我之间，尽量协调三者的关系。健康个体的本我、自我与超我处于相对平衡状态。

弗洛伊德认为，本能是个体的精神活动的能量来源，而本能又源自躯体紧张，这种造成本能躯体紧张的部位被称为性感区（erogenous zone）。在成长的不同阶段，这些性感区会随着生理因素的改变而转移，根据性感区的不同，弗洛伊德将个体人格发展分为以下五个阶段。

1. 口腔期（oral stage，0—1.5 岁）

这一时期的性感区为口、唇、舌等部位，婴儿的快乐也源自口腔活动，主要通过吮吸、咀嚼、吞咽等活动获得满足。如果口腔活动受限制，则有可能留下后遗性的不良影响，如成人中的口腔性格，主要表现为行为上贪吃、酗酒、吸烟、咬指甲等，性格上悲观、依赖、洁癖，等等。

2. 肛门期（anal stage，1.5—3 岁）

这一时期的性感区为肛门、直肠、膀胱等部位，幼儿从排泄活动中获得满足。如果对幼儿卫生习惯的训练过于严苛，有可能导致成年后的肛门滞留型人格，主要表现为吝啬、保守、冷酷、顽固等性格特点；反之则可能出现肛门排泄型人格，其表现为放纵、无规律、无视规范等性格特点。

3. 性器期（phallic stage，3—6 岁）

这一时期的性感区为性器官，幼儿对性器官产生好奇，发现触摸它会有奇怪的快感。幼儿对异性父母发生了性兴趣，男孩敌视父亲而爱恋母亲的现象，称为恋母情结；女孩敌视母亲而爱恋父亲的现象，则称为恋父情结。

4. 潜伏期（latent stage，6—12 岁）

这一时期的性冲动处于潜伏状态。随着儿童的入学，他们的兴趣也发生了转移，开始关注自己身体之外的事物，因此，该阶段的性感区不明显，呈潜伏状态。

5. 生殖期（genital stage，12 岁以后）

随着个体发育逐渐趋向成熟，两性差异越来越显著，个人的兴趣逐渐从自己身体刺激的满足转变为异性关系的建立与满足。

弗洛伊德认为，组成成人人格的主要成分在发展的前三个阶段已基本形成，因而儿童早期的生活环境、个体经历对其成年人格有着至关重要的作用，许多人格问题都可在儿童早期找到其根源。

（二）新精神分析流派

新精神分析流派是在弗洛伊德古典精神分析流派的基础上发展起来的，该流派延续了弗洛伊德的研究内容，依然注重对自我、冲突、焦虑等人格现象的研究，但理论解释有所差异。其中，社会文化学派还强调了社会文化因素在人格发展中的重要作用。

1. 荣格与分析心理学

荣格强调人格结构的整体性，他将其称为“心灵”，认为心灵是一个复杂多变的有机整体，既有明确的层次结构，又相互作用、相互影响，同时还受到来自外部环境与自身内部的各种刺激。

心灵由意识、个体潜意识与集体潜意识三部分组成。意识是心灵中唯一能够被个体直接觉知的人格结构，该成分是与生俱来的。荣格认为，意识最重要的作用就是推动个体的个性化，旨在最大限度地认识自己或意识到“自我”，即自身的独特性。自我是意识的核心，由各种感知觉、记忆、思维和情感组成。自我具有高度选择性，它对要进入心灵的各种材料进行筛选和淘汰，以保证个体人格的同一性与连续性，同时它也在不断地充实、完善和塑造着新的自我。

荣格也认为对人格及其发展影响最大的是潜意识，包括个体潜意识和集体潜意识。

个体潜意识是潜意识的表层，容纳了那些曾在意识中被压抑或被遗忘、甚至可能一开始就没能进入意识的与自我不相容的心理活动与内容。它是发生在个体出生之后、和个体的经验相联系的心理内容，因此被称为个体潜意识。荣格的个体潜意识与弗洛伊德的前意识概念相似，个体潜意识的内容能进入意识层面，是能被个体感知的。

个体潜意识主要是以“情结”的形式表现出来。所谓“情结”就是指占据个体整个心灵并使其沉溺其中而无法自拔的观念或思想，如自卑情结、恋父情结、权力情结、金钱情结等。情结具有两面性，一方面，它占据和拥有心灵太多能量，削弱甚至阻碍人格的健康发展；另一方面，情结也可以是灵感和创造力的源泉，如完美情结会驱使人去创造精妙绝伦的作品，金钱、权力情结推动事业的成功等。荣格早期认为情结起源于个体童年期的创伤经验，后来他发现情结源自更为深层的集体潜意识。

集体潜意识储存着人类祖先世代累积的经验，使人类具有对某些事件做出特定反应的先天遗传倾向。

集体潜意识的主要内容是原型，它是一种并不非常清晰的模型，人类生活中的各种经典情境都有其相应的原型，个体就是依据这些原型来认识世界并做出相应回应的。它深藏于心灵之中，不能进入意识层面，但会在梦、幻想、幻觉和神经症中以象征等形式表现出来。荣格毕生大部分时间致力于原型的研究，他研究较多的原型有人格面具、阿尼玛和阿尼姆斯、阴影和自性等。

人格面具（persona）是个体与生俱来的在公共场合中展示良好形象以获得认可的先天倾向，也被称为顺从的原型。它促使个体与他人，甚至是与自己不喜欢的人友好共处。它有利于个体目标的实现，也有利于社会的和谐。人格面具所起的作用并不都是积极的，如果太热衷于扮演社会角色，就有可能忽视真实的自我，造成“面具膨胀”（inflation）；或者牺牲人格的其他部分，危害人格的健康。

阿尼玛（Anima）和阿尼姆斯（Animus），又称为男女两性意向。阿尼玛指男性心灵中的女性成分或意象；阿尼姆斯指女性心灵中的男性成分或意象。它们产生于男女交往所得的经验，保证两性之间的理解与和谐相处，对于种族延续具有重要意义。

阴影（shadow）是人的心灵中最黑暗、最隐秘、最深层的邪恶倾向，更多储存着人类动物性或兽性的一面，是原型中最强大、最具威胁性的一个。在许多情况下，阴影与现代社会文明不相容，个体需要借助外界法制与道德的约束力以及自身的人格面具等对其施以压制。同时，荣格还认为阴影的动物本性也是先天智慧、生命活力的源泉，个体只有与自己的阴影良好沟通才能具有更多创造性。

自性（self）是组织和秩序的原型，它将别的原型都吸引到周围，并让它们处于和谐的状态之中，使人格统合、完整。荣格认为要达到人格充分完善协调、自性的充分发展或实现是很困难的，只有极少数人能做到。

2. 社会文化学派

精神分析的社会文化学派强调社会文化因素在人格形成与发展过程中的作用，同时也重视自我的研究，所以又称为自我心理学。其代表人物有霍妮、弗洛姆等。

霍妮认为，社会文化因素对个体常态行为和神经症的形成都起着决定性的作用。霍妮的研究主要是探索神经症的病理学，她认为神经症是由紊乱的人际关系导致的，神经症的根源可以追溯到童年早期不良的亲子关系。

霍妮认为，儿童受到父母不公正的对待就会产生基本敌意（basic hostility），但他们又必须依赖父母而生存，这种冲突的结果就导致了基本焦虑（basic anxiety）的出现，而成年期的神经症往往起源于童年期的基本焦虑。

个体往往会采用一些防御性策略来减轻基本焦虑，霍妮称之为神经症需要，她发现了十种神经症需要：友爱、同伴、狭小空间、权力、利用他人、声望、赞许、成就、独立、完美。正常人也有这些需要，只是他们能考虑现实条件进行协调，而神经症患者往往执迷于其中一种。霍妮将这些需要影响下的神经症人格归纳为三类：依从型、敌意型与退缩型。

弗洛姆则从更加宏观的角度去说明社会文化对人格发展的影响。他指出，人的基本需求有五种：与他人联系、发展、归属、独立以及外界掌控等，它们与个体所在的社会结构遥相呼应。弗洛姆把这种在共同社会背景、共同的社会实践与互动基础上形成的社会群体中绝大多数人具有的基本性格结构称为社会性格，它也是激发群体行为的内在驱力。

弗洛姆把性格分成生产性取向与非生产性取向。生产性取向是健康的性格类型，生产性取向的个体较为独立、博爱、创造与进取，他们倾向开发自身潜能，实现自我价值。非生产性取向是不健康的性格类型，弗洛姆又将其分成四种类型：依赖性格、囤积性格、剥削性格与市场性格。

三、特质论流派

特质论流派的心理学家认为，人格是由各种特质组成的。所谓特质就是让个体拥有持久而稳定的行为倾向的内在因素。

（一）卡特尔特质因素论

卡特尔将特质分为表面特质与根源特质。表面特质是指一组在表现上似乎有关联的特征与行为。这些特征或行为在时间与情境的改变之后，它们之间的变化并不一定是相同的，这也表示它们内在的驱力是有差异的。影响个体外部特征与行为内在驱力的是根源特质，它使个体行为具有跨时间、跨情境的一致性。

卡特尔经过多年研究，总结出了 16 种根源特质，如表 5–1 所示。

表 5–1 卡特尔总结的 16 种根源特质

特质名称	特质名称
服从性对支配性	平静对忧虑
保守性对试验性	实践性对幻想性
情绪性对稳定性	放松对紧张
权宜性对真诚	缄默对乐观

续表

特质名称	特质名称
直率对机灵	胆小对冒险
团体志向对自负	刻板对热情
谦恭对武断	坚强对依恋
低智力对高智力	信任对多疑

（二）艾森克人格维度理论

艾森克十分强调遗传对个体人格与行为的影响，他极力推动人格的生物学基础研究，尤其是行为遗传学。

艾森克通过多年的研究把人格分为三个基本维度：内—外倾、神经质、精神质，各维度表现如下。①内—外倾维度得分高者为外向的人，得分低者为内向的人。外倾维度的人格特征为好交际、情感体验强、活泼好动、冲动、寻求刺激等；反之则为内倾维度的特征。②神经质维度得分高者情绪不稳定，得分低者情绪稳定。神经质维度的人格特征为焦虑、抑郁、低自尊、紧张、非理性、喜怒无常、易激动。③精神质维度是艾森克人格维度理论中较晚提出的，该维度的得分与精神分裂症有高度相关。精神质维度高分者的人格特征为凶残强横、冷漠、自我中心、铁石心肠、倔强固执。

艾森克把心理测量的统计结果与生物学、行为学的研究结果相结合，其研究表明，各人格维度均有其生物学基础。外倾者的皮质唤醒水平较低，他们需要更多的外部刺激来维持适当的觉醒状态，而相同的外部刺激量却会使内倾者的皮质唤醒水平过高而导致不适；高神经质者的边缘系统激活阈值较低，交感神经的反应性较强，因而一些微弱的刺激就能促使高神经质者做出过激反应；艾森克认为，精神质的生物学基础与男性的生物特性有关，有可能是雄性激素，因为在这一维度上男性的得分要高于女性，但是目前尚未有实证研究支持。

艾森克根据自己的理论编制成的《艾森克人格问卷（EPQ）》已被一些国家与地区翻译并修订，是目前使用范围较广的人格量表之一。

四、行为主义与学习论流派

行为主义与学习论流派的心理学家认为，人格是通过学习逐渐形成的。所谓学习就是个体在与外界接触的过程中使自身的行为或心理产生比较持久改变的过程。

（一）斯金纳操作性条件作用理论

斯金纳把那些由刺激引发的行为称为应答性行为，该行为的出现与之前可察觉的刺激之间存在着某种必然的联系，巴甫洛夫、华生等人所研究的对象都是这一类行为，而斯金纳着重研究的是与应答性行为相对的操作性行为。所谓操作性行为是指个体在没有察觉到刺激的情况下自发产生的行为。这两类行为之间很重要的一个差异在于，操作性行为有可能以某种方式改变环境从而获得刺激，而应答性行为则没有。一个自发性行为的结果是强化刺激，那么该行为出现的概率就会增强，斯金纳把这种受行为结果强化的反应变化称为操作性条件作用。他认为，人类的绝大多数行为都是通过操作性条件作用形成的。

强化是斯金纳操作性条件作用理论的核心概念之一。在斯金纳的实验研究中，动物做出某一操作性行为的结果出现了一个刺激，而该刺激又能使这一操作性行为发生的概率增加，斯金纳称这一刺激就是这一操作性行为的强化物，而利用强化物来增强操作性行为发生的概率的过程就是强化。刺激可分为两类：积极刺激与消极刺激。所谓积极刺激就是能使人产生正向情绪的刺激，而消极刺激则是令人产生负向情绪的刺激。在应用中应该合理使用这些刺激物，不同的使用方式将造成不同的结果（如表 5–2 所示）。

表 5–2 各刺激物不同使用方式的结果

刺激安排方式	操作结果
正强化：给予积极刺激	行为概率增加
负强化：撤销消极刺激	行为概率增加
惩罚：给予消极刺激或撤销积极刺激	行为概率降低
消退：无刺激	行为概率降低

事实上，并不是所有的操作性行为都能获得奖赏刺激。同样，在行为塑造中，不可能也不必要对所有行为进行强化。因此，斯金纳还进行了各种强化时间安排的研究。他按照给予强化的时间与频率把强化分成两大类：一类是连续强化，即在每次正确操作之后随即给予一次强化，在现实操作中，这类强化比较少见；另一类是间歇强化，并不是每次正确操作之后都会给予奖励，而是有一定的时间间隔，具体操作如表 5–3 所示。不同的强化操作方式对行为的习得、维持以及消退的影响也是不同的。从理论上来说，最佳的训练方式组合为：早期行为习得的连续强化，中期行为维系的固定强化，后期避免消退的变比强化。

表 5–3 间歇强化的具体操作方式

强化方式		操作方式
固定强化	固定时距	间隔固定的时间给予一次强化
	固定比率	正确操作次数累加到规定量给予一次强化
变比强化	变动时距	不固定时间给予强化
	变动比率	不规定正确操作次数，随机给予强化

（二）班杜拉社会学习理论

班杜拉致力于研究个体在社会环境中行为习得的问题，他反对单纯的环境决定论和个人决定论，强调在人类行为学习过程中个体行为、认知以及社会环境三者之间的交互作用。他认为，在个体的行为习得过程中，没有哪种因素是更重要的，这三种因素是相互作用与相互影响的，他把这种观点称为“交互决定论”。

观察学习是班杜拉社会学习理论的核心内容。所谓观察学习是指观察者通过观察榜样的示范行为而习得该行为的过程，观察学习又称替代学习或模仿学习。观察学习分为四个阶段。①注意过程。只有观察者注意到了示范者的行为，将其作为知觉对象进行认知，观察学习才能发生。在注意过程中，示范者行为的特征、观察者的认知、观察者和示范者的关系等诸多因素影响着学习的效果。②保持过程。观察者将观察到的示范行为储存在记忆中，这需要把示范行为以语言符号进行描述，把言语信息与动作表象共同保存，就能更好地保持示范行为的记忆。③行为再现过程。观察者把记忆中的语言符号和动作表象转换成适当的外部行为，即再现之前观察到的示范行为。这不是一个机械的示范行为的再次呈现，它涉及观察者的记忆提取、行为整合、自我调节等一系列认知与行为操作。④强化与动机过程。示范行为的再现所引发的结果又影响着观察者示范行为的再现。行为结果包括外部强化、自我强化和替代性强化三种类型，这些强化刺激也就是观察者行为再现的动机。在观察学习中，替代强化的作用是不容忽视的，替代强化是一种间接强化，它直接作用于示范者，而当观察者看到示范者获得奖赏后，就会增强观察者对示范行为的习得与再现；反之，若观察者看到示范者受到惩罚，则会削弱或抑制示范行为的再现。

五、现象学流派

现象学流派强调个体主观经验在人格发展中的作用，主要研究个体经验与认知，该流派包括罗杰斯自我理论、马斯洛需要理论和凯利的个人建构理论等。

（一）罗杰斯的自我理论

罗杰斯认为，客观刺激只有以个体感知为中介才能引发个体的反应，也就是说，个体是生活在一个经由自身主观感知改造过的经验世界里，这个经验世界也被称为个体的现象场，包括意识和潜意识感知。其中，对个体自身的感知与认知就是自我概念。

罗杰斯认为，有机体有一种基本趋向和驱力：实现自己、维持自己并提高自己。也就是说，个体都有朝向自我实现的趋向，人们所有的行为都受自我实现倾向的引导和制约。所谓自我实现倾向有两层含义：一是由生物性倾向引导指向维持个体生存与发展的行为；二是引导指向个体人格成长的独特倾向，有维持和增强自我的作用。而机体评估过程（organismic valuing process）使个体了解其经验是否与自我实现相一致，是自我实现倾向的反馈系统。因此，罗杰斯提出，每个人都应当被爱，都需要他人的无条件积极关注（unconditional positive regard），只有这样，机体评估过程才能更好地导向自我实现。而在大部分情况下，儿童只有做对了才能获得他人的赞许，罗杰斯称之为价值条件（conditions of worth）。这些价值条件会慢慢内化为自我结构的一部分，它们会干预甚至替代原有的机体评估过程，从而阻碍个体的人格发展与自我实现倾向。

罗杰斯认为，机能完善的个体具有五个特征。①经验开放性：机能完善的个体不需要防御机制，任何经验都能准确地符号化而成为意识。②自我协调：机能完善的个体的自我结构与经验协调一致，且能同化新的经验，不断变化完善。③机体评估过程：机能完善的个体是以自身的机体评估过程作为参照系统去评估各种经验，无视外界强加于他们的价值条件。④无条件的积极自我关注：机能完善的个体能给予自己的经验与行为积极的评价，认为它们都是指向自我实现的。⑤和谐的人际关系：机能完善的个体乐于给予他人无条件积极关注，与周围的人友好相处。

（二）马斯洛的需要理论

人本主义心理学家马斯洛认为，个体人格的发展是由一系列具有生命意义和满足内在的需要所驱动的。在人类价值体系中有两类需要：一类是沿生物进化方向逐渐变弱的本能或冲动，称为低级需要和生理需要；另一类是随生物进化而逐渐显现的潜能或需要，称为高级需要或心理需要。

这两类需要共分成以下七个层次。生理需要是个体维持生存所需的最基本需求，如衣、食、住、行等。安全需要是个体获得安全感的基本需求，包括个人生命安全、财产安全、事业保障等。归属与爱的需要是个体情感方面的需要，包括友情、亲情、团体归属感等。尊重需要是个体被认同的需要，包括自我认同、自尊、他人与社会的认可等。认知需要是指对自己以及周围环境有所掌控的需要，包括对现有状态的了解与对发展趋势的预测等。审美需要是追求美好事物的需要，包括对美的欣赏以及探求秩序、自然、真理等。自我实现的需要是指在精神上臻于真善美合一这一人生境界的需要，亦即个人所有需求或理想全部被实现的需要。

马斯洛认为，各需要层次之间不仅有高低之分，而且有先后之别：仅当低一层级的需要获得满足之后，高一层级的需要才能被激发。同一时期，一个人可能有几种需要，但每一时期总有一种需要占据支配地位，对行为起决定作用。任何一种需要都不会因为更高层次需要的发展而消失。各层次的需要是相互依赖和重叠的，高层次的需要发展后，低层次的需要仍然存在，只是对行为影响的程度大大减小。

（三）凯利的个人建构理论

凯利认为，每个人都是一名“科学家”，他们会像科学家一样去探究、了解这个世界，他们也会做出各种假设并进行验证，最终形成自己对世界的独特看法。世界上不存在两个完全一样的人格，即便是有着同样遗传基础的同卵双胞胎，他们的人格也不尽相同。

凯利认为，每个人都有一个构念库，人们就是用自身的构念库来理解这个世界的。所谓的构念，就是个体的一种思想、观念以及看法，是个体用以理解自身以及外部事物的经验。每个构念就是一个微理论，是人们对某一特定范围的事物或活动的理解与解释，构念库就是由许许多多这样的构念组成的。

凯利用 CPC 循环来解释构念的形成。他认为，当个体遇到新的情景时，他总是谨慎地观察，尝试用各种可能的构念予以解释，这就是检视期（circumspection）；而后，他会按解释的可能性高低对这些构念排序，这就是预选期（preemption）；接下来，他会从解释可能性最高的构念开始进行验证。如果构念被证实是有效的，这一构念就会被强化，进而纳入构念库；如果先取的构念是不正确的，那么他会选择其后的构念进行检验，或者再重新检视形成新构念，直到构念被确认，这就是控制期（control）。

第三节 青少年人格发展的特点与辅导

重视青少年健全人格的培养是现代社会发展的要求。只有培养与造就大批有知识、有能力、会生活、会创造、能适应现代社会激烈的社会竞争，能经受困难与挫折考验的高素质人才，社会的发展才有坚固的“基石”与保障。

一、青少年人格发展现状分析

青少年期是个体从幼稚走向成熟的过渡时期，随着生理发展与青春期的到来，青少年的人格状态正发展并渐渐成熟。他们的认识水平、情感体验和自我调控能力都在这一时期发生了质的飞跃，他们理想、信念、世界观、人生观、价值观也慢慢地形成和定型，这为他们走向社会，步入成年奠定了基础。

（一）需要与动机

需要是个体对生理与社会需求的反映，是推动个体行为的内在动力。马斯洛认为正是因为有了需要，所以个体常常处于不安状态中：个体必须通过一定的行为来满足自身的需要。而动机则是建立在需要的基础上，当需要被个体意识到并转为行为动力时，动机就产生了。动机将激发并维持行为直至需要获得满足。

青少年的需要较童年期的需要有了新的发展，增添了不少新的内容，其需要更具广泛性和丰富性。但由于青少年的思想还相对较幼稚，对一些问题的认识不够全面，容易受社会上不良风气的影响，导致他们有时采取不恰当的行为来满足自身的需要，因而学校教师与家长的正确引导对于青少年来说是非常必要的。

随着青少年自我意识的不断增强，他们需要朋友，需要在团体中与同伴建立深厚的友谊，这便是归属与爱的需要。青少年都力图在行为上与所在团体的其他成员保持一致，因而青少年对这个团体内成员非常重视，甚至超过教师与家长。青少年不仅有归属与爱的需要，还有自尊的需要。他们不但希望自己有能力、有成就、独立和自由，而且他们渴望得到关心、得到重视、得到他人高度的评价和尊重。为此，青少年会刻意模仿理想中的“榜样和楷模”，当然这个“榜样和楷模”有正面人物也有反面人物。青少年也有“自我实现”的需要，只是这种需要仅仅是展现自己、展示自己不同于别人或高于别人的某个方面，从而获得同龄人的赞赏，此时也是青少年各项能力迅速发展的时期，他们可能展现创造力，也可能发展某种特殊能力，还可能通过自我表露等方式来获得需要的满足。

（二）兴趣、爱好与人生观

兴趣是个体对特定的人、事以及活动等所产生的积极的和带有倾向性、选择性的态度与情绪。兴趣是爱好的前提，爱好是兴趣的发展和行动，爱好不仅包含对事物的优先注意和向往心情，而且表现为某种实际行动。

青少年的兴趣和爱好有了相对稳定的指向，兴趣逐渐趋于稳定，爱好逐渐广泛而深入。由于电影、电视、电子游戏及互联网等传播媒体的普及与宣传，当代青少年的兴趣所涉及的内容更加广泛。兴趣是一个人行为的最佳动力，如果教育者能够将学生的兴趣引导到学习和求知上来，将使师生双方都受益无穷。

人生观是个性心理结构中的最高成分，它与兴趣相关联。人生观是人们对人生目的和人生意义的根本认识和态度，具体包括公私观、义利观、苦乐观、荣辱观、幸福观和生死观等。它是世界观的重要组成部分，是世界观在人生问题上的具体体现。进入青春期后，大多数青少年开始思考人生问题，这表明他们的心理发展逐渐趋于成熟。但社会信息渠道的快速发展，使青少年的思想观念、道德行为、价值取向等方面发生了深刻的变化，也使青少年的人生追求发生了全方位的、多层次的变迁。部分青少年对理想的选择和前途的设计具有较强的功利性，贪图享乐、追求安逸。此外，有些青少年还表现出自我意识恶性膨胀，片面维护自我权利，不顾他人利益；个体游离于集体之外，纪律观念、集体主义观念淡薄，缺乏社会责任感与使命感。青少年的理想往往充满浪漫色彩，大多是一种朦胧美好的憧憬与向往；青少年的理想由于尚具雏形，所以不太稳定，具有较大的可塑性，这也为教育提供了很大的空间和余地。

（三）能力

能力是人们在解决问题时表现出来的个性心理特征，是使活动顺利完成的重要内在心理因素。能力直接影响活动的效率，它是个体在后天的生活实践中逐步形成的。青少年期是能力发展迅速的时期。青少年的一般能力已近乎成人，特殊能力也基本显露，也具备了一定程度的创造力，但青少年的能力发展还存在许多问题。

1．动手能力

随着家用电脑的普及，青少年的动手能力和创新发明的能力都较上一代有所下降，曾经广为提倡和流行的模型制作及比赛，已经越来越引不起青少年的兴趣了。同济大学教授、工业与自动化专家章大章对此痛心不已。他指出，做模型、参加航模比赛，是真正的寓教于乐。通过实践，青少年开阔了思路，拓宽了视野，明白了创新发明的重要，知道了要从实际情况出发，做实实在在的事情。模型的制作和比赛能使青少年学生多方面能力，如设计制作、耐心细致、临场应变、组织协调等能力得到锻炼，而且这些能力的提升将会使青少年受用无穷，也是电脑所无法替代的。我们应当认识到，电脑只是工具，而不是全部，不能因为一种好工具的出现就将最基础的东西丢掉。

2．独立生活能力

独立生活是指一个人在脱离外界帮助的情况下独自生活。独立生活能力中包含相当多的其他能力。学会独立生活不仅能促使青少年更趋于成熟，而且独立生活能力更是步入社会所必备的技能之一。因为独立生活是要靠自己的力量去解决所有生活中遇到的困难，这对青少年社会生存能力的提高、对个体心理的成长都是极其有利的。

许多研究显示，中国有超过一半以上的青少年不具备独立生活的能力，这个数字是相当惊人的。究其原因，多因为父母的宠爱，很多父母根本没有给孩子学习的机会。中国的多数父母持有这样的观念：孩子只要会念书就好，生活琐事自然由长辈代劳。甚至有些父母还用这种概念影响青少年参与家务劳动的积极性。时间一久，孩子的生活自理能力自然很低下。在父母严密的保护中成长，青少年的自主行为大大减少，对成年人的依赖性也越来越强。如果离开了父母的保护伞，一旦遇到困难，孩子便寸步难行了。

3．学习能力

学习能力是青少年适应学习活动、完成各项学习任务、掌握各种知识与技能的能力。学习能力是一种综合能力，它包括自学能力、理解能力、表达能力、运用知识的能力以及动手操作的能力等。学习能力是成为一个优秀的个体所必须具备的最基本、最重要的能力。学习能力是具备其他能力的前提，只有会学习，人们才能更好地掌握并使用其他方面的能力。学会学习、具备终身学习的能力，是现代社会高素质人才不可缺少的基本素质。随着国际竞争的加剧和科学技术的快速发展，迫切要求学校培养出既能适应社会的需求和变化，又具有独立意识和敢于创新的具有系统科学文化知识的学生。同时，中学又是培养学习能力的关键时期，因此，培养学生的学习能力已成为学校教育的重要任务之一。

4. 社会交往能力

社会交往是指在社会生活中，人们运用语言或非语言信息进行沟通、交流的过程。社会交往能力表现为个体与周围人的接触面是否广泛，人际关系是否融洽。社会交往是健康的心理得以维护和发展的必要途径，可增进信息的互通、可协调人际关系、可排解内心孤独以及促进个体成熟。此外，社会交往还对个体事业的成功起着不容忽视的重要作用。

现代青少年大多热情开朗、乐于交往、积极乐观、思维活跃、精力旺盛。但也有些青少年受生活中各种因素的影响，情感淡漠、自我封闭、不愿与他人交往。青少年在社会交往中表现出的问题主要有：社交知识缺乏和社交技能不足而宁愿自我封闭；过于以自我为中心导致无法站在他人角度思考问题；情感淡漠，不会也不愿意关心他人；认知的片面性与极端性常引起争执；等等。

中国少年儿童新闻出版总社和联合国儿童基金会在部分省份的青少年中进行了一项“倾听儿童心声——被忽视和被排斥的伙伴”的调查。其调查结果显示，有三分之一的青少年认为自己不受同伴重视和欢迎，感到孤独。他们虽然很想改变自己，但找不到解决问题的有效方法，而努力后的挫败感加重了他们的压抑和自卑情绪。由此可见，对青少年交往能力和技巧的培养是十分重要的。

（四）气质与性格

气质是指个体与生俱来的心理动力方面的特征，这种动力特征主要表现为心理过程的速度（如知觉的敏锐性、思维的灵活程度），强度（如情绪体验的强弱、意志努力的程度），稳定性（如注意保持的时间、心境持续的时间），指向性（如内、外向，情绪的外露程度）等方面的心理特征。心理动力特征的不同程度的不同组合就构成了个体独特的气质特点。例如，有的人脾气暴躁、行为粗鲁，有的人性情温顺、举止得体；有的人善于交往、随机应变，有的人沉默寡言、反应迟钝；等等。由先天素质决定的个体的气质特征也会随着年龄的增长而发生部分变化，如一个具有焦虑特质的人，在幼儿期表现为对离开父母、独自入园的害怕；在童年期表现为对升入小学、面临考试的担忧；在青年期表现为对新的工作环境、工作任务、人际关系的焦虑；在老年期表现为对疾病、死亡的极度恐惧。此外，气质还可随着自我教育、自我调控、长期专业训练、经验的积累、生活重大事件而发生不同程度的改变。

性格是人对现实的稳定态度以及与之相适应的、习惯化了的行为方式的个性心理特征。性格是一个十分复杂的心理构成物，它是由多种不同的性格特征所组成的。这些性格特征通过不同的组合，形成了个体独特的性格。一般认为，性格的结构分为：性格的态度特征、性格的意志特征、性格的情绪特征、性格的理智特征四个方面。

青少年时期是人生的关键时期，也是性格定型的关键时期，处在这个年龄段的学生性格特点鲜明，需要家长和教师认真加以引导，避免孩子误入歧途。现代青少年存在的主要性格问题有：偏激、早熟、好奇心强、自我中心、自制力差、意志薄弱、叛逆等。我们在教育教学中应当帮助学生克服其性格中的缺陷和弱点，努力帮助他们形成热情、开朗、诚实、勇敢、果断、坚毅、勤奋、自信等良好性格品质，从而为国家培养既具有丰富的科学文化知识、高尚的道德情操，同时又具有健康心理品质的21世纪合格人才。

【微课】
影响人格发展的因素

二、青少年的不良人格特征

不良人格状态严重影响了青少年的身心健康，不利于青少年的成长发育。我们应密切关注青少年的成长历程，及时发现并纠正出现的心理问题，确保青少年健康成长。

1. 自卑

自卑是个体对自身评价过低甚至轻视自己而产生的自惭形秽的情感体验。每个人都有或多或少的自卑心理，但只有在自卑达到一定程度，影响到学习和工作时，才能将其归为不良人格特征。具有较强自卑感的青少年对自己的能力、品质等自身因素评价过低；心理承受能力脆弱；经不起较强的刺激；谨小慎微、多愁善感，常产生疑忌心理；行为畏缩、瞻前顾后等。青少年会由于自卑而缺乏人际交往，不愿当众发表言论，不愿尝试新鲜事物，存有过多烦恼。

自卑产生的原因往往是青少年不能全面认识自己和他人，将自己与他人进行不恰当的比较。自卑来自现实的差距与挫折感，甚至来自青少年想象中的差距与挫折。青少年的自卑主要表现在以下几个方面：现实交往受挫所引发的交往自卑心理；由某些生理因素引起的消极暗示；对自己的智力状况低估带来的消极暗示；对自我的性格与气质评价不足造成的消极暗示等。因此，纠正自卑感首先必须促使青少年正确全面地评价自己，发现自己的优点和长处，创造力所能及的成功机会，重新建立自信。

2. 依赖

依赖是指个体在生活或观念上需要依靠他人、不能独立的一种人格特点。由于自我意识的发展，青少年开始有强烈的独立要求，独立性、自尊心、好胜心明显增强。他们开始批判性地听取家长和教师的意见，对家长、教师过多的照顾和过细的要求表现出反感的态度。但他们在认知、情感、经济、行为上还是很幼稚的，客观上他们是不能完全独立的。在遇到困难或挫折时，还需要同伴、成人的帮助。经过这种冲突，青少年就可以逐步脱离父母的监护，成为真正独立的个体。

但事实上有很多因素阻碍了现代青少年的独立意识与独立行为。父母的过分溺爱，在观念上对书本知识学习的过分强调，轻视对青少年生活能力的培养以及现代科技带来的负面影响等，造成了现代青少年的依赖性增强。许多青少年在生活上表现为缺乏基本的生活自理能力，上街、看病需要父母的陪同，总想获得别人的帮助；遇到问题与困难，首先想到的是求助，而非想办法尝试解决；缺乏基本社交技巧，害怕面对面的沟通而产生网络依赖、手机依赖等；在学习中则表现为缺乏自己动脑、动手的习惯，在思想观点上人云亦云，缺乏主见。要消除青少年的依赖性，必须给他们一个相对独立的生活环境，如参加培养自立能力的夏令营，鼓励他们自行解决生活中的琐事，说出自己对人对事的看法和态度等。

3. 虚荣

虚荣是指通过不恰当的手法来炫耀自己的一种追求虚表的个性缺陷。虚荣心的产生跟自尊心有极大的关系。应该说每个人都有自尊心，都希望得到社会的承认，但虚荣心较强者不是通过自身的努力来获得他人的肯定，而是用撒谎、投机取巧等不正常手段去获得名誉。虚荣心的背后往往是自卑等深层个性缺陷。追求虚表与外在是种补偿作用，其实质是要掩饰人格上的缺陷。青少年的虚荣心主要表现为穿奇装异服，进行超出经济能力的消费、摆阔，爱出风头、自吹自擂、不符合自己实际情况地追求时髦等。

虚荣心的产生与个体的人格倾向有关。爱虚荣的人多半性格外向、冲动、善变、造作、浮躁、自我中心，具有浓厚、强烈的情感反应，好表现。虚荣心常常使青少年在行为上有过之而无不及，易陷入内心更加空虚和自卑的境地。克服青少年虚荣的方法主要有：帮助其树立正确的荣辱观，学会在社会生活中把握社会比较的尺度，帮助其找到一种能正当满足其自尊心的努力方向，运用行为疗法对其不良的虚荣行为进行纠正等。

4．虚伪

虚伪是指为人不诚实、不实在、表里不一、口是心非，为谋求个人利益而弄虚作假的一种人格特点。青少年的虚伪主要表现为说谎、当面一套背后一套、欺瞒等。青少年虚伪是过度社会化的产物，是一种不良的人格特征。虚伪者往往道德品质低下，具有自私的人格特点，常为自己的不良行为寻找庇护的理由，结果反而使自身的人格发展受到限制，为周围的人所不齿。

青少年的虚伪品性形成的原因有如下几种情况：曾经因为虚伪行为而获得某种好处或避免了某种惩罚；虚荣心作祟，为了提高自己在同伴心目中的地位而说谎、造假；受虚伪的不良社会风气的影响；父母、教师等的教育要求和方式不统一，因无所适从而导致虚伪。对于青少年要经常进行“诚实”教育，教师、家长要以身作则，对青少年的诚实行为给予及时的肯定和强化。

5．敷衍

敷衍是指做事马虎、有头无尾，缺乏奉公守己的精神，办事不负责任、将就应付的一种人格特征。青少年的敷衍可表现在学习、生活、劳动等方面：在生活中责任心不强、随意迟到早退，经常表面应付；在家庭中以自我为中心、情感淡漠、不关心他人，对长辈阳奉阴违；对待朋友情感易变、朝三暮四、不守信用；等等。

敷衍是在不良的教育环境下逐渐形成的一种习惯性行为特点，具有这种特点的青少年常常精神空虚、缺乏进取心，很少有获得成绩与成功的机会，由于不负责任，还常常对他人造成伤害。因此，对青少年的责任心教育是十分重要的，一个没有责任感的人，是不可能成为国家、民族的栋梁之材的。

三、青少年的人格问题及辅导

青少年时期的心理问题和人格问题与儿童期或成人期是有差别的，特别是此时的青少年正经历着青春期的烦恼，还要面对来自家庭、考试、情感、升学、同伴交往等问题，他们会无从适应、茫然失措，甚至出现自我认同感缺失等种种心理与行为问题。一般情况下，青少年特有的心理问题并不是疾病，有的会随年龄增长自然消失，有的通过矫治即可被纠正，还有的即使被终身保留也不一定会引发其他问题。

（一）青少年的情绪问题

情绪问题是学生人格问题中的一大类，也称为情绪障碍，内部化障碍，超控障碍或焦虑障碍等，以取代过去神经症的称谓。情绪问题在青少年中的发生率并不高。常见的有焦虑、社会性退缩、恐怖症、强迫症、抑郁等。

1．焦虑

焦虑是一种没有明确对象与固定内容的忧虑、害怕和紧张不安的情绪反应。焦虑以女生居多，其主要表现是对外界刺激的过度敏感，多疑，缺乏自信心，因细微小事而过度烦躁、不安、担心、害怕，在学习中总是严肃认真，担心学习成绩不好。青少年中常见的是考试焦虑，它是由考试情境所引发的一种焦虑，多由学校方面的原因引起，如升学压力，频繁的考试，给成绩排名次，题海式与填鸭式教学方法，等等。

引发焦虑的原因有很多，如个体的先天素质、不良的外部环境、不恰当的教育方式、心理应激源等。最主要的还是社会心理因素，如适应困难、学习压力大、社会竞争强、遭遇挫折与失败、发生不幸事件、人际关系紧张，等等。内部因素也不容忽视，一般认为，焦虑与青少年个性特点也有关系，如胆小怕事、易受惊吓、神经质、优柔寡断、缺乏自信等与焦虑的发生有较高相关。

对青少年焦虑的预防主要是改善环境与教育方式，如改变对学生不合理的要求，培养学生坚强意志与开朗性格，建立克服困难的信心，提高学生应试技巧，排除环境中存在的不良应激源等。通常可采用支持性心理治疗和行为治疗来医治焦虑，如系统脱敏、放松治疗和家庭治疗等。

2. 社会性退缩

社会性退缩又称社交敏感性障碍，是指个体对新环境或陌生人产生的恐惧、焦虑情绪和回避行为达到了异常程度。社会性退缩行为一般多见于低龄人群或性格内向人群中，其特征表现为孤僻、不合群，态度冷淡、害羞，还可能表现为语言表达障碍与莫名的忧郁。其主要原因是个体不能向外界合理表达自己的情感与思想，令他人无法理解而缺乏沟通交流，因此往往被忽视和冷落，社会地位呈边缘化。大多数社会性退缩者自尊水平较低，经常出现认知歪曲——放大自身缺点。社会性退缩者容易脸红、出汗，而这更加阻碍了他们的社会交往，进一步增加了他们的焦虑水平而形成恶性循环。这种障碍限制了个体选择的机会，使他们进入狭小的行动模式中，严重干扰了个体的生活。如有人宁愿寻找一个远远低于自己能力的工作或从事一份低收入的工作而不愿意和别人经常接触。

建立和培养自信心是矫治社会性退缩的关键，应鼓励青少年多参加集体活动，多培养业余爱好，内心有压力的时候要学会向朋友和家长倾诉，或采取其他行之有效的减压方法。

3. 恐怖症

恐怖症是指个体对某种物体或情境产生持续的和不必要的恐惧和紧张，并不得不采取回避行为，同时伴有明显的自主神经症状，如脸红、气促、出汗、心悸、血压变化、恶心、无力，甚至晕厥等。恐怖对象可能是单一的或多种的，常见的有动物、广场、高地、社交场所等。患者明知这种恐惧反应是过分的或不合理的，但在相同的场合下仍然反复出现，难以自制，以至于极力回避所恐惧的客体，影响其正常的生活和社交活动，患者自身也感到很痛苦。

恐怖症在临床上的主要表现有：场所恐怖症、社交恐怖症和特殊恐怖症。场所恐怖症主要表现为对街道、学校、广场、公共场所、交通工具、高处或密室等场景的恐惧，因此个体不敢出门从而回避这些场所。社交恐怖症主要是因为害怕处于人多的场合，害怕大家注视自己；或害怕当众出丑，使自己处于难堪或窘迫的境地。因而，个体在行为上表现出害怕当众说话或表演，害怕当众进食，害怕去公共厕所解便，当众写字时控制不住手发抖，或在社交场合结结巴巴不能作答等。特殊恐怖症表现为对某一物体或动物发生恐怖现象，如对某种动物的恐惧，害怕蜘蛛、老鼠、猫、鸟、青蛙、蛇等；对鲜血或尖锐锋利物品的恐惧；对自然现象的恐惧，如黑暗、大风、雷电等；对某种疾病产生的恐惧，如癌症、狂犬病、肝病、性病等。在青少年中发生的恐怖症主要有学校恐怖症、社交恐怖症等。

对恐怖症尽早采取心理治疗会有很好的效果。心理治疗时，主要采用系统脱敏法、满灌疗法、计划实践法、生物反馈疗法、认知疗法和家庭治疗等。当然，采用这些方法时还需得到学生和其家属的密切配合。同时，还需要鼓励学生积极参加一些社会活动，培养其对有益事物的浓厚兴趣和活泼、开朗、坚强的性格，锻炼自己的意志。

4．强迫症

强迫症包括强迫观念和强迫行为。强迫观念表现为反复出现在患者脑海里的多种毫无意义的观念、思想、印象和冲动，患者能认识到这些是没有现实意义、不必要的，很想摆脱，但又摆脱不了，因而十分苦恼。其主要表现有：强迫回忆、强迫联想、强迫疑虑，强迫性穷思竭虑和强迫性对立思维等。强迫行为是指反复出现的刻板行为或仪式动作，是患者屈从于强迫观念，为求减轻内心焦虑的结果，主要表现为强迫性计数、强迫性检查、强迫性洗手、强迫性仪式等。其行为本身毫无意义，患者十分苦恼，但无法摆脱。可伴有明显的焦虑不安情绪，若强行控制强迫症状，会加重焦虑情绪。

引发强迫症的因素很多，遗传因素、强迫性性格特征及社会心理因素等。如先天素质不良、过于拘谨、胆小、呆板、思虑过多的个性；突然的精神创伤、长期高度精神紧张、严重躯体疾病、环境重大变迁；不当的教育，过分苛求，对生活制度过于刻板化，教师惩罚和父母不和等。

很多强迫症起病于青少年，严重影响个人学习、生活和工作。但由于对疾病认识的局限性，个体往往认为单凭自身努力就能够克服，延缓治疗。尽早诊断与治疗对于强迫症是非常必要的。对强迫症的治疗一般采用药物治疗和心理治疗相结合的手段。通常运用的心理治疗方法有行为疗法、认知疗法、精神分析疗法。心理治疗的目的是让学生对自己的个性特点和所患疾病有客观的认识，对外部环境、现实状况有正确客观的判断，减轻不安全感；学习合理的生活应对方式，增强自信，减轻不确定感；不好高骛远，不过分精益求精，减轻不完美感。同时要求家长按正常态度对待学生，帮助学生积极从事体育、文娱、社交活动，培养良好个性，使学生逐渐从沉湎于穷思竭虑的境地中解脱出来。药物治疗则要遵从医生的指导。

5．抑郁

抑郁是由多种因素引发的以情绪抑郁为主要表现的心境障碍或情感性障碍，是以抑郁心境自我体验为中心的临床症状群或状态。抑郁有明显的外部表现，主要有三大症状：情绪低落、思维迟缓和运动抑制。抑郁一般是轻度的，但由于长期受不良情绪主导，患者很痛苦，常主动求治，其日常生活不受显著影响。但也有严重者因情绪低落、悲观厌世，产生自杀念头，由于患者思维逻辑基本正常，其实施自杀的成功率也较高，因此自杀是抑郁症最危险的一种行为表现。有研究揭示抑郁症患者的自杀率比一般人群高 20 倍。

引起青少年抑郁的原因很多，包括不良的人格倾向，如倔强，违拗，依赖，孤独，被动，具有攻击性、强迫性、癔症性人格等。生活压力也会导致抑郁的发生，在学习、生活中，青少年会产生无力感，如果朋友、家人不能及时帮助其改变心理状况，那么其很有可能患上抑郁。遗传因素与抑郁有密切联系，约50%的患者的父母也是抑郁患者，抑郁的单卵双生同病率高达70%，而双卵双生同病率只有19%。

抑郁的诊断很难，没有确切的方法，医生常通过心理测试和与青少年本人、家人、同学及教师细致的了解做出判断。抑郁的治疗方法很多，如心理治疗、睡眠剥夺治疗、光疗和电痉挛治疗等，但当前仍以药物治疗为主，心理治疗为辅。一般，抑郁的治疗效果较差，主要还是预防。要解除学生的心理压力，调整亲子关系与同伴关系，消除心理应激源，提供和睦的家庭氛围。

（二）青少年的行为问题

青少年的行为问题较常见，受到家长与社会的广泛关注。青少年的行为问题是指反复、持续地侵犯他人或公共利益，破坏或违反与年龄相应的社会道德准则或纪律。主要包括以下几个方面。

1. 攻击行为

攻击行为也称为侵犯行为，是指基于挫折、愤怒、敌意、憎恨和不满等情绪，有意对他人、自身或其他目标所采取的破坏性行为。青少年攻击行为的类型主要有：需求不满足型、取乐型、迁怒型、模仿型、报复型、病态型，等等。一般具有隐蔽性、偶然性、复杂性等特点。近年来更表现出组织性、破坏性、效仿性、预谋性和手段成人化的特点。青少年攻击行为可发展为斗殴、凶杀等为社会道德、行为规范及法律制度等所禁戒的恶性攻击行为，它在客观上导致物品的损毁、肉体的伤害和心灵的苦痛，具有一定的残忍性和破坏性。

影响青少年攻击行为形成的因素有很多。一般认为，内在需求和外部压力之间的矛盾冲突会导致遭受挫折的个体出现攻击反应。引起攻击行为的客观因素主要有家庭环境和社会环境两方面。家长自身的品行问题以及对孩子的不良教育方式都会导致青少年产生攻击性行为。社会媒体对违法、犯罪行为的报道，低级、庸俗的黄色书刊泛滥，都会使青少年攻击行为的发生率增加。还有学校教育者教育观念的落后、思想方法的片面性、教育方式的简单化、教育措施不得力以及教育者本身的错误行为，也会造成青少年攻击行为的蔓延。引起攻击行为的主观因素主要包括个体的道德情感低下、私欲膨胀、自视过高、感情冲动、自制力弱、思维幼稚盲从等。

攻击行为在经过适当干预后可以减少。干预方法有家庭治疗、学校教育、示范和强化疗法等。要注意行为转换，开展体育锻炼，让愤怒的情绪得以疏解，还要加强社会舆论监督和法律制裁措施。

2. 说谎

说谎是指有意或无意地诉说与事实不相符的情况的行为。虽然说谎行为在各个年龄阶段都会出现，但青少年说谎行为的表现尤其突出，危害也比较严重。

根据说谎动机的不同，可以把说谎分成：防卫性说谎、恶作剧性说谎、牟利性说谎、报复性说谎、幻想性说谎以及表现性说谎等。有些青少年由于从说谎中得到某种益处，因而常采用说谎的手段来达到自己的目的和愿望。当说谎成了一种待人接物的行为模式时，说谎就成了一种品行障碍。有些说谎行为是在一些病理状态下发生的，如癔症性说谎，脑病、精神病性说谎等，对这些说谎的干预应重在治疗原发病。但有的说谎可能是青少年创造性思维的表现，我们得注意区别。

对于说谎的青少年，我们应当善于发现其说谎背后真正的动机与原因，对症下药，对青少年的说谎行为予以及时纠正和教育。要让孩子明白一个道理：诚实可以化解难题，诚实能减少被教师、家长斥责的情况。

3．离家出走行为

青少年的离家出走行为多是由于厌恶学习、反抗教师或家长以及贪玩等原因造成的，往往是反抗成人权威的一种表现。他们赌气背着书包离家出走，声言自己要独立生活，不再依赖父母，也不要家长、教师再限制自己的“自由”。离家出走较多的是花季少女，因父母或教师反对她们交男朋友，就索性不回家，甚至未婚同居。还有的在外游荡，被社会上的不法分子引诱或利用，参与违法犯罪行为。鉴于此，家长与教师要密切合作，经常互通信息，发现问题后要及时干预。

青少年离家出走的主要原因是父母或教师不尊重青少年，忽视他们的独立要求，而又采用责备、谩骂、强制等手段来使之屈服。年龄较大的青少年出走的原因和手段更为复杂，如为了冒险、自暴自弃、认为流浪生活比家里自由、恋爱与性问题、对家庭中歧视和虐待的反抗、不良影视榜样或坏人的引诱，等等。因此，对青少年的教育和指导必须耐心细致，摆事实，讲道理，特别是对那些个性很强的青少年，更不能采取“蛮横”手段。否则，会酿成不良后果。

4．偷窃行为

偷窃行为不仅是一种品行障碍，也是少年违法的重要表现之一。许多青少年的偷窃行为都属于小偷小摸，既构不成犯罪，也谈不上治安处罚。但也有少数青少年的偷窃行为是严重的，甚至触犯了法律，构成了犯罪。

小偷小摸可能发展成盗窃犯。青少年开始偷窃的对象常常是父母、兄弟姐妹、同学或小伙伴，在经常得手后，他们的胆量会变得越来越大，偷窃的技巧越来越高，逐步走上违法犯罪的道路。

青少年偷窃行为往往是一种秘密窃取的方式，常有两种形式：一是“顺手牵羊”式，即事先本无计划，在外界便利情景的诱惑下，激发了偷窃动机，实施了偷窃行为；另一种是预先计划好的，主动找寻行窃的对象与场合，然后实施偷窃行为。这种事先有计划的偷窃行为更为恶劣，是严重品行障碍的表现。还有一种偷窃被称为“偷窃癖”或“偷窃狂”，它是一种冲动控制障碍，患者反复出现不可克制的偷窃冲动，其偷窃行为并非出自经济目的，而是为满足其偷窃欲望。

对青少年偷窃行为的干预需要家庭、学校和社会的共同参与和努力，我们要从价值教育与法制教育入手，及时批评偷窃行为。对于偷窃癖患者可采用厌恶疗法和系统脱敏法。

5．青少年违法犯罪

青少年违法犯罪的主要表现是反复、持久的反社会行为，包括违法行为和犯罪行为，前者是指情节轻微、危害小、不能定为犯罪的行为；后者是指抢劫、凶杀和强奸等犯罪行为。青少年违法犯罪的大致发展路线有：从不良行为、恶作剧发展到违法犯罪；由成绩差自暴自弃而影响思想品德的发展，出现逃学等不良行为，而后发展成违法犯罪行为；从冒险、游乐引发对金钱的不合理需求，进而侵犯他人利益造成违法犯罪；从娇生惯养到自我中心乃至行凶打人；从被歧视、虐待到行凶报复；从被遗弃流落街头，受坏人教唆而犯罪；从小偷小摸发展到盗窃抢劫；模仿影视里的暴力和色情镜头，从好奇到偷尝禁果而违法犯罪；等等。

青少年违法犯罪的诱因有很多，如社会经济的负面效应、社会的不良文化、家庭的不良教育、法制道德教育的滞后、自身抵御能力低、社会不良分子的教唆等。其中，最关键的是教育。青少年案犯的家庭状况普遍较差，多数是畸形家庭，家庭教育不当，家长自身的品行不良，疏于管教、放任自流等。

6．吸烟和酗酒

吸烟是一种成瘾行为，它的影响面宽，危害大。烟草燃烧时所产生的烟雾中，含有大量的有害物质，尤其是尼古丁、烟焦油和一氧化碳及各种有害物质，对人体的危害十分严重。许多发达国家已将吸烟行为与吸毒行为相提并论。有研究发现：在中学生中，声称有过吸烟或尝试过吸烟的人数比例分别为7.3%、16.0%；曾在家里、室内公共场所发生二手烟暴露的中学生分别占45.7%、70.9%；在有过吸烟行为的中学生中，有72.8%的人通过商店、商场、售货亭等地获得烟草制品。[①]这些都说明在青少年中宣传吸烟的危害性工作十分必要。

儿童青少年吸烟主要是因为受心理社会因素的影响，一是对吸烟给人体造成不良影响的认知不足，二是受社会环境文化的不良影响。对青少年吸烟动机的调查表明，他们吸烟主要是为了交朋友、消遣、应付礼节、好奇、显示身份、享受、仿效他人、彰显成人感等。此外，父母及家庭成员的吸烟行为、教师的榜样作用、影视主角的示范等均对青少年有着潜移默化的影响。

适量饮用低度酒有益健康，少量饮酒也被当作一种娱乐消遣和增进人际交往的手段，因此，人类自古以来就有饮酒行为。少数青少年由于行为的冲动性以及自制力较差，往往使饮酒升级为酗酒。酗酒也是一种成瘾行为，是影响儿童青少年违法犯罪的因素之一。醉酒后，个体出现意识模糊、意志失调等症状，对各种外界刺激失去正常反应，变得冲动、易怒、粗暴，不能自制，甚至使自身放松责任感、道德感与法制观念的束缚，从而导致品行问题和违法犯罪。

酗酒者对社会心理压力的耐受力较差，应对方式贫乏；常回避对社会、家庭的责任；缺乏自知之明；内心空虚，容易冲动。青少年的饮酒行为常常是出于模仿和抗拒心理，一方面是模仿父母长辈的饮酒行为，另一方面是用饮酒表达自己的独立和长大的愿望。

7．吸毒与赌博

吸毒指的是对有毒药物的主动寻求和过量服用的行为且造成自身无法控制的瘾癖，又称药物依赖或药瘾。常见的使人成瘾的毒品及药物有：海洛因、可卡因、大麻和巴比妥类药物以及医用的哌替啶、吗啡和某些麻醉药和止痛药等。吸毒成瘾会导致性格发展异常，自控能力下降，焦虑感增强，易发生攻击行为和性犯罪活动；为了购买毒品，常不惜倾家荡产，沦为盗窃、诈骗、赌博分子；吸毒成瘾还会导致身体素质下降，直至衰竭死亡。

我国青少年的吸毒现象屡见不鲜。青少年往往生性好奇，易受不良暗示，顺从坏人的引诱，相互模仿，对政府的禁令和家长的劝说存有逆反心理。因此要加强学校、家庭和全社会的禁毒教育，通过立法禁止毒品的生产、销售和滥用，做好药品的规范化管理。对已

---

① 马洁桃，花晨曦，徐畅，等．依托微信平台调查中学生吸烟行为及其影响因素[J]．中国健康教育，2018(9): 832–836.

成瘾者，要采取坚决的戒毒措施，施行住院治疗和行为矫治。

赌博是指用财物作注争输赢的行为，是人们有意识地进行某种部分或全部由机会决定结局的游戏或类似游戏的活动。青少年的赌博活动可以分为结伙赌博、纠合赌博、补缺赌博三类。较常见的是通过电子游戏机、下棋、打牌以及参与成人麻将聚赌等多种形式进行赌博。青少年赌博的危害较大，赌博会使他们的人生观、价值观发生扭曲；浪费学习和休息的时间，严重影响学习；使他们形成好逸恶劳、尔虞我诈、投机侥幸等不良心理品质；使他们沉溺赌博，不易戒除；等等。青少年赌博的动机多半是为了寻求刺激、好奇、被坏人引诱、逃避学习、娱乐、竞争，少数是为了发财。赌博行为的控制要采取社会、学校和家庭三方协作的综合措施，加强法制建设，开展禁赌教育。对赌博成瘾者可采用厌恶疗法和系统脱敏疗法进行医治。

8. 自杀行为

自杀行为是指有意识、自愿地伤害或自我毁灭生命的行为。近年来，自杀行为在青少年中呈上升趋势。在青少年死亡原因中，自杀已列入前三位。据 2018 年北京市的一项调查结果显示：13.65% 的中学生曾有过自伤行为，其中，12.25% 的中学生认真考虑过自杀，6.46% 的中学生有过自杀计划，2.33% 的中学生尝试过自杀。在 2016 年，中学生尝试过自杀的比例（1.54%）明显低于 2008 年（2.62%），但在 2012—2014 年间有波动。在有自杀倾向的高中生中，22.99% 的学生是因为学习压力，15.05% 的学生是由于家庭原因，还有 7.93% 的学生是因为失恋。在有自伤行为或尝试过自杀的学生中 ,73.75% 的人没有寻求过帮助。①

自杀与个体的身心状态和社会因素紧密相关。自杀者往往充满敌意、独立性差、人际关系不良、挫折耐受力低、认知狭隘、易冲动、自制力差、孤僻内向。多数存有早期的心理创伤，如父母离异，遭受虐待等。青少年自杀的直接起因主要有学校问题、异性关系、精神病以及家庭问题等。

【本章小结】

1. 人格是个体内在身心系统的动力组织，它表现为个体适应环境时在能力、气质、性格、需要、动机、兴趣、信念、价值观等方面的整合，是具有动力一致性和连续性的自我，是个体在社会化过程中形成的具有个人特色的身心组织。人格是一种动力组织，既是生理的又是心理的，是相对稳定的、独特的。人格具有独特性和共同性、整体性、稳定性和可塑性、社会性和生物性等特征。影响人格发展的因素主要有遗传与环境两大方面，其中环境因素又包含自然环境和社会环境两部分。

2. 现存的人格理论主要有以下几种范型：古典精神分析流派，代表人物为弗洛伊德；新精神分析流派，代表人物为荣格、阿德勒、埃里克森、霍妮、弗洛姆等；特质论流派，代表人物为卡特尔、艾森克等；行为主义与学习论流派，代表人物为斯金纳、班杜拉等；现象学流派，代表人物为罗杰斯、马斯洛、凯利等。

3. 人格理论在描述、解释与说明各种人格现象时，采用不同的假设、概念、术语和

① 沈艳辉，江初，沈源，等 . 北京海淀区中学生自我伤害和自杀相关行为现状及影响因素分析 [J]. 中国公共卫生，2018: 1–5.

理论解释。古典精神分析流派倾向于用潜意识、本能来解释人格现象；新精神分析流派也用潜意识来解释人格现象，但注意到了社会文化对人格的影响；特质论流派则关注人类行为的特质成分，关注遗传的作用；行为主义与学习论流派强调外在刺激条件的影响，认为人格是社会学习的结果；人本主义流派认为人都是为自我实现需要所引导，推崇人性本善；认知主义流派研究人们对外部信息的加工方式。

4．从发展心理学的角度看，人从出生到死亡是一个精神活动的连续体，在这个连续体的不同阶段上，心理活动有其各自的特征，对一般心理活动来说如此，对人格问题也如此。青少年期的人格问题与儿童期和成人期是有差异的。青少年的不良人格特征主要包括自卑、依赖、虚荣、虚伪、敷衍等。

【实践·反思·探究】

1．反思在自己的人格发展过程中，哪些因素对人格的发展具有推动作用，它又是如何推动人格发展的。

2．每个学生的人格均有其特殊性，如何根据这些特殊性做到因材施教？

【推荐阅读】

1．范德．人格心理学：人与人有何不同[M]．许燕，邹丹，等译．北京：世界图书出版公司，2018.

2．郭永玉，贺金波．人格心理学[M]．北京：高等教育出版社，2011.

第六章 道德发展

【学习目标】

● 了解道德及道德发展的内容。

● 了解对偶故事法，理解皮亚杰的道德发展理论，掌握道德认知发展水平。

● 了解两难故事法，理解科尔伯格的道德发展理论，应用该理论分析儿童及青少年的道德认知发展水平。

● 理解影响道德行为的因素，掌握引导儿童产生道德行为的方法。

● 理解道德情感、移情的概念，了解二者的关系。

● 理解亲社会行为的发展阶段。

● 了解攻击行为的定义及分类，理解攻击行为的发展特点，掌握减少儿童攻击行为的方法。

【知识导图】

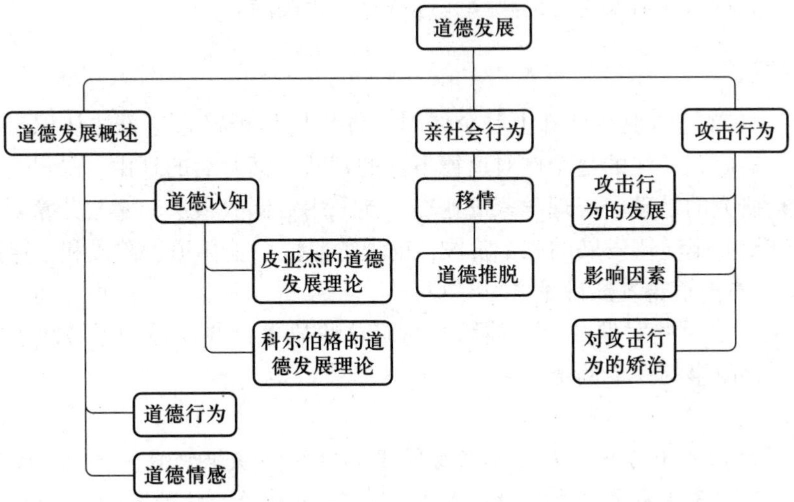

在欧洲的一个小镇，有一位妇女得了一种特殊的癌症，濒临死亡。医生认为，只有一种药有可能拯救她的生命，那就是小镇药剂师最近研发的一种镭化物药品。这种药的成本是200美元，但药剂师开出了2000美元的高价。这位妇女的丈夫，海因茨到处筹钱，但是只筹到了1000美元。他请求药剂师把药便宜卖给他，或者让他先欠一部分药钱以后再还。药剂师不同意，他说："我发明了这种药，我要用它来赚钱。"当天夜里，海因茨进入药店，为妻子偷了这种药。

你认为海因茨是否应该这样做？为什么？

本章将探讨儿童与青少年的道德发展，介绍道德发展的内涵和特点、个体在儿童与青少年阶段的道德认知、道德行为和道德情感的发展历程，以及如何根据儿童与青少年道德发展的特点进行有针对性的心理辅导。

第一节 道德发展概述

海因茨偷药的故事讨论的是道德问题。道德关注人类个体对待他人的方式，这涉及人类生活的不同方面。社会学可能关注道德所涉及的个体与群体之间的互动及其产生的社会影响，经济学可能关注道德与不道德行为产生的经济后果及其对个人和社会的不同影响。在法律层面，我们可能关注道德规范与法律规范对人类行为的共同作用，而从心理学的角度来说，道德涉及非常复杂的过程，至少包括两个方面的复杂性。

首先，道德不是固定不变的。随着社会的发展，人们对道德的定义也在不断地变化。有些过去认为是不道德的行为，现在已经为大众所广泛接受；有些过去被广泛接受的行为，现在则被视为不道德行为。不仅如此，从发展心理学的角度来看，每一个成熟的人类个体，在其从婴幼儿成长为成年个体的过程中，对道德的判断标准也一直在变化。

其次，道德至少涉及三种不同的心理因素：认知、行为和情感。因此，下面我们按照道德认知、道德行为和道德情感的顺序，逐一介绍相关内容。

一、道德认知

道德的发展首先体现在认知上。个体对一件事情是否符合道德的认识，即为道德认知。道德认知的研究关注的是个体对道德事件的判断及其背后的理由。最早对道德认知的发展过程进行研究的是瑞士心理学家皮亚杰。他采用对偶故事法，考察儿童对道德的认知和思考，总结出儿童道德发展的三个阶段：前道德阶段、他律道德阶段和自律道德阶段。

（一）皮亚杰的道德发展理论

皮亚杰编造了一些对偶故事。他给儿童讲这些故事，并让他们思考故事里发生的事情。下面是对偶故事的一个例子。

故事A：

有一个叫约翰的小男孩，正当他在房间里玩耍的时候妈妈喊他吃饭。于是他走进餐厅。餐厅门后的椅子上放着一个托盘，盘里放着15个杯子。约翰不知道门后有这些东西。他推开门走进来，门把手碰到了托盘，托盘掉到了地上，15个杯子全摔碎了。

故事 B：

有一个叫亨利的小男孩，他趁着妈妈不在家，想偷吃食橱里的果酱。食橱很高，于是他爬到椅子上去拿。但是果酱放得实在太高了，他还是够不着。他用尽全力去够果酱，结果不小心碰到了 1 个杯子。杯子掉到地上，摔碎了。

听完两个故事后，儿童要回答皮亚杰的问题：“哪个男孩更调皮？为什么？”通过分析儿童的答案，皮亚杰提出，儿童的道德发展可以划分成三个阶段。

1．前道德阶段

皮亚杰发现，学前儿童（0—5 岁）还处在自我中心的前运算阶段，他们很少关注外界的规则。例如，在玩弹球游戏中，这个阶段的儿童并不关心是否获得胜利（典型的社会规则），他们玩游戏的目的就是去玩并体会玩的乐趣。因此，前道德阶段的儿童并不会根据一定的规则来思考对偶故事，也就不能做出一致的判断和合理的回答。

2．他律道德阶段

5—10 岁的儿童则进入了另一个阶段。在这个阶段，儿童开始根据规则来思考对偶故事。他们具有很强的规则意识。他们认为规则是由权威人物（如上帝、警察、父母等）制定的，是神圣不可侵犯的。例如，如果你问一个 6 岁的儿童是否可以在公路上超速行驶时，他会回答不行，因为这违反了交通规则。当你告诉他这是为了送一个得急病的人去医院时，他还是会认为这违反了交通规则，是不行的。在这个阶段，他们遵守的是外界的规则，因此该阶段被称为他律道德阶段。他们认为规则是绝对的，道德有对错之分，遵守规则就是对的，不遵守规则就是错的。

在这个阶段，他们还倾向于根据行为的后果而不是行为的意图来判断事情的对错。在上面的对偶故事中，多数 5—10 岁的儿童都会认为，约翰比亨利更坏，因为约翰打破了 15 个杯子，而亨利只打破了 1 个杯子。他们没有考虑约翰是不小心打破的，而亨利是为了偷吃果酱这一行为意图。在惩罚的方式上，他律道德阶段的儿童也有自己的观点。该怎么惩罚一个打破窗户的男孩呢？是打他呢，还是让他赔偿损失呢？他律道德阶段的儿童通常选择打他，认为这是一种抵罪式的惩罚。

3．自律道德阶段

到了 10—11 岁，大部分儿童会进入自律道德阶段。这个阶段的儿童开始意识到社会规则只是一种协议，是人为制定的，不是固定不变的，在情况发生变化的时候可以被修改，因此在特殊情况下是可以违反规则的。这个时候的儿童更看重行为的意图而不是行为的后果。因此，为了送患急病的人去医院，是可以违反交通规则的，这并不是不道德的行为。在上面的对偶故事中，这个阶段的儿童通常会认为亨利比约翰更坏，因为亨利是为了偷果酱（不好的意图），而约翰则是不小心（中性意图）。这个阶段的儿童也开始关注惩罚的效果。惩罚的目的是为了减少不道德的行为，而不仅仅是报复。因此，对于打破窗户的男孩，这个阶段的儿童更倾向于让他赔偿损失。

那么，儿童是怎样从他律道德向自律道德转换的呢？皮亚杰认为，儿童本身认知能力的成熟和发展，导致儿童自我中心的减少和角色采择能力的提高，这在一定程度上支持了道德的发展。另外，有两个环境因素也起到了很重要的作用。首先是同伴交往。同伴之间的平等交往要求儿童学会从对方的角度看问题，在没有成人干预的情况下，解决双方的矛盾冲突。这种交往排除了成人的影响，提高了儿童对同伴的尊重，儿童在与同伴协商解决问题的过程中，懂得了规则是共同商定的结果，在大家都同意的情况下，规则是可以修改的。其次是父母影响。父母的权力会导致儿童对绝对规则和权威的盲从，因此，父母需要放弃一部分权力以利于儿童的道德发展。如果父母总是以绝对权威的方式下命令，以“我让你做你就做”的方式要求儿童，则儿童一直处在绝对规则的影响下，不能从他律道德阶段过渡到自律道德阶段，道德发展受到阻碍。

（二）科尔伯格的道德发展理论

【微课】
科尔伯格：
道德两难故事

科尔伯格发展和完善了皮亚杰的道德发展理论。皮亚杰的对偶故事存在一些缺陷。在这些故事中，意图良好或中性的个体往往造成较大的伤害，而意图不良的个体引起的伤害却较小。因此，当询问儿童这两个个体哪个更不道德时，可能会造成意图和结果的混淆。又因为关于结果的描述比意图更清晰，可能导致了儿童更容易根据结果做判断。因此，科尔伯格创设了一些道德两难问题。在这些两难问题中，回答者需要做出选择，是遵守已知的规则、法律或权威人物，还是为了满足个体的需要而采取破坏规则的行动。本章开头的那个故事是科尔伯格所编造的道德两难问题中最典型的一个。

现在我们回过头来看这个问题，海因茨应该偷药吗？你的答案是什么？实际上，科尔伯格认为，答案本身并不重要，重要的是答案背后的原因和理由。因此，当你的回答是“海因茨应该偷药，救他妻子的命”时，科尔伯格会进一步询问原因：是因为海因茨太太可以帮助他洗衣做饭，还是因为作为她的丈夫，海因茨有责任挽救她的生命呢？如果海因茨不爱他的妻子，他是否有责任为她偷药？或者因为挽救生命是人类最高的价值？海因茨是否应该为一个陌生人去偷药？这是否违背了法律？从道德上来说是正确的吗？等等。这一系列开放性问题的目的是确定回答者对于遵守规则和权威、满足人类需要、权利和特权等相关问题的看法。

通过对这些道德两难故事的详细访谈，科尔伯格提出，道德可以分成三个不同的水平，每个水平又可以细分成两个不同的阶段。与皮亚杰相同，他认为，个体按照固定的顺序发展道德，需要先经过初级的阶段才能发展到高级的阶段。与皮亚杰不同的是，他认为高级的道德水平是困难的，11 岁的儿童道德发展水平还很不完善。下面是科尔伯格道德发展的三个水平六个阶段。

1. 前习俗水平道德

处于这一水平的个体遵循外部的规则以获得奖励或回避惩罚。在他们看来，道德是功利的，好的行为就是能够得到奖赏的行为，而坏的行为则是会遭到惩罚的行为。这个水平包括两个阶段。

（1）阶段一：惩罚与服从定向

这个阶段的儿童还不能认识到故事主人公内心的道德冲突。他们进行道德判断的标准是行为的结果。如果行为的结果会带来惩罚，这种行为就是不恰当的。一个行为带来的惩罚越严重，这个行为就越不恰当。例如，在海因茨难题中，赞成偷药的儿童认为：“如果他不去偷药，他的妻子就会死去，他可能会遇到麻烦，警察可能会来找他。”而反对偷药的儿童会说：“不应该去偷药，因为偷药是犯罪行为，他可能会被抓到监狱里去。”这是这一阶段儿童的典型反应。

（2）阶段二：天真的快乐主义

这个阶段的儿童开始意识到故事主人公的冲突涉及两种不同的价值观，但是他们对这两种观点的认识还很浅薄。他们认为，好的行为就是能够满足个人需要或者得到奖赏的行为。他们做事的目的是得到回报，因此遵守规则是出于个人利益的考虑。例如，处于此阶段的儿童，赞成偷药的儿童认为："妻子可以照顾他。如果他不想失去妻子，他就应该去偷药。"而反对偷药的儿童则认为："偷药会给他带来巨大的风险，除非没有妻子他就活不下去，否则他不该偷药。而且药剂师并没有错，不应该蒙受损失。"

2. 习俗水平道德

习俗水平的个体同样遵守社会规范，但其原因不同。这时候，个体不再是为了自己的利益或避免惩罚而遵守规则。他们遵循的是这个社会约定俗成的规则和社会规范以维护人际关系和社会秩序。他们能够明确意识到别人的观点并作为考虑的一个方面。这个水平包括两个阶段。

（1）阶段三："好孩子"定向

这个阶段的个体认为，道德行为就是让人喜欢、对别人有帮助或者大家都赞成的行为。做一个"好孩子"，才能得到大家的认同，受到大家的肯定，发展和谐的人际关系。他们通常根据行为意图来判断行为是否道德。例如，赞成偷药的人会说："偷窃是不好的。但是海因茨偷药不应该被指责，他是因为爱妻子，为了救妻子才这样做的。如果他不去偷药，他就不是一个好丈夫，他才应该被指责。"而反对偷药的人则认为："偷药是不对的。即使他的妻子死了，他也不该受到指责。如果他去偷药，以后大家都会知道他是个小偷，他会良心不安、没脸见人的。"

（2）阶段四：维护社会秩序的道德

这个阶段的个体开始从社会大众的层面考虑问题。他们意识到法律反映的是整个群体的意志，是制定出来以最大限度保证整个社会的运转和所有人的利益的。因此，对道德的判断不应该只考虑个人的人际关系，每个人都有义务服从法律法规，遵守社会规范。在此阶段，一个人遵守社会规范，不是因为害怕惩罚，而是为了维护社会秩序。因此，赞成偷药的人可能会说："海因茨应该去偷药，因为他对妻子负有责任。但是偷药是不对的，所以他应该赔偿药剂师的损失，并且接受法律的惩罚。"而反对偷药的人则可能认为："海因茨想要救妻子的心情是可以理解的。但是无论怎样，偷药总是不对的。无论什么情况，我们都应该遵守法律。"

3. 后习俗水平道德

这个阶段的个体不再单纯以社会规范为道德标准，而采用权利、公平和正义等更广泛的原则来作为道德判断的指南。个体开始意识到，社会规范是约定俗成的，法律法规是共同商定缔结的，这些规则都不是一成不变的。当情况发生变化时，规则也可以改变。因此，道德标准不是绝对的。个体开始具有内在的抽象的道德原则。根据这些原则做出的判断，有时候与社会规范一致，有时候与社会规范或法律、权威命令等相冲突。这个水平包括两个阶段。

（1）阶段五：社会契约定向

这个阶段的个体认为，法律和规范是制定出来促进人类幸福的工具。这是一种社会契约，人人都应该遵守，遵守它对整个社会是有好处的。但是社会契约也是灵活的。当法律不能实现公平和正义的目标时，可以通过公正的程序去修改它。因此，在海因茨问题上，赞成偷药的人会说："在偷药是否道德这件事上，我们要全面考虑。法律规定了偷窃是违法的，海因茨也知道这一点。但是在这种情况下偷药是可以理解的，因此不能说他不道德。"而反对偷药的人会说："偷药当然有直接的好处。但是并不是只要有良好的意图就可以采用违法的手段。法律是制定出来保障大家和谐共处的，每个人都有义务遵守。不能说他偷药是完全错误的，但是也不能说他是对的。"

（2）阶段六：普遍的伦理原则

这是最高的道德阶段，在这个阶段中，个体进行道德判断依据的是由自己的良心所形成的道德原则。这些原则并不是具体的规则，而是普遍意义上的公平和权利等抽象的原则。这些道德原则高于任何可能与它相冲突的法律法规和社会契约，是个体做出道德判断或行为的根本依据。例如，在海因茨问题上，赞成偷药的人认为："生命是最重要的。如果一个人必须在破坏法律和挽救生命之间做出选择，他选择挽救生命是正确的。"而反对偷药的人则认为："如果癌症病人很多而药物很少，无法满足所有人的需要，那么只有大家都认可的行为才是正确的。海因茨不能感情用事，而应该想一下在这种情况下怎么做最公平，按照最公平的方式去做。"

阶段六是理想中的道德发展阶段，几乎没有人能够始终以阶段六的水平来进行道德判断。科尔伯格后来把它当作一种假想的结构，也不再测量这个阶段。

按照科尔伯格的道德发展理论，这三个水平六个阶段的道德发展是循序渐进的，不能跳过任何一个阶段。那么，有没有办法可以加快个体的道德发展，使其更快地进入更高水平和阶段呢？科尔伯格认为，社会经验对道德发展至关重要。研究表明，至少有三类社会经验能够对道德发展产生影响：同伴交往、高等教育和文化影响。首先，跟皮亚杰一样，科尔伯格认为，跟同伴的交往比跟成人的讨论更能够促进道德的发展。这可能是因为，儿童在跟同伴讨论时能够更深入地思考各种不同的道德观念。其次，研究发现，上过大学、受过更多教育的成人的道德推理比受教育程度低的成人更复杂。这可能是因为高等教育能够使个体意识到不同的道德观点，从而引起他们的思考和反省。民主的文化和社会氛围也能促进道德发展。在一个民主的社会中，会存在各种不同的观点，因此个体有机会考虑和分辨这些观点，明白法律及各种社会规范是种社会契约，而不是权威的命令。

【微课】
海因茨应该偷药吗?

二、道德行为

以上都是在讨论不同道德发展阶段个体怎么看待"什么行为是道德的"，但是并没有测量这些个体真正采取的行动。一个人如果认为某些行为是道德的，那么他就真的会去做这些事吗？一个人会做他认为不道德的事吗？换言之，一个人的道德认知跟道德行为总是一致的吗？

研究者发现，道德行为很容易受到情境的影响，并不总与道德认知一致。在 20 世纪早期，有一项大规模研究考察了 1 万名儿童的道德行为。在研究中，研究者反复诱导儿童撒谎、欺骗和偷窃（注意，这种研究违背伦理道德规范，现在是不被允许的），以此来考查儿童的真实行为。结果发现，儿童的道德行为并不一致。他们可能在一种情境中欺骗、撒谎或偷窃，而在另一种情境中则不这样做。更重要的是，在一种情境中有欺骗行为的儿童和无欺骗行为的儿童都会说骗人是不对的。也就是说，儿童能够认识到某些行为是不道德的，但是他们还是会做出这些行为。

不过，后续研究指出，事情并没有这么糟糕。仔细分析数据可以发现，某些情境中的道德行为一致性相当高。例如，考试中欺骗行为（作弊）的一致性相当高，而游戏中欺骗行为的变异就比较大了。另外，研究者还发现，随着年龄的增长，个体的道德行为与道德认知之间的相关是逐渐提高的。当然，情境对道德行为的影响一直都存在。无论多么成熟的成年人，其道德行为都不可能在任何场合完全一致。

那么，是哪些因素影响了儿童的道德行为呢？研究者们认为，有两方面的因素在起作用。一方面，强化与惩罚直接塑造了道德行为。根据行为主义的研究，受到强化的行为，其发生频率会增加。道德行为也遵守这条规律。因此，当儿童做出符合道德规范的行为时，我们马上给予表扬，这会增加儿童做出道德行为的概率；当儿童做出不道德的行为时，惩罚可以让他意识到自己的错误。但是，并不是所有的惩罚都能起到同样的效果。由和蔼亲切的成人实施的严厉的、即时的、前后一致的惩罚最为有效。相反，态度冷漠的成人实施惩罚的效果较差，不严厉的、延时的、前后不一致的惩罚效果也不好。另一方面，说理是影响儿童道德行为的第二个因素。在实施惩罚的时候，给儿童讲道理，告诉他们这种行为为什么是错误的，能够更好地促进儿童的道德行为。

父母可能会采用以下三种方法来引导儿童的道德行为。[①]

第一，取消关爱。儿童做错事后，取消对他的关注和爱。比如，小明调皮捣蛋，强行给家里的猫剃毛，他的父母可能会说："你怎么能这么做呢！走开，我不想再见到你。"儿童会因此感受到失去爱的风险。为了重新得到爱，儿童可能会改正自己的行为。

第二，权力压制。权力压制是指使用权力控制儿童的行为，包括命令、人身约束、体罚等。在上面的例子中，小明的父母可能会打小明的屁股以示惩戒。小明被打屁股后，感到害怕，以后可能就不会再重复这种行为了。

第三，说服诱导。说服诱导是指通过说明一种行为可能会对别人造成什么影响来解释这种行为是错误的，是应该改变的，并建议儿童以正确的方式弥补其造成的伤害。在前述的例子中，小明的父母可能会跟小明说："看看猫咪有多郁闷。你这样做，会让它的自尊心大受打击的。它会觉得没脸见人，不，没脸见猫。这会给它造成心理伤害，它会很难过的。你想想看，如果你被剃了光头，你的心情怎么样？现在，你去给它戴一顶帽子吧，看看它能不能接受你的道歉。"儿童听从父母的分析和建议，明白了自己的行为造成的伤害，下次可能就不会再这么做了。

那么，以上三种方法的效果怎么样呢？霍夫曼（M. L. Hoffman）的研究发现，第一、二种方法的效果并不明显，而第三种方法，即说服诱导，可以有效促进道德认知、道德行为和道德情感的发展。进一步的分析表明，说服诱导可以促进儿童的同情心和"良心"的发展，而权力压制则起反作用，使儿童变得更加不听话、不关心别人。因此，有效促进儿童道德发展的方法应当是说服诱导。但是，考虑到现实情况的复杂性，比如当儿童不能接受说服诱导或屡教不改时，适度的惩罚也是有效的。因此，可能最有效的方法是"说服诱导"加"适度惩罚"。

---

① HOFFMAN M L. Moral development[M]// MUSSEN P H. Carmichaels manual of child psychology. New York: Wiley, 1970.

三、道德情感

道德往往伴随着情感。我们在做道德判断的时候，往往不是理性的，而是情绪化的。为了研究这个问题，研究者们将一些经典的道德两难故事改编成新的版本，经典版本和改编版本在事情的实际效益和后果上是相同的，不同的是两个故事引发的情绪反应程度不同。[①] 下面是一个例子。

电车故事的经典版本：

一辆高速行驶的电车失控了，前方道路上有 5 个不知情的人，如果不采取措施，这 5 个人将会被撞死。你正在电车里，如果你转动方向盘改变方向，这 5 个人将得救，但是同时会撞死另一边 1 个不知情的人。你会转动方向盘吗？

电车故事的改编版本：

一辆高速行驶的电车失控了，前方道路上有 5 个不知情的人，如果不采取措施，这 5 个人将会被撞死。电车在撞到这 5 个人之前要穿过一座桥的桥洞。你和一个陌生人站在桥上，如果你把这个人推下桥，就可以挡住电车，这 5 个人将得救，而这个陌生人则会死去。你会把他推下去吗？

这两个故事所涉及的事件的实质是一样的，都是牺牲 1 个人救 5 个人。然而，对第一个故事做肯定回答的人数远远多于对第二个故事做肯定回答的人数。研究者们认为，这是因为，第一个故事没有诱发太多的情绪反应，人们在做反应的时候，更多的是采用认知系统做功利判断（救 5 个人比救 1 个人效益更大）。而第二个故事诱发了我们的道德情感，牺牲无辜的人诱发了我们强烈的厌恶、反感、内疚等负面情绪，阻止我们做出这个反应。

因此，道德行为往往由道德情感驱动。道德情感的核心是移情，即个体体验他人情绪的能力。婴幼儿移情的发展有四个阶段。

阶段一（1 岁前）：婴儿的全身性焦虑。这个阶段的婴儿能够体验到别人的痛苦，并把别人的感情和自己的感情混杂在一起。例如，一个 11 个月大的女孩当看到另外一个小孩摔倒在地大哭时，她好像也要哭了。

阶段二（1—2 岁）：婴儿的自我中心移情。这个阶段的婴儿开始意识到别人的身体和自己的是不同的，能够体会并关心别人的痛苦，但是还不能区分别人和自己的心理状态。例如，一个 18 个月大的男孩，想让自己的妈妈去安抚一个哭泣的孩子。

阶段三（2—3 岁）：对他人情感的移情。儿童开始能够区分别人和自己的情感，也能够对除了痛苦之外的其他情绪，如失望、背叛等进行移情。

阶段四（3—5 岁）：对他人生活状况的移情。儿童开始意识到每个人都有不同的生活环境和经历，不但能够在熟悉的环境里对别人的情绪进行移情，还能够在不熟悉的环境里进行移情。

---

① GREENE J D, NYSTROM L E, ENGELL A D, et al. The neural bases of cognitive conflict and control in moral judgment[J]. Neuron, 2004, 44(2): 389–400.

霍夫曼认为，随着移情的发展，儿童的道德行为和道德认知也在发展。移情包括最基本的、对他人痛苦的移情，以及一系列同情、内疚、厌恶等各种情绪，还包括正义感等。在道德认知的爱与正义阶段，普遍的道德原则也是通过情感发挥作用的。

第二节　亲社会行为

在第一节的最后我们提到，道德情感的基础是移情，这也是亲社会行为的基础。亲社会行为是指对他人或社会有益的行为，包括合作、分享、助人等。儿童在很小的时候就有亲社会行为的表现。例如，1—2 岁的孩子有时会把玩具分享给其他孩子玩，偶尔还会想要帮父母做家务。婴幼儿能够同情和关心同伴。下面一段话描述了 1 岁 9 个月的约翰对同伴杰瑞的反应：

今天，杰瑞有点暴躁。他大喊大叫，看起来一时半会儿停不下来。约翰走过去，递给杰瑞一个玩具，想让他高兴起来……嘴里说着类似“在这儿，杰瑞”之类的话。我跟约翰说：“杰瑞很伤心，他今天心情不好。”约翰一边皱眉一边看我，好像他真的理解了杰瑞在哭是因为他不高兴……他走过去，拉拉杰瑞的胳膊说：“好啦，杰瑞。”然后给他玩具。

显然，约翰注意到了杰瑞的情绪，并试图去安慰他。不过这个年龄的儿童虽然能够同情他人，但一般来说，还不能为了别人做出真正的自我牺牲。实际上，儿童和青少年的亲社会行为也是随着年龄增长而发展的。艾森伯格等人对此进行了研究。[①] 在他们的研究中，儿童会看到一些亲社会两难故事，如下是一个例子。

玛丽要去参加朋友的生日晚会。在路上，她看到一个女孩摔倒了，弄伤了腿。女孩求玛丽帮她找一下她的父母，让父母过来带她去医院。玛丽如果答应了，就赶不上朋友的生日晚会，错过冰淇淋、蛋糕和好看的节目。玛丽该怎么办呢？

亲社会两难故事有点类似于道德两难故事，但是两者是不一样的。在这里，主人公需要做出的抉择，一个是利己不利他的，另一个则是利他不利己的。在玛丽的故事中，玛丽如果想要帮助这个女孩，就要付出“很大”的代价；如果她想满足自己愉快玩耍的愿望，就要放弃帮助这个女孩。研究者发现，随着儿童和青少年年龄的增长，他们开始做出更多利他的选择。学龄前儿童通常会做出自私的反应：玛丽应该去参加生日晚会，这样才不会错过好吃的和好玩的。随着年龄增长，个体开始更多地考虑他人的需要。很多中学生都认为，自己没办法为了个人利益，不管陷入困境的人。总结起来，儿童和青少年的亲社会发展大概划分为 5 个阶段（见表 6–1）。

我们会注意到，直到第 4 个阶段，儿童和青少年才开始根据移情来判断亲社会行为。移情是亲社会行为的重要动因，但是根据移情来做反应却不是儿童天生的行为。年幼的儿童看到别人悲伤或者不幸时，可能自己也会体验到类似的消极情绪，但是他们可能会远离需要帮助的人，以避免这种不适感。另外有一些儿童会将这种移情转化为对悲伤的人的关

---

① EISENBERG N, HAND M. The relationship of preschoolers, reasoning about prosocial moral conflicts to prosocial behavior[J]. Child development, 1979, 50: 356–363.

心，这将发展出亲社会行为。以下两种方式能够培养儿童将移情转化为同情与关心。①父母做出移情关心的榜样行为。②帮助儿童理解别人的情绪及可能的影响后果。实际上，富有同情心的人，其父母一般也是关心他人幸福的人，且父母与子女的关系融洽。这说明，那些富有同情心、关心他人并实践这种关心的榜样，对发展儿童和青少年的移情和亲社会行为是很有帮助的。

表 6–1 艾森伯格的亲社会发展阶段[①]

发展阶段	对应的对象	亲社会特征和典型反应
快乐主义	学龄前儿童，小学低年级学生	关注自己的需要，根据对自己是否有利来决定是否提供帮助，如我不能帮她，否则参加生日晚会会迟到
需要定向	少数学龄前儿童，小学生	根据他人的需要来提供帮助，但很少移情，如果不能提供帮助也不会内疚，如我帮助她，因为她需要帮助
模式化的赞许定向	小学生，少数中学生	关注外界的赞许。根据自己印象中一件事情是好事还是坏事来决定行为，如我帮助她，因为妈妈会表扬我
移情定向	小学高年级学生，中学生	根据移情来做判断，有时候也根据责任和价值观来做判断，如我帮助她，因为她很痛苦
内化的价值观定向	少数中学生，大学生	根据内化的社会规范、信念、价值观和责任感来做判断，如我拒绝给红十字会捐款，因为它没有把捐款用到真正需要帮助的人身上

除移情外，道德推脱在一定程度上也会影响亲社会行为。道德推脱（道德脱离）是指个体产生的一些特定的认知倾向，这些认知倾向包括重新定义自己的行为使其伤害性显得更小，最大限度地减少自己在行为后果中的责任，降低对受伤目标痛苦的认同。研究者曾对美国 384 名青少年进行行为研究后发现，道德推脱会反向预测亲社会行为，正向预测反社会行为，[②] 即道德推脱程度越高，青少年的亲社会行为水平越低。

第三节 攻击行为

攻击行为是指有意地挑衅或伤害他人的行为。根据行为的原因，攻击性行为可以区分为主动型攻击和反应型攻击。主动型攻击是指行为者未受激惹时主动发起的攻击行为，如欺负同伴。反应型攻击则是指行为者受到他人挑衅、激惹或攻击后做出的攻击反应，如被人挖苦后发脾气。根据行为的表现形式，攻击性行为又可以分为身体攻击、语言攻击和间接攻击。身体攻击指行为者通过身体动作直接攻击对方的身体或所有物，如打人、损坏物品等。语言攻击指行为者使用语言对对方进行伤害，如骂人、侮辱等。间接攻击则是借助第三方进行攻击的行为，如造谣、孤立等。

① EISENBERG N, LENNON R, ROTH K. Prosocial development: a longitudinal study[J]. Developmental psychology, 1983, 19: 846–855.

② HARDY S A, BEAN D S, OLSEN J A. Moral identity and adolescent prosocial and antisocial behaviors: interactions with moral disengagement and self–regulation[J]. Journal of youth & adolescence, 2015, 44(8): 1542–1554.

一、攻击行为的发展

通常来说，随着年龄的增长，儿童和青少年先发展出攻击行为，再学会控制攻击行为，最终减少攻击行为。婴儿在很小的时候就会表达愤怒，有时候还会打人，但这些行为不一定是有意的攻击行为。直到大约一岁时，婴儿开始因为玩具或者其他原因跟另一个婴儿产生抢夺、打人等行为时，可以视作攻击行为的萌芽。在 1—2 岁的时候，婴儿的攻击行为主要表现为身体攻击。2 岁之后，儿童的身体攻击逐渐减少，语言攻击开始增加，这跟父母等照顾者对身体攻击行为的阻止有关，也跟婴儿发展出了一定的语言能力有关。此时，儿童渐渐减少踢、打、踩等身体攻击行为，而采用取笑、讥诮、取绰号等语言攻击行为。不过，随着年龄的增长，这两种攻击行为的频率都开始减少。有研究表明，5 岁儿童在游戏中的攻击性显著小于他们在 2 岁时的攻击性。儿童攻击行为的减少，可能源于父母和教师一直以来对攻击行为的制止，也可能源于他们从日常生活中认识到协商和谈判比攻击行为更有利于解决冲突。随着年龄增长，儿童继续减少攻击行为。一般来说，小学阶段的儿童已经很少表现出攻击行为，中学阶段青少年的攻击行为就更少了。这时候出现一个现象：攻击行为已越来越集中在少数人身上。似乎随着总体攻击行为的下降，一小部分个体的攻击行为反而增加了。这种攻击行为可能与进一步的反社会行为有关，因此具有一定的危险。这种危险的攻击行为可能发展为校园欺凌。

校园欺凌（又称校园霸凌）指的是具有较强力量的学生或学生群体对力量较弱的一方施加的重复性伤害行为。校园欺凌会使受害者身心健康受到极大伤害，感到痛苦、羞耻、恐惧和抑郁。长期遭受欺凌，可导致自尊降低、焦虑悲观、逃学离家，或因社会性退缩、注意力不集中而影响学业，严重时会产生慢性病甚至自伤、自杀行为；或产生报复性攻击行为，转而欺凌他人。欺凌者则因常年暴力伤害他人，导致其人格发展受到影响，成年后出现酗酒、犯罪行为的比率相当高。同时，校园欺凌的旁观者也常因未能帮助受害者而产生内疚、自责心理。可以说，校园欺凌对所有卷入事件的学生都造成了伤害。鉴于此，2017 年 12 月，教育部等十一部门联合发布《加强中小学生欺凌综合治理方案》，要求中小学校加强对欺凌事件的预防和处理。

二、影响攻击行为的因素

影响攻击行为发展变化的因素可以从遗传与环境两个角度来说明。在遗传方面，首先可以认为，攻击性是动物的本能，这种本能有利于物种的生存和繁衍，于人类也不例外。因此，人类的攻击本能，可能是一切攻击行为的基础。此外，科学研究已发现，某些基因和神经递质与攻击性行为显著相关，如 COMT 基因。[①] 这可能解释了为什么不同个体攻击行为的程度不同。

社会环境也会影响攻击行为。人类群居生活已有数千年历史，大部分攻击行为都发生在社会生活中。在社会生活中遇到的挫折，可能会引起个体的攻击行为。而社会文化对攻击行为持宽容鼓励还是管制阻止的态度，会影响这个社会攻击行为的频率。例如，某些鼓励儿童好战的社会，其凶杀率更高。此外，家庭环境也影响个体的攻击行为。亲密融洽

① 王美萍，张文新 . COMT 基因 rs6267 多态性与青少年攻击行为的关系：性别与负性生活事件的调节作用 [J]. 心理学报，2010, 42(11): 1073–1081.

的亲子关系有助于儿童发展亲社会行为，而冷漠敌对的亲子关系则会增加儿童的攻击行为。另外，社会媒体对儿童攻击行为的习得也有影响。儿童往往通过模仿成人的行为来学会攻击行为。媒体中一些涉及暴力和攻击的资讯、故事、影视情节等给儿童提供了攻击性榜样。

三、对攻击行为的矫治

如果儿童已经发展出较强的攻击性，父母和教师就需要采用科学的方法来帮助儿童减少攻击行为，单纯的呵斥与制止的效果不大。通常来说，可以采用的方法有：消退法、榜样法、共情训练等。

消退法是指家长或教师对儿童的攻击行为采取不予理睬的方法。儿童的攻击行为有一部分是为了引起大人的注意，如果大人不加理睬，这部分攻击行为就会因为得不到强化而减少和消除。

榜样法是给儿童提供采用正确的方式解决冲突（如协商、合作等）的榜样，或者提供因为攻击行为受到惩罚的榜样，让儿童通过社会学习减少攻击行为。

共情训练旨在提高儿童的共情能力，让其了解攻击行为给对方造成的伤害，觉察和体验对方的痛苦，从而降低攻击行为。

从上一节的内容可以知道，道德推脱可以反向预测亲社会行为，正面预测反社会行为。有研究者发现，高道德推脱的青少年一般会有更高的攻击倾向，也更容易产生欺负行为、罪错行为和攻击行为，却较少产生亲社会行为[①②]，且道德推脱不仅可以影响个体的攻击行为，而且还会影响到个体对攻击他人的态度。因此，成年人也要对青少年进行适当的责任教育，教会他们要主动承担责任，减少道德推脱行为。

【本章小结】

1．道德发展涉及道德认知、道德行为和道德情感三个方面。道德认知是指个体对一件事情是否符合道德的认知。

2．皮亚杰采用对偶故事法，提出儿童的道德发展经历前道德阶段（0—5岁）、他律道德阶段（5—10岁）和自律道德阶段（10—11岁及以后）。其中，他律阶段的儿童刻板遵守外界的规则，而自律阶段的儿童开始意识到规则是一种协定，有时候违反规则并不违背道德。

3．科尔伯格采用道德两难故事，提出个体的道德发展经历三个水平六个阶段：前习俗水平道德（阶段一：惩罚与服从定向，阶段二：天真的快乐主义），习俗水平道德（阶段三："好孩子"定向，阶段四：维护社会秩序的道德）和后习俗水平道德（阶段五：社会契约定向，阶段六：普遍的伦理原则）。前习俗水平儿童的道德是功利的，根据外界的奖惩来决定；习俗水平的个体开始考虑社会规范和他人的看法，但刻板遵守这些规范和风

① PORNARI C D, WOOD J. Peer and cyber aggression in secondary school students: the role of moral disengagement, hostile attribution bias, and outcome expectancies[J]. Aggressive behavior, 2010, 36(2): 81-94.

② OBERMANN M L. Moral disengagement in self-reported and peer-nominated school bullying[J]. Aggressive behavior, 2011, 37(2): 133-144.

俗；后习俗水平的个体考虑普遍的人类幸福和公平正义，不只是简单地遵守法律和规范。许多人的道德终其一生都停留在习俗水平。

4. 道德认知与道德行为并不一定一致，不过随着年龄的增长，个体道德认知与道德行为的一致性增强。强化与惩罚、说理可以影响儿童道德行为的发展。一般来说，取消关爱、权力压制的效果不如说服诱导好。

5. 道德行为往往由情感驱动，道德情感的核心是移情。移情也是亲社会行为的基础。

6. 儿童在很小的年龄就有移情的萌芽，随着年龄的增长，个体经历了若干个发展阶段，最后达到能够自发同情他人的亲社会阶段。

7. 攻击行为则是事情的另一方面。婴儿和儿童会先发展出攻击行为，再慢慢控制并减少攻击行为。社会环境和家庭环境会影响攻击行为。如果儿童和青少年已经发展出较强的攻击性，父母和教师可采用消退法、榜样法、共情训练等方法矫正儿童的行为。

【实践·反思·探究】

1. 小南在5岁时第一次听到了海因茨两难故事。当时，小南坚定地认为海因茨不应该偷药，因为偷药是不对的，会被抓进监狱里。十年后，小南已经忘了这件事。有一天在公交车上，他跟旁边的心理学老师聊天，再次听到了这个故事，他认真地思考了一会儿，认为海因茨不应该偷药，因为这样他就变成一个小偷了，会良心不安的。小南今年20岁，他在大学课堂上又一次听到了这个难题，忽然想起了往事。他认真地思考了很久，还是认为海因茨不应该偷药。

你觉得，小南认为海因茨不应该偷药的原因可能都有哪些？如果小南一直认为海因茨不应该偷药，那么，这么多年来，他的道德认知水平有没有发展？为什么？

2. 小北跟小南一样，分别在5岁、15岁和20岁时听到了这个故事。但是小北跟小南不一样，小北每次都觉得海因茨应该偷药。你认为小北每次这样回答的可能原因都有哪些？小北跟小南谁的道德发展水平更高？或者还有其他可能吗？关于这个问题你有什么看法？

3. 小东和小西在大学课堂上听到了电车两难故事的改编版本，引起了极大的情绪反应，本能地拒绝做出任何选择，并抗议在课堂上讨论如此残忍的问题。请问，这涉及道德发展的哪方面内容？

4. 小东和小西大学毕业后，应聘到小学去当心理学老师。小东所在的学校追求学生的学习成绩和升学率，学校制度严格，学生没有自由时间。小东发现，学生亲社会行为发展不足，学生之间关系冷淡。小东想要改善这一状况，他该如何做？

5. 小西所在的学校是一所新建的小学，学校管理不善，加之许多学生的家长都忙于工作，无暇过问孩子的教育与学习，这里的学生非常散漫，目无规矩，学生之间经常打架。小西想要改善这个情况，她该如何做？

【推荐阅读】

1. 陆有铨．皮亚杰理论与道德教育[M]. 北京：北京大学出版社，2012.

2. 苏彦捷．发展心理学[M]. 北京：高等教育出版社，2012.

第七章　学习与学习理论

【学习目标】

- 理解学习与发展、学习与教育的关系。
- 掌握学习的定义、分类和学生学习的特点与意义。
- 掌握行为主义、认知主义、建构主义的学习理论的基本观点。
- 辨析精神分析主义和人本主义的学习理论的基本观点。
- 思考学习理论在教学实践中的运用。

【知识导图】

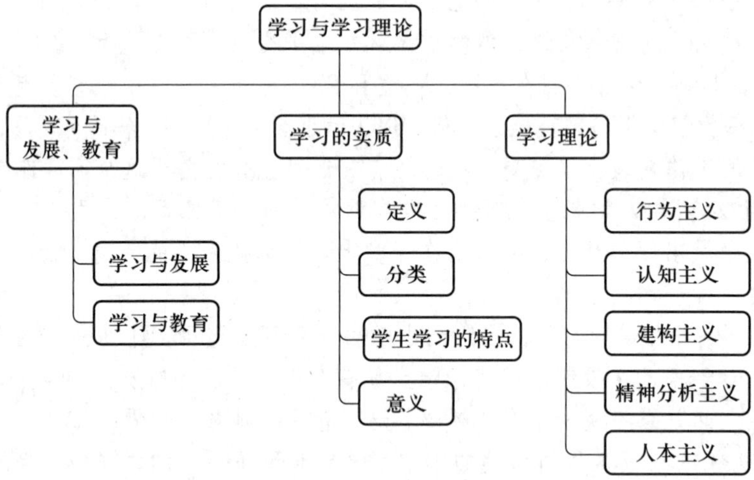

郑板桥早年曾在扬州官学求学，学校里有一势利学官，每见官宦子弟，必溜须拍马，阿谀奉承；见贫寒学子，则另换一副面孔，必令对方向他作揖行礼，甚是傲慢。贫寒学子都对其敢怒不敢言。郑板桥决心教训一下他。他发现这个学官总是骑着驴来上班，这头驴就拴在学校门前的树上。于是，有一天，郑板桥拿了一根木棍走到驴跟前，先是朝它作了一个揖，接着照准驴屁股狠狠地打了一棍。驴疼得大叫一声，一蹦三尺高。连续数天，郑板桥都是如此，先给驴作个揖，然后照驴屁股狠狠地打一棍。这样一来，这头驴只要看到郑板桥给它作揖，还没等打它，就必定恐慌地蹦跳起来。

一天，郑板桥早早地就等在学校门口，恭候学官的到来。等学官骑驴走到他面前时，他走过去对着驴深深地作了一个揖。驴大叫一声，猛地跳了起来，学官没防备，被狠狠地摔下了驴背，跌了个鼻青脸肿。他狼狈地从地上爬起来，气急败坏地大骂："这头蠢驴！"

在以后的几天里，郑板桥总是守在学校门口，对着这个骑着驴的势利学官作揖，每次都让驴把学官摔得鼻青脸肿。学官害怕，以后再也不敢让学子们对他作揖行礼了。

我们可以用哪种学习理论解释故事中驴对"作揖"的反应呢？

学习理论试图回答以下一系列问题：学习是如何发生的？它有哪些规律？它是什么样的过程？如何才能进行有效的学习？……其根本目的是要为人们提供对学习的基本理解，从而为形成自己的教育观、教学观奠定科学的心理学基础。从历史来看，任何一种教学理论总是有它的学习理论基础，布鲁纳（J. S. Bruner）就认为：教学理论必须考虑到学习与发展两个方面。教师的教学行为总是受到一定的学习观点的支配，问题在于是否有正确的学习观来指导，一个没有学过学习理论的教师，可能成为一名好教师，也可能成为一名坏教师，但好一般有限，而坏却可能每况愈下。因此，学习理论是教师指导学生学习的重要基础。

本章主要就发展、学习与教育之间的关系进行探讨，在阐述学习的实质的基础上，介绍主要的学习理论，包括行为主义的学习理论、认知主义的学习理论、建构主义的学习理论，以及虽在学习理论发展中不占主导地位，但对教学实践也产生了重要影响的精神分析主义的学习理论和人本主义的学习理论。

第一节　学习与发展、教育

一、学习与发展

一方面，发展是学习的基础，它为新的学习提供必要条件，为有效学习提供可能性。只有以一定的发展作为基础，学生才能够进行有效的学习。另一方面，学习能促进生理和心理的发展，是影响个体成熟和心理发展的一个至关重要的因素。

（一）发展是学习的必要条件

学习依赖个体心理发展的已有水平，皮亚杰认为，儿童自身的成熟是认知发展的根源，儿童运用因成熟而获得的能力去解决他们在社会环境中遇到的问题。在皮亚杰的认知发展阶段中，认知结构的发展顺序是固定不变的，既不能逾越，也不能颠倒。认知结构的发展是一个连续建构的过程，每一阶段的结构都是后一阶段的先决条件。儿童只有掌握了一定的认知结构，才能进行该阶段的学习。

发展是基础，它为儿童的学习提供了新的可能性。皮亚杰认为，儿童进入形式运算阶段后，思维不再局限于可观察的事物上，可以在理解抽象概念的基础上，进行逻辑式的推理。正是该阶段儿童的思维具有这样的特点，才能够进行一些抽象运算。奥苏贝尔（D. P. Ausubel）的认知同化学习论强调已有的知识经验的作用，即已有的认知结构的作用。已有的认知结构是学生学习的必要条件，有助于学生对新的知识进行学习。例如，学生首先要有关于数字的知识，才能够进行数学运算的学习。关于数字的知识不仅为学生学习数学运算提供基础，还有助于学生更好地理解数学运算的规律，进行新旧知识的整合。现代信息加工心理学家也十分强调已有知识在新知识的学习中的重要作用，加涅（R. M. Gagne）就认为，在教新知识前，教师要激活学生长时记忆中相关的已有知识。

（二）学习促进发展

学习促进了儿童生理和心理的发展，是影响个体成熟和心理发展的一个至关重要的因素。许多事实和研究表明，儿童在生命的最初几年中，如果缺乏适当的学习训练或教育，将给身心的发展带来不利的影响。

印度狼孩卡玛拉出生后不久就在狼群里生活，当她被救回到人类社会时，在动作姿势、情绪反应、生活方式等方面都表现出狼的习性。她用四肢行走，不会说话；惧怕人，白天躲藏起来，夜间出行；每天午夜到凌晨，她像狼似的引颈长嚎。据研究，卡玛拉当时虽然已七八岁，但她的智力却相当于人类社会6个月的幼儿水平。人们花了很大气力都不能使她适应人类的社会生活方式。卡玛拉在4年内只学会了6个词，听懂几句简单的话；7年后才学会了45个词，能勉强地学说几句话。卡玛拉死时已经十六七岁，但她的智力仅相当于三四岁的孩子。在卡玛拉身上，人类特有的行为和智力都没有得到发展。

这个例子说明，如果在婴幼儿期缺少教育与学习的机会，儿童的成熟将受到阻碍，智力发展滞后，个性心理品质也得不到正常的发展。

学习能够对心理发展起积极的促进作用，这已得到了许多研究和事实的证明。怀特（B. L. White）对初生婴儿的眼手协调动作进行的研究发现，经过训练的婴儿，平均在3.5个月时便能举手抓住面前的物体，这些婴儿的眼手协调程度相当于没有经训练的婴儿5个月时的水平。怀特的研究说明了学习、训练对成熟的促进作用，学习促进了潜能的表现和能力的提高。维果茨基的社会文化理论强调了社会文化对于儿童认知发展的影响，即学习对发展的影响。他的“最近发展区”思想注重儿童发展的可能性，强调教学不能只适应发展的现有水平，而应适应最近发展区，从而走在发展的前面，通过学习来促进儿童的发展。

二、学习与教育

学习与教育的关系密不可分。学习领域的研究为教育改革提供了坚实的心理学基础，人们对学习的看法影响着教学实践。并且，随着人类社会进入学习型社会，终身学习与终身教育成为生存的必须，这使得学习与教育原本密切的关系更加如胶似漆。

（一）学习观念的变化成为教育改革的先导

自20世纪以来，人们对学习的看法发生了几次重大的变化，每一次变化都对教学实践产生了重大影响。在20世纪初叶，行为主义的学习理论占据主导地位。从最初巴甫洛夫提出的经典条件作用到斯金纳的操作性条件作用，再到班杜拉的社会学习理论，行为主义对教育产生了深远的影响。例如，课堂教学中的掌握学习、程序性教学、计算机辅助教学（CAI）以及新近的自我管理和自我教学等方法都是在行为主义学习理论的基础上发展起来的。在众多的行为主义心理学家中，斯金纳和班杜拉的学习理论对现代教育影响最大。

20世纪50年代至60年代的认知革命，引发了学习观念的变化，学习的认知主义观点逐渐取代了行为主义的观点。认知主义强调，学习是获得知识、形成认知结构的过程。学习的基础是学习者知识结构的形成、重组和使用，而不是通过练习与强化形成的反应习惯。学习者也不再是被动地受练习和强化决定的接受者，而是学习活动的积极参与者。学生学习效果的差异受制于自身内部的心理机制的差异。认知主义在其学习理论的基础上认为，教师是帮助学生进行有效的信息加工的协助者，教师必须激发学生的内在学习动机，教会学生学习，使之爱学、会学，必须指导学生建立良好的认知结构，提高学生的学习能力。

到了20世纪末，人们开始以新的眼光看待学习。随着认知主义学习理论的进一步发展，建构主义思潮开始盛行，对信息加工学习理论提出了挑战。建构主义者认为，知识不应只考虑客观世界，更重要的是要将客观世界与学习主体的主观经验联系起来，要重视学习主体的能动性和知识的社会性、情境性等，使学生的学习从接受客观知识的活动走向在具体社会情境中探索世界的活动。在此基础上，建构主义形成了自身独特的知识观和教学观，为当今我国的课程改革提供了思路。

（二）终身学习与终身教育

教育是为了帮助人们更好地学习，终身学习的理念决定了教育应是终身的。终身教育把人生各个阶段的学习活动视为一个整体，把社会所有的教育活动都整合在一个统一的、相互衔接的教育体系中。联合国教科文组织在《学会生存——教育世界的今天和明天》中明确指出：教育是贯穿于人一生的、不断积累知识的长期、连续的过程；终身教育是现代化社会的基石，唯有全面的终身教育才能培养完善的人；我们需要终身学习去建立一个不断演进的知识体系——“学会生存”；要使教育更好地为社会发展服务，必须积极发展终身教育的思想；只有终身教育的思想，才能使教育变成有效的、公正的、人道的事业。① 现代信息技术的发展使各行各业、各个年龄段的人都能根据自己的实际情况，随时随地地享受教育。

第二节 学习的实质

学习是人之为人的基本需要，是人的生命的本性。古人言：“学而时习之，不亦说乎。”“玉不琢，不成器，人不学，不知道。”我们处在从学历社会向学习型社会转化的时代，学习将成为贯穿人们一生的重要活动。如何激励、指导、促进学生的学习已成为现代教育的核心问题之一，教师只有科学地了解学生的“学”，才能更有效地“教”。

---

① 联合国教科文组织国际教育发展委员会．学会生存：教育世界的今天和明天[M]. 华东师范大学比较教育研究所，译．北京：教育科学出版社，1996: 16–24.

一、学习的定义

“活到老，学到老”，学习（learning）是我们最为熟悉的事之一。在学生的眼里，学习就是看书、听课、做作业，而这些内容在学习心理学家看来只是狭义的学习，而且只是人类学习的一种形式。人类学习还包括使用语言、养成生活习惯、获得价值观念等方式。不但人类需要学习，动物也需要学习，马戏团里的猴子会算数，狮子会滚绣球，狗熊会骑自行车，都是学习的结果。所以，广义的学习包括人类与动物的学习，狭义的学习则专指学生的学习。

人类的学习不同于动物的学习。人类的学习是人在社会生活实践活动中，以语言为中介，自觉地、积极主动地掌握社会的和个体的经验的过程。学生的学习是人类学习的特殊形式。学生的学习主要是在教育情境中和在教师的指导下，自主而策略地获取间接经验的过程。

对于学习的本质，许多心理学家根据自己的观察做出了不同的解释。鲍尔（G. H. Bower）和希尔加德（E. R. Hilgard）认为：学习是指一个主体在某个规定情境中的重复经验引起的、对那个情境的行为或行为潜能变化。不过，这种变化是不能根据主体的先天反应倾向、成熟或暂时状态（如疲劳、酒醉、内驱力等）来解释的。[①] 加涅更明确地定义了学习：学习是人的倾向（disposition）或能力（capability）的变化，这种变化能够保持且不能单纯归因于生长过程。[②] 我国著名教育心理学家邵瑞珍将教育情境中的学习定义为“凭借经验产生的、按照教育目标要求的比较持久的能力或倾向的变化”。[③]

在这些不同的解释中，较为流行的观点是把学习定义为“学习者因经验而引起的行为、能力和心理倾向的比较持久的变化。”[④] 这个定义说明：

第一，学习是学习者通过获得经验而产生了某种稳定的变化。从不知到知，从不会到会，从不懂到懂，就是变化过程。这种变化可以是知识、技能、能力的获得，也可以是兴趣、信仰、价值观的形成，还可以是情感、态度、人格的养成。

第二，学习是学习者适应环境的生命活动。我们常感叹说“不学习就会被时代淘汰”，表达的就是学习与适应的关系。人只有通过学习产生积极的心理变化才能适应不断变化的现实世界，实现人与环境的动态平衡。

二、学习的分类

学习现象是极为复杂的，涵盖的范围比较广，具有不同的类型。学习数学知识是学习；学会游泳是学习；交警惩罚违法司机，另一位司机看到后不再犯同样的错误，同样是学习；父母赞扬了孩子饭前洗手的行为，孩子后来养成了这种好习惯，也是学习。学习的种类多种多样，为了能说明人类复杂的学习，并对不同类型的学习进行有效指导，心理学家依据不同的标准对学习进行了分类。但是在分类标准上，心理学家的分歧是相当大的，

---

① 鲍尔 G H，希尔加德 E R. 学习论：学习活动的规律探索 [M]. 邵瑞珍，皮连生，吴庆麟，等译 . 上海：上海教育出版社，1987: 22.

② 邵瑞珍 . 教育心理学 [M]. 上海：上海教育出版社，2003: 27.

③ 邵瑞珍 . 教育心理学 [M]. 上海：上海教育出版社，2003: 29.

④ 施良方 . 学习论 [M]. 北京：人民教育出版社，1994: 5.

有的按照学习目标分类，有的按照学习内容分类，有的按照学习的方式分类，有的按照学习结果分类，还有的按照学习的意识水平分类。下面我们简要介绍一些有代表性的学习分类。

（一）依据学习目标分类

美国著名教育心理学家布卢姆（B. S. Bloom）认为，教育目标即预期的学生学习结果，包括认知学习、情感学习和动作技能学习三大领域。认知学习由低到高分为六级。①知识：指对先前学习过的材料的记忆。②领会：指对所学习的内容的最低水平的理解。③应用：指在特殊和实际情况下应用概念和原理。应用反映了较高水平的理解。④分析：指对事物的内部结构进行区别，并能了解它们之间的关系。⑤综合：指能把已有经验中的各部分或各要素组合成新的整体。⑥评价：指对所学的材料能根据内在标准和外部证据做出判断。情感学习领域的教育目标由低级到高级分为五级：接受、反应、价值化、组织、价值与价值体系的性格化。动作技能学习领域的教育目标可分为七级：知觉、定向、有指导的反应、机械动作、复杂的外显反应、适应和创新。

（二）依据学习内容分类

我国一些学者根据教育工作的实际需要，依据学习的内容，将学习分为四类：知识的学习；动作技能的学习；智力技能的学习；社会行为规范的学习。

（三）依据学习方式分类

奥苏贝尔认为，根据学习方式的不同可以将学习分为接受学习和发现学习。接受学习指学生通过教师的讲授获得结论、概念、原理等。发现学习指学生独立地通过自己的探索，寻找问题的答案。根据学习材料与学习者的原有知识的关系又可将学习分为机械学习和意义学习。机械学习指学习者没有理解材料的意义，只是死记硬背。意义学习指学习者通过理解学习材料的意义进而掌握学习的内容。将以上两个维度相结合，可以将学习分为机械的接受学习、机械的发现学习、有意义的接受学习、有意义的发现学习。

（四）依据学习结果分类

加涅认为，学习所得到的结果或形成的能力可以分为五类。①言语信息，即通常所说的“知识”，主要帮助学生解决“是什么”的问题，如“长江是中国第一大河”等。②智慧技能，即能力，指学生应用概念、符号与环境相互作用的能力，是学习解决“怎么做”的问题。如运用运算规则解答习题，使动词和句子的主语一致等。③认知策略，即学会如何学习，是学生在学习过程中调节和支配自己的注意、记忆和思维等内在组织的技能，是学习者用以管理自己的学习过程的方式，如组织结构图等。④态度，即品行，是习得影响个人行为选择的内部状态或倾向，如具有观察各种植物的行为倾向等。⑤动作技能，即获得平稳、精确、灵活而适时的操作能力，如熟练地做广播体操等。

（五）依据学习的意识水平

目前，依据学习的意识水平将学习分为内隐学习和外显学习已成为一个研究热点。内隐学习是指学习者在与环境接触的过程中不知不觉地获得一些经验并因之改变其事后某些行为的学习。例如，儿童在进入小学以前并没有经过专门的语法学习，但说的话却也能符合语法规则。外显学习是指受意识支配、需要付出心理努力并需按照规则做出反应的学习，如对书本知识的学习。

总的来说，学习现象是极为复杂的，从不同的分类标准出发，学习分类也就不同，侧重点也不尽相同。分类是为了认知和研究上的方便，清晰而明确的学习分类为教育实践提供了有力的理论支持。

三、学生学习的特点

最典型的人类学习是学生在学校中的学习，它是学习最重要的形式，也是学习研究的主要范畴。学生的学习是一种特殊的认识活动，具有自己的特点和规律。

加涅认为，学生的学习和心理发展就是形成一个在意义上、动机上和技能上相互联系的复杂的抽象的认知结构体系，新的学习一定要适合学习者当前的认知水平。布鲁纳认为，学生的学习是认知结构的组织和再组织，强调发现学习在学生学习中的重要性。奥苏贝尔则认为，学生的学习是有意义的接受学习，即学习就是将有意义的材料纳入他原有的认知结构中去。

国内的心理学家对学生学习的特点也进行了广泛的研究，如林崇德教授认为学生的学习具有五个特点：在学习过程中，学生的认知或认知活动要越过直接经验的阶段；学生的学习是一种在教师指导进行下的认知活动；学生的学习过程是一种运用学习策略的过程；学习动机是学生学习或认知活动的动力；学习过程是学生获得知识经验，形成技能技巧，发展智力能力，提高思想品德水平的过程。

在此基础上，我们认为学习具有以下几个特点。

（一）系统性

教育是有目的、有计划地培养人的活动，这就决定了学生的学习要在有计划、有目的、有组织的情况下进行。学生学习的目标、内容、安排等都由国家根据社会发展的需要，学生的身心发展规律、年龄特征以及各个学科的知识体系做出明确规定。这反映了学生学习的系统性的特点。如我国实行九年义务教育，通过《中华人民共和国义务教育法》来保证其质量。

（二）间接性

人的认识可以分为直接认识和间接认识。直接认识指的是人们亲身参加实践活动的过程中所获得的认识。这种认识的获得不经过任何中间环节。间接认识指的是人们不必亲身参加某种实践活动，而是通过某些中间环节，如书本、讲授等途径获得的认识。对于学生来说，他们要在有限的时间内掌握人类最基本、最主要的知识、技能和技巧，因此，主要的学习形式是间接学习。他们可以从现有的经验、理论、结论开始学习，而没有必要事事从直接经验开始。

（三）自主性、策略性和风格性

学生的学习要想有效地进行，其学习过程就必须是积极主动的、讲究方法的、能充分发挥自己潜力的，表现为自主性、策略性和风格性。自主性是学生主体性的体现，其学习是建立在自身内在需求的基础上的；策略性是指学生通过运用策略知识去调节和控制自己的学习，从而提高学习效率；风格性是指学生的学习是极具个人色彩的，是以自己所偏爱的方式进行学习的。

四、学习的意义

学习是人类最有意义的基本活动，是每个人生存和发展的基础，只有通过学习，人才能成为全面发展的人，才能成为社会所需要的人。学习具有生物适应意义、个体成长的意义以及社会发展的意义。

（一）生物适应意义

从生物进化的角度来看，有机体适应环境有两种方式，一种是先天决定的反应倾向。这种先天的反应倾向是每一个物种的本能，是本身所固有的、不学而会的。比如，当乳头、手指或其他物体碰到新生儿嘴唇时，他就立即做出吃奶的动作，这是吮吸反射，是一种无条件反射。其他哺乳动物也具有这种本能。但是这种先天的本能所适应的环境非常有限，仅仅靠先天的本能来适应变化的环境是远远不够的，有些物种因适应不了迅速变化的环境而消亡。

有机体还有另外一种方式来适应环境，即学习。这是人类相对于动物具有不可比拟的适应能力的原因。相对来说，人类婴儿与初生的其他动物相比，生存能力低。但是，人类却能够在瞬息万变的世界中存活下来，并成为世界的主导者，就是因为学习。人类通过学习获得生存和发展的知识，从而更快、更好地适应时代和环境的变迁。本能的变化需要千万年的演进，而学习的变化有时只需要几分钟。学习使得人类适应环境的过程迅速而有效。

（二）个体成长意义

学习促进了个体身心的发展，全面提高了个体的素质。古人云："好学近乎知。"诸葛亮在我国历史上可以说是人们心目中聪慧与才智的化身。他在《诫子书》中说："夫学须静也，才须学也，非学无以广才，非志无以成学。"他的才华、聪明完全来自广泛的学习。战国时代思想家墨子也说："智也者，知也；而必智若明。"世界上没有先知先觉的人，也没有一生下来就有本事的人。人的一切知识、技能、思想、观念、行为方式、道德品质、审美趣味乃至认知策略和个性特征都是学习的结果。

心理学和生理学的研究证明，学习使学习者发生了三个方面的变化。①心理变化，包括认知能力、认知策略、知识结构、思想观念、价值标准、情感特征和个性品质等方面的变化。②行为变化，包括操作技能、运动技能、行为方式、言语特征、反应特征等方面的变化。③生理变化，包括神经系统、内分泌系统、呼吸系统、循环系统和消化系统等方面的变化。总之，学习是一种能够给学习者的身心发展和行为带来持久性改变的活动过程。

（三）社会发展意义

学习是传播人类文明的纽带。几千年来的人类文明史，积累了极其丰富的自然科学和社会科学的知识。通过学习，我们能够把人类千百年来积累的最基本、最主要的知识学到手，把前人积累的经验逐步转化为自己的经验，适应环境与时代的要求。18 世纪以蒸汽机的出现为标志的技术革命，19 世纪以电力为标志的技术革命，以及 20 世纪以电子计算机、原子能、空间技术为标志的新技术革命，无一不证明学习对人类文明与进步的巨大推动作用。试想一下，如果野蛮时代的人类不世代相袭地向先辈学习如何使用火，就只能像自己的祖先一样过着茹毛饮血的生活；文明时代的人类如果不世代相袭地向先辈学习畜牧业和农业的知识，也只能像自己的远祖一样靠现成的天然产物为食。

在今天的信息时代，人类积累的知识越来越多，知识增长的速度也越来越快，科学技术的进步给现实生活带来了巨大的变化，学习对人类文明与进步变得更加重要。我们今天的学习不仅在于继承，更在于发扬、发现、发明和创造。

第三节 学习理论

学习是如何进行的？学习有没有规律？为什么不同的学生听同样的课、做同样的作业，却会有不同的学习效果？为什么学生在某种教学情境下学得容易、愉快，而在另一种教学情境下学同样的内容却艰难、压抑呢？对这些问题的回答和解释就构成了学习理论。

学习理论（learning theory）是对学习的实质及其形成机制、条件和规律的系统阐述，其根本目的是要为人们提供对学习的基本理解，从而为形成自己的教育观、教学观奠定科学的心理学基础。自 20 世纪以来，人们对学习的看法发生了几次重大的变化，每一次变化都对教学实践产生了重大影响。在 20 世纪初叶，行为主义的学习理论占据着主导地位；20 世纪中叶，认知革命引发了学习观的变化，认知主义的观点逐渐取代了行为主义；到了 20 世纪下叶，认知主义进一步发展出建构主义学习观，使人们又开始以新的眼光看待学习，建构主义又成为学习理论发展的一个新方向。

一、行为主义的学习理论

行为主义心理学作为传统心理学的“叛逆”，是在机械唯物主义哲学的基础上，在动物心理学和机能主义心理学的影响下产生的现代心理学派别。尽管各个行为主义者看待学习的角度和研究的侧重点不尽相同，但他们的基本观点都没有超出刺激—反应的范式，他们关注的是环境在个体学习中的重要性。学习者学到了什么，是受环境控制的，而不是由个体自身决定的。行为主义心理学的基本观点是，学习者的行为是他们对环境刺激所做出的反应，所有行为都是习得的。行为主义心理学学家根据他们对动物学习问题的研究，认为刺激—反应的联结是直接的，成功的反应会自动得到加强，失败的反应会自动地被削弱，也就是说，刺激—反应之间的联结，会根据环境的反馈结果而自动地得到加强或被削弱。例如，当孩子哭闹时，母亲赶忙用糖果去哄他，孩子就不哭不闹了。糖果刺激与哭闹停止的行为反应之间就形成了联系，渐渐地，孩子就养成了通过哭闹去获得糖果的不良行为习惯。

行为主义的发展经历了两个阶段，通常把它们分别称为早期行为主义和新行为主义。

（一）早期行为主义的学习理论

早期行为主义一般是指 20 世纪 30 年代以前华生时代的行为主义。

1. 桑代克的联结主义学习理论

桑代克的联结主义学习理论虽不属于华生的行为主义，但其同样来自于对动物学习问题的研究，强调学习为刺激—反应的联结，这对行为主义的学习理论产生了重要影响。桑代克的联结主义学习理论包括以下两个方面。

（1）学习的实质在于形成刺激—反应联结，联结是通过试误而建立的（无须任何中介）

个体的学习就是一系列刺激—反应的组合。桑代克通过一系列的动物试验认为，学习过程是尝试与错误的渐进过程。当动物处于一定的问题情境中时，它被一定的动机推动，会对这一情境尝试进行各种反应，最终，满意的结果使错误的反应逐渐减少并最终学会正确的反应。试误的实质结果是刺激与反应之间建立联结。

（2）尝试错误的学习过程总是受一定规律支配

这些规律包括以下三种。一是练习律。练习律是指刺激—反应间的联结由于练习次数的多寡而有别。所谓“业精于勤”“熟能生巧”正是对这条规律的说明。二是准备律。准备律是指刺激—反应的联结随个体身心的准备状态而异，当学习者有准备而又有活动时就会感到满意，当有准备而不活动时则感到烦恼，当无准备而被强制活动时也会感到烦恼。三是效果律。效果律是指刺激—反应的联结因获得满意的效果而被强化，以后在同样情境中就容易引起该反应。相反，如果反应带来痛苦的结果，那么以后在同样情境中就不会做出该反应。后来，桑代克发现，奖赏比惩罚更有动力，因而他更强调奖赏而不强调惩罚。

桑代克的学习理论对教学实践产生了重要影响。在这种理论指导下，学校教育就是通过提供刺激来引发学生的反应的。让学生形成大量的刺激—反应联结，反复强化这些联结，并且予以奖励。

2. 华生的经典条件作用的学习理论

华生的基本观点包括以下几个方面。①心理学的研究方法是科学的方法。②通过经典条件作用研究，不但可以了解动物行为，而且可以解释人的行为。③人类的一切行为，其构成的基本要素是反应，一切行为表现只是多种反应的组合。而在这些反应中，除少数是生而已有的无条件反射之外，多数是个体在适应环境时，通过经典条件作用的学习过程所形成的。④只要能了解环境刺激与个体的关系，就可以设计并控制刺激，通过条件反射的方法建立起所要建立的反应，从而组合成预期的复杂行为，而且，也可根据条件作用法则，消除个体已有的行为。⑤学习的巩固关键在于对所学反应的多次重复。

经典条件作用中所建立的刺激—反应联结，可以用来解释很多学习现象。如教幼儿学习汉字时，将图形与字形进行匹配，正是条件作用原理的实际运用。又如，在某些并不具有伤害性的情境中，儿童却表现了恐惧或焦虑反应，这些反应常常是由经典条件作用形成的。所谓学校恐怖症（school phobia）与教室恐怖症（class phobia）等，其形成都是因为在校学习失败或惩罚不当引起学生的恐惧后，进而对整个学校情境也产生恐惧所致。因此，经典条件作用对教育实践具有一定意义，尤其在解决学生的厌学情绪、考试焦虑等问题方面。在课堂教学中，教师可以把学习任务与愉快的刺激相联系，建立起对学习的积极情绪。比如，让平时不敢发言的学生在鼓励、肯定、舒适的氛围中上台发言，学生逐渐将来自发言的良好感觉与发言这项活动联系起来。

（二）新行为主义的学习理论

20 世纪 30 年代以后，我们把在对华生的行为主义加以修正的基础上发展起来的行为主义称为新行为主义。此处主要介绍斯金纳的操作性条件作用的学习理论。

1. 斯金纳的操作性条件作用的学习理论

斯金纳作为新行为主义的领袖，是操作性条件作用的学习理论和行为矫正技术的开山鼻祖，是行为主义后期对学习心理学影响最大的心理学家。

斯金纳认为，行为可以分为两种，一种为应答性行为，如学生听到上课铃声后迅速安静坐好；一种为操作性行为，如书写、讨论、演讲等具有自发性的行为。操作性行为的特征是，构成行为的反应是自发的，无法确定反应的出现由何种刺激所引起。这种操作性行为的形成过程就是学习，其关键是强化的作用。

斯金纳是通过对动物学习的实验研究来探讨操作性行为的学习过程的。他用来实验的装置叫“斯金纳箱”。在这个箱中有一个小杠杆，它与传递食丸的一种机械装置相连。只要一按压杠杆，一粒食丸就会掉进食盘。把饥饿的大白鼠放进箱内，它会做出多种多样的行为反应，某次偶然压上杠杆的行为会让一粒食丸掉进食盘中。食丸对白鼠压杠杆的行为反应是一种强化，白鼠得到食丸后更倾向于去按压杠杆。经过多次尝试，白鼠会不断按压杠杆获得食丸，直至吃饱为止。在白鼠形成按压杠杆的操作性行为过程中，关键的变量是强化。

斯金纳的许多观点到现在都具有很大的价值，如程序化教学。斯金纳提倡程序教学，他认为学习的关键在于如何呈现教材，即设计出恰当的程序化教材。程序教学的五个基本原则是小步呈现、积极反应、及时反馈、自定步调和提高效果。程序化教学的思想对现代教育技术有着很大的影响。个别化教育思想和计算机辅助教学都继承了程序教学中的有益思想和技术。

如何善用惩罚

在教育上，如何善用惩罚培养学生良好的行为，是教育心理学家所关心的问题。对一般情况而言，教育心理学家对使用惩罚者（教师或家长），提出以下四点建议：

（1）在实施惩罚之前，必须先让全班学生充分了解奖与惩的行为标准。奖惩标准属全校性者，自然要求学生遵守。奖惩属本班性者，最好由教师与全班学生共同议决制订。如此才不至于使学生受到惩罚时不了解自己错在哪里。

（2）惩罚只限于知过能改的行为。诸如偷窃、说谎等不良行为，对中小学的学生来说，都是可以自行改变的。因此在此类行为出现后受到惩罚是合情合理的。但如对资质中等学生因考不到优秀而施予惩罚，则于情理不合。在此种情况下，即使学生自知成绩不佳是错误的，但要他改变自己去符合教师或家长的要求仍然是无能为力。

（3）使用惩罚时应考虑学生心理需求上的个别差异。自尊心较强的学生，受到合理的惩罚后改过自新的可能性较大。个性顽劣的学生，有时因蓄意扰乱秩序而受到惩罚时，可能惩罚的结果反而强化了他的不良行为。

（4）多使用剥夺式惩罚（removal punishment），少使用施予式惩罚（presentation punishment）。前者指剥夺其权力（如家庭作业未做完之前不准看电视），后者指加诸其痛苦的措施（如体罚）。前者优于后者的理由在于，前者可让学生有转圜的余地（要看电视就先把功课做完）。

（资料来源：张春兴．教育心理学 [M]. 杭州：浙江教育出版社，1998：186.）

2. 班杜拉的社会学习理论

作为新行为主义学派的“代言人”，班杜拉并不认同斯金纳的观点。他认为个体并不是都要通过操作性程序才能形成行为，个体完全可以通过观察他人的行为或模仿他人（榜样）而学到新的行为反应。强化也不是增强了行为出现的频率，而是为个体提供了信息或诱因，使他认识到什么样的行为会导致什么样的后果。例如，当李某看到某位同学因乐于助人而得到老师的表扬时，他就知道助人行为是可以模仿的、有价值的行为；当他见到另一位同学因欺骗别人被老师批评时，就懂得欺骗行为是错误的、不能学习的行为。

社会学习理论的主要观点包括以下四个方面。

第一，强调人的行为是内部过程和外部过程交互作用的产物。人既不是完全自由的，又不是被动的。

第二，强调认知过程的重要性。由于人类能够非凡地使用符号来思索及提出情境中的问题，因而人们能够预先知道个人行动的结果，并依此来改变或激发某种行为。所以，认知因素在人的活动的组织与调节中起着核心作用。

第三，强调观察学习的重要性。他在肯定直接经验的同时，更突出观察学习的重要意义。班杜拉相信观察是最基本的学习过程。人们可以通过观察他人行为及其结果而学习，并不需要出了车祸才知道要遵守交通规则，也没必要因为偷窃被惩罚了才懂得这是违法的行为。

班杜拉通过一系列的“充气塑料娃娃”模仿行为实验，证实了观察和模仿在学习中的作用。例如，在一个实验中，班杜拉让三组儿童都观看一个成年男子踢打一个充气塑料娃娃的场面。第一组的儿童观察到成人的行为得到奖励（“你是一个强壮的冠军！”）；第二组的儿童观察到成人的行为受到惩罚（“喂，住手！我以后再看到你这样欺负弱者就给你一个巴掌！”）；第三组的儿童观察到成人的行为既没有受到奖励也没有受到惩罚。然后，让儿童进入一间游戏室，里面放有一个同样的充气塑料娃娃，研究人员观察儿童单独和玩具娃娃在一起时的情景。结果发现，看到成人的踢打攻击行为受到惩罚的第二组儿童的攻击性行为最少。在后续的实验中，班杜拉以糖果为奖励，“鼓励”这三组孩子尽可能模仿那个成人榜样的行为，结果发现这三组儿童的攻击性行为与未被“鼓励”时没有任何区别。实验证明，人的许多行为模式是通过观察榜样的行为以及这些行为对这些人产生的后果而获得的。这正印证了一句老话，“榜样的力量是无穷的”。

第四，强调自我调节的作用。他认为，某个特定行为既会产生外在的后果，也会产生自我评价的反应。所以，班杜拉除重视外部强化、替代强化（因观察别人的某种行为而强化自己的该种行为）对学习的影响外，特别重视利用自我强化或自我惩罚的方式来加强行为的自我控制。

人的许多社会性行为都是通过观察学习获得的，这对我们进行社会规范教育和培养道德品质具有很好的指导作用。在实际的品德教育中，教师要注意为学生提供良好的学习和借鉴的榜样，引导学生学习和保持榜样行为，并为学生创造再现榜样行为的机会。

班杜拉的观察学习理论揭示了观察学习的基本规律及社会因素对个体行为塑造的重要作用，强调了观察学习中的认知中介因素，这对于我们从整体上认识人的行为学习过程具有重要作用。

二、认知主义的学习理论

认知主义强调，学习是获得知识、形成认知结构的过程。学习的基础是学习者知识结构的形成、重组和使用，而不是通过练习与强化形成的反应习惯。学习者也不再是被动地受练习和强化决定的接受者，而是一个活动的积极参与者。当代认知主义的学习理论主要有布鲁纳所代表的认知结构学习理论、奥苏贝尔所代表的认知同化学习理论，以及加涅所代表的信息加工学习理论。

（一）布鲁纳的认知结构学习理论

在行为主义学习理论影响美国教育界几十年后，由于苏联率先发射人造卫星而引起了全美教育界对教育问题的反思，教育改革的呼声迅速升温。布鲁纳生逢其时，因强调知识结构的掌握和倡导发现学习而成为这场教改运动的领袖。

布鲁纳认为，学习的实质是学生主动地通过感知、领会和推理，促进类目及其编码系统的形成。学生的认知学习就是获得知识结构的过程。他认为，不论选教什么学科，务必使学生理解各门学科的基本结构。这是运用知识的最低要求，它有助于解决学生在课外或者在日后训练中所遇到的问题。所谓基本结构，就是某一学科领域的基本观念，类似于我们平时所说的基本概念、基本知识、基本原理。它们之间主要的不同在于，基本结构还包括学习的态度和方法。

如何获得学科的基本结构呢？布鲁纳认为应采用发现的方式学习。所谓发现学习是指用自己的头脑亲自获得知识的一切形式。他说，教师不能把学生教成一个活动的书橱，而应教学生如何思维；教他如何像历史学家研究分析史料那样，从求知过程中去组织属于他自己的知识。①

发现学习强调的是学生的主动探索，教师的任务不是讲解和灌输现成的知识，而是创造条件，鼓励学生独立思考、积极探究，自行发现材料的意义，从而自主地获得基本原理或规则。例如，代数中的交换律是代数这门学科的基本结构，如何通过发现来学习？布鲁纳根据学生玩跷跷板的经验（如果对方比自己重，自己就得往后移；如果对方比自己轻，自己就得往前移）设计了一个天平，让学生来调节砝码数量和砝码离支点的距离。他先让学生动手，然后运用想象，最后用数学来表示，从而帮助学生掌握了乘法交换律。布鲁纳认为，通过发现的方式来学习有利于学生直觉思维、批判性思维、创造性思维的发挥，提高智力的潜力；有利于使外在动机转化为内在动机，提高学习的积极性；有利于探索最优方法和策略；有利于信息的保持和检索。

（二）奥苏贝尔的认知同化学习理论

在奥苏贝尔看来，学生的学习，如果要有价值的话，应该尽可能有意义。他认为有意义学习过程的实质，就是符号所代表的新知识与学习者认知结构中已有的适当观念建立实质性的（substantive）、非人为的（nonarbitrary）联系。虽然奥苏贝尔与布鲁纳一样，都认为学习是一个认知过程，是认知结构的组织和重新组织，强调已有知识经验的作用（即原有的认知结构的作用），但他对布鲁纳认为发现是主要的学习方式的观点持强烈的批评态度，认为接受学习才是学生主要的学习方式。学生主要把教师讲授的内容整合进自己的认知结构中，以便将来能够提取或应用。他认为，把接受学习等同于机械学习，把发现学习等同于意义学习都是错误的。

学习是否有意义不取决于学习的方式是发现的还是接受的，而是取决于意义学习的两个先决条件，只要符合这两个条件就是意义学习。第一，学习内容对学生具有潜在意义，即能够与学生已有知识结构联系起来。这种“联系”应该是实质性和非人为的，也就是说，这种联系不能是一种牵强附会或靠机械背诵的。例如，学生认知结构中已经有了“哺乳动物”的概念，再学习“鲸”这一新概念时，“鲸”与“哺乳动物”之间就有了逻辑上的关系，这种关系符合一般与特殊的关系，因此，这种联系就是实质性的、非人为的。第二，学习者必须具有意义学习的“心向”。这里的心向是指学生积极主动地把新学习的内

① 张春兴. 教育心理学 [M]. 杭州：浙江教育出版社，1998: 213–214.

容与认知结构中已有的知识加以联系的倾向性，使新旧知识发生相互作用，导致新旧知识的意义发生同化的结果，最终，学生的旧知识得以改造，新知识获得了新的意义。奥苏贝尔认为，学生的意义学习才是有价值的学习。所以，他强调的是意义的接受学习，学校应主要采用意义接受学习。现在，人们普遍认为奥苏贝尔的贡献不是强调了接受学习，而是深刻地描述了意义学习。

奥苏贝尔还提出了“先行组织者”的概念，先行组织者是从“组织者”一词演化而来，它是促进学习和防止干扰的一种教学策略——引用适当相关的和包摄性较广、最清晰和最稳定的引导性材料，这种引导性材料就是所谓的组织者。由于这些组织者通常是在呈现教学内容之前介绍的，目的在于用它们来帮助确立有意义学习的心向，因此又被称为先行组织者。奥苏贝尔认为，先行组织者有助于学生认识到，只有把新的学习内容的要素与已有认知结构中特别相关的部分联系起来，才能有意义地习得新内容。

（三）加涅的信息加工学习理论

现代学习理论深受信息加工理论的影响，把学习看成一个信息加工的过程。信息加工的学习理论认为，学习者是信息的主动加工者，学习者必须选择、组织相关信息，通过自己已有的知识对信息进行解释，从而理解信息。学习过程就是接受、编码、操作、提取和利用知识的过程。

学习的信息加工的观点是一种计算机模拟的思想，把人的学习过程比喻为计算机的加工过程，加涅无疑是这种学习观的主角。他所提出的学习的信息加工模型（如图 7–1 所示）已成为被广泛引用的经典性观点。

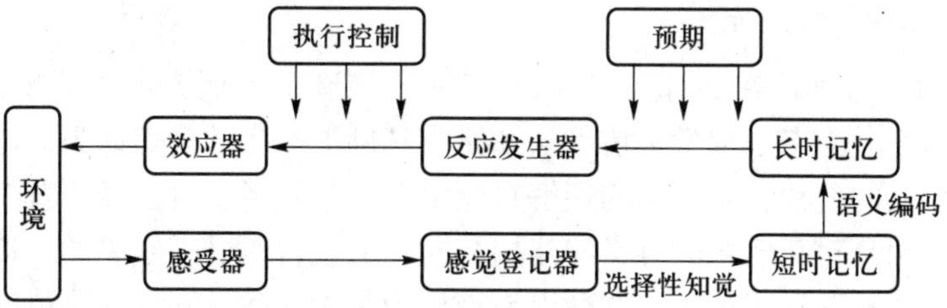

图 7–1　信息加工模型

这一模型表明，当学生注意环境中某一特定的刺激时，来自环境的刺激信息经感受器在感觉登记器上短暂地寄存，此时储存的是原先刺激的某些主要特征。然后通过选择性知觉进入短时记忆。能保持的信息项目可能还要经过复述这一过程。在随后阶段，信息经过语义编码的重要转换而进入长时记忆，即进入长时记忆的信息根据其意义来储存。当学生做出反应时，需要对这些已储存的信息进行搜索和提取，然后通过反应发生器将它们转变成行动。“执行控制”选择和启动认知策略是对信息流程予以监控和修正。“预期”是学生对达到目标的期望，即动机系统对信息加工的影响。这就是信息从一个结构到另一个结构的完整流程。

根据这一流程，加涅认为，学习过程是由一系列事件构成的，每一个学习行动都可以分为八个阶段。表 7–1 展示了这八个学习阶段之间的关系，以及这些阶段所暗指的教学事件。

表 7–1 学习阶段与教学事件的关系

学习过程	教学事件
注意：警觉	1. 引起注意
预期	2. 告知学习者目标，激发动机
提取到工作记忆	3. 刺激回忆先前知识
选择性知觉	4. 呈现刺激材料
编码：进入长时记忆储存	5. 提供学习指导
反应	6. 引出行为
强化	7. 提供反馈 8. 评价行为
提示提取	9. 促进保持和迁移

加涅的学习模型是在吸收行为主义和认知主义学习过程优点的基础上提出来的，它关注到了人类学习的特点，是当前比较有代表性的学习模型。加涅的信息加工学习理论关注的是学生如何用认知模式选择和处理信息并做出适当的反应，偏重通过信息的选择、记忆和操作来解决问题，重视个人的知识过程，因此在学习方法上，信息加工学习理论主张教师给学生以最充分的指导，使学习沿着规定的学习程序进行。

三、建构主义的学习理论

认知主义的学习理论在20世纪末出现了一个崭新的发展方向，即现代建构的思想。这种在民族心理学、生态心理学和情境认知研究基础上产生的观点认为，学习是学习者主动建构知识的意义的过程，对知识的理解只能由个体学习者在自己经验背景的基础上建构起来。建构一方面是对新信息的意义的建构，同时又包含对已有经验的改造和重组，是新旧经验之间双向的相互作用过程。这种思想被认为是当代教学和课程改革的基础，成为合作学习、情境学习、研究性学习、基于问题的学习、锚式学习、交互学习等新的学习方式的理论来源。

（一）知识观

对于知识的意义，信息加工的认知主义强调的是知识对现实世界描述的客观性，而建构主义强调的是人类知识的主观性。知识是学习主体在原有经验基础上对新知识进行积极建构的结果，是被创造的而不是发现的。建构主义认为，人类的知识只是对客观世界的一种解释、一种假设，并不是对现实的准确表征，它不是最终的答案，而是会随着人类认识的进步而不断被新的解释和新的假设推翻、取代。学生学习的书本知识就是一种对现实世界较为可靠的假设，而不是最可靠的解释。

对于知识的应用，信息加工的认知主义强调的是应用的普遍性，而建构主义强调的是应用的情境性。建构主义认为，知识不可能放之四海而皆准，不可能适用于所有的情境。人们在面临现实问题时，不可能仅靠提取已有知识就能解决问题，而是需要针对具体问题对已有知识进行改组、重建和创造。例如，在思维定势的实验中，要求个体利用螺丝刀将两条不可能同时抓住的绳子绑在一起。此时，个体就应在这一特殊问题情境中，重新组织有关螺丝刀功能的知识，利用螺丝刀的重锤功能，将两条绳子绑在一起。知识就是参与实践的能力，知识的高度主观性和情境性决定了学习是终身的活动，决定了学生的学习更重要的是对知识的猜测、质疑、检验和批判。

（二）学生观

信息加工的认知主义把学生看成信息的主动吸纳者，建构主义则认为学生是信息意义的主动建构者。学习是建构内在心理表征的过程，学习者并不是把知识从外界搬到记忆中，而是以已有的经验为基础，通过与外界的相互作用来建构新的理解。学生在学习新知识时并不是一个经验的无产者，而是能够在已有知识经验的基础上，通过新旧知识经验间反复的、双向的相互作用过程建构起新的意义，从而充实、丰富和改造自己的知识经验，他们是自己知识的建构者。因此，学习不是简单的信息输入、储存和提取的过程，也不是简单的信息累积，而是在已有经验、心理结构和信念基础上形成新知识的意义，实现新旧知识的综合和概括，形成新的假设和推论；是在应用中加深对知识的理解。这种学生观更进一步强调了学生学习的主动性、自主性、探索性，主张学生进行自我调节，确保“以学生为中心”的教学观的落实。

自我调节的学习者

自我调节的学习者（self-regulated learners）是指那些拥有有效的学习策略并知道如何以及何时应用这些策略的学习者。比如，他们知道如何将复杂的问题分解为简单的几步或尝试其他不同的方案；知道如何以及何时略读或精读以达到深层理解；知道如何写作以说服他人、如何写作以提供信息等。

不仅如此，自我调节的学习者还受学习活动本身所激励，而不受分数或其他人的赞赏所驱动。他们能够坚持一项长期的工作，直至完成。当学生不但拥有有效的学习策略，而且还有动机去坚持使用这些策略，直至满意地完成活动时，他们就更可能成为有效的学习者，更可能具有终身学习的动机。

（资料来源：SLAVIN R S. 教育心理学理论与实践 [M]. 姚梅林，等译 . 北京：人民邮电出版社，2004: 192.）

（三）教师观

信息加工的认知主义更多地把教师看成学生学习的指导者、设计者，而建构主义更愿意把教师看成学生学习的帮助者、合作者。建构主义认为，教学不是知识由教师到学生的简单的转移和传递，而是在师生的共同活动中，教师通过提供帮助和支持，引导学生从原有的知识经验中“生长”出新的知识经验；为学生的理解提供梯子，使学生对知识的理解能逐步深入；帮助学生形成思考、分析问题的思路，启发他们对自己的学习进行反思，逐渐让学生对自己的学习进行自我管理、自我负责；创设良好的、情境性的、富有挑战性的、真实的、复杂多样的学习情境，鼓励并协助学生在其中通过做实验、独立探究、讨论、合作等方式学习；组织学生与不同领域的专家或实际工作者进行广泛的交流，为学生的探索提供有力的社会性支持。此外，建构主义者还认为，教师在复杂内容的教学过程中，应注重用多种途径来表征，如类比、例证和比喻等，以促使学生从深层次上理解所学的内容和促进知识的良好应用。因此，建构主义的教师观不是排斥教师在教学中的作用，而是对教师提出了更具有挑战性的新职责。

（四）教学观

建构主义的教学观建立在其知识观、学生观和教师观的基础上。主要包括以下几个方面。

1. 帮助学生主动建构知识

建构主义认为，学习不是知识由教师向学生的传递，而是学习者主动建构知识的过程。每个学生都是以自己已有知识经验为基础建构自己的理解，教师要充分利用学生已有的知识经验，通过反思性教学、研究性教学等帮助学生理解知识的意义。

2. 学习的社会互动性

传统观点往往把学习看成每个学生单独在头脑中进行的活动而忽视了学习活动的社会情境，建构主义强调对知识的理解需要群体的协调、对话，这一过程常常需要通过一个学习共同体的合作互动来完成。所以，它提倡合作学习和交互式教学。由于经验背景的差异，学生对问题的理解常常各不相同，因此，合作学习可以使学生超越自己的认识，看到别人与自己不同的理解，看到事物的另外侧面，从而形成丰富而全面的理解。因此，教学就是要增进学生间的合作，使他们看到那些与自己不同的观点，从而促进学习的进行。

3. 学习的情境性

传统教学观念对学习基本持"去情境化"的观念，认为概括化的知识是学习的核心内容，这些知识可以从具体情境中抽象出来，让学生脱离具体情境而学习。然而知识是不可能脱离具体情境而存在的，学习者应该与情境化的社会实践结合，在现实的情境中学习和发现问题。在情境教学中，教师不是将已准备好的内容教给学生，而是提供解决问题的原型，引导学生探索，提倡师徒式教学、基于问题的教学、真实情境的学习等。

四、精神分析主义的学习理论

行为主义的学习理论关注的是行为的习得过程，把学习理解为刺激—反应联结的加强；认知主义的学习理论关注的是个体处理其环境刺激时的认知过程，把学习理解为认知结构的变化和发展；建构主义的学习理论关注的是学习者主动建构知识的意义的过程；精神分析主义的学习理论关注的是健康人格的形成，把人深层的精神生活看成人发展的核心，认为学习即人格的形成过程。

（一）学习的实质、结果

弗洛伊德将本我、自我、超我与意识—潜意识维度相联系，形成了一个完整的人格结构理论。本我是人格最根本的动力来源，决定着自我的功能，是个体学习的最根本动力。自我产生于本我，其作用是评定内部需要和现实要求之间的冲突，让自我学会对本我进行指导，协调本我、超我与现实三者之间的关系，形成健康的人格。新精神分析学派不再把本我作为人格结构中的最重要因素，而认为自我才是人格结构的中心，自我一方面与自身的目标价值协调，另一方面与社会影响相联系，他们看到了自我的主动性，有调节人的行为功能；越来越强调社会文化因素、经济因素对自我的作用，强调自我的主动性，自我成了人格的中心，而这个中心的形成与作用发挥是学习的结果。所以，从精神分析主义的角度看人类的学习，人格既是有效学习的前提，又是有效学习的结果，其关键是强大的自我的形成。失去学习能力的精神病患者就是自我功能缺失造成的，这种缺失表现在感知觉、言语以及解决问题的能力上。

（二）学习的过程、动力

从精神分析的角度看，学习的过程就是人格的形成过程，冲突则是学习发展的动力。

弗洛伊德认为，儿童要发展健全的人格，必须在本我、自我、超我之间保持一定的平衡。自我是一个中介或调节者，它一方面要满足本我的需要，另一方面要照顾现实的影响，即平定内部需要与现实要求之间的冲突，保护人格的正常发展。弗洛伊德认为，本能处于一种动态的冲突状态，多种本能相互矛盾和斗争，如超我与自我、性本能和内在本能的斗争等。这些斗争构成了人格的形成和发展，个体的人格从低级进入高级阶段的首要条件是顺利解决前一阶段的主要矛盾和冲突。埃里克森（E. H. Erikson）认为，每一个发展阶段都有普遍性的心理与社会矛盾需要被解决，在每一个阶段只有完成了相应的发展任务，儿童才能形成强大的自我，从而形成健康的人格，精神病患者的病因与没有正确解决存在于某个或某些发展阶段中的危机有关。弗洛伊德则认为，只有缓解心理矛盾，才能实现人的潜能与价值。他着眼于人的机体内部的冲突，相信人有能力克服冲突与挫折，不断地向积极的方面发展。这意味着人格的形成是充满着各种矛盾、斗争的，这种矛盾、斗争推动着人格的学习由低级向高级发展。

因此，在精神分析主义看来，学习就是人格的形成，人格对行为和认知具有调节和促进作用，是行为与认知统一的心理基础。

（三）人格化的教学

精神分析主义把健康的人格视为德育、智育、体育、美育的心理基础，在具体的学习问题上提倡人格化教学。

1. 知识的学习

精神分析主义认为，健康的人格是知识学习的基础，个体对知识的掌握、应用是以人格为媒介而产生效应的，人格的障碍与缺陷会妨碍知识的学习，或使知识的应用走上反社会的道路。

2. 品德的学习

精神分析主义认为，人格是一个人的命运，同时也是一个人能否公正地对待别人的主要动力，所以健康人格的形成即为品德学习的过程，人格发展的条件是道德教育的基础，一个人有了健康的人格，就能清楚地判断，能负责，能爱人。

3. 情感的学习

精神分析主义认为，儿童能努力地学习并得到良好的发展，是因为他感受到被爱，情绪上无忧无虑，而这是以健康的人格为基础的。

4. 能力的学习

精神分析主义认为，有健康人格的个体，才能充分发挥其创造力和潜能，才具有解决问题的能力。

五、人本主义的学习理论

人本主义的学习理论以人本主义心理学的基本理论为基础。人本主义心理学强调，心理学应该研究整体的人，应关注人的本性和潜能、尊严和价值，强调社会文化应促进人的潜能的发挥以及普遍的自我实现。

在学习观上，人本主义从全人教育的视角阐释了学习者整个人的成长历程以发展人性；注重启发学习者的经验和创造潜能，引导其结合认知与经验，肯定自我，进而自我实现；认为教学就是要促进学生个性的发展，发挥学生的潜能，培养学生学习的积极性与主动性。

人本主义的学习理论集中体现在罗杰斯的学习观中。罗杰斯认为，学习情境应该是学生中心和学生定向的，学校为学生而设，教师为学生而教，提出了“以学生为中心”的教育和教学理论。他在《学习的自由》一书中，提出了自由学习的10个原则。

1. 人生而具有学习的潜能

每个人都具有学习的潜能，这是与生俱来的。在合适的条件下，每个人所具有的这种学习、发现和创造的潜能都可以得到很好的发挥。

2. 意义学习发生在学习内容与个体的学习目标相关时

意义学习发生在学习者觉得这种学习可以实现自己的目标时。例如，同样是学习外语，一个学生正面临着一次出国学习的机会，此时，外语对他来说至关重要；另一位学生则有可能只是为了应付考试。

3. 具有威胁性的学习往往会受到学习者的抵制

学习者拒绝对自我概念（指一个人的信念、价值观和基本态度）构成威胁的学习，当学习内容对其价值观构成威胁时，要么被学习者拒绝，要么迫使学习者通过学习对价值进行重新评价。

4. 当外部威胁降低时，学习者比较容易觉察并同化那些威胁到自我的学习内容

强迫的、威胁的方式，往往很难为学习者所接受。罗杰斯十分重视良好的学习氛围对学生的影响。如一个在班级中被冷落、被歧视的学生，很难有学业上的长进，但同样的学生，如果遇到一个热情、公正、乐于助人的教师，就会有各方面的长足进步。

5. 当对自我的威胁很小时，学习者就会用一种辨别的方式来知觉经验，从而促进学习

当威胁很小时，学习者往往可以发挥出在受到较大威胁时所不能发挥出来的潜能。如有些学困生可以很好地完成家庭作业，但在课堂上被提问相同题目时却做不出来。原因在于前者来自于环境的威胁较小，后者的威胁较大。

6. 最直接的个人经验大多是意义学习

学习最有效的方法，就是让学习者体验到自己面临的实际问题。个人的直接经验可以极大限度地促进意义学习。教师的工作是为学生提供拥有这种经验的机会，包括设置问题情境、社会实践活动及进行必要的调查、访问等。

7. 当学生主动参与学习过程时，就会促进意义学习

当学生能自主决定自己学习的方向、选择学习的资源时，当他们自己可以确定学习的问题、解决问题的方式以及承担相应的后果时，可以最大限度地促进意义学习。

8. 全身心投入的学习才是最深刻的

当学生在学习中，通过自己的努力（不排除外在的帮助）而真正有所收益、有所发现进而有所创造时，他们就会不由自主地投入类似的活动中去，这时就无须外在的任务或权威的“指示”。因为学习者已经从这种活动中获得了自己可以怎么做的经验。

9. 当学生以自我评价为主，以他人评价为辅时，他们的独立性、创造性和自主性就会得到促进

许多经验表明，当学生以自我评价为主而不受别人摆布时，才会有自己独立的判断和创见。明智的父母往往认识到：要使儿童成为一个独立自主的人，就必须从小给他提供机会，培养他们对自我评价、决策及可能产生的结果做好准备。

10. 动态的、开放的学习过程是现代社会最有用的

罗杰斯认为，封闭的、静止的学习过程在历史发展的过程有过它的生存期，但现代社会是急剧变化的、开放的，最有社会意义的有效学习是学会学习的过程，是对经验持续开放，并将自己的发展与时代变化相结合。

【本章小结】

1. 学习与发展的关系是：发展是学习的必要条件，学习促进了发展。学习与教育的关系是：学习观念的变化成为教育改革的先导，终身学习决定了教育应是终身的。

2. 学习是指学习者因经验而引起的行为、能力和心理倾向的比较持久的变化。广义的学习包括人类与动物的学习，狭义的学习则专指学生的学习。

3. 心理学家根据学习目标、学习内容、学习方式、学习结果和学习的意识水平等不同标准对学习进行了分类，从而加深了我们对学习的认识。

4. 学生的学习具有系统性、间接性、自主性、策略性和风格性的特点。

5. 学习具有生物适应意义、个体成长意义和社会发展意义。

6. 学习理论是对学习的实质及其形成机制、条件和规律的系统阐述，其根本目的是要为人们提供对学习的基本理解，从而为形成自己的教育观、教学观奠定科学的心理学基础。

7. 行为主义认为学习者的行为是他们对环境刺激所做出的反应，所有行为都是习得的。代表性的理论有桑代克、华生、斯金纳和班杜拉的学习理论。

8. 认知主义强调学习是获得知识、形成认知结构的过程。学习的基础是学习者知识结构的形成、重组和使用。代表性的理论有布鲁纳、奥苏贝尔和加涅的学习理论。

9. 建构主义认为学习是学习者主动建构知识的意义的过程。建构既是对新信息的意义的建构，又包含对已有经验的改造和重组，是新旧经验之间的双向的相互作用过程。建构主义是当代教学和课程改革的重要理论基础。

10. 精神分析主义关注的是健康人格的形成，把人深层的精神生活看成人发展的核心，认为学习就是人格的形成过程。

11. 人本主义的学习理论从全人教育的视角阐释了学习者整个人的成长历程以发展人性，注重启发学习者的经验和创造潜能，引导其结合认知与经验，肯定自我，进而实现自我。

【实践·反思·探究】

1. 行为主义、认知主义和建构主义的学习理论的主要观点是什么？

2. 如何运用行为主义的学习理论来塑造学生的良好行为？

3．如何运用认知主义的学习理论对学生进行学习指导？

4．如何运用建构主义的学习理论进行教学设计？

5．如何评价精神分析主义与人本主义的学习理论？

6．结合自己的学习，分析哪些学习观念可用于指导自己的学习以提高学习效率。

7．根据学习理论的研究，尝试分析一位特级教师的教学行为。

【推荐阅读】

BOHLIN L, DURWIN C C, REESE-WEBER M. 教育心理学[M]. 连榕，缪佩君，陈坚，等译．北京：机械工业出版社，2012.

第八章 学习动机

【学习目标】

- 描述动机与学习的关系。
- 用行为主义、认知主义以及人本主义的观点来分析和解释学生的学习动机。
- 掌握培养和激发学生的学习动机的策略。

【知识导图】

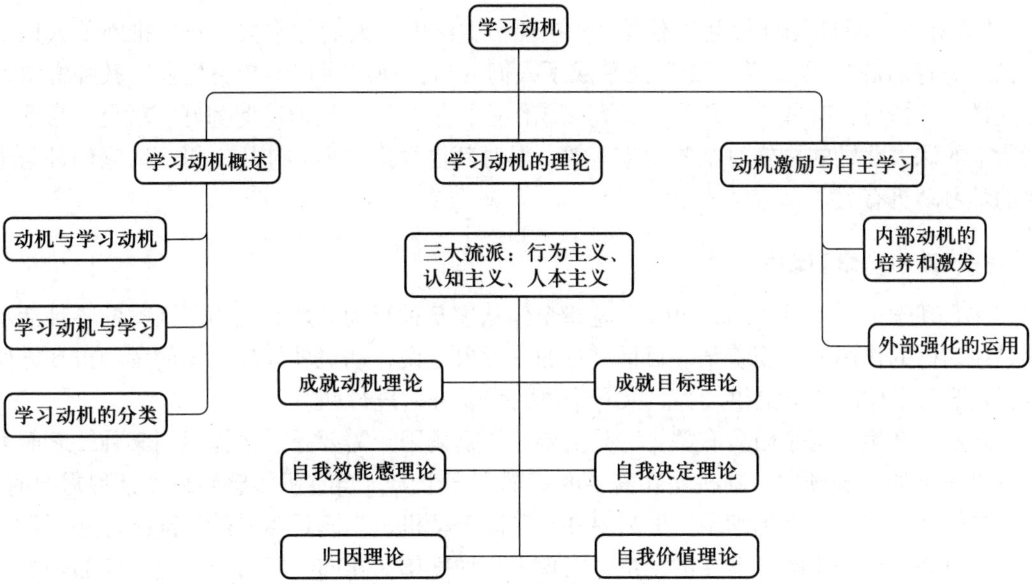

快要上课了，王老师微笑着站在讲台前。她对自己精心设计和准备的内容感到满意，同时，她也知道，并非所有的学生都想积极参与课堂。她扫视了班级一眼：小A和往常一样，懒洋洋地半趴在课桌上，胡乱地涂鸦着什么。小A有些小聪明，但对学习却总是一副漫不经心的样子，他常常在课堂上做自己的事情，甚至“忘记”做作业，他的成绩也很一般。“唉，”王老师在心里叹了口气，“他完全可以学得更好。”小A的同桌小B的情况也不容乐观。小B的父母文化程度不高，他们对小B寄予了很高的期望。小B也想努力学好，但他的成绩总是不尽如人意。王老师最近注意到，小B上课老是走神，一旦老师提问，他就把头埋得很低，尽量回避老师的目光……王老师很清楚，动机是有效教学的重要组成部分，如果学生不想学，她甚至不能很好地展示所准备的内容，更不要说让他们理解它了。那么，她应该怎样激发那些对学习毫无兴趣的学生呢？对那些在学习上受过挫折的学生，如何帮助他们重建学习的意愿？

自主学习是个体终身学习和毕生发展的基础。然而，怎样才能使每个学生想学并且付出必要的努力去完成复杂的学习任务呢？本章首先阐述学习动机的概念及其与学习的关系，然后介绍几种主要的动机理论，在此基础上探讨在实践中培养和激发学生学习动机的可行策略。

第一节 学习动机概述

“动机”一词对人们来说并不陌生，在现实生活中，人们常常去分析、推断他人以及自己行为背后的动因，“为什么”几乎成了人们的口头禅。而在学校情境里，教师常常面临这样一些情境：有些学生总是不认真完成作业；某个学生其他功课都好，就是不喜欢自己所上的课；奖励的措施对某些学生有效，但对其他学生并不起作用；等等。它们都与学生的学习动机有关。

一、动机与学习动机

在心理学中，动机（motivation）是指个体从事某种行为的内在动力。人类的各种活动都是在动机的作用下，朝着某一目标进行的。形象地说，动机就好比汽车的发动机和方向盘，它既为个体的活动提供动力，又对个体的活动方向进行调节。

动机的产生与两个因素有关：一是需要，二是诱因。需要是有机体感到某种缺乏而力求获得满足的心理倾向。动机是在需要的基础上产生的，当有机体感到缺失某种需要时，能激起行为，使需要得到满足。但需要并不等同于动机，当满足需要的外部条件并不具备时，它只是一种静止的、潜在的动机，表现为一种愿望、意向。只有当相应的外部刺激出现时，需要才能被激活，从而转化为动机。

诱因是指能满足有机体需要的刺激或情境。根据性质的不同，诱因可分为正诱因和负诱因两种。前者是个体趋向的目标，如食物、水、奖励、名誉、地位等；后者是个体回避的目标，如危险、灾难、惩罚等。动机的强度既取决于需要的性质，也取决于诱因的力量大小。一般地，需要越强烈，诱因的力量越大，动机也就越强。在实际生活中，个体的行为往往取决于需要和诱因的相互作用。

二、学习动机与学习

学习动机是指向学习活动的动力类型，具体而言，它是激发、维持个体的学习行为并使这一行为朝向一定学习目标的一种内在过程或内部心理状态。正是由于学习动机的作用，学生会表现出求知的迫切愿望、认真负责的学习态度，并在困难面前坚持不懈，直至完成学习任务。然而，动机与学习的关系是复杂的，综合已有研究，可将二者之间的关系概括如下。

首先，尽管某些学习可以独立于动机而存在，但动机对长期的有意义学习是绝对必要的。生活中某些特定的学习事例也许可以在没有任何明确学习意向的情况下偶然发生，但对于学校中进行的、长期的有意义学习而言，动机是必不可少的。如学习某一学科的内容，需要学生不断地积极思考，努力将新观念、新材料组织整合进自己的认知结构中，而这是以个体具有高度集中注意力、坚持不懈以及对挫折的高忍受力等这样一些意志与情感方面的品质为前提的。相反，如果学生对所做之事毫无兴趣，或者毫无知识需求，他是很难做出持久努力的。因此，激发学生的学习动机是教学的一项重要任务。

其次，动机与学习互为因果，而非单向的关系。动机推动学习，学习又能产生动机，二者相互关联。奥苏贝尔就明确指出：动机与学习之间的关系是典型的相辅相成的关系，绝非一种单向性的关系。因此，教师在强调动机在学习中的重要作用的同时，也应看到所学的知识反过来又可以增强学习的动机。当学生尚未表现出对学习有适当的兴趣或动机之前，教师没有必要推迟学习活动。对于那些尚无学习动机的，尤其是年龄较小的学生，最好的教学办法是，把重点放在学习的认知方面而不是动机方面，致力于有效地教他们掌握有关知识，让他们获得成功的体验。学生尝到了学习乐趣，就有可能产生要学习的动机。

再者，动机对学习的影响是间接的。动机对学习有促进作用，但它并不是直接影响认知过程，而是通过一些中介机制影响认知过程，间接地起增强与促进作用。其作用具体表现在以下四个方面。①唤醒学习的情绪状态。可产生如好奇、疑惑、喜欢、兴奋、紧张或焦虑等情绪。②加强学习的准备状态。易于激活相关背景知识，降低在学习过程中对事物的知觉和反应阈限，缩短反应时间，从而提高学习效率。③集中注意力。将学习活动指向认知内容和目标，克服无关刺激的影响。④提高努力程度和意志力。延长学习时间，加大心理投入，遇到困难甚至失败时坚持不懈，直到达到学习目的。

最后，动机水平与学习效果之间并不是简单的直线关系。动机强度适中，对学习有较适宜的促进作用；当动机水平较弱或过强时，学习效率也不高。耶克斯（R. M. Yerkes）和多德森（J. D. Dodson）的研究表明：在一定范围内，随着动机强度的增加，学习效率不断提高；当动机强度超过某一最佳水平时，随着动机强度的增加，学习效率反而不断下降。这一规律在心理学中被称为“耶克斯—多德森定律”。另有一项实验也证明了同样的道理：当剥夺黑猩猩的食物超过一定时间后，随着剥夺时间的延长，黑猩猩解决问题的错误增多，速度减慢。这些研究都说明：过强的学习动机和过弱的学习动机一样会降低学习效率。因为动机过于强烈，会使个体处于高度的紧张和焦虑状态，致使其注意和知觉的范围缩小，思维受到抑制，给学习造成不良影响。在重要的考试中常有人发挥失常的情况，即与此有关。一般而言，最佳的动机水平为中等强度。但这种最佳水平并不是固定不变的，它与学习的复杂程度有关。如图 8-1 所示，对于简单的学习，其最佳水平为较高的动机强度；对于复杂的学习，其最佳水平则为较低的动机强度。在学校教育中，应该考虑的一个重要问题就是要是使学生处在适当的动机水平，一定要注意防止给学生提出过高的目标，施加太大的压力，以避免给学生造成不必要的损害。

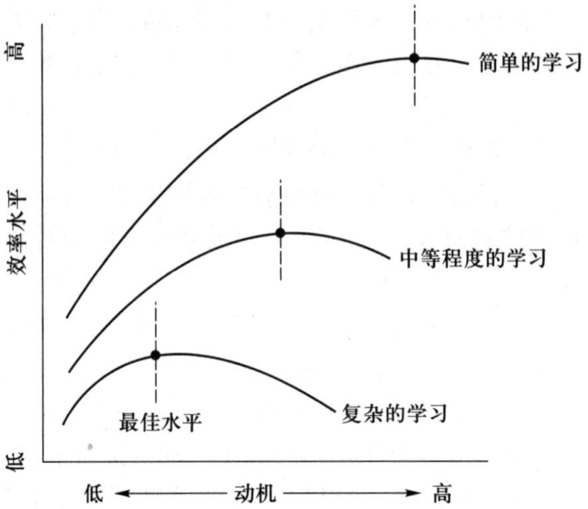

图 8-1 耶克斯—多德森定律曲线[①]（动机水平与效率水平之间的关系）

三、学习动机的分类

学习动机复杂多样，对其分类的方式也有多种，下面仅介绍对教学实践影响较大的两种分类。

（一）内部动机与外部动机

学习动机根据动力来源的不同可划分为内部动机与外部动机。内部动机是指由个体内在兴趣、好奇心或成就需要等引发的动机。它是由学习者本人自行产生的，动机的满足在活动之内，不在活动之外，如有的儿童对阅读文艺作品很感兴趣，一有空就读文艺作品，虽然并不因此获得奖赏或者高分，但却乐在其中。

外部动机是指由某种外部诱因所引起的动机。它是在外界的要求或作用下产生的，动机的满足不在活动过程本身，而在活动之外。这时学生努力学习并不是对学习本身感兴趣，而是对学习所带来的结果感兴趣。例如，为了获得好的考试分数，得到教师或家长的表扬或避免惩罚而学习，等等。

动机的动力来源不同决定着个体能否持续地从事某一活动。外部动机的产生依赖于特定的刺激情境，一旦情境消失，学习动机便会下降。相比之下，反映个体自身需求的内部动机能更强烈持久地推动个体学习。因此，对教师来说，最理想的做法是激发学生的内部动机。当然，外部动机在一定条件下也可以转换为内部动机。

（二）认知内驱力、自我提高内驱力和附属内驱力

这是奥苏贝尔的分类。他认为，学生所有指向学业的行为都可以从三个方面的内驱力加以解释：认知内驱力、自我提高内驱力和附属内驱力。

---

① KANTOWITZ B H, SORKIN R D. Human factors: understanding people-system relationships [M]. New York: Wiley, 1983: 606.

认知内驱力，即一种要求获得知识、技能以及阐明和解决问题的需要。它发端于儿童的好奇心和探究环境的倾向性。例如，儿童很早就开始探索他们的周围世界，对新异事物特别感兴趣，不断地摆弄和装拆玩具或物品，总爱向成人提出“这是什么”“那是什么”“为什么这样”等问题。然而，儿童的这些倾向或心理素质最初只是潜在的而非真实的动机，还没有特定的内容和方向，它要通过个体在实践中不断取得成功才能真正表现出来，并具有特定的方向。可见，学生对某一学科的认知内驱力或兴趣绝不是天生的，主要是获得的，有赖于特定的学习经验。这种动机指向学习任务本身（为了获取知识），满足这种动机的奖励是由学习本身提供的，因而也被称为内部动机。它对学习有着巨大的推动作用，是三种动机成分中最重要、最稳定的部分。教育心理学家越来越重视这类动机的作用。他们指出，教育的主要职责之一是让学生对获得有用的知识本身发生兴趣，而不是让他们为各种外来的奖励所左右。

自我提高内驱力，即因自己的能力或成就而赢得相应地位的需要。这种需要是由人的基本需要——尊重和自我提高的需要派生出来的。它在学龄前儿童期已开始萌芽，入学后日益发展，逐渐起重要作用，成为学生学习动机中的主要组成部分。与认知内驱力不同的是，自我提高的内驱力并非直接指向学习任务本身，而是把成就看作赢得一定地位和自尊心的根源，它显然是一种外部动机。在课堂学习中，认知内驱力（内部动机）固然重要，但适当激发学生自我提高的动机也是必要的。事实上，很少有人能形成足以推动他掌握大量学科内容的强烈的认知内驱力。

附属内驱力，即为了获得长者（家长、教师等）的赞许和认可而努力学习的需要。之所以会产生这种动机是因为学生与长者在感情上具有一定的依附性，长者是学生追随和模仿的人物，而且长者的赞许和认可往往可以使学生获得一种派生的地位。这种动机在儿童早期最为突出，是学生学习动机的重要来源。在此期间，学生努力学习以求得好成绩，只是为了满足家长的要求，从而获得父母的赞许。到了儿童后期和青少年期，附属内驱力不仅在强度方面有所减弱，而且开始从父母转向同龄的伙伴。在这期间，来自同伴的赞许和认可就成为一个强有力的动机因素。显然，附属内驱力既不直接指向学习任务，也不是为了自我提高，而是为了博得他人的褒奖，它也是一种外部动机。

由上述可见，学生的学习是受多种动机推动的。而且，认知内驱力、自我提高内驱力和附属内驱力在动机结构中所占的比例，通常会随年龄、性别、人格结构、社会地位、文化背景等因素的变化而变化。教学的艺术，在于如何识别、控制和调节这些因素，使学生始终充满学习的动机。

第二节　学习动机的理论

动机问题的复杂性导致了对学习动机的解释也是多种多样的。不同流派的心理学家分别从不同的角度出发，提供了对学习动机的不同理解。

行为主义用强化来说明动机的激发和作用。在他们看来，强化可以增加行为重复出现的可能性，因此，动机仅仅是强化的产物。那些在学习中受到强化的学生（如取得好分数，获得教师和家长的赞扬等）将会产生进一步学习的动机；没有受到强化的学生（如没有得到好成绩或赞扬等）将缺乏学习动机；在学习方面受到惩罚的学生（如遭到同学的嘲笑）则可能逃避学习。这种观点在教育实际中的应用，就是要采用奖赏、赞扬、评分、等级、竞赛等各种外部手段激发学生的学习动机。可见，行为主义者强调的是外部动机。

与行为主义强调外部事件不同，认知主义关注的是个体对理解的需求以及信念、期望等内部因素对行为的发起和调节作用。为什么一个小孩子会如此急切地探索周围环境？为什么有的学生为了解一道难题一坐就是几个小时而全然注意不到时间的流逝？为什么猜谜游戏对于孩子甚至许多成年人来说具有很强的吸引力？认知主义认为，这都是由理解和为世界赋予意义的需求所驱动的。在同样的一次测验中，为什么两个得了相同分数的学生的反应截然不同，一个沾沾自喜，一个大失所望？这是因为人们并不是只对外部事件做出反应，相反，他们是对这些事件的理解做出反应。个人的信念、期望都在影响着人们的行为。可见，认知主义强调的是内部动机。

人本主义认为，动机是个体为实现自己作为人所拥有的全部潜能的尝试，强调人们由内心产生的，希望成功、追求卓越的驱动力，其观点与认知主义存在一致之处，两者都重视内在动机的作用。人本主义以马斯洛的需要层次理论最具代表性。该理论认为，人有七种基本需要，按低级到高级的层次排列依次是：生理需要、安全需要、归属与爱的需要、尊重需要、认知需要、审美需要、自我实现（即充分实现自我潜力）的需要。前四种需要为缺失性需要，它们对生理和心理的健康是很重要的，必须得到一定程度的满足，但一旦得到了满足，由此产生的动机就会消失；后三种需要属高层次的成长性需要，只有在低级需要得到基本满足的基础上才会产生，而且很少得到完全的满足。根据人本主义对于动机的这一理解，教师首先要关心学生的基本需要，使学生感到有安全感和自尊感。当这些基本需要适当满足后，则应充分相信自己的学生天生有学习、求知和实现自己价值的愿望，关键是要善于引导，使其充分发挥出自己的潜能。

在对动机问题研究的不同观点中，动机的认知解释无疑是动机研究的重要方面，并已形成众多各具特色的动机理论。下面先介绍几种主要的认知动机理论，再从动机的情感因素入手，对自我价值理论进行介绍。

一、成就动机理论

成就动机的概念始于默里（H. A. Murray）在 20 世纪 30 年代提出的“成就需要”。所谓“成就需要”，按默里的说法，即“克服障碍，施展才能，力求尽快尽好地解决某一难题”。麦克里兰（D. C. McClelland）和阿特金森（J. W. Atkinson）继承了默里的思想，并将其发展为成就动机理论。

阿特金森认为，成就动机由力求成功的意向和避免失败的意向两个部分组成。个体在面临任务时，这两种力量通常是同时起作用的。如果追求成功的意向占优势，个体就会奋发进取；如果避免失败的意向占优势，个体就会迟疑退缩；如果两种意向势均力敌，个体就会感受到心理冲突的矛盾和痛苦。阿特金森用数学模型对此做了进一步的说明。他认为，追求成功的意向可用公式表示为：

$$T_s = M_s \times P_s \times I_s$$

其中，T_s 表示追求成功的意向，M_s 表示追求成功的稳定的、长期的个性倾向，P_s 表示成功的期望概率，I_s 表示成功的诱因值。I_s 与 P_s 具有对立的关系，也就是 $I_s = 1-P_s$，即如果成功的可能性低，那么成功的诱因值就大。反之，如果成功的可能性高，那么成功的诱因值就小。

同样，避免失败的意向也可用公式表示为：

$$T_{af} = M_{af} \times P_f \times I_f$$

其中，T_{af} 表示避免失败的意向，M_{af} 表示避免失败的稳定的、长期的个性倾向，P_f 表示失败的可能性，I_f 表示失败的诱因值，即失败的消极情感。同理，$I_f = 1-P_f$，也就是说，失败的可能性小时，失败的诱因值增加，个体体验到的消极情绪如羞愧感就更多，反之亦然。

成就动机的总强度等于追求成功的意向与避免失败的意向之差，用公式表示为：

$$T_a = M_s \times P_s \times I_s - M_{af} \times P_f \times I_f$$

根据阿特金森的设想，$P_s + P_f = 1$，因此当 $M_s > M_{af}$ 时，T_a 为正值，且当 $P_s = 0.5$ 时，成就动机最大；相反，当 $M_s < M_{af}$ 时，T_a 为负值，且当 $P_f = 0.5$ 时，成就动机最小。如果 $M_s = M_{af}$，则 T_a 为 0，此时不会出现追求目标的行为。

所以，如果一个学生追求成功的倾向大于避免失败的倾向，那么他最有可能选择成功概率为 50% 的任务，因为这样的任务给他提供了最大的现实挑战性。那些根本不可能成功或稳操胜券的任务反而会降低他的动机水平。如果一个学生避免失败的倾向大于追求成功的倾向，那么他会倾向于选择特别容易或者特别困难的任务。因为特别容易的任务可以使自己免遭失败，而特别困难的任务可以让自己即使失败了，也可以为自己找到适当的借口，减少失败感。对于成功概率为 50% 的任务，他则会采取回避态度。

根据成就动机理论，在学校教育中，教师一方面应对不同成就动机水平的学生安排不同的情境和难度的任务以充分调动其积极性。例如，对追求成功倾向强的学生，应当提供新颖且有一定难度的任务，安排竞争的情境来激发他们的学习动机；对避免失败倾向强的学生则应尽量提供那些能使其取得成功的任务，要安排少竞争或竞争性弱的环境。当然，由于追求成功的动机比避免失败的动机具有更大的主动性，因此，对学生还应增加他们力求成功的成分，使他们不以避免失败为满足，而以获取成功为快乐，这样才能真正调动一个人的积极性。

二、自我效能感理论

（一）自我效能感的概念

自我效能感（self-efficacy）是指人们对自己能否成功地进行某一成就行为的主观判断。这一概念最早由班杜拉提出，他把自我效能感作为人类动机过程的一种重要的中介认知因素看待，并用它解释人类复杂的动机行为。

班杜拉在总结前人的研究时发现，过去的理论和研究主要集中于行为的知识或技能的获得过程与行为反应的产出或表现过程方面，而从已获得的行为知识到将这种知识转化为实际行为表现的中介过程则被忽略了。知识、转换性操作及其所组成的技能是完成行为绩效的必要条件，但不是充分条件。我们经常会遇到这样的情况：一些人虽然很清楚应该做什么，但在行为表现上却很不理想。班杜拉认为，这主要是受期待这一认知中介因素的调节。

班杜拉把期待分为两种：一种是传统意义上的结果期待，另一种是效能期待。所谓结果期待，是指人对自己的某一行为会导致某一结果（强化）的推测。如果人预测到某一特定行为将会导致特定的结果，那么这一行为就可能被激活和被选择。例如，学生认识到只要上课认真听讲，就会获得他所希望的好成绩，那他就很可能认真听讲。所谓效能期待，是指人对自己行为能力的主观推测。它意味着人是否确信自己能够成功地进行带来某一结果的行为。当人确信自己有能力进行某一活动时，他就会产生高度的“自我效能感”，并会去进行那一项活动。例如，学生不仅知道注意听讲可以带来理想的成绩，而且还感到自己有能力听懂教师所讲的内容时，才会认真听课。

在这两种期待中，班杜拉十分强调效能期待，即自我效能感对人们行为的调节作用。他指出，过去的动机理论研究停留在提供什么强化（诱因）才能促进行为上，但是人们知道行为可能带来良好的结果后，也并不一定去从事某种活动或做出某种行为，因为这要受到自我效能感的调节。例如，学生虽然清楚取得好成绩的重要性，但如果感到所期望的成绩力所难及就会望而却步。所以，在有了相应的知识、技能和目标（诱因、强化）时，自我效能感就成了行为的决定因素。

（二）自我效能感的作用

【微课】
自我效能感理论

自我效能感一经形成，将对人的行为产生极为深刻的影响，主要体现在以下三个方面。①决定人们对活动的选择。一般说来，人们倾向于回避那些他们认为超过其能力所及的任务和情境，而承担并执行那些他们认为自己能够干的事情。因此，高自我效能感的个体倾向于选择富有挑战性的任务，而低自我效能感的个体往往采取拖延、试图回避的方式来处理困难的任务。②影响个体的努力和对待困难的态度。个体的自我效能感越强，其努力越具有力度，越能够坚持下去。当被困难缠身时，那些怀疑自己能力的个体会放松努力，或完全放弃，但有很强的自我效能感的个体则会以更大的努力去迎接挑战。③影响个体的思维模式和情感反应模式。自我效能感低的个体在与环境作用时，会过多地考虑个人的不足，将潜在的学习困难看得比实际更严重。这种思想会产生心理压力，使其将更多注意力转向可能的失败和不利的结果，而不是如何有效地运用其能力实现目标。有充分自我效能感的个体则将注意力集中于情境的要求上，并被障碍激发出更大的努力。

自我效能感影响行为选择的一个实例

几年前，比尔作为一名老生来听我的课。我安排了教程结构，学生在学习下一单元之前必须掌握上一单元。每个单元测验，他们可参加三次，可以获得A、B、C三种等级。学期初的一天，比尔参加了一次单元测验，并得了个B。我问他：“比尔，你想再测验一次来得到A吗？”他回答：“哦，不，老师。我并不属于能得到A的学生。”过了段时间，当我正在对另一名学生进行测验时，比尔走过来对我说，他认为在他的试卷评分中可能有错误。我检查后发现，原本正确的一道题目确实给判错了，这就把他的等级提高到了A，我指给他说：“你看，比尔，你终究是可以得到A的学生。”从那以后，当在单元测验中未达到A时，比尔几乎总是尝试第二次测验。

（资料来源：德里斯科特 M P. 学习心理学：面向教学的取向 [M]. 王小明，译 . 上海：华东师范大学出版社，2008: 271.）

自我效能感对学习行为及其结果的影响作用得到了研究的支持。石雷山等人的研究发现，学业自我效能感直接影响初中生的学习投入，学生的自我效能感水平越高，其学习投入越大。[①] 胡桂英等人的研究也表明，学生的自我效能感不仅影响其学习策略的使用，还直接影响着学生的学业成就。[②]

（三）自我效能感的形成

自我效能感作为个体对自己与环境发生相互作用的效验的主体自我判断，不是凭空产生的，而要以一定的经验或信息为依据。班杜拉的研究表明，自我效能感的形成主要受以下因素的影响。①行为的成败经验。一般来说，成功经验会提高自我效能感，反复的失败会降低自我效能感。但成败经验对自我效能感的影响还要受个体的归因方式的左右。例如，把成功归因于自身之外的因素，如外力援助或任务简单等，就不会增强自我效能感；把失败归因为诸如缺乏努力之类的因素则可能会降低自我效能感。因此，归因方式直接影响自我效能感的形成。②替代经验。学习者通过观察示范者的行为而获得的间接经验对自我效能感的形成也具有重要影响。看到与自己相当的示范者成功能增强自我效能感，反之，则降低自我效能感。③言语说服。即通过说服性的建议、劝告，解释和自我指导，改变人们的自我效能感，但缺乏经验基础的言语说服的效果是不稳定的，在直接经验或替代经验基础上的劝说效果最好。④情绪和生理状态。过于强烈的情绪常常会妨碍行为表现而降低自我效能感，积极、稳定的情绪和生理状态则会提高自我效能感。

三、归因理论

（一）韦纳的成就归因理论

归因是人们对自己或他人行为结果的原因知觉或推断。归因理论假设，寻求理解是行为的基本动因。学生常常试图对他们所取得的成就做出各种各样的原因解释，这些原因将会影响其后来的学习动机和行为。

韦纳（B. Weiner）在总结前人研究的基础上提出了系统的成就归因理论。他认为，能力、努力、任务难度和运气是人们解释成败时知觉到的四种主要原因，他将这些原因分为内外源、稳定性和可控性三个维度，如表 8-1 所示。所谓内外源是指所知觉到的原因是个人因素（如能力、努力）还是环境因素（如任务难度、运气）；所谓稳定性是指所知觉到的原因是稳定的（如能力）还是不稳定的（如努力、任务难度、运气）；所谓可控性是指所知觉到的原因是个人自身能控制的（如努力）还是不能控制的（如能力）。

上述每个维度都具有特定的心理意义，分别与期望、情感相联系，成为后继行为的动力。具体而言：

第一，稳定性维度与期望有关。把成功归因于稳定的原因将保持高成功期望，归因于不稳定的原因则很少增强成功期望；把失败归因于稳定的原因将保持低成功的期望，归因于不稳定的原因则能增强成功的期望。

第二，内外源、可控性维度与情感有关。其中，内外源维度影响自豪与自尊的情感，

① 石雷山，陈英敏，侯秀，等．家庭社会经济地位与学习投入的关系：学业自我效能的中介作用 [J]. 心理发展与教育，2013(1): 71–78.

② 胡桂英，许百华．初中生学习归因、学习自我效能感、学习策略和学业成就关系的研究 [J]. 心理科学，2002，25(6): 757–758，724.

把成功归因于自己比归因于外部可以导致更高的自尊和自豪感；把失败归因于自己比归因于外部更容易产生低自尊甚至自卑感。可控性维度则与内疚、惭愧等情绪体验相联系，把失败归因于可控性因素，如努力，则感到内疚，归因于不可控因素，如能力，则感到惭愧。

表 8-1 归因的三个维度

	内部		外部	
	稳定	不稳定	稳定	不稳定
可控	“我学习真的很努力”（对所有任务付出努力）	“我努力学习以通过这次考试”（对一项任务付出努力）	“我不懂时总会寻求帮助”（经常求助）	“这次作业我请教了老师”（偶尔求助）
不可控	“我不是学数学的料，怎么努力都没用”（能力）	“我考试时生病了，所以无法集中注意”（疾病或情绪）	“这门课很难”（任务难度）	“我运气好，猜对了我不会做的选择题”（运气）

可见，不同的归因方式会产生不同的效果。积极的归因有助于个体保持成功的高期望和积极情绪，从而提高动机水平。与之相反，消极的归因则易降低个体的成功期望，使个体体验到消极的情绪，并降低个体的动机水平。如果一个学生长期处于消极的归因心态，如总是把失败归因于缺乏能力这样内部的、稳定的、不可控因素，则会有碍于人格发展。这种不利的归因方式将使其对未来丧失信心，悲观失望，并最终陷入“习得性无助感”。

数学试卷发下来了，小林瞟了一眼分数，脸唰地一下红了。试卷上写着 80 分，这可是他从来没有考过的分数。不用抬头，小林也能感受到数学老师责备的目光。唉，都怪自己，这段时间花太多的时间在新买的电脑上了。结果就……

与小林的懊丧相比，他的同桌小刚则显得有些高兴。他考了 70 分，这个分数大大出乎他的意料。小刚的数学成绩一贯不好，他认为自己不是学数学的料。因此这个分数多多少少让他有些吃惊。大概是那些选择题碰巧选对了吧？他想，否则，怎么能得这样的分数呢？……

下课铃响了，小刚迫不及待地抱着球冲出教室，而小林还坐在座位上，检查自己做错的题目。

【微课】归因理论

上述是一个典型的归因影响动机和行为的例子。案例中的小林把自己的失败归因为努力不足，由于努力是一种不稳定的、内部的、可控因素，小林产生了在将来取得成功的合理期望和内疚的动机性情绪，并因此提高了动机水平。于是，他在课间休息时间继续学习，希望以更大的努力争取成功。与此相反，小刚则把自己一贯的失败归因为能力不足，把偶然的成功归因为运气，因此，他对未来缺乏信心，动机水平一直很低。

（二）归因与习得性无助

所谓习得性无助（learned helplessness），是指个人在经历了失败与挫折后，面临问题时产生无能为力的心理状态。这一现象最初是由心理学家塞利格曼（M. E. P. Seligman）研究动物行为时发现的。

如图 8–2 所示，在实验中，研究者先将狗固定在架子上进行电击，狗既不能预料也不能控制这些电击。在这之后，他们把狗放在一个中间用矮板墙隔开的实验箱里，让它们学习回避电击。电击前 10 秒箱内灯亮，狗只要跳过矮板墙就可以回避电击。对于一般的狗来讲，这是非常容易学会的，可是该实验中的狗绝大部分没有学会回避电击，他们先是乱抓乱叫，后来干脆趴在地板上甘心忍受电击，不进行任何反应。塞利格曼认为，这一实验结果表明，动物在有了“某些外部事件无法控制”的经验后会产生一种叫作习得性无助的心理状态，这种无助感会使动物表现出反应性降低等消极行为，妨碍新的学习。很多以人为被试的研究也得出了同样的结论。

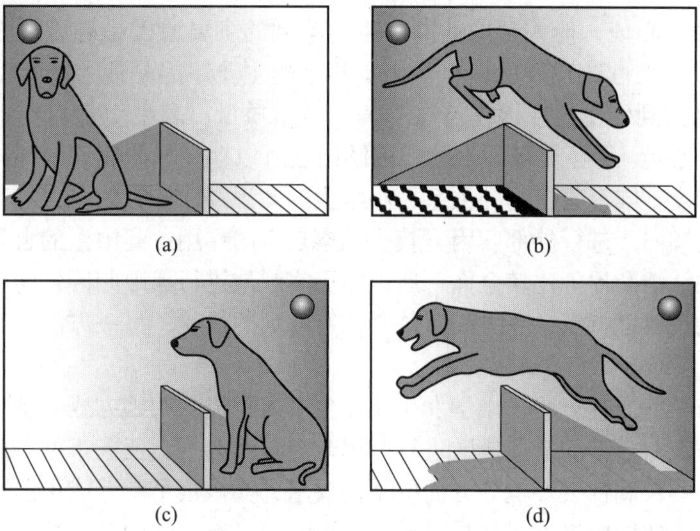

图 8–2　习得性无助实验

研究发现，无助感产生后有三个方面的表现。①动机缺失：积极反应的要求降低，消极被动，对什么都不感兴趣。②认知缺失：失去正常的判断能力，形成外部事件无法控制的消极心理定势，在进行学习时表现出困难。③情绪缺失：指缺乏积极的情绪体验，最初烦躁，后来变得冷淡、悲观、颓丧，陷入抑郁状态。

关于习得性无助的形成，塞利格曼指出，消极的行为事件或结果本身并不一定导致无助感，只有当这种事件或结果被个体知觉为自己难以控制和改变时，才会产生无助感。当个体把失败归因于缺乏能力等不可控制的因素时，他认为自己的反应是无法影响结果的，所以听任失败，出现冷漠、压抑、退缩、自暴自弃等一系列消极反应，影响后来的学习。因此，要消除习得性无助，帮助个体改变其不良的归因模式是极其关键的。

（三）我国中小学生的归因特点

目前，归因对学习动机和学业成绩的影响已得到大量研究的证实，在探讨归因重要作用的同时，我国研究者也对中小学生的成就归因状况展开了一系列调查研究。这些研究显示，我国中小学生的成就归因具有如下特点。

1. 倾向于做努力归因

我国中小学生对努力作用的认识普遍高于对能力作用的认识，随着年龄的增长，对能力的作用逐渐重视。中小学生的这一归因倾向可能是传统教育的结果。中国人在成绩的归因上强调努力因素，不仅崇尚努力，而且将其作为学习和成绩的一个稳定的因素。受此影响，中小学生也常常把学习成绩的好坏和努力程度联系起来。但随着知识经验的增长和发展水平的提高，他们看待事物的观点也越来越全面，不仅认识到努力的重要性，而且看到了其他因素，尤其是能力这一重要因素在其中起的作用。因此，他们不再把努力的作用绝对化，而是同时重视能力的作用。

2. 学业成就归因存在明显的年级差异

随着年龄的增长，我国中小学生的学业成败归因呈现出由外部向内部归因转化的趋势：小学生多倾向外部归因，中学生则更倾向内部归因。例如，韩仁生的研究表明，当考试成功后，小学生觉察到的主要原因是教学质量、持久努力、运气；初中生觉察到的主要原因是运气、心境、他人帮助；高中生觉察到的主要原因是心境、临时努力、教学质量、持久努力。当考试失败后，小学生觉察到的主要原因是他人的帮助、心境、临时努力；初中生觉察到的主要原因是持久努力、教学质量；高中生觉察到的主要原因是能力、持久努力、心境。[①] 各年级学生的归因倾向之所以存在如此显著的差异，与他们的知识状况、发展程度不同有着密切的关系：小学生的知识经验较为缺乏，自我意识发展程度比较低，所以更倾向于进行外部归因，较少觉察自身的作用；高中生的自我意识发展水平较高，对自己的认识和评价比较全面，所以能更客观地进行成败归因；初中生的成败归因则具有较明显的过渡性特点，一方面对外界仍有较大的依赖，另一方面也意识到了自身的作用。

此外，还有一些研究表明，中学女生比男生有更积极的归因方式。这些研究发现，与女生相比，男生在对自己的学业成败进行归因时更强调运气、任务难度等外部因素。这可能因为受家庭、学校和社会环境等方面的不同要求，女孩很早就养成了温顺、稳重、遵从社会期望的习惯，比同龄男生成熟早，看问题更全面，有更强的自律性，在进行归因时也更积极。

四、成就目标理论

成就目标是指个体从事成就活动所要达到的目的。越来越多的研究表明，成就动机中的目标系统决定了学生的动机模式，并影响着与之相联系的认知、情感和行为反应，从而使学生表现出不同的成就。

（一）德威克的成就目标理论

德威克（D. S. Dweck）指出，由于对智力与能力概念的理解不同，在成就情境中，个体主要追寻的成就目标具体可分为学习目标与成绩目标。追寻学习目标的个体持有能力增长观（incremental view of ability），认为能力是可以培养、可以发展的，因而力求掌握新的知识和提高自己能力；追寻成绩目标的个体持有能力实体观（entity view of ability），认为

① 韩仁生 . 中小学生考试成败归因的研究 [J]. 心理学报，1996, 28(2): 140–147.

智力或能力是天生的、固定不变的，因而力求搜集与能力有关的证据以获得对自己能力的有利评价，避免消极评价。不同的目标定向引发不同的动机模式，通常，学习目标形成积极的、适应性的掌握模式，成绩目标则形成消极的、非适应性的无助模式。德威克具体描述了两种动机模式在认知、情感和行为方面的特征。

在认知方面，具有不同动机模式的个体在学习过程中（特别是面对困难）对结果表现出不同的关注。无助模式个体主要关心对自身能力的测量和评价结果，失败意味着个人能力不足。相反，掌握模式的个体关心能力增长，关心学习的过程，所以失败意味着在此项任务中的努力和策略还不充分或需要改变，他们会继续努力，并将失败归因于策略。

在情感方面，德威克认为，无助模式个体在面临失败时，其自尊心受到严重威胁。这种威胁可能首先导致焦虑和羞耻感，使个体采取更保守的自我保护姿态，而对完成任务表现出厌倦，他们更向往低努力的成功。而对于掌握模式个体，即使失败也仅仅意味着需要付出更多努力和进行策略方面的变化，所以他们在努力时会产生愉悦感。与无助模式个体相反，掌握模式个体厌倦低努力的成功。

在行为方面，无助模式个体倾向选择较容易的更能保证成功的任务。他们回避挑战，认为挑战是令人厌恶的经历。对于掌握模式个体来说，理想的任务能增加知识、发展能力并带来愉快。以此为出发点，追寻学习目标的个体更愿意寻求挑战性任务。他们并不在意结果以及别人对自己的评价，而是注重在完成任务的过程中学习新东西和提高能力水平。[①] 表 8–2 列出了两种目标定向的动机作用差异。

表 8–2　两种目标定向的动机作用差异

	学习目标	成绩目标
认知	关注能力增长和学习过程，将失败归因于不够努力	关注对自身能力的评价和学习结果，将失败归因于稳定的能力不足
情感	对努力后取得的成功感到自豪和满足，对不够努力感到内疚，对学习抱有积极态度，有内在的学习兴趣	失败后产生焦虑、羞耻等消极情绪
行为	选择有个人挑战性的任务，敢于冒险，对新任务持较开放的态度，较高的成就水平	选择容易的任务，较少冒险和尝试新任务的意愿，较低的成就水平

总之，以往研究普遍认为学习目标引发有利于学习的动机模式，而成绩目标引发对学习具有消极影响的动机模式。但也有一些研究发现，成绩目标也可能引起积极的结果，如促进学习策略的运用，提高动机水平等。对此，艾略特（A. J. Elliot）等人认为，这是因为以往研究忽视了成绩目标中的接近—回避倾向。他们主张进一步将成绩目标划分为成绩—接近目标和成绩—回避目标。这两种目标取向都关注自身表现的结果，但前者关注表现得比他人更好或更聪明，倾向得到对能力的积极判断；后者关注不比别人更差或更愚笨，倾向回避对能力的消极判断。这样，成就目标就可划分为学习目标、成绩—接近目

① 方平，张咏梅，郭春彦. 成就目标理论的研究进展 [J]. 心理学动态，1999, 7(1): 70–75.

标和成绩—回避目标三种类型。目前，这种新的分类方式已得到国内外越来越多研究的支持。这些研究表明，成绩—接近目标对认知和动机具有积极的促进作用，如促进学习策略的运用，进行深层加工，提高学习兴趣和任务价值等。但成绩—接近目标能引发焦虑以及其他的消极情感，不利于其他一些适应性策略（如学业求助）的运用，而且这些结果受个体特征（如个体的成就需要、效能水平）和情境特征（如环境的竞争水平）的影响。比如，对高成就动机的个体或对处于高竞争环境中的个体而言，成绩—接近目标引起的消极作用更为显著。成绩—回避目标引起的是非适应性的动机模式，导致消极的认知、动机、情感和行为表现，如采用自我妨碍策略，降低内部动机，产生焦虑，有更多的学业拖延行为等。①②

看来，尽管与成绩—回避目标相比，成绩—接近目标有着更为积极的动机模式，但对三种成就目标及其动机模式比较后发现，学习目标无疑是一种最佳的目标取向。在教育实践中，培养学生的成就目标定向时主要应促使学生形成学习目标。

（二）影响成就目标的课堂结构因素

成就目标理论家认为，成就目标作为个体对成就活动目的的认知，是个人因素与环境因素相互作用的结果。因此，可以通过改变环境气氛来引导个体在成就情境中的目标定向情况。艾米斯（C. Ames）认为，影响学生成就目标的课堂结构因素主要有课堂任务（或学习活动）的设计，评价学生的方式以及课堂中的责任定位。教师可以通过调节这几种课堂结构因素来创造有利于学生形成学习目标的课堂气氛。

第一，课堂任务的性质是影响学生采取何种目标取向的首要因素。艾米斯认为，课堂任务常常会引导学生对自身的能力高低、是否采用与努力相关的策略、对学习结果的满意与否做出判断。具有变化性和差异性的任务更容易激发学生的兴趣，促使他们采取学习目标。

第二，评价学生的方式是影响他们目标取向的重要因素。艾米斯指出，目前，在课堂学习中对学生的评价往往是以成绩为标准的，这在客观上鼓励了学生的成绩定向。例如，一个教师可以忠告所有的学生通过努力来取得成功（学习暗示），但同时又不自觉地挑选出更有能力的学生（成绩暗示）作为榜样。

第三，艾米斯采用了“责任点”这个概念来说明课堂里的责任定位。她认为，责任点是教师对学生自律所持的态度以及教师让学生参与决策的程度。她指出，具有自律意向的课堂背景与学生所持的内部动机之间呈正相关。

五、自我决定理论

自我决定论是由美国心理学家德西（E. L. Deci）和瑞安（R. M. Ryan）等人在20世纪80年代提出的一种关于人类自我决定行为的动机过程理论。该理论认为，人是积极的有机体，具有先天的心理成长和发展的潜能。内在心理需要的满足与否是人类天然的自我动机发展和个性整合的关键。研究者们总结出了三种基本的心理需要：自主需要、胜任需要和归属需要。

---

① 刘海燕，邓淑红，郭德俊．成就目标的一种新分类：四分法 [J]. 心理科学进展，2003, 11(3): 310–314.

② 洪伟，刘儒德，甄瑞，等．成就目标定向与小学生数学学习投入的关系：学业拖延和数学焦虑的中介作用 [J]. 心理发展与教育，2018, 34(2): 191–199.

自主需要即自我决定的需要，这种需要的满足最为重要。当个体在某个活动上的自我决定程度高时，他体验到的是一种内部归因，感到能主宰自己的活动，他参加活动的内部动机就很高。胜任需要与班杜拉的自我效能感同义，指个体对自己的行为能够达到某个水平的信念，相信自己能胜任该活动。归属需要即个体需要来自周围环境或他人的理解、支持、关爱，体验到归属感。如果社会环境支持并促进这三种需要的满足，那么人类的动机和天性就会得到积极的发展，人类自身也能健康地成长。

自我决定理论包括两个分支理论：认知评价理论和有机整合理论。前者分析了外在事件对内部动机的影响，后者解释了外部动机的不同形式以及对外部动机的内化起促进和阻碍作用的外部因素。

（一）认知评价理论

认知评价理论认为，个体总是要对外部事件进行一定的认知评价，这种评价将会导致自主感和胜任感发生变化，进而影响内部动机。这里的外部事件包括奖励、设置期限、竞争、目标等。其中，围绕奖励对内部动机的影响，研究者进行了大量的探讨。根据认知评价理论，奖励对个体具有两方面的作用：控制性的和信息性的。控制性的奖励要求人们按照奖励的要求去做，常常无视个人的自我决定，促使人们把行为归因为是由外部所决定的，降低个体的自主感，从而削弱内部动机；信息性的奖励提供行为结果的积极反馈（并非控制行为），促进自主感和胜任感的产生，从而提高内部动机的水平。一般说来，言语的奖励主要是信息性的，而预期的物质奖励则主要是控制性的。

外部强化对内部动机的影响

20世纪70年代初，一些心理学家对外部强化与内部动机的关系问题产生了兴趣并开展了系统的研究。德西可以说是对这个问题进行实证研究的第一人。他让被试进行一种类似于“七巧板”的智力游戏。事先的调查表明，大学生对这种游戏很感兴趣，经常在闲暇玩这种游戏。实验分三天进行，在实验中，让被试每天摆放4个规定的图形。在第二个图形摆完之后，主试会借口离开实验室，让被试休息8分钟，告诉他们随便做什么都可以。研究者通过单向玻璃观察被试在休息阶段里的活动，记录被试是否选择继续游戏以及游戏时间的长短，以此作为评估其内部动机水平的指标。被试分为实验组和对照组，两组的唯一区别是在第二天的实验中，实验组的被试每摆成一个图形就会得到一美元的报酬，而对照组则没有任何报酬。对两组被试参加实验的第一天和第三天在休息时间的表现进行比较，结果发现，实验组第三天的内部动机水平明显低于第一天，而对照组则没有出现这种变化。德西认为是“第二天的外部强化降低了大学生对智力活动的内部动机”。

莱珀（M. R. Lepper）等人对学前儿童的实验也得到了类似的结果。研究者将原本喜欢用彩笔绘画的儿童随机分为三组：第一组儿童被事先告知，在画完之后会受到奖励；第二组儿童并未事先告知，但在画完之后也会意外得到同样奖励；第三组儿童没有任何奖励。四天后，对儿童自由活动情况的记录发现，第一组儿童用于绘画的时间是第二、三组儿童所用时间的一半。卡梅伦（L. Cameron）对外部强化影响内部动机的有关研究总结后指出：任务本身具有较强的趣味性，不管任务完成的水平如何，都预先提供物质化奖励，那对内部动机的影响是致命的。当前，外部强化对内部动机的损害效应已经得到众多研究的证实，近年来神经学研究则进一步观察到这种损害效应的神经表征与机制。①

（二）有机整合理论

有机整合理论根据个体对行为的自我决定程度，把外部动机分为四种类型。①外在调节型。这是自我决定程度最低的外部动机形式，个体的行为完全受外部事件的影响。如果外部事件消失了，那么行为也将不复存在。②内摄调节型。这是相对受控制的动机类型，它是指个体吸收了外在规则，但没有完全接纳为自我的一部分。在内摄调节中，个体为了逃避内疚和焦虑感或展示自己的能力而采取行动。③认同调节型。这是含有更多自主成分的动机类型，它是指个体认识到行为的价值，从而把它作为自我的一部分来接受。但认同某种价值观仅意味着这种价值观作为自我的一个独立的部分存在，并未将其整合到自我之中。④整合调节型。这是最具自主性的外部动机形式，它是指个体产生与其价值观和需要相一致的行为。当认同调节与自我充分同化时，就出现整合调节。整合的外在动机由对任务结果的关注所推动，而不是由活动的内在兴趣所推动，所以还是外部动机，但它与内部动机有许多共同的特征，人们常常把整合的外部动机和内部动机合称为自主动机。

根据有机整合理论，外部动机的内化与社会环境存在密切的关系。如果社会环境满足个体对胜任力、归属感尤其是自主的需要，就会产生深层次的内化，使行为更具自我决定性，并给个体带来强烈的满足感。反之，则内化过程受到阻碍，使那些外在的规则和价值观无法作为自我的一部分发挥作用，个体的行为仍处于外在控制的状态。

六、自我价值理论

自我价值（self-worth）与自尊类似，是一个人对自我的情绪性反应或评价。美国教育心理学家科温顿（M. V. Covington）提出的自我价值理论（self-worth theory），从学习动机的负面着眼，试图探讨“有些学生为什么不肯努力学习”的问题。

自我价值理论认为，自我接受是人类最优先的追求，自我接受的前提是肯定自我价值，当自我价值受到威胁时，人类将竭力维护，这种旨在建立一个正面自我形象的倾向就是自我价值动机。由于我们的社会对能力和胜任力如此重视，以至于学生在学校常常把能力与自我价值等同，并做出很大的努力来保持他们有能力的感觉。例如，一些学生试图隐瞒他们为某次测验而努力学习的事实，这样，如果考得好，更能说明他们的能力过人。另外一些学生则采用自我妨碍（self-handicapping）的策略来保护他们的自我价值。这些策略包括：设置不现实的目标，这样就可以把失败归因于任务太难；尽量弱化任务的重要性（这门课根本不重要，学好学坏无所谓）；为自己的失败找借口（如果我有一个好老师，我会学得更好）；故意拖延（我本来可以做得更好一些，但是直到半夜我才开始学习）；学习或考试焦虑（我是理解这些知识的，但考试时我太紧张了）；干脆说自己没有努力，以避免他人对自己的低能评价。

在充满竞争的学校环境中，自我妨碍的行为在那些低成就水平的个体身上非常普遍，许多学生不愿意在学习中付出努力的根本原因即在于此。对学生而言，高努力意味着低能

① 冯竹青，葛岩．物质奖励对内在动机的侵蚀效应 [J]. 心理科学进展，2014, 22(4): 685-692.

力，当付出了极大的努力却仍然失败时，所引发的负性情绪要远远大于未经努力而失败所导致的挫折感。科温顿等人对在校大学生的访谈研究也充分证明了这点。在访谈中，研究者让大学生们想象如果自己在一次几乎全班都通过的考试中失败了会怎么样。这些学生报告说，如果他们是付出很大努力后失败了，会感到自己非常无能甚至愚蠢，同时会体验到强烈的羞耻感。相反，如果学生想象自己并没有付出什么努力后失败了，他们中只有很少一部分会报告感到自己愚蠢，体验到更少的羞耻感。因此，尽管在大多数课堂情境下，努力是被推崇的，不努力会受到教师的指责和批评，但学生还是不愿付出努力。这并非是因为他们缺乏动机，相反，他们是有动机的，只不过他们强烈的动机并不是指向学习任务的完成，而是错误地采取了自我妨碍的方式，把大量的精力花在对自我价值的保护上。

科温顿的自我价值理论可以较好地解释了“为什么有的学生不肯努力学习”“为什么有的学生要掩饰其努力或拒绝承认其努力”等问题，对学校教育很有参考价值。在学校里，频繁的社会比较常常是导致学生过度自我保护的主要原因，教师应该尽量采取相应措施来减少社会比较的负面影响，如安排小组合作、鼓励学生自我比较、关注学习而不是表现、强调努力对能力增长的积极影响等，从而改善学生所持的关于能力和自我价值的信念。

第三节 动机激励与自主学习

自主学习是基础教育课程改革倡导的一种主要学习方式，其精髓在于帮助学生提高学习的自觉性，逐步掌握学习策略，养成良好的学习习惯。作为一种学习过程、学习能力和学习方式，它不仅影响学生在学校的学业表现，更关系到一个人的终身学习和毕生发展。因此，长期以来，自主学习一直是教育学和心理学共同关注的重要问题之一。

一般认为，自主学习是指个体自觉地确定学习目标，选择学习方法，监控学习过程，评价学习结果的过程。[①] 主体能动性是自主学习的首要特征。自主学习首先应该是积极主动的学习，它是学生把学习当作一种内在需要和追求，从而自觉自愿地从事和管理自己的学习活动，而不是在外界的压力和要求下被动地从事学习活动，这是自主学习有别于各种形式的“他主学习”的分水岭，也是评判学习是否自主的重要依据之一。可见，自主学习不只是一种学习方式，更是一种学习态度。它要求学习者在学习过程中有更大的自觉性、主动性和独立性，对学生的学习动机提出了更高的要求。因此，通过教育培养和激发学生的学习动机对促进学生的自主学习就显得尤为重要。下面将从内部动机的培养和激发、外部强化的运用两个方面进行介绍。

一、内部动机的培养和激发

自主学习以学习者内在的学习动机为特征，也就是“想学”。因为在没有外部压力或要求的情况下，学生如果缺乏内在的学习动机，就不可能自觉地确定学习目标，启动学习过程，自主学习也就无从谈起。因此，促进自主学习的重要途径之一就是培养和激发学生的内部学习动机。

内部动机是由个体的内在需要、兴趣、好奇心、求知欲、自尊、责任心等内部心理因

① 庞维国. 自主学习：学与教的原理和策略 [M]. 上海：华东师范大学出版社，2003: 12.

素引起的学习动机。心理学家关于学习动机的研究为如何培养和激发自主学习的动机提供了理论基础。

1. 培养学生的兴趣和求知欲

（1）注意教学内容和方法的新颖性

低年级学生的学习兴趣还不稳定，比较笼统、模糊，易对学习过程的形式感兴趣并从中得到满足，任何新颖的、形象的、具体的事物都会引起他们极大的兴趣。因此，小学课堂教学更应注意教学方式灵活多样、教学内容生动活泼以及教具的新颖具体。例如，可以采用图画、幻灯、录像、实验演示、游戏等多种形式来培养学生浓厚的学习兴趣。尤其是随着计算机的普及，各种教育软件已经并将继续在激发学生的兴趣和动机方面发挥越来越大的作用。

（2）创设问题情境，激发学生的求知欲

高年级学生的学习兴趣开始明显分化并趋向稳定，兴趣的范围也在不断扩大，开始注重学习的内容。那些复杂的疑难问题、能引发较高智力参与的活动常常吸引着他们的注意。与此同时，和学习形式相关的直接兴趣则相对减少了。因此，对中学生的教学就不能仅仅满足于教学方法的生动活泼，而应注意从教材内容中挖掘深度，提出能引起他们积极思索的问题，激发其求知欲。创设问题情境就是一条有效的途径。

创设问题情境就是在讲授内容和学生的求知心理之间制造一种“不协调”，将学生引入一种与问题有关的情境中。创设问题情境时应注意问题要新颖有趣、有适当的难度；有启发性，善于将要解决的课题寓于学生实际掌握的知识基础中，造成心理上的悬念。

（3）利用已有动机的迁移

当学生没有明确的学习目的、缺乏学习动力时，教师可利用学习动机的迁移，因势利导地把学生已有的对其他活动的兴趣转移到学习活动上。在运用动机迁移原理时，教师必须让学生感受到原有活动与新的学习内容之间的密切关系，从而激发学生学习新知识的动机。例如，某个学生很喜欢看电视，教师可以将电视机的工作原理与物理课联系起来，使之对物理学科的内容也产生兴趣。

2. 增强自信心和自我效能感

自我信念是动机系统的核心成分，只有当人们感到自己能够胜任某些活动，认为自己在这些方面有能力时，才会产生对这些活动的内在动机。因此，培养对自身能力的信念是激发与维持学生内部动机的根本策略之一。

（1）让学生获得成功的体验

对自我能力的积极信念在很大程度上是成功经验的结果，这就需要教师为学生创设更多的成功机会，让学生在学习活动中，通过成功地完成学习任务、解决困难来体验和认识自己的能力。实践证明，以下措施对学生是有效的：为学生设置明确、具体和可以达到的目标；让学生根据自己的实际水平开始某项新的学习任务；强调学生从自身的进步中体验成功。

（2）观察学习能力相近者的成功行为

当一个人看到与自己水平差不多的示范者能取得成功时，就会增强自我效能感，认为自己也能完成同样的任务。同时，学习者也可以从示范者的表现中学到有效解决问题的策略或方法，这对自我效能感的建立都会产生作用。

（3）进行归因训练

如前所述，归因影响自我效能信念，许多学困生正是由于把失败归因于能力不足，导致对学习失去信心，并丧失了进一步学习的动力。因此，通过归因训练改变学生不良的归因模式，有助于提高其自我效能感，增强学习动力。

积极的归因训练有两层含义。一是“努力归因”，即引导学生将学习成败归因于努力程度的结果。这样，当学习困难或成绩不佳时，学生不会因一时的失败而降低对将来成功的期望，而是通过更大的努力去争取成功。二是“现实归因”，即针对一些具体问题引导学生进行分析，帮助学生了解除了努力之外，还有哪些其他因素影响着学业成绩。“现实归因”之所以必要，是因为在任何时候都进行“努力归因”显然是不合适的，有些学习上的问题仅仅依靠更努力是不够的，相反，如果更大的努力仍然不能够带来进步，学生就会陷入更大的无助感之中。此时，引导学生将失败归因于学习方法使用不当将更有助于提高其学习积极性。因为这样的归因一方面可以使学生继续努力，另一方面又会引导他们考虑如何加强认知技能、掌握正确的学习方法和使用各种策略，从而真正提高学习效率和质量。

在归因训练的过程中，教师要注意对学生的努力给予反馈，告诉他们努力获得了相应的结果，使他们不断感到自己的努力是有效的。同时，对已经形成低自我效能感的学生，教师还要强调努力带来的成功也是能力的体现，培养其对自己能力的信念。

归因训练的实验研究

我国研究者集中于20世纪90年代展开了归因训练的实验研究。隋光远对初中生进行了归因训练。训练的基本过程是创设成就情境，让学生产生成就行为并对行为结果进行归因。训练者给予及时反馈，对理想的归因加以肯定、强化，对不正确的归因及时引导、纠正。这样的训练每周一次，共进行7周。训练结果表明，实验班学生训练后明显增强了积极的归因倾向。13年后，对训练效果的追踪研究发现，与对照组相比，受训组在任务选择、行为强度和坚持性方面均表现出较高水平；成功期望较强烈；对成功倾向于进行能力和努力的归因。这一结果说明，归因训练能够对人产生深远影响，动机的改善具有长期效果。①

韩仁生采用集体干预与个别干预相结合的方法对中小学生进行了归因训练。集体干预主要采用说明、讨论、示范、强化矫正等方法定期进行，活动内容紧紧围绕如何提高学生的自信心，充分认识能力和努力对于成功的重要性而展开的。个别干预与集体干预同步进行，主要采用咨询和定向训练两种方法。通过两个月的训练，小学生和初中生基本上掌握了适当的归因方式，产生了积极的情感变化并提高了学习的坚持性，但对高中生的效果不明显。② 这说明单一的归因训练并不能解决所有学生的学习动机问题，培养与激发学生的学习动机还应与其他方法和手段结合。

3. 发展自主性和责任心

自我决定理论认为，人的内部动机与自我抉择意向密切相关，当人做自己愿意做的，或者自己决定要做的事时，往往会表现出更大的主动性和热情，具有更强的内部动机。一

① 隋光远 . 中学生学业成就动机归因训练效果的追踪研究 [J]. 心理科学，2005, 28(1): 52–55.

② 韩仁生 . 中小学生归因训练的实验研究 [J]. 心理学报，1998，30(4): 442–451.

个例证就是，两个学生阅读同一本书，自己选择来阅读这本书的学生，会读得津津有味；当成作业来阅读的人，则可能敷衍了事。对青少年来说，这种自我决定的权利尤为重要。因为他们正处于一种追求独立、渴望自由的阶段，如果允许他们做出选择，那么即使学习本身并不“有趣”，他们也会认为学习是重要的，从而使教育目标内化成自己的目标。有经验的教师正是通过给予学生自主性，把他们引导到自己特别喜欢且值得学习的事情上。下面三种特定的教育行为有助于提高学生的自主性和责任心。

（1）允许和鼓励学生做出选择

例如，教师在布置任务时给予学生选择的机会，允许学生选择达到学习目标的方法（论文或测验），鼓励学生评价自己的学习等。这不仅满足了学生的自我决定需要，而且也让学生从更多的学习和结果中体会到责任感。

（2）帮助学生管理自己的课堂行为

支持自主性的课堂并非不需要课堂管理，但与控制性课堂从外部向学生施加约束和限制不同的是，支持自主性的教师可能会花更多的时间来帮助学生学会自我管理。为了达到这个目标，丹波（M. H. Dembo）建议：首先，让学生更多地投入课堂规则的制定；其次，用较多的时间让学生反思需要某些规则的原因以及他们不良行为的原因；再次，给学生机会考虑他们将如何计划、监视和调节自己的行为；最后，让学生回顾课堂规则，提一些必要的修改建议。

（3）采用非控制性的、积极的反馈

在支持自主性的课堂里，有时学生可能做得不好或表现出不恰当行为。此时，教师应该把这些不好的成绩或行为当作需要解决的问题，而不是批评的靶子。同时，尽量不使用控制性的语言，如“应该/必须做什么”等。

4. 引导学习目标定向

毫无疑问，与那些试图通过成绩表现和证明自己的学生相比，那些致力于知识的理解和掌握的个体更容易受内部动机的激发，学习的自主性更强。因此，学习目标和成绩目标研究的最重要含义是，教师应让学生明白学习的目标是掌握知识，而不是获得分数。为此，教师可以通过控制课堂教学的诸方面来鼓励学生采用这一适应性目标。

（1）实施信息性评价

学生如何被评价是影响其成就目标取向的最突出因素之一。传统的评价常常是单一的总结性评价，即给学生打分，评判学生的成绩和不足，将学生置于同伴比较地位，使得学生把大量的时间和精力花在比较和关心他人的分数上，很少关心任务本身，这显然是一种成绩目标导向的评价。关注评价的信息反馈功能而不是社会比较功能，更针对学生在学习过程中使用的学习策略、所取得的进步等进行形成性评价，分阶段、视具体情况为学生提供有关学习优点和缺点的有用信息。在这种评价方式下，学生关注自己对学习任务的掌握状况以及是否取得了进步、提高，并且更能从自身的不断进步中增强自我效能感，从而巩固学习目标定向。

（2）强调能力增长观

如果学生相信能力是可以提高的，他们就会致力于掌握并增强自己的技能和能力。这使得他们敢于冒险和接受挑战，并且积极面对失败，因为失败不会威胁到他们的自我效能感和自我价值。反之，如果学生认为能力无法改变，作为能力体现的成绩就会成为他们关注的焦点。一旦无法取得好成绩，他们往往会采取避免失败的自我保护策略以维持自我形象，因为失败即意味着低能。这必然导致他们远离真正的学习，并最终由一个逃避失败者变为接受失败者。为此，教师应该向学生强调进步来源于努力，和学生分享那些通过勤奋取得成功的事例，鼓励学生把学校以及生活中所取得的成功看作努力的结果，而不是天生的能力，由此逐步树立起学生的能力增长观。

二、外部强化的运用

虽然内部动机比外部动机更为持久和稳定，但由此否认一切外部动机的作用也是不切实际的。因为毕竟不是任何学习内容都有很强的吸引力，足以激发学生的好奇心和兴趣。那么，外部动机与内部动机的关系究竟如何？使用外部强化是否将削弱内部动机？

从众多有关的研究和实践经验中，我们至少可以得到两点认识。第一，外部强化既可能增强内部动机，也可能削弱内部动机。外部强化的影响究竟如何，取决于其怎样被使用。第二，外部强化是动机内化的前提和条件。客观地说，个体与生俱来的兴趣毕竟有限，大部分态度、价值观和行为都是后天习得和培养的，是一种内化的过程。动机也是如此。根据德西和瑞安的研究，动机实际上是一个从外部控制到自我决定的连续体。连续体的一个极端是完全外控的行为（如为了逃避惩罚而采取的行为），另一个极端则是受到内在激励的行为（如能够带来快乐的活动）。处在连续体中间部分的行为，最初需要通过外部诱因激发出来，不过在行为过程中个体逐渐体验到自我决定和自我调节的快乐，从而产生了自我满足感。换句话说，个体在后来之所以继续实施这些行为，是因为在活动中感受到了自我的价值和活动的意义。在这里，外部力量可以说是动机内化过程的前提条件。

【微课】外部强化的运用

可见，内部动机与外部动机并非是绝对不相容的。对于那些缺乏内在学习兴趣的学生，教师完全可以通过外部强化来引发和巩固其内部动机。为了使外部动机有助于激发和增强学生的内部动机，教师在使用表扬、奖励等强化手段时应注意以下几个方面。

1．奖赏应针对学生不感兴趣但需要完成的任务

当学生对学习有明显的浓厚兴趣时，教师完全不必进行外部奖赏。因为此时施加外部奖赏，反而会使学生把注意力集中在奖赏而不是任务本身上，从而削弱其活动的内部动机。只有当学生缺乏对活动的内在兴趣时，教师才可以通过外部刺激给予强化，而后再逐渐培养个体对活动本身的兴趣和对行为的控制力。

2．奖赏要针对真正的进步与成就

奖赏不是目的，而是辅助性评价，给予奖赏意味着对个人学有成效的肯定。当学生取得了进步与成就时，恰如其分地适时奖赏，可以增加学生的胜任感，从而持久地激励其学习。反之，如果不加区分地奖赏，有时非但无助于增强动机，反而可能损害学生的动机。试想，当学生完成了一件极其容易的任务时，教师大张旗鼓地进行表扬会有什么效果？对学生来说，教师这种行为无异于一种惩罚，因为如此特别的表扬恰恰传递了一个信息——他的能力是低下的。

3．尽可能采用社会性而非物质性的奖赏

对学生来说，社会性强化（微笑、关切的目光、赞赏）始终是重要的，特别是伴有积极情感色彩的鼓励和赞扬，还可以加强师生之间的情感联系。相比之下，物质性的奖赏有

时更不容易培养学生的内部动机。

4. 奖赏要适应学生的年龄特征

对低年级的学生来说，可能一颗红星、一包饼干就是有效的强化物，而高年级的学生则可能觉得在期末的总评分中加分较有价值。低年级的学生更喜欢有形的实物强化，而高年级的学生更希望无形的奖励，如获得自由活动的时间，去图书馆，做自己喜欢做的事情等。因此，必须对不同年龄的学生提供有力的适应其年龄特征的强化刺激和事件。

【本章小结】

1. 动机是指个体从事某种行为的内在动力。动机的产生与需要和诱因有关。指向学习活动的学习动机与学习的关系是：尽管某些学习可以独立于动机而存在，但动机对长期的有意义学习是绝对必要的；动机与学习互为因果，而非单向的关系；动机对学习的影响是间接的；动机水平与学习效果之间并不是简单的直线关系。根据学习动机的动力来源可将其划分为内部动机和外部动机；奥苏贝尔将学习动机划分为认知内驱力、自我提高内驱力和附属内驱力。

2. 行为主义认为动机是强化的产物，受到强化的学生更容易产生学习动机；人本主义认为动机是个体为实现自己作为人所拥有的全部潜能的尝试，马斯洛的需要层次理论是其典型代表；认知心理学将动机解释为个体对理解的需求以及信念、期望等内部因素影响的结果。

3. 主要的认知动机理论包括：成就动机理论，认为力求成功和避免失败的意向差别决定了个体不同的行为表现；自我效能感理论，认为人们有关自己能力的判断对其行为起着调节作用；归因理论，认为归因的不同维度分别与期望、情感相联系，成为后继行为的动力，长期的消极归因可导致习得性无助感；成就目标理论，认为学生从事成就活动的原因主要有学习目标和成绩目标两种，不同的目标引发不同的动机模式；自我决定论，认为学生的内部动机受其是否体验到自主感的影响；自我价值理论则从动机的情感角度出发，认为保持能力和自我价值的基本需要使得许多学生不愿努力学习。

4. 培养和激发学生内部动机的措施包括以下几个方面。①培养兴趣和求知欲，包括注意教学内容和方法的新颖性；创设问题情境，激发求知欲；利用原有动机的迁移。②增强自信心和自我效能感，包括让学生获得成功的体验；观察学习能力相近者的成功行为；进行归因训练。③发展自主性和责任心，包括允许和鼓励学生做出选择；帮助学生管理自己的课堂行为；采用非控制性的、积极的反馈。④引导学习目标定向，包括实施信息性评价；强调能力增长观。此外，还可运用外部强化来引发和巩固内部动机，在运用奖赏等强化手段时，应注意：奖赏应针对学生不感兴趣但需要完成的任务；奖赏要针对真正的进步与成就；尽可能采用社会性而非物质性的奖赏；奖赏要适应学生的年龄特征。

【实践·反思·探究】

1. 回顾你以往的学习生活，学校和教师采用的哪些做法影响了你的自我效能感？这种影响是积极的还是消极的？如果你是一名教师，你会怎样帮助青春期学生形成积极的自我效能感？

2．试举一个关于“习得性无助”的实例，并说明施行归因训练的可能性与有效性。

3．选定一位有经验的中学或小学教师，观摩他的一次教学活动，分析这位教师运用了哪些方法来激发学生的学习动机。

4．调查分析当地中小学生的学习动机状况，并提出改进对策。

【推荐阅读】

1．SILVER D. 激发学生的成就动机：引导学生迈向成功的策略[M]. 吴艳艳，译．北京：中国轻工业出版社，2016.

2．RAFFINI J P. 这样教学生才肯学：增强学习动机的150种策略[M]. 梁平，宋其辉，译．上海：华东师范大学出版社，2009.

第九章　学习策略

【学习目标】

- 了解学习策略的概念、分类及其特征。
- 理解学习策略的发展差异。
- 掌握有效学习的策略，学会学习。

【知识导图】

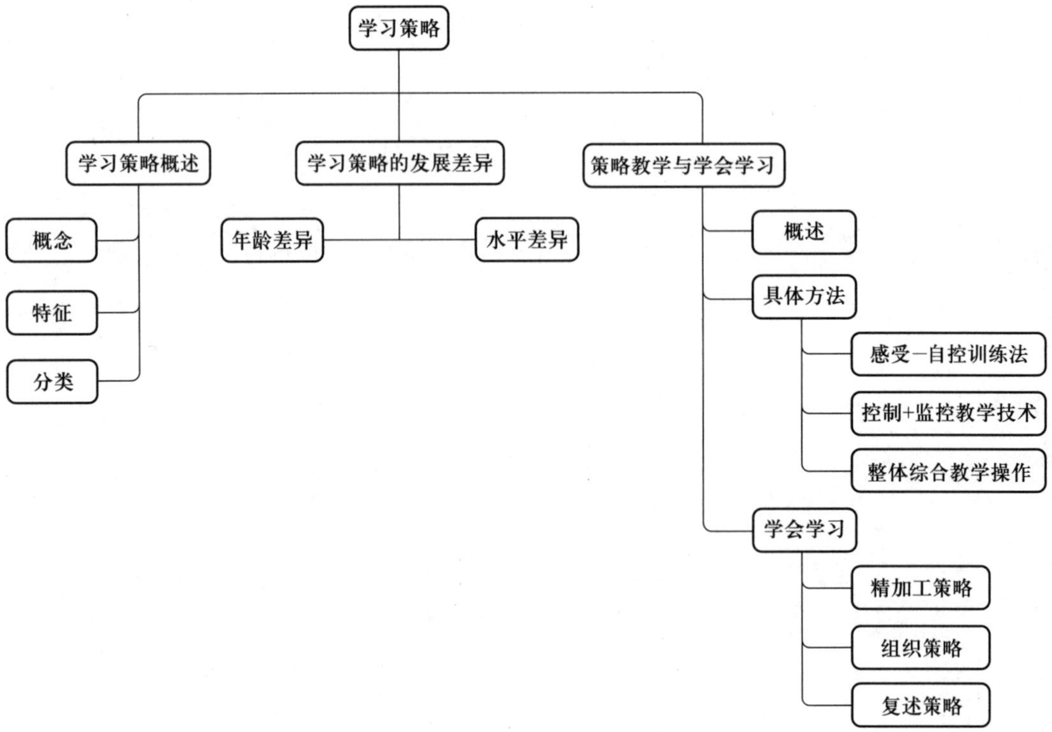

在英语课堂上，老师发现一让同学们背单词，大家的表情就变得很痛苦，而且许多学过也测验过的单词，同学们还是容易忘记，于是她想帮大家一个忙。她查阅了有关记忆方面的资料，选择了几种她认为有效的记忆方法教给同学们，想以此提高同学们对学习单词的兴趣、信息，进而增强单词记忆的效果。可是，当她将关键词策略介绍给学生后，发现大家使用的效果很不一致。与其他学习活动情况不同的是，这次是平常学习好的同学的使用效果不好，不仅单词拼写的错误增多，而且读音也不如从前标准。而学习成绩相对差一点的同学的使用效果好。

可以让成绩较差的学生提高单词记忆成绩的方法为什么让成绩较好的学生摔了跟头呢？问题出在方法本身吗？本章内容的学习，将有助于你回答这些问题。

第一节 学习策略概述

“教会学生学会学习”已成为现代教育的重要目标。联合国教科文组织指出，未来的“文盲”不再是不识字的人，而是没有学会怎样学习的人。此外，由于知识呈几何级倍数增长，终身学习也成为个体适应社会发展的必需。在终身学习的过程中，只有高效、高质量的学习才能获得适应社会发展的能力。学生学会学习的关键在于学习策略的获得和改进。

一、学习策略的概念

关于学习策略的概念，学者们从不同的角度提出了各有侧重的定义。莫雷将这些定义归分为三类：一是把学习策略看作学习过程中信息加工的程序、方法或者规则，简而言之，学习策略就是学习方法；二是把学习策略看作对学习过程中的信息加工进行调节和控制的技能；三是把学习策略看作学习过程中信息加工的方法与调控技能的结合。①

综合来看，所谓学习策略（learning strategy），一般是指学习者为了提高学习的效果和效率，有目的、有意识地制订有关学习过程的复杂方案。对于这一定义，我们做如下具体的解释。

（一）学习策略是一种学习谋略

学习策略是有助于提高学习效果和学习效率的程序、规则、方法、技巧以及调控方式等。在学习活动过程中，如果只用原始的机械学习的方法而不使用一定的学习策略，最终也可能会达到目标，但学习的效率与效果都相对较差。只有掌握了恰当的学习策略，才能对具体的学习活动进行调节和控制，顺利完成各项学习任务，达到学习目标。

（二）学习策略不等于具体的学习方法

学习方法是指学习者用在编码、储存、提取、运用等认知过程中的认知方法或技能。在学习活动中，学习策略不能与具体的学习方法截然分开，要借助具体的学习方法表现出来，但学习策略不等于具体的学习方法。学习方法是学习策略的知识和技能基础，是学习策略的一个基本组成部分。学习策略与学习方法有以下区别：

① 莫雷. 教育心理学 [M]. 北京：教育科学出版社，2007:116.

第一，学习方法有特定的程序和步骤，与具体学习任务相联系，有较强的情境性。而学习策略既与具体任务相联系，又与具体的学习过程相联系，具有普遍性。

第二，学习方法一经熟练掌握，学习者往往凭习惯就可运用。而学习策略往往不是现成的，是学习者经过对学习任务、学习者自身认知特点等各方面因素进行分析，经过深思熟虑之后才制订的方案。

第三，学习方法用于解决具体的问题，虽具有效率性，但无法追求最佳效益，而学习策略是以追求最佳效益为基本点的。

总体来说，如果把学习方法比作战争中的具体战术的话，那么学习策略则是具有统摄和控制作用的战略。

（三）学习策略是有意识的心理过程

学习策略是学习者为了达成学习目标而积极主动地选用的，是学习者制订的学习方案。学习者采用学习策略是一个有意识的心理过程，所有学习活动的计划都不尽相同，每一次学习都有相应的计划。一般情况下，每次学习时运用的学习策略都是不同的。但是，相对而言，对于同一种类型的学习，存在着基本相同的计划，这些基本相同的计划就是一些常见的学习策略。

（四）学习策略是学会学习的标志

学习策略是调节如何学习、如何思考的高级认知能力，是衡量个体学习能力的重要尺度，是区分会学习与不会学习的标志。学习策略和学习效果有相关关系，学生只有掌握了恰当的学习策略才能在具体学习过程中灵活地调用各种学习方法，对学习活动进行自我调节和控制，才能顺利完成学习任务，提高学习效果。

二、学习策略的特征

学习策略具有以下特征。

（一）操作性和监控性的有机统一

操作性和监控性是学习策略最基本的特性。学习策略实际上是一种程序性知识，学习者可以通过对学习过程的不断调控来掌握这种知识，并且内化使之自动化。学习策略一旦掌握，就能自动地为学生提供相应的方法与技能，使学习者在学习过程中可以选择和调控。

学习策略的操作性体现在学生学习过程中的认知阶段，它能为学习者产生有效认知提供方法和技能。监控性体现在整个认知操作过程中，先前形成的学习策略并不适用于每个不同的学习情境，所以学习者需要在整个学习过程进行有效监控和及时调整。

（二）外显性和内隐性的有机统一

首先，从学习者的学习活动和认知过程的观察角度来看，在学习者的实际学习中，我们可以直接观察到学习者具体使用何种学习策略、如何使用学习策略，并且对此做出适当的调节和控制，这就体现了学习策略的外显性特点。同时，对学习策略来说，它是在学习者的头脑中借助内部语言对外部行为进行支配和调节的，是我们所观察不到的，因而它又具有内隐性的特点。

其次，从学习过程的意识性角度来看，学习者在学习过程中对于学习策略的运用和对整个学习过程的监控，有些时候是可以意识到的，即知道自己在运用某种学习策略，但在有些情况下，又不能直接意识到的，只有当学习活动出现明显的无效结果或者错误时才能意识到，然后对学习过程进行调控。这就体现了学习策略同时具有外显性和内隐性的特点。

（三）主动性和迁移性的有机统一

学习策略的主动性是指学习者可以根据学习材料和学习情境的特点以及学习的变化，主动调整学习策略。学习策略是对自我学习活动一种主动的调整和监控。其调控方式有两种，一种是利用学习策略直接干预认知方式，达成学习目标；另一种是对学习过程进行监控和调节，达到提高学习效率的目的。

学习策略的迁移性则是指学习策略是学习者从具体的学习活动和过程中抽象出来的，能够适用于不同的学习情境和环境，即当你掌握了一种学习策略，在遇到类似的学习情境和环境时，同样能有效地运用所掌握的学习策略。

时间管理策略小研究

心理学家研究了学习者的偏爱、纪律和学业成就三者之间的关系。结果发现，偏爱下午学习的初二年级学生的数学成绩普遍偏差，因为数学课一般都安排在上午。而当数学课安排在下午以后，这部分学生的学习动机得到激发，比较守纪律，学习成绩也得到了提高。

另有研究发现，传统的学校作息制度能被偏爱上午学习的学习者适应，而不能满足其他学习者的需要。有学者曾对 286 名小学 4—6 年级的学生在一天中的生物节律进行测试，接着花了两年时间研究了阅读和数学这两门学科在不同的生物节律中的学习效应。结果发现，如果作息制度与小学儿童被试对学习时间的偏爱相匹配的话，那么他们在数学和阅读方面的学习成绩会大大提高。

三、学习策略的分类

不同研究者对学习策略本质的看法是不同的，理解学习策略的分类有助于更为清晰地明确学习策略的本质，从而利用学习策略促进学习。

1. 丹瑟洛的学习策略分类

丹瑟洛（D. F. Dansereau）认为，学习活动是由相互作用的复杂成分构成的活动系统。在学习过程中，认知活动扮演着最重要的角色，但与此同时，还需要适宜的认知气氛来支持认知活动的进行，使之更为有效。基于这种观点，丹瑟洛提出了学习的 MURDER 策略，其中 M 指情绪的调整（mood-setting）和维持（maintenance），U 代表理解（understand），R 代表回忆（recall），D 代表消化（digest），E 代表扩展（expand），R 代表复习和检查（review）。

【微课】
学习策略的分类

这些策略又可以分为两个系统：基础性策略（primary strategies）和辅助性策略（support strategies）。基础性策略是指直接操作学习材料的各种学习策略，包括获得和储存信息的策略以及提取和使用这些存储信息的策略，它直接应用于学生的认知活动，是学生学习过程中赖以应用的主导性策略。辅助性策略主要用来帮助学习者维持良好的学习心理状态，包括制订计划和时间安排，管理、监控与诊断。这些辅助性策略能够帮助学生产生和维持某种内在心理状态，保证学生可以有效运用基础性策略进行学习。

2．麦基奇的学习策略分类

麦基奇（W. J. Mckeachie）总结了学习策略的构成成分，并把学习策略分为认知策略、元认知策略和资源管理策略三个成分（如图 9–1 所示）。

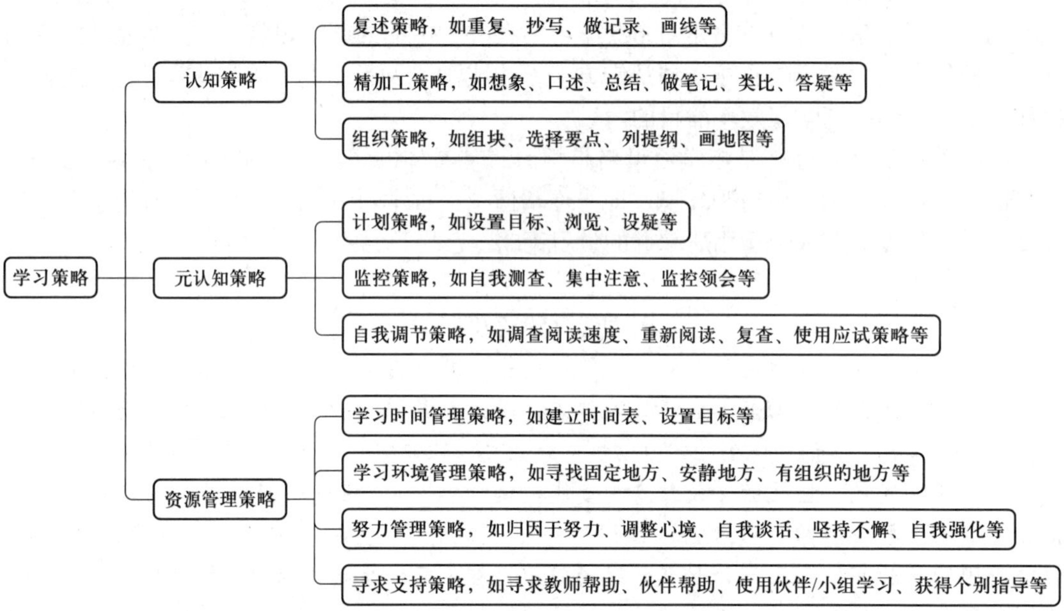

图 9–1 麦基奇的学习策略分类

其中，认知策略是学生进行信息加工的一些方法和技术，有助于学生从记忆中提取信息。一般而言，认知策略因所学知识的类型而有所不同。复述策略、精加工策略和组织策略主要针对陈述性知识。元认知策略是学生了解和控制自我认知过程的认知策略，可以帮助学生有效地安排和调节学习过程。资源管理策略是辅助学生管理可用环境和资源的策略，学生可以使用这些策略帮助自己适应、调节环境，从而使之适合自己的需要，并在一定程度上起到激发学生学习动机的作用。

3．沃克斯福德的学习策略分类

沃克斯福德（R. L. Oxford）将学习策略分成了五个层面。①元认知策略：用来帮助学生计划、管理以及评估学习过程。②情感策略：用来提高学习兴趣和态度。例如，多给予正面鼓励和反馈。③社会性策略：用来促进学生之间的合作，一来可提高学习兴趣，二来可通过合作学习增进理解能力。④记忆与认知策略：用来增强记忆与思考能力。⑤补偿性策略：用来与学习者沟通，帮助学生克服知识上的不足。

第二节 学习策略的发展差异

学习策略作为学习者在学习过程中所运用的手段、方法和调控技能，在不同的学习者和不同年龄阶段的儿童身上有不同的发展水平和特点，呈现出较为明显的发展上的差异。为了更好地根据学生特点进行教学，我们有必要了解一些学习策略发展的差异研究，下面主要介绍学习策略发展的年龄差异和在不同学习者身上表现出来的水平差异。

一、学习策略发展的年龄差异

有研究发现，年幼儿童具有明显的策略生成和策略运用缺陷。米勒（P. H. Miller）认为，策略运用缺陷现象是普遍存在的，是儿童策略发展过程中的必要环节。学习策略的发展可分为四个阶段。①不能使用策略阶段，即儿童根本不会使用策略。它包括两种情形：一是不能自发使用策略，二是不能在他人要求或暗示下使用某一策略。②部分使用策略或使用策略的某一变式阶段，即有些场合儿童会使用策略，在有些场合儿童又不会使用。③完全使用但不受益阶段，这一阶段的儿童能够在各种场合使用某一策略，但策略的使用并没有提高成绩，这一阶段的典型特点是出现策略运用缺陷现象。④使用且受益阶段，该阶段儿童能够使用策略，并且这一策略的使用还会导致成绩和策略有效性的提高。

【微课】
学习策略发展的年龄差异

席格勒（R. S. Siegler）的研究发现，在获得策略的早期阶段，儿童较多使用单一的策略。当儿童的作业从非技能性向技能性过渡时，策略运用的多重性就表现得很明显了。例如，儿童刚刚学习一位数的加法运算时，会用数手指的策略解决问题；当对问题完全熟悉时，会采用"记忆恢复"的策略，直接从长时记忆中提取答案。在这期间，儿童可能采用数手指、记忆恢复、将问题分解为小问题等多种策略。

我国学者也在对认知策略和元记忆发展的探讨中发现了明显的年龄特征。左梦兰等人对5—13岁儿童的记忆策略、元记忆和问题解决策略进行的一系列研究发现，儿童的记忆策略、元记忆和问题解决策略水平随着年龄的增长而不断提高。其中，小学和中学是两个转折点。元记忆各部分的发展速度不均衡，元记忆知识中对记忆目的的认识的发展先于对记忆材料性质的认识；记忆监控能力中对记忆效果的评价能力的发展先于对记忆策略的自我认识。何进军等人对10—14岁儿童认知策略的结构及发展的研究也发现，儿童的认知策略具有随年龄增长而发展的趋势，其中，从小学升入初中是认知策略发展较为迅速的时期。这说明教育对学习策略的发展具有促进作用。庞虹对儿童记忆组织策略和记忆监控的一系列研究发现，儿童记忆组织策略的发展经历了从产生性缺损到成熟运用的过程，一年级儿童不能自发地运用组织策略，五年级儿童已能自发地使用策略。导致一年级儿童产生性缺损的原因主要是对记忆任务和记忆策略缺乏元认知的了解，这表明儿童学习策略的发展和元认知的发展是密不可分的。

二、学习策略发展的水平差异

不同能力水平的学生在拥有和使用学习策略上存有巨大差异，分别表现在：学习困难的儿童缺乏策略，不能抑制非必要的信息输入，不能有效地选择线索，不能适当地利用编码策略，也不能自发地生成解决问题的策略和评价使用策略的效果；低水平的学习者由于缺少丰富的相关经验，难以获得及使用更为高级、复杂的策略；中水平或高水平的学习者则容易获得高水平的策略并从中受益。

研究发现，不同水平的学习者不仅在学习策略使用的数量与频率上有差异，而且在质量上也有差异。研究者对数学成绩优、中、差学生解决数学问题的策略和元认知监控策略进行探讨时发现，优、中、差学生的差异主要表现在元认知监控方面。成绩好的学生更善于评价和选择，即对自己的理解过程更善于进行监控，更能选择有效的策略。比较研究的结果表明，元认知能力是学生有效运用学习策略的基础。研究者在比较不同水平外语学习者的英语阅读策略时发现，不同水平的学生使用的阅读策略在数量和质量上均有差异。他们在使用策略上的根本差异在于使用策略的适当程度不同，即善学者懂得何时何地完成何种任务时，使用何种策略最合适。

第三节 策略教学与学会学习

一、策略教学概述

策略教学（strategy instruction）是指教师系统地教授学习策略，指导学生理解、掌握学习策略，帮助学生形成良好的运用学习策略来学习的习惯，实现学生学会学习的教学活动。[①]

从学习策略的课堂教学的各种类型来看，学习策略指导教学的内容至少应包括观念训练、元认知训练、具体策略训练等三个方面。

（一）观念训练

观念训练的主要目标是让学习者了解策略的相关知识，认识到策略的有效价值，培养学习者使用学习策略的信心与动机，指导学习者常留意并关注策略的运用情境及运用的有效性，增强学习者学习策略的应用水平。

观念训练的主要内容有：让学习者看到使用学习策略的效果，培养在学习中使用学习策略的信念；理解学习策略的相关信息，注意在学习中使用策略并不断反思策略使用的情况及效率；总结对自己有效的学习方法，注意向同伴学习有效的方法；尝试把新学的方法运用到各种学习情境中，检验新策略的有效性。

（二）元认知训练

元认知的主要功能是给主体提供有关认知活动进展的信息，保证主体能随时调节，并采取更接近目标的解决办法与手段。元认知训练的主要目标是使学习者学会对自己认知过程进行监控、调节与控制。例如，监督自己的学习状况，及时纠正使用不当的学习策略；调控学习进程，及时完成预设的学习任务；依据完成任务的实际情况对自己的学习状态做出恰当评价；等等。

对元认知的训练应贯穿于整个策略教学进程，在不同的策略教学阶段，对学生提出不同的要求，促使学生在不同学习阶段检测自己的学习活动结果。例如，遇到问题时，使用哪种学习策略较合适？该学习策略使用的条件有哪些？是否适用于当前的问题情境？该学习策略如何使用？使用时有哪些注意事项？使用中如何检测策略的有效性？所选用的学习策略是否有效？若有效，为什么有效？它适合哪类问题情境？若无效，又是什么原因导致的？等等。

（三）具体策略训练

具体策略训练包括短时训练和长时训练。短时训练是在具体的任务中教会学习者学习和运用一种或几种策略，包括给学习者提供关于策略价值的相关信息、怎样使用、什么时

---

① 李如密，王平．学习策略教学的有效策略探析 [J]. 中国教育学刊，2001(6): 32–35.

候使用以及如何评价策略的使用效果等。

长时训练不仅要训练短时训练的所有内容，而且要特别注重训练学习者监控和评价自己的操作，注重元认知水平的培养，并结合学习动机进行训练。在训练的初期，教师的指导要很精细，鼓励学习者尝试使用新学到的策略，及时给予外部反馈。随着训练时间的延长，应多鼓励学生自由探索、自我调节和自我控制，并对策略使用的情境进行反思与总结，提高策略使用能力。

二、策略教学的具体方法

（一）感受—自控训练法

学习策略是多种多样的，不同的策略适用于不同的内容和不同的任务情境，为提高学习者使用策略的有效性，有研究者对三种训练方法进行了研究（如表 9–1 所示）。研究表明，第一种训练方法常常是无效的，而后两种训练方法，特别是感受—自控训练法，不但增进了学习者对策略有效性的认识，提高了其应用策略进行学习的自觉性，而且明显地改善了他们的学习能力。

表 9–1　学习策略训练方法

训练方法	基本内容
盲目训练法	只教给学习者学习策略的知识，但不帮他们理解这种策略为什么有用以及在何时运用最为恰当
感受训练法	传授学习者学习策略的知识，且帮助学习者感受（理解）为何使用、何时使用获得的策略
感受—自控训练法	在感受训练法的基础上，让学习者练习使用这些学习策略，给他们提供掌握这些策略的机会

（二）控制 + 监控教学技术

教师不仅要传授给学生具体的学习策略，而且还应培养他们自我监控并控制学习策略的使用，善于检查、评定或修正其策略的能力。有学者对四种教学技术进行了分析（如表 9–2 所示）。研究表明，第四种教学效果最好，能促使学习者有意识地发现策略、总结策略，从而生成适合自己的新策略，提高学习者在未来的学习中选择使用更有效的学习策略的能力。

表 9–2　四种教学技术

教学技术	基本内容
自我管理教学	仅教给学习者运用具体的学习方法（如怎样写内容提要）
规则教学	明确地告诉学习者如何正确使用具体的学习策略并进行演示
规则 + 管理教学	把前两种技术结合起来的教学
控制 + 监控教学	教会学习者掌握学习的控制和监控的知识，使其懂得何时和如何检查和评定学习策略的使用情况，如何及时调整学习策略的使用

（三）整体综合教学操作

讲解、示范、练习与反馈是基本的策略教学的操作。在教学中我们应该注意以下几个方面。首先，讲解与示范要结合。教师不但要向学习者解释说明策略知识，更要反复向学习者示范策略的实际操作及使用方法。准确的讲解和示范为学习者获得策略提供了重要信息。其次，练习与反馈要结合。教师应该让学习者在广泛的情境中练习使用策略，在获得亲身体验的同时，还应重视为其提供清晰、准确的反馈。

三、学会学习

学习活动中的信息加工过程主要包括对信息进行编码、储存和提取等几个步骤，而相应的认知策略则有精加工策略、组织策略、复述策略等。学会学习，应该学会运用不同类型的学习策略于学习活动中，从而促使学习活动效率的提高。我们将从以下三个方面重点讲述如何学会学习。

（一）精加工策略

【微课】精加工策略

根据学习材料自身意义性的强弱，可以将精加工策略分为两大类：对意义性不强的信息进行精加工的人为联想策略，以及对意义性较强的信息进行精加工的内在联系策略。

1. 人为联想策略

人为联想策略又被称为记忆术。通过把那些枯燥无味但又必须记住的信息“牵强附会”地赋予意义，促进学习记忆效果的提高，常用的人为联想策略主要有以下几种。

（1）形象记忆法

例如，要记住飞机、大树、信封、耳环这四个没有内在意义联系的词汇时，可以进行这样的联想：天空中飞着一架银色的飞机；飞机突然撞上一棵顶天立地的大树上；这棵大树很奇特，它的叶子形状像一个信封；信封似的叶子挂着一个个闪闪发光的耳环。

（2）谐音记忆法

据说有个私塾先生，每天让学生背诵圆周率（3.141592654……），而他自己却到山上的寺庙与一和尚饮酒。学生总背诵不下来，很着急，就想别的方法。一天，一个学生终于想出一个顺口溜，大家很快就都会背了，结果使先生大吃一惊。这则顺口溜是“山巅一寺一壶酒，尔乐苦煞吾，把酒吃，酒杀尔，杀不死，尔乐尔”。

（3）首次连字法

记忆《辛丑条约》的内容时，利用这个方法会产生很好的效果。条约内容是：要清政府赔款；要清政府保证禁止人民反抗；允许外国在华驻军；划分租界，建立临事馆。这四点内容可以用“钱禁兵馆”（谐音为“前进宾馆”）来帮助记忆。

（4）歌诀法

如记忆二十四节气。每月第一个节气为“节气”，即立春、惊蛰、清明、立夏、芒种、小暑、立秋、白露、寒露、立冬、大雪和小寒；每月的第二个节气为“中气”，即雨水、春分、谷雨、小满、夏至、大暑、处暑、秋分、霜降、小雪、冬至和大寒。“节气”和“中气”交替出现，各历时15天，现在人们已经把“节气”和“中气”统称为“节气”。

为了便于记忆，人们便想出了二十四节气歌诀：春雨惊春清谷天，夏满芒夏暑相连，秋处露秋寒霜降，冬雪雪冬小大寒。

精加工策略对小学儿童学习效率的促进作用

朱燕曾就不同水平的精加工策略对记忆效果的影响开展过研究。[①] 实验对象为小学一、三、五年级的儿童，每个年级 40 人。把每个年级的学生都随机分为 4 组，分别为控制组（要求被试将每张卡片上面的词大声读出来）、表象组（根据每张卡片上的物品或动物的名称，想象出一幅画面将它们联系起来）、造句组（用每张卡片上的两个词造句）及回答组（每张卡片都写着两种物体，或为两种物品，或为两种动物，或为一种物品一种动物的名称），就这两种物体问被试问题："为什么物体 1 会和物体 2 联系在一起？"实验材料是被试非常熟悉的物品或者动物的配对词 28 对。其中 14 对，两个词之间不存在明显的意义联系（低联系组），如猫—苹果；另外 14 对，两个词之间存在着明显意义联系（高联系组），如毛巾—杯子。

实验的结果表明：研究中所用的精加工策略——生成表象、造句和问答策略均提高了学生配对词组的记忆。只要学习材料符合学生的年龄特点，无论被试的年龄大小，都可以利用精加工策略来提高自己的学习成绩。无论被试年龄大小，高联想材料的记忆成绩均高于低联想材料的记忆成绩，甚至会出现低年级学生的成绩反而高于高年级的现象。

2. 内在联系策略

这种认知策略首先要求对新信息进行理解，其次强调新的学习材料与已有的知识进行衔接。在充分利用背景知识的基础上，还需要注意三个方面：树立有意义学习的心向；建立类比；利用先行组织者。

3. 生成策略

强调学习者对学习材料的提炼和组织，具体包括以下几种方式：画线、摘要与做注释；标题目、写提要。

4. 记卡片策略

将要记录的内容写在卡片上，这既有利于归类存放，又有利于存取、批注。它广泛应用于零散资料的收集，是非系统自学时最适宜的笔记形式。

5. 记笔记策略

俗话说，好记性不如烂笔头。记笔记不仅可以有效地控制自己的认知加工过程，还有助于概括新的知识，建立新旧知识之间的联系。

5R 笔记法

5R 笔记法诞生于美国，又叫作康奈尔笔记法，是用产生这种笔记法的大学校名命名的。这一方法几乎适用于一切讲授或阅读课，特别是对于听课笔记，5R 笔记法应是最佳首选。

记录（Record）。在听讲或阅读过程中，在主栏（将笔记本的一页分为左大右小两部

① 朱燕. 配对词组的难度对策略使用效果的影响 [J]. 心理科学，1996, 19(1): 23–27, 63–64.

分，左侧为主栏，右侧为副栏）内尽量多记有意义的论据、概念等讲课内容。

简化（Reduce）。下课以后，尽可能及早将这些论据、概念简明扼要地概括（简化）在回忆栏，即副栏。

背诵（Recite）。把主栏遮住，只用回忆栏中的摘记提示，尽量完整地叙述课堂上讲过的内容。

思考（Reflect）。将自己的听课随感、意见、经验体会之类的内容，与讲课内容区分开，写在卡片或笔记本的某一单独部分，加上标题和索引，编制成提纲、摘要，分成类目，并随时归档。

复习（Review）。每周花十分钟左右时间，快速复习笔记，主要是先看回忆栏，适当查看主栏。

（二）组织策略

组织策略主要有两种，一种是归类策略，主要用于概念、语词、规则等知识的归类整理；一种是纲要策略，主要用于对学习材料结构的把握。

1. 归类策略

归类策略是自己在回忆中按照特征或归属组织记忆材料的方法。对含有同类型且随意排列的词组，先“聚类”，并按类别来回忆，可以提高回忆效果。例如，在识字教学中，给学生呈现“蜻”“蜓”“蝴”“蚯”等 11 个“虫”字旁的生字和“展”“运”“网”等 3 个生字，引导学生观察生字，并找出这些生字的共同秘密。教师在检查识记效果中，发现学生最先记住的是“虫”字旁的字，很多学生记住了全部的 11 个字。

2. 纲要策略

纲要策略采用图解的方式体现知识的结构，即画关系图。关系图主要有两种形式：一是层次网络法（如图 9–2 所示），二是流程图法。例如，人教版《养蚕》一课中讲到蚕宝宝的生长情况，按时间顺序关系可组织为：蚕卵→蚕幼虫→成虫→吐丝结茧→茧中变蛹后成蚕蛾。这一线索就简要地概括了全文描述的蚕“从出生到死亡”的整个变化过程。

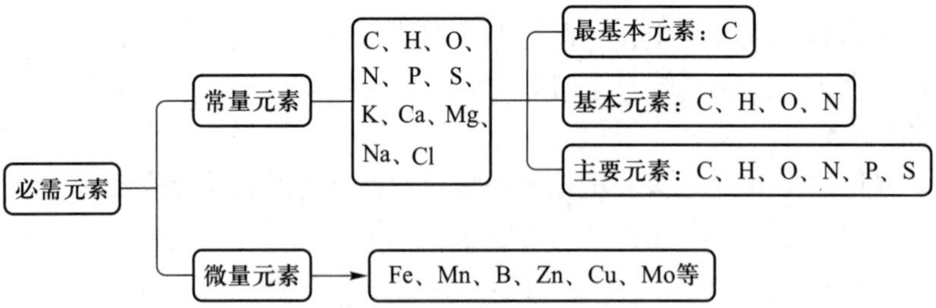

图 9–2 化学元素与生物体的关系

（三）复述策略

1. 合理安排复述时间

及时复习。根据艾宾浩斯遗忘曲线，遗忘速度开始时最快，学习后的 10 小时内复习 10 分钟，比 5—10 天后复习 1 小时的效果好得多。所以，复习需及时，尤其是对于意义性不强的材料。

分散复习。由于消退、干扰等原因，学习材料会随着时间的推移而出现不同程度的遗忘。采用分散复习可以更好地保持对学习材料的记忆效果。分散复习法是指在复习过程中把需要复习的资料分散在几个相隔不太长的时间内，每次复习一定的次数，到记熟为止。以学习英语生词为例，如果上午学习 20 个生词，当天晚上集中复习一个小时就不如分散复习的效果好。可以当天晚上复习 30 分钟，第二天复习 15 分钟，第四天复习 10 分钟，一星期后复习 5 分钟。注意复习时间间隔逐步加长。

2．限时记忆

限时记忆主要应用于临时需要记住大量材料的场合，当学习者对学习记忆的时间加以限制时，随着限制时间的来临，大脑的兴奋度会提高，它的机能因此被调动，记忆效果就会提高。

3．复述的次数安排——过度学习

过度学习是指在"记得""学会"的基础上，再增加一些学习时间，使得对学习材料的掌握达到更高的程度。一般来说，过度学习的次数保持在 50% ~ 100% 最好。过度学习最适用于那些必须准确回忆却没什么意义的操作性信息，如乘法口诀表、汉字书写和单词拼写。

4．尝试回忆

复习过程中经常性的尝试回忆是巩固学习内容的强有力方法。有关提取练习效应的研究发现，在一个等值的时间里，对某个学习材料进行一次或多次的记忆提取（测试）要比重复学习这个材料在将来产生更持久的记忆保持和更优的知识迁移。有研究者据此提出了基于"提取"的学习模式，鼓励学习者在学习过程中进行经常性的、主动的自我测试，并结合分散学习的原理，合理地安排"提取"的时间间隔。基于"提取"的学习模式已被大量的实验和实践证明是一种有效的学习策略模式，在网络学习领域有重要的应用价值。

如何制订学习计划

1．计划要考虑全面

学习计划不是除了学习还是学习。有时学习，有时休息，有时娱乐，所有这些都要考虑到计划中。计划要兼顾多个方面，学习时不能废寝忘食，这样的计划不仅对身体不好，而且是不科学的。

2．长远计划和短期安排

在一个比较长的时间内，比如，在一个学期或一个学年里，应当有个大致计划。因为在实际中，学习生活变化很多，又往往无法预测，所以这个长远的计划不需要很具体，但是对必须要做的事情应做到心中有数。对于短期安排，比如下一个星期的学习计划，就应该尽量具体些，把较大的任务分配到每天去完成，使长远计划中的任务逐步得到解决。长远计划是明确学习目标后进行大致安排；短期安排则是具体的行动计划。有长远计划，却没有短期安排，目标是很难达到的，两者缺一不可。

3．安排好常规学习时间和自由学习时间

常规学习时间指学校规定的学习时间，主要用来完成老师布置的学习任务，消化当天所学的知识。自由学习时间指除常规学习时间外的归自己支配的时间，可以用来弥补自己学习中欠缺的知识，或者提高自己对某一学科的优势和特长，亦可深入钻研一件有意义的事情。自由学习时间的安排是制订学习计划的重点，合理利用好自由学习时间，对自己的学习和成长都会有极大的好处。应该提高常规学习时间的效率，正确利用自由学习时间，掌握自己的学习主动权。

4. 突出重点

学习时间是有限的，人的精力也是有限的，所以学习要有重点。这里的重点，一是指学习中的弱科，二是指知识体系中的重点内容。只有抓住重点，才能提高学习效率。

5. 从实际出发来制订计划

制订计划，不要脱离学习实际，要符合自己现在的学习压力和水平。有些同学制订计划时，满腔热情，计划得非常完美，可执行起来却寸步难行。这便是因为目标定得太高，计划订得太死，脱离实际。

6. 注意效果，及时调整

每一个计划执行结束或执行到一个阶段时，就应当回顾一下效果如何。如果效果不好，就应该找找原因，进行必要的调整。

7. 计划要留有余地

制订计划不要太满、太死、太紧，要留出机动时间，使计划有一定的机动性。毕竟，现实不会完美地跟着计划走，给计划留有一定的余地，完成计划的可能性也就增加了。

8. 脑体结合，文理交替

学习对脑力消耗非常大，所以不要长时间学习，学习和锻炼可以交替安排，学习两三个小时，就去锻炼一会儿，再回来学习。因为锻炼时运动中枢兴奋，其他区域的脑细胞就得到了休息。在安排学习计划时，不要长时间地从事单一活动。安排科目学习时，要文理学科交替进行，相近的学习内容不要集中在一起学习。

9. 提高学习时间的利用率

在早晨或晚上，或一天学习的开头和结尾的时间，可以安排需着重记忆的科目，如外语；心情比较愉快，注意力比较集中，时间较完整时，可以安排比较枯燥或自己不太喜欢的科目；在那些零星的、注意力不易集中的时间里，可以安排做习题和自己最感兴趣的学科。这样可以提高时间利用率。

【本章小结】

1．无论知识学习还是技能的学习，都离不开学习策略的掌握和使用。学习策略是指学习者为了提高学习的效果和效率，有目的、有意识地制订有关学习过程的复杂方案。学习策略是操作性和监控性、外显性和内隐性、主动性和迁移性的有机统一。

2．不同研究者对学习策略本质的看法是不同的。丹瑟洛提出了学习的 MURDER 策略，麦基奇等人把学习策略分为认知策略、元认知策略和资源管理策略，沃克斯福德认为学习策略包含元认知策略、情感策略、社会策略、记忆与认知策略、补偿性策略五个层面。此外，学习策略发展的差异表现在年龄差异和水平差异两个方面。

3．策略教学是指教师系统地教授学习策略，指导学生理解、掌握学习策略，帮助学生形成良好的运用学习策略来学习的习惯，实现学生学会学习的教学活动。在课堂中，学习策略的教学包括观念训练、元认知训练、具体策略训练三个方面。学习策略是多种多样的，不同的策略适用于不同的内容和不同的任务情境，为提高学习者使用策略的有效性，策略教学的具体方法有感受—自控训练法、控制＋监控教学技术、整体综合教学操作。学习活动中的信息加工过程主要包括对信息进行编码、储存和提取等几个步骤，而相应的认知策略则有精加工策略、组织策略、复述策略等。

【实践·反思·探究】

一位中学生的来信

“……现在要学九门课，每门作业都多得像座山。我只能在山底下无力地呻吟，因为我摆脱不了，我得考大学。可是，我觉得我好像只是为了应付作业在做无用功，而不是学知识。在大量的作业面前，我感到力不从心。虽然每天泡在作业里，可每天都有作业完成不了。这到底是为什么？我好像是“作业奴隶”。我觉得自己的学习方法也不正确，因为我整天泡在作业里，所以根本没有时间复习已学过的知识，都是这边学，那边忘。我知道这样很危险，可我无力摆脱。我寻找不到通向成功的道路。我没有时间可以浪费，我浪费不起！每次睡觉前，我总会骂自己没有出息，怎么这么无用。可是，日复一日，还是如此。我真的很痛恨自己。老师，我该怎么办？”

如果你是一位老师，你会如何答复这位同学？

【推荐阅读】

1．刘儒德．高效实用的记忆策略：来自心理学的建议[M]．上海：华东师范大学出版社，2013.

2．刘儒德．学习心理学[M]．北京：高等教育出版社，2010.

第十章　学习风格

【学习目标】

- 掌握学习风格的含义、特征及构成要素。
- 了解洋葱模型、二维认知风格理论以及心理自我管理理论。
- 尝试根据学生不同的认知风格，提出有针对性的教学意见。

【知识导图】

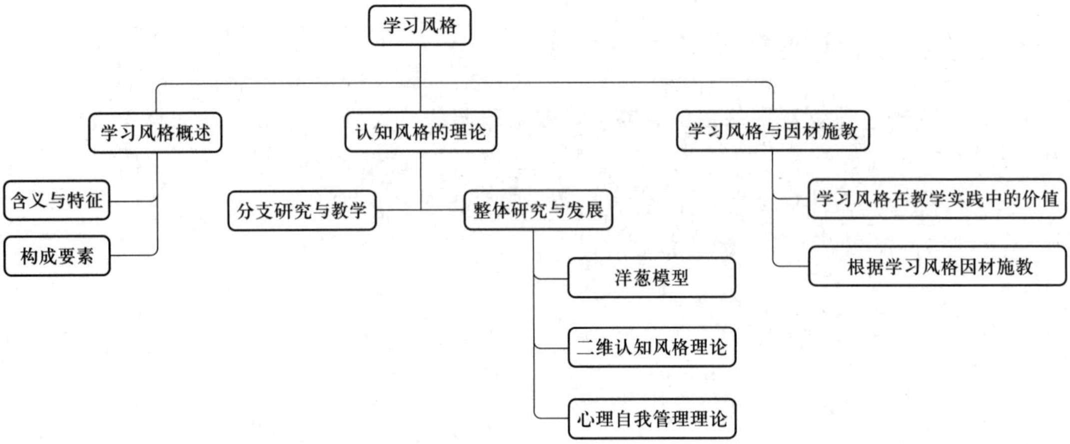

小茗和小雯是初一二班学生，两人在学习过程中都摸索到了一些学习方法。小茗习惯用知识网络来记忆，平时喜欢一个人静静地思考，更喜欢在晚上学习；小雯喜欢与同学一起学习，习惯与同伴相互交流式的学习，需要经常变换学习内容。

可以看出，小茗与小雯的学习方式是很不一样的：一个喜欢安静，一个喜欢热闹。哪种学习方法更好呢？其实判断学习方法是否有效，最重要的是看学习的效果。小茗和小雯身上不同的学习特点，就是我们要介绍的学习风格。

本章在介绍学习风格的含义、特征的基础上，探讨学习风格的构成要素，之后会对学习风格的核心——认知风格进行介绍，最后讨论如何根据学生的学习风格因材施教。

第一节　学习风格概述

在同一个班级里，教师可能会注意到这样一些现象：两个学生能力相当，但是其中一个喜欢按照自己的想法做事，而另一个却希望教师给予明确的安排；有的学生在小组活动和讨论课中表现出色，有的学生则喜欢安静、独立的学习环境。这种表现在学习方式上的差异，就属于学习风格的差异。

一、学习风格的含义与特征

学习风格（learning style）是学习者持续一贯的带有个性特征的学习方式，是学习策略和学习倾向的总和。这里的学习策略是指学习者为了完成学习任务而采用的方法、步骤。学习倾向是指学习者的学习情感、态度、动机、独立性、自制力以及对学习环境、学习内容等方面的偏爱。并非所有的学习策略和学习倾向都属于学习风格范畴，有些学习策略和学习倾向会随学习任务、学习环境的不同而变化，有些则表现出一贯性，成为一种相对稳定的个性特征。那些持续稳定地表现出来的学习策略和学习倾向就构成了学习者特有的学习风格。

从以上描述不难看出，学习风格具有以下三个特点。

1. 独特性

学习风格因人而异，在学习者个体神经组织结构及其机能的基础上，受特定的家庭、教育和社会文化的影响，通过个体自身长期的学习活动而形成，具有鲜明的特性。学习风格就其本质而言，即为学习方式，但“学习方式”这一术语不能标示个体间的差异和个人的独特性，因而采用“学习风格”这一提法。

2. 稳定性

学习风格是个体在长期的学习过程中逐渐形成的，一经形成，就会具有持久稳定性，很少因学习内容、学习环境的变化而变化。尽管有些研究表明，随着年龄的增长，大多数个体会变得更善于分析、深思熟虑、内向慎重，但个体学习风格的特点在同龄人中的相对位置基本保持不变，具有较高的稳定性。

当然学习风格的稳定性并不表明它不可改变。学习风格在形成的过程中具有一定程度的可塑性，对于学习方式和学习习惯都在进一步养成中的中小学生来说，尤其如此。认识这一点，可以增强我们对教育工作的信心。

3. 兼有活动和个性两种功能

具有鲜明个性特征的学习风格与个性特征本身的不同之处在于学习风格对学习活动的直接影响。能力、气质和性格等个性因素对学习的影响都是间接的，都必须通过学习风格这一中介因素作用于学习过程。打上个性烙印的学习风格直接参与学习过程，既让这一过程顺利进行，又使这一过程及其结果受到个性的影响，学习风格的这两种功能始终都是同步作用的。

二、学习风格的构成要素

对学习风格的构成要素，中外研究者从不同的角度进行了分析，形成了不同的观点。我国学者谭顶良在综合这些研究的基础上认为，学习风格的构成要素可以从生理、心理和社会三个层面进行分析。

学习风格的构成要素

邓恩夫妇（R. S. Dunn & K. J. Dunn）将学习风格要素分为五大类：一是环境类，包括对学习环境静闹、光线强弱、温度高低、坐姿正式或随意等的偏爱；二是情绪类，包括动机、学习坚持性、学习责任性等；三是社会类，包括独立学习、结伴学习、喜欢与成人或各种不同的人一起学习等；四是生理类，包括对听觉、视觉等刺激的爱好，学习时吃零食，时间节律等；五是心理类，包括分析与综合、大脑单侧化的作用、沉思与冲动等。

凯夫（J. W. Keefe）把学习风格要素划分成三大类：一是认知风格，包括接受风格、概念化与保持风格等；二是情感风格，包括注意风格、期望与动机风格；三是生理风格，包括男性—女性行为、与健康有关的行为、时间节律、活动性、环境因素等。

奈欣斯（Nations）把学习风格要素分为三大类：一是感觉定向，指对视觉、听觉或动觉的偏好；二是反应方式，包括对单独学习或小组学习、充当参与者或旁观者、依赖他人或自主、支持或质疑的偏好；三是思维模式，指偏爱归纳式或演绎式、深思熟虑或直觉式的思维方式。

以上学者分别从多个角度剖析了学习风格的要素，有许多值得借鉴之处，但都存在不足，如邓恩夫妇分类中的环境类和生理类有重叠之嫌；凯夫对要素的分析过宽，且划分逻辑较为混乱；奈欣斯的分类又过于狭窄。

（一）学习风格的生理要素

学习风格的生理要素主要是指个体对外界环境中的生理刺激（如声、光、温度等），对一天内的时间节律，对接受外界信息的不同感觉通道的偏爱以及大脑功能偏侧化的作用。

1. 生理刺激

在声音方面，学习者对学习的背景声音（或噪声）的偏爱或承受能力是不同的。有的个体在学习时需要绝对安静，有的能容忍声音的干扰，而有些则喜欢在声音背景（如音乐）下学习。

在光线方面，由于生理结构和功能上的差异，个体对光线的感受性有高有低，这导致个体在学习时对光线的明暗要求不等。有的需要光线明亮，有的需要光线柔和。强光会使偏爱弱光的个体情绪紧张，弱光则使偏爱强光的个体提不起精神学习。

在温度方面，不同个体对同样的温度会产生不同的感觉，有的觉得温度适宜，有的则可能觉得太冷或过热。而太冷或过热均会影响学生的注意集中程度。每个学习者适宜的温度略有差异，有的需要室内温暖，有的需要室内凉爽。

2. 时间节律

每个个体对一天中学习时间的偏爱是不同的，不同个体在不同时段的心理状态各不相同，有些人属“猫头鹰”型，长于晚上或深夜学习；有些则属于“百灵鸟”型，在早晨学习时效率高。有的人在上午易于集中注意，而另一些人则在下午学得更好。

3. 感觉通道

依据学习者在识记材料时对某种感觉通道的偏好程度，可将其分为视觉型、听觉型与动觉型。

视觉型学习者对视觉刺激敏感，习惯从视觉通道接受学习材料，例如，书籍、图表等。这样的学习者喜欢通过自己看书和记笔记来学习，不喜欢教师的讲授和灌输。

听觉型学习者偏重听觉刺激，对语言、声响、音乐的接受力和理解力强。他们在学习时甚至喜欢戴着耳机听音乐。学习外语时，他们喜欢多听多说，不太关心具体单词的写法或者句型结构。

动觉型学习者喜欢接触、操作物体，对自己能够动手参与的认知活动感兴趣。他们更习惯通过实验、实习演练、角色扮演等方式学习。

4. 大脑功能偏侧化

大脑功能偏侧化是指左侧或右侧大脑半球谁占优势。右侧脑与直觉、艺术等倾向相联系，其加工方式是视觉的、平行的、整体的、模拟的。左侧脑则与逻辑和系统思维相联系，其加工方式是言语的、系列的、数字的、几何学的、理性的和逻辑的。每个人大脑功能偏侧化的情况不同，在学习不同性质的材料时，学习效果就会有差别。

（二）学习风格的心理要素

学习风格的心理要素包括认知、情感和意动三个方面。认知要素具体表现在认知过程中归类的宽窄、记忆的齐平型与尖锐型、场依存性与场独立性、沉思与冲动、辐合与发散等方面。情感要素具体表现在理性水平的高低、学习兴趣或好奇心的高低、成就动机水平的差异、内控性与外控性、焦虑性质与水平的差异等方面。意动要素则表现为学习坚持性的高低、冒险与谨慎等。其中，认知要素是对学习影响最大，相关研究也最多的层面，所以在下一节中专门介绍。这里只探讨学习风格的情感要素和意动要素与学习动机有关的内控性和外控性、正常焦虑与过敏性焦虑以及学习的高坚持性与低坚持性。

1. 内控性和外控性

内控性和外控性涉及人们对影响自己生命与命运的那些力量的看法。具有内部控制特征（内控性）的学习者相信自己从事的活动（包括学习活动）及其结果是由自己的内部因素决定的，自己的能力和所做的努力能控制事态发展。他们相信奖励依个人的行为而定。

具有外部控制特征（外控性）的学习者则认为自己受命运、运气、机遇和他人的摆布，这些外部复杂且难以预料的力量主宰自己的行为。他们相信奖励不会因自己的活动而出现。当然，在全体人群中，极端的外控者和极端的内控者只是少数，大多数人处于这两个水平之间。

学生持有的不同控制源观念主要通过成就动机、投入任务的精力、对待任务的态度和行为方式、对奖励的敏感性、惩罚或分数对学生的意义、责任心和对待教师的态度等一系列变量来影响学生的学习。

2．正常焦虑与过敏性焦虑

焦虑是指个体对于那些对自己的自尊心构成潜在威胁的情境所产生的担忧反应或反应倾向。焦虑可分为正常焦虑和过敏性焦虑。正常焦虑是指客观情境对个体自尊心可能构成威胁而引起的焦虑，如学生面临重要考试而又把握不大时产生的考试焦虑；个人做错了事感到有可能损害自己形象时产生的焦虑。一般，在威胁消除后，这种焦虑也就减轻或消失。但需要指出的是，正常焦虑并不是指适当水平的焦虑，它同样可能出现过高或过低的不同水平，这取决于自尊心受到威胁的程度。

过敏性焦虑不是因客观情境对自尊心构成威胁而引起，而是由遭到严重伤害的自尊心本身引起。自尊心受伤害程度越大，过敏性焦虑水平越高。对于某些儿童或学生来说，由于他们在成长过程中没有得到外界（主要是父母）的内在认可和评价，从而导致缺乏内在的自尊心和价值感，当他们遭受失败和挫折时，就极易引发过敏性焦虑。

无论是正常焦虑还是过敏性焦虑，它们与学习之间的关系都十分复杂，对学习是起促进作用还是起抑制作用，取决于多方面因素。除了学习者原有焦虑水平的差异之外，学习材料的难易程度、学习者本身的能力水平、学习情境的压力等都会产生影响。

从学习材料的角度来看，当学生学习简单材料时，焦虑对学习会起促进作用。但是当个体面临复杂材料的学习时，过高水平的焦虑则会阻碍学习。对于过敏性焦虑者，当他面临一种新的学习情境，尤其是要解决无现成答案的问题时，往往会产生过分恐慌或焦虑的反应，从而抑制学习，丧失学习信心。

从学习能力的角度来看，一般来说，随着学生能力水平的逐步提高，焦虑对学习成绩的影响会日益失去其消极作用。可见，焦虑对学习究竟会产生何种影响，主要还是取决于学生已有能力水平的高低。

就学习情境压力与焦虑的关系来看，一般是低焦虑者在压力大的学习情境下学习效果较好，而高焦虑者则适合压力较低的学习情境。

针对不同焦虑程度的学生，教师宜采用不同压力水平的教学和测验。对于低焦虑程度的学生，适于采用有较大压力的教学措施与测验类型，因为这类学生的原有动机激发水平较低，这种教学措施与测验类型可适度提高其动机唤醒水平。对于高焦虑程度的学生，若采用压力较低的教学措施和测验类型，则会降低其动机唤醒度，使之焦虑水平由高趋于适中。因此，在学习中，只要教师了解了不同程度的焦虑对学习效果的影响，就可以通过对学习情境的控制使学生处于一种适当的焦虑水平，从而达到有效学习的目的。但对于过敏性焦虑来说，由于个体的焦虑水平与情境刺激并不成比例，教师无法使这类个体处于适当的焦虑水平，这就需要教师在日常教学中通过避免挫折和失败来培养或恢复学生的自尊心，以减少或防止过敏性焦虑的发生。

3．学习的高坚持性与低坚持性

学习的坚持性作为学习风格的意动要素，是指个体为完成学习任务而持续克服困难的能力，通常以学习者每次学习活动持续的时间长短为标志。

在学习过程中，学习者坚持性的高低表现出较大的个体差异。具有高坚持性的学习者在完成一项较困难的任务时，能够坚持不懈，克服困难，面对挫折不气馁，直至最终完成任务；学习坚持性较低的学习者则一遇到挫折就灰心退缩，不能完成规定的任务。在需要学习者克服困难、战胜挫折、运用意志努力的任务中，两种学习者的成绩具有显著的差异，高坚持性者明显优于低坚持性者。对于后者来说，增强学习坚持性是提高学业成绩的一个重要途径。

学习坚持性的高低受到学习情境和学习任务的吸引程度、学习者的态度、动机水平以及成人榜样等多种因素的影响。此外，教师或家长还可以通过提供积极的反馈来改善学习者的坚持性，尤其是根据学习者的个人目标进行反馈，效果更佳。

（三）学习风格的社会要素

学习总是在一定的社会环境中进行的，多少会受到同伴、师长的影响，因而具有社会性。学生在学习的社会要素方面存在着不同的风格。以下是几种常见的影响学习风格的社会要素。

1. 独立学习与结伴学习

有些学习者喜欢独立学习，与其他人在一起时不易集中注意或注意持续时间短，从而使学习效率下降；有些学习者则相反，喜欢与他人一起学习，在集体的环境中相互激励、互相督促，增进学习效率。为了满足所有学生的不同需要，有经验的教师既会提供小组或合作学习的机会，也会给学生留出独立学习的时间。

2. 竞争与合作

竞争与合作均是动机激发的主要手段，有些学生更倾向于通过竞争激发学习动机，而有些则偏爱合作学习，觉得在合作的情境中学习更有安全感。

3. 成人支持

有的学生学习时寻求成人支持，有的只要有人陪伴就好。所以，应根据每个学生的个体差异及不同需要，提供适切的支持或陪伴。

第二节　认知风格的理论

认知风格（cognitive style）属于学习风格的认知要素，是指个体偏爱的组织信息和加工信息的方式，表现为个体对外界信息的感知、注意、思维、记忆和解决问题的方式。在学习风格的各构成要素中，由于认知风格可以用来很好地解释学生在学习活动中所表现出的习惯性的个别差异，心理学家往往特别偏爱对认知风格的研究，使其成为相对情感要素与意动要素来说，现有研究最为丰富的层面。

一、认知风格的分支研究与教学

认知风格的研究始于20世纪40年代。在认知风格的早期研究中，研究者倾向于以认知的某一具体过程或维度为基点去探讨认知风格问题，研究几乎涉及认知的每一具体过程——知觉、记忆、思维、问题解决，并对教学产生了不同程度的影响。以下介绍几种典型的认知风格及其与教学的关系。

（一）认知的知觉风格——场依存型与场独立型

从个体在认知加工中对客观环境提供线索的依赖程度来看，个体的认知风格可以区分为场依存型与场独立型。在已经确立的认知风格种类中，这是被研究得最早、最多的一个领域。

1. 概念和特征

场依存型与场独立型的概念来源于威特金（H. A. Witkin）对知觉的研究。在第二次世界大战期间，飞行员常因机身在云雾中翻滚而失去方位感，造成飞机失事。为了减少类似事故的发生，在飞行员的选拔和培训时，如何测试应征者对空间方位的知觉判断能力就成为需要探讨的问题。威特金设计了一个转屋测验，对个体的知觉过程进行了系统研究。结果发现，有些被试在座椅离垂直线35° 的情况下，仍坚持认为自己是完全坐直的；有些被试则能在座椅与倾斜的房间看上去角度明显不正的情况下，仍能使座椅非常接近于垂直状态。威特金用知觉风格的差异解释了这一实验结果。

他认为，有些人知觉时较多地受他所得到的外部信息的影响；有些人则较多地受到来自身体内部的线索的影响。他把受环境因素影响大的被试称之为场依存型，把不受或很少受环境因素影响的被试称之为场独立型。前者是“外部定向者”，倾向于以外部参照作为信息加工的依据，难以摆脱环境因素的影响。他们的态度和自我知觉更易受周围的人，特别是权威人士的影响和干扰。他们善于察言观色，注意并记忆言语信息中的社会内容。后者是“内部定向者”，倾向于利用自己内部的参照，不易受外来因素的影响和干扰；在认知方面独立于周围的背景，倾向于在更抽象和分析的水平上加工信息，独立对事物做出判断。

威特金等人又通过框棒测验（rod-frame test, RFT）和身体顺应测验（body adjust test, BAT）等进一步做了大量研究，结果表明，场依存型和场独立型认知风格具有以下几个特点。

（1）过程性

场依存型—场独立型认知风格是认知过程变量，而不是认知内容变量。它们指向的是认知过程，而不是认知的内容。也就是说，两种认知风格都可以达到对内容的掌握，只是过程不同。

（2）普遍性

场依存型—场独立型认知风格不仅存在于知觉领域，而且存在于记忆、思维、问题解决以及人格领域。在这些领域，场独立型的人表现出较大的独立性和较少受暗示性，对于那些需要找出问题的关键成分并重新组织材料的任务，容易完成；相对场依存型的人则相反。在社会行为上，场依存型的人喜欢并善于社交，较容易受他人的影响，社会工作能力较强，他们是社会定向的；场独立型的人较不善于社交，较独立自主，对抽象和理论的东西更感兴趣，他们是非社会定向的。

（3）稳定性

个体在场依存型—场独立型连续体上的相对位置往往是稳定的，不因时间的推移而发生太大的变化。威特金曾经对某大学的1584名学生（男女各半）进行了为期10年的追踪研究。在入学时对他们进行测验以确定每个学生的认知风格，一直追踪到他们进入研究院或专业学院，毕业直至工作。结果发现，在大学入学初次选科以及研究院或专业学院中，场独立型的学生往往偏爱需要认知改组技能的、与人无关的学科领域（如各种自然科学），场依存型的学生往往倾向于重视反映人与人关系的学科领域（如初等教育）。大学入学选科与认知风格不符合的学生，在大学毕业或进入研究院后，往往会转到与其认知风格比较一致的学科领域学习，而所选学科符合其认知风格的学生，则往往一直留在原来所选择的学科领域。而且，学生在与他们认知风格一致的学科领域中学习更能取得较好的成绩。

（4）两极性

能力有其自身的价值，因而是单极的，在能力的一端是高价值，在另一端则没有价值，而场依存型—场独立型这个维度是两极性的。例如，偏于场依存型的人在社会敏感性和社会技能上得分高，但在认知改组和人格自主性上却得分低。反之，处于这一连续体另外一端的个体，即偏于场独立型的人，在认知改组技能和人格自主上得分高，而在社会敏感和社会技能上却得分低。在场依存型—场独立型连续体两极的特征是相反的。这个特点也使这一连续体在价值上是中性的，不能说位于某一端就好，位于另外一端就不好。每端的特征都对环境的某些方面有适应价值。

2. 与教学的关系

场依存型—场独立型认知风格与学习有着密切的关系。研究表明，场独立型学习者一般偏爱数学、自然科学，且成绩较好，两者呈显著正相关，他们的学习动机往往以内在动机为主。场依存型学习者一般较偏爱社会科学，他们的学习更多地依赖外在反馈，对人比对物更感兴趣。

场独立型学习者善于运用分析的知觉方式，易于给无结构的材料提供结构，因此，他们比较容易适应结构不严密的教学方法。场依存型学习者则偏爱非分析的、笼统的或整体的知觉方式，他们难以从复杂的情境中区分事物的若干要素或组成部分，喜欢有严密结构的教学，因为他们需要教师提供外来结构，需要教师的明确指导与讲解。场独立型与场依存型学习者在学习上的不同特点如表 10–1 所示。

表 10–1　场独立型者与场依存型者的学习特点

变量	场独立型者	场依存型者
学科兴趣	自然科学	社会科学
学科成绩	自然科学成绩好 社会科学成绩差	自然科学成绩差 社会科学成绩好
学习策略	独立自觉学习 由内部动机支配	易受暗示，学习欠主动 由外部动机支配
教学偏好	结构不严密的教学	结构严密的教学

区分场依存型与场独立型认知风格的差异，对因材施教具有重要的意义。教师应注意识别学生认知风格的“场”的定向，一方面发挥不同认知风格学习者的特长，另一方面采取适当的措施弥补其认知风格上的缺陷。例如，教师可指定场独立型学生完成某些要求社会敏感性的任务，也可要求场依存型学生完成应用分析性技能的单独工作。

（二）认知的问题解决风格——冲动型与沉思型

根据个体在信息加工、形成假设和解决问题过程中的速度和准确性，可以把个体的认知风格区分为冲动型和沉思型。

1．概念和特征

【微课】冲动型与沉思型

卡根（J. Kagan）等人曾对认知速度进行过深入研究。他编制了匹配相似图形测验，要求儿童尽快从一组相似图形中找出目标图片。结果发现，有的儿童一直有一种迅速确认相同图案的欲望，他们急忙做出选择，犯的错误较多；有的儿童则采取谨慎小心的态度，他们做出的选择比较精确，但速度较慢。由此可以识别出冲动型和沉思型两种不同的认知风格。

冲动型学习者在碰到问题时倾向于很快地检验假设，根据问题的部分信息或未对问题做彻底的分析就仓促做出决定，反应速度较快，但容易发生错误。沉思型学习者则倾向于深思熟虑，用充足的时间考虑、审视问题，权衡各种问题解决的方法，然后从中选择一个满足多种条件的最佳方案，因而错误较少。总之，冲动与沉思涉及在不确定的情境中，个人对自己解答的有效性进行思考的程度。研究表明，约30%的学前儿童和小学儿童都属于冲动型，当然，并非所有反应快的学生都属于冲动型，有的可能是由于对任务很熟悉，或者是思维很敏捷的缘故。

研究发现，与冲动型学生相比，沉思型学生表现出更成熟的解决问题策略，更多地提出不同的假设。而且，沉思型学生能够较好地约束自己的动作行为，忍受延迟性满足，比冲动型的学生更能抗拒诱惑。此外，沉思型学生与冲动型学生的差别还在于：沉思型学生往往更容易自发地或在外界要求下对自己的解答做出解释；冲动型学生则很难做到，即使在外界要求下必须做出解释时，他们的回答也往往是不周全、不合逻辑的。

2．与教学的关系

认知速度的差异与智力分数无关，但与学校中的学习成绩有关。一般来说，沉思型学生在阅读、再认测验及推理测验中的成绩好于冲动型学生，而且在创造性设计中也表现优秀。相比之下，冲动型学生往往阅读困难，较多表现出学习能力缺失，学习成绩常不及格。这可能与学校测验比较注重对细节的分析，而冲动型学生擅长从整体上分析问题有关。不过，在某些涉及多角度的任务中，冲动型学生则表现较好。

在课堂教学中，教师应该让学生认识到，要迅速、准确地解决熟悉而容易的问题，而审慎、认真地对待生疏而较困难的问题。另外，由于冲动型认知风格时常会掩盖学习者解决问题的实际能力，尤其是那些需要仔细辨别的阅读、推理之类的任务会使实际能力不能很好地被发挥。因此对冲动型儿童进行训练具有特别的意义。心理学家着手设计一些训练方法，对这些儿童的不良认知方式进行纠正。研究表明，单纯提醒儿童，要他们慢一些做出反应，对他们并无帮助。但教他们具体分析、比较材料的构成成分，注意并分析视觉刺激，对他们克服冲动型认知行为较为有效。

另一种极具价值的教学技术是自我指导训练。具体步骤是让冲动型学生大声说出自己解决问题的过程，进行自我指导。当获得连续成功以后，由大声自我指导变成轻声低语，而后变成默默自语。这种训练的实质是让冲动型学生在问题解决过程中通过自我对话来监控自己的思维。例如，“现在我们来看……问题是要求三角形的面积……那么求三角形面积的公式是什么呢？……哦，先别忙着求面积，要把题目中的已知条件弄清楚，我最容易犯的毛病是题意还没有弄清楚就急匆匆地答题”。让冲动型学生对自己的思维加工保持一定的注意，可以尽量减少其冲动倾向而提高他们解决问题的一般技能水平。

（三）认知的记忆风格——齐平型与尖锐型

根据个体在将信息“吸收”到个人记忆中表现出的差异，可以把个体的认知风格区分为齐平型与尖锐型两类。

1. 概念和特征

霍尔兹曼（P. S. Holzman）和克莱因（G. S. Klein）在1954年首先使用齐平型与尖锐型来描述个体在记忆加工中的个体差异。他们发现，在完成视觉任务时，某些个体过于简化他们的知觉，而另外一些个体则倾向于以一种复杂的、分化的方式来知觉任务，很少显示出同化。由此可以区分出齐平型与尖锐型两种不同的认知风格。

具有齐平型风格的个体倾向于将相似的记忆内容混淆起来，或倾向将知觉到的对象与先前的经验中得出的相似事件联合起来，被记忆对象的差异往往会被丢失，或弄得模糊不清，难以精确回忆。与此相对，具有尖锐型认知风格的个体倾向于不将记忆中相似的事件进行混淆，甚至可能夸大相似记忆内容之间的较小差异，能觉察出新旧信息的细微不同和变化，从而能精确回忆。齐平型—尖锐型的认知风格特性源于观察，它们在个人身上具有一致型。霍尔兹曼发现这两种风格会在各种知觉信息的场合起作用，包括视觉、听觉、动觉以及对语义信息的知觉。

2. 与教学的关系

齐平型与尖锐型两种记忆倾向，反映了学习者精确的或模糊的记忆及保持所接触的信息的能力。尖锐型风格的学生，最初对新旧学习材料进行了精细分化，并用合理的方式进行了识记，他们比齐平型的学生更易检索并使用已有信息。而齐平型者，不能对新旧材料进行精确分化，只对材料进行大致笼统的记忆。而学生在学校获得成绩的好坏，又与能否精确记忆有紧密的关系。

有研究者将齐平型与尖锐型看作一种个体发展的现象。研究发现，齐平型较多是年幼学生的特征，而尖锐型较多是年长学生的特征。这可能意味着那些仍带有齐平型特征的年长学生，其记忆力没有得到有效的发展，应通过有效的训练加以改进。

（四）认知的逻辑推理风格——序列型与整体型

根据个体在学习以及问题解决过程中所采用的逻辑推理方式，可以区分出序列型与整体型两种认知风格。

1. 概念和特征

英国心理学家帕斯克（G. Pask）曾经让学生对一些想象出来的火星上的动物图片进行分类，并形成自己的分类原则。在学生做完分类任务后，要求学生报告他们是怎样完成这项学习任务的。结果发现，学生在使用的假设类型以及建立分类系统的方式上，都表现出很大的差异。有些学生把精力集中在一步一步的策略上，他们提出的假设一般比较简单，每个假设只包括一个属性，也就是说，从一个假设到下一个假设以直线的方式进展。而另一些学生则倾向于使用比较复杂的假设，每个假设同时涉及若干属性，他们是从全盘考虑如何解决问题的。据此，可以区分出序列型和整体型两种不同风格的学生。

序列型学生努力探索具体明确的材料，倾向于考察较少的材料，利用逐步的方法来证实或否定他们的假设。整体型学生倾向于检验较多的特征或假设，喜欢搜集大量的材料，努力探索某种方式和关系。序列型学生在学习、记忆和概括一组信息时，习惯吸收冗长的序列型数据，不能容忍不相关的信息（即信息间呈现出“低序列”的关系）；整体型学习者的表现与此相反，学习、记忆和概括时将信息作为一个整体对待，他们倾向于把握“高层次”的关系。

2．与教学的关系

采取整体型策略的学生在从事学习任务时，往往倾向于对整个问题涉及的各个子问题的层次结构，以及自己将采取的方式进行预测，而且，他们的视野比较宽，能把一系列子问题组合起来，而不是一碰到问题就立即着手一步一步地解决。采取序列型策略的学生，一般会把重点放在解决一系列子问题上。他们在把这些子问题联系在一起时，十分注重其逻辑顺序。由于他们通常都按顺序一步一步地进行，所以，只是在学习快结束时，才对所学内容形成一种比较完整的看法。如果他们要使用类比或图解等方法，也是比较谨慎的。帕斯克发现，这两组学生在学习任务结束时，都能达到同样的理解水平，尽管他们达到这种理解水平时所采取的方式是完全不同的。

如何针对这两类学生进行有效教学呢？帕斯克曾经让两种风格的学生分别学习与其习惯采取的风格匹配或不匹配的学习材料。结果表明，匹配组与不匹配组学生的分数几乎没有任何重叠。这就是说，在匹配条件下学习的学生，都能够回答有关他们学习过的绝大多数问题；而在不匹配条件下学习的学生，一般都不及格。这一研究对于教学实践具有重要意义，它表明：教师需要为学生提供一种适合使用其偏好的学习方式来学习的机会。如果教师采取某种比较极端的教学方法，那么，必然会有一部分学生感到难以适应，从而影响其学习。但这并不意味着教师没有一种途径可以促进所有学生的学习。帕斯克认为，关键是要在教学前先给学生提供一定的信息，使这些信息与学生已有的认知结构相互作用，激发学生对学习意义的理解。

（五）认知的思维风格——辐合型与发散型

根据个体在解决问题过程中的思维倾向，可以把个体的认知风格区分为辐合型和发散型两种类型。

1．概念和特征

由吉尔福特（J. P. Guilford）提出的辐合型—发散型认知风格最初被用来区分两类人：一类是在处理具有常规答案的问题时表现出较强的能力，答案可以从给定的条件中推导出来；另一类人在处理具有不同答案的可能性问题时表现出高度的熟练性。辐合型思维者在智力测验中的表现要比在开放式测验中好，而发散型思维者恰好相反。换一个说法，前一类思维者不擅长辨别没有进行明确区分的信息。有研究者发现，发散型思维者更具冲动性，思维广阔，热情，兴趣较广，可靠性差，女性气质明显，想象力丰富。辐合型思维者则倾向于谨慎、情绪冷淡，兴趣不广，可靠性强，想象力不够丰富，男性气质明显。发散型思维者的兴趣超出课程内容，喜欢阅读和了解流行的事物和艺术，而辐合型思维者则对汽车、广播、模型制造、爬山野营和自然有兴趣。

2．与教学的关系

研究发现，那些辐合型认知风格的学生，偏好形式性的问题和结构化的、需要逻辑思维的任务。相比之下，那些发散型认知风格的学生，偏好目标更为开放、需要创造性的任务。对常规任务或熟悉的、可预料的并且需要一个正确答案的任务，发散思维者更可能做出消极反应。在学科兴趣方面，大多数辐合型个体喜欢选择自然科学，尤其是物理作为自己的专业或职业；而发散型个体喜欢选择人文科学，尤其是现代文学、现代语言作为自己的专业或职业。研究者认为，学生表现出来的这种兴趣以及与之相联系的认知能力，与他们接受的早期教育有关。辐合型个体所做出的反应，可能与他们小时候接受家长的指令太多，情绪上受过压抑有关。

尽管发散思维是一种非常宝贵的认知品质，但由于许多发散思维可能与常规的、熟悉的、所期望的乃至“正确的”观点相对立，甚至发生冲突，所以它常常被教师视为令人烦恼的、具有破坏性乃至威胁性。研究发现，尽管所有的学生智力水平相当，而且发散型学生更具有想象能力和创意，但是教师还是更喜欢低发散思维（如从众、听话）的学生，而不是具有高发散思维的学生。因此，对教育工作者来说，也许更为重要的是，要善于识别不同认知风格的学生，尤其是要充分了解发散型学生的个人特征，并给予高度理解和欣赏。

二、认知风格的整体研究与发展

心理学家普遍认为，在过去的研究中，对认知风格类型的划分太过繁杂，有碍于研究的进一步深入。而实际上，这些类目繁多的认知风格类型大多是从某个侧面对几种基本认知风格类型或维度贴的标签。因此，对所提出的认知风格类型进行分析梳理，探索其内在结构特征的整体研究成为认知风格研究的一个特色。其中，影响最大的是柯里（L. Curry）的洋葱模型、赖丁（R. Riding）的二维认知风格理论和斯滕伯格（R. J. Sternberg）的心理自我管理理论。

（一）洋葱模型

柯里提出，人格、认知风格和行为风格是相互作用、有机结合的。他把这三者的关系形象地比喻为一个“洋葱”。处于最深层的人格类型，是人最稳定、最不易改变的特征，它是个体改造和同化信息的倾向，不直接与环境相互作用，但它是最基本的、相对稳定的人格维度，在观察个体行为时只有通过许多学习材料才能发现。

中间层是信息加工风格或认知风格，它受人格因素的制约，受环境影响可以改变，该层比最外层稳定，但仍能被学习策略加以修改。它处在基本人格水平的个体差异和学习环境的交叉上，是个体处理信息的加工方式的特征。

处于最外层的教学偏好是最不稳定、最易受影响的，它最能展现学习环境、学生的愿望、教师的期望和其他外在特征。

柯里认为，个体的学习行为首先受到最内层的人格维度的限制，经过中间层的信息加工维度，再通过与外界因素的相互作用，最后才体现在最外层的教学偏好上。

（二）二维认知风格理论

赖丁等人在对前人提出的各种认知风格类型进行综合考察后认为，所有的认知风格都可以从两个维度上加以分析：整体—分析和言语—表象。

整体—分析风格维度与个体在组织信息过程中是倾向于从整体上把握，还是倾向于从各个局部把握相联系；言语—表象风格维度与个体在思维过程表征信息时是倾向以言语的形式相联系，还是倾向以表象的形式相联系。这是认知风格的两个“家族”，赖丁用因素分析方法证实了这一假设。

1．整体—分析维度

赖丁等人认为，整体型的人倾向于领会情境的整体，对情境能够形成整体的看法，重视情境的全部，对部分之间的区分是模糊的或干脆不区分，倾向将信息组织成整体。相反，分析型的人把情境看成部分的集合，常常集中注意情境的一两个部分而无视其他方面，可能曲解或夸大部分，倾向把信息组织成轮廓清晰的概念集。

整体型的人积极的一面是在考虑当前情境时，看到了整体的“图景”，对整体有均衡的看法，能够在整体中理解情境；消极的一面是将信息划分成有逻辑的部分时有困难，对图形和言语形式的信息去隐蔽能力都较差。分析型的人积极的一面是他们能将信息分析成部分，并善于找出相似性和差异性，这使得他们能够快速地进入问题的核心；消极的一面是他们不能形成整体的均衡观念，将信息整合成整体时有困难，他们或许注意到了一方面特征而不顾其他，并且以不适当的比例夸大这一特征。按照赖丁的观点，前面所述的五种认知风格均属于整体—分析风格维度，如表 10–2 所示。

表 10–2 五种认知风格所属的维度

整体	分析
场依存型	场独立型
冲动型	沉思型
齐平型	尖锐型
整体型	序列型
辐合型	发散型

2. 言语—表象维度

心理学家佩维奥（A. Paivio）提出了长时记忆信息如何被加工储存的理论，即双重编码说。他认为，长时记忆的信息以视觉表象和言语表征两种形式储存。赖丁以此理论为基础，进一步分析了言语—表象维度在认知过程中的特点。

赖丁认为，大多数人能够利用视觉表象和言语表征两种形式，但是，有一些人具有利用其中一种方式的倾向。那些倾向于用视觉表象的形式进行思维的人被称为表象型的人，倾向于用词的形式进行思维的人被称为言语型的人。

许多研究表明，言语型的人在言语作业方面做得更好；表象型的人在具体的、描述性和表象性的作业上做得更好。当言语—表象方式与呈现的学习材料不匹配时，学习者获得的成绩往往也较差。赖丁等人还考察了言语—表象方式和内—外倾之间的关系，发现言语型的人往往是外倾的，表象型的人是内倾的。

（三）心理自我管理理论

斯滕伯格在总结前人学习风格理论的基础上提出了心理自我管理理论，从整合的角度对认知风格进行研究。该理论把人的思维和国家的管理相类比：认为不同国家有不同的治国方式，不同的人也有自己的一套自我组织和管理的思维风格，它体现在一个人学习、生活和工作的方方面面。一个人的自我管理方式是多种认知风格的组合，包括功能、形式、水平、范围和倾向五个方面，共 13 种具体风格。

心理自我管理的功能包括三种不同风格：立法型风格、执法型风格和司法型风格。具体说，立法型风格的人喜欢创造和提出计划，按自己的思想和观点做事，喜欢自己做出决定，不喜欢执行由他人建构好的任务。执法型风格的人喜欢按给定的结构、程序和规则做事，不是特别喜欢创造；他们很高兴去做别人要他们去做的事情，遵循常规。司法型风格的人喜欢分析和判断已有的事物和方法，喜欢对规则和程序进行评价。对大部分人来说，这三种功能中的其中一种是占主导地位的。

心理自我管理的形式包括专制型、等级型、平等竞争型和无政府型。专制型风格的人思想简单，在一段时间内只能处理一件事物或一个方面，做完一件事再做另一件事，处事时不易受到外界的干扰。等级型风格的人可以同时面对多种事物，并把要处理的事物按重要性进行排序，有很好的秩序感，处事有条理。平等竞争型风格的人常常面临多种有冲突的目标，但不能对事物按重要性进行排序，因而不能很好地分配时间、资源等，时常感到有压力或无所适从。无政府型风格的人会极其灵活地、随心所欲地工作，他们在无结构的、没有清晰程序可遵循的环境下表现最好。

心理自我管理的水平主要有两种：全局型和局部型。全局型风格的人喜欢处理大的、整体的、抽象的事物，忽视细节，喜欢概念化的、观念化的任务。局部型风格的人喜欢处理具体的、细节的事物，他们比较实际但看不到全局。

心理自我管理的范围可分为内倾型和外倾型。内倾型风格的人是任务导向的，他们喜欢独立工作，对人际问题不敏感，喜欢将自己的智能应用到独立于其他人的工作中。外倾型风格的人是人际导向的，喜欢与他人一起做事情或在团体中完成工作，对人际问题比较敏感。

心理自我管理的倾向包括保守型和激进型。保守型风格的人喜欢遵从现有的规则和程序，喜欢做熟悉的工作，避免模糊与变化的情境。自由型风格的人喜欢面对不熟悉、不确定的情境，超出现有的规则和程序，对变化的容忍力高。

以上就是斯滕伯格心理自我管理理论中的 13 种认知风格。斯滕伯格认为，并非每个人只具有其中的一种风格，每个人具有的都是一系列的认知风格。这 13 种认知风格在每个人身上都有不同程度的体现，只是各种风格的强度不同。而且，人们在某种认知风格上的强度会随着任务和情境而发生变化。

斯滕伯格等人还编制了一系列认知风格测验来进行操作化的研究。结果发现：第一，学生根据他们的个人特点和学习环境而在他们的认知风格上有所不同；第二，教师在教学中的认知风格会根据他们的个人特点、教学经验以及学校环境而不同；第三，如果学生的认知风格与他们的教师相匹配的话，他们更有可能在学业上获得好成绩；第四，学生的认知风格对他们的学业成绩有贡献，并且这一贡献超过了通过自我评定和成就测试所评估的能力所解释的贡献。

这些研究是很有教育意义的。它启示教师，某些教育和评估方法可能只对某些认知风格的学生有利，而对其他认知风格的学生不利。因此，为了适合更多认知风格的学生的实际需求，在教学中应尽量使用多种多样的方法和活动。表 10–3 列出了三种认知风格的特点以及为此而设计的教育和评估活动。

表 10–3 心理自我管理理论的三种认知风格[①]

风格类型	特点	教学含义
立法型	喜欢创造，制定和计划问题解决的方案，并喜欢以自己的方式来做事情	喜欢选择论文或课文的主题，能够自己设计实验，并安排自己的学习时间
执法型	喜欢执行计划，遵循规范，以及从既有答案中做出选择	不喜欢自己确定论文题目或解决方案，倾向从提供的论文主题中进行选择，或做多项选择测验
司法型	喜欢评价规则、程序或结果	喜欢对两种事物进行比较或对比，或者分析某种观点

总的来说，柯里、赖丁和斯滕伯格等人的工作对以往的研究发现进行了系统整理，提出了认知风格的综合性结构框架，发展了相应的评价工具，对所提理论的结构效度进行了验证，这一系列研究代表着认知风格研究的新进展。

第三节 学习风格与因材施教

学习风格差异是学生个别差异的重要方面，也是客观存在的事实。对学习风格进行研究的一个主要目的，就是帮助教师更深入地认识学生的个性特点，并据此采取相应的教学措施，真正做到因材施教。

一、学习风格在教学实践中的价值

了解学生存在的个别差异是因材施教的前提。过去，对于学生的个别差异，我们考虑得比较多的是能力方面。学习风格为我们理解学生的差异提供了一种更有开发价值的角度，也为教师如何更好地进行因材施教提供了客观依据。

首先，学习风格参与并调控学习活动的进行，对学习进程所起的作用更直接。而能力、气质、性格等其他个别差异对学习的影响都要通过学习风格这一中介才能得以实现。从这一点看，教师如果不了解、不重视学生的学习风格，是无法帮助学生充分发挥他们的学习潜力从而提高教学效果的。

其次，学习风格在总体上并无好坏之分，每一种学习风格都有其适应特殊环境的价值，这是它与能力最显著的区别之一。学习风格的这一特性意味着，只要教师能够采取适当的措施适应学生的学习风格，无论哪种风格类型的学习者都能在学习中取得成功。这无疑将大大增强教师和学生双方的信心。

第三，学习风格将能力和人格统一起来，使我们能够从整体上对学生进行分析，从而有助于更有效地促进学生的全面发展。在心理学研究中，能力和人格作为个别差异的重要方面，一直受到众多研究者的关注。人作为一个整体，其能力与人格两方面始终是相互联系，密不可分的。观察与分析一个人的时候，也应当将能力与人格结合起来考察。学习风格作为一种将能力与人格结合在一起的整合的概念，恰恰提供了一种可以满足这种需

① STERNBERG R J, WILLIAMS W M. 教育心理学 [M]. 张厚粲，译 . 北京：中国轻工业出版社，2003: 132.

求的中介变量。作为具有个性特征的能力表现方式，学习风格可以较好地预期一个人的兴趣、学科偏好及成绩，并与人的学习行为密切相关，因而为全面分析学生开辟了新的途径。

第四，在某些时候，学习风格也有助于更好地解释学生的成就表现。过去，当教师们思考为什么有的学生学得又快又好，而有的学生学得又慢又差时，总是从能力角度去分析。但是当仅以能力作为预测学生学业成就的指标时，教师却常常发现能力相同的学生也表现出了不同的学业成就。事实上，由于学生的学习风格不同，可能会导致他们不同的兴趣或偏好，使得他们在不同的学科领域中有不同的表现。例如，一个场依存型学习风格的学生，可能会由于他不能将自己与知觉到的环境分离开来而在阅读中遇到障碍。而一个冲动型学习风格的学生则可能由于他马虎、不认真的倾向而导致较低的学业成绩。这些情况都超出了能力所能解释的范围。而对学生进行学习风格的分析则可以帮助老师更好地理解学生的表现，并给予及时有效的指导。

二、根据学习风格因材施教

学习风格的重要作用决定了教师必须在实际教学中充分重视学生的学习风格特点，并将其作为教学的依据。那么，如何根据学生的学习风格特点进行教学呢？

【微课】学习风格与因材施教

（一）适应学习风格差异的教学内涵

任何一种学习风格，既有其优势、长处，也有劣势、不足，既有促进学习的一面，也有阻碍学习的一面。教育的最终目的就是要充分发挥其长处，弥补其不足。因此，适应学习风格差异的教学至少应包含两方面的内容：一是采用与学习风格中的长处或学习者偏爱的方式相一致的教学对策；二是针对学习风格中的短处进行有意识弥补的教学策略。前者称为匹配策略，后者称为有意失配策略。

匹配策略有利于知识的获得，可使学生学得更快、更多，但却无法弥补他们在学习方式或功能上的不足。有意失配策略在开始时可能会在一定程度上影响知识的学习，表现为学习速度慢、数量少，但从长远来看，它可以弥补学生学习方式或功能上的不足，促使其心理机能或素质各个方面全面发展。此外，由于学习任务、学习情境千变万化，在某些情境中，学习者必须利用自己某种薄弱的学习方式或技能才能掌握学习内容，所以对这些短处进行弥补是十分必要的。

具体说来，在适应学习风格差异的教学中，教师必须做到以下几点。

首先，教师必须识别学生的学习风格。学生的学习风格可以借助量表来识别，也可以通过对学生学习行为的日常观察分析而得到。在缺乏量表的情况下，可主要采用叙述方法，关键是教师对学习风格这一概念要有清晰的认识并予以足够的重视，明确它的范围、因素及其在学习活动中的表现，通过对学生课内外活动的观察及作业分析，辨清各学生学习风格的长处和短处，为教学方法、教学策略的选择与运用提供基本依据。此外，学生本人往往意识不到自己的学习优势或劣势，这就要求教师给予提醒，并教会他们识别自身学习风格的方法，通过自我识别、自我意识，在教师的帮助之下扬己之长，补己之短。

其次，在课堂教学中，教师必须灵活采用多种教学方式。一方面，学习风格具有独特性，不同的学生可能喜欢用不同的方式学习，采用多种教学方式可以对不同风格的学生均衡地实施匹配策略，使每类学生均有机会按自己偏爱的方式接受教学影响，让他们学得更轻松，体会到更多成功的快乐和喜悦，从而增强学习热情和学习动力。反之，如果教师总是采用某种方式教学（这种方式本身或许也反映了教师自己的教学风格），则必然会导致教学在部分学生身上的失败。例如，在中小学生中，有相当一部分人喜欢通过动手操作来学习，而传统的学校教育则主要通过视觉和听觉刺激方式呈现教学内容，这就使得这一部分学生因长期无法得到匹配教学而成为“差生”。另一方面，多样化的教学方式也使学生有机会对自己学习风格中的短处、劣势进行弥补。当教师的一种教学方式与某些学生的学习风格匹配时，他所采用的其他教学方式自然就与这些学生的学习风格失配，而与另外一些学生匹配。这样，通过均衡的匹配与失配，就能促使各种风格的学生扬长避短，得到全面发展。

最后，在课后的学业评价上，教师必须采用多样化的评价方式。能力与风格以复杂的方式相互联系，二者的相互作用决定着个体的表现。一个人在完成与自己的认知风格相匹配的任务时，会表现出较高的能力；当完成与自己的认知风格不匹配的任务时，则会表现出较低的能力。同样，两个基本能力相当的个体，也会因任务与风格的匹配程度不同而有不同的成就表现。对能力的单一评价可能因其与风格的相互作用而产生偏差，从而无法对不同风格的学生进行有效的测量并使其得到公正的评价。因此，在教学实践活动中，应尽可能采用多样化的评价方式以适应不同学习风格类型学生的需要，从而得到关于其学业能力的真实可靠的评价。

（二）适应学习风格差异的教学策略

学习风格在生理、心理及社会三方面的要素可以为教师制定相应的教学策略提供依据。下面是根据学生的学习风格制定教学策略的两个典型例子。

1. 依据学习风格的生理要素制定教学策略

研究者对不同感觉通道偏好的学习者制定了相应的教学策略，如表 10–4 所示。

表 10–4 视觉型、听觉型、动觉型学习者的学习特征与教学策略[①]

类型	特征与策略			
	长处	短处	匹配策略	有意失配策略
视觉型	长于快速浏览，接受视觉效果好，易看懂图表，书面测验得分高	接受口头指导难，不易分辨听觉刺激	阅读、多媒体（电视、电影）放映、实验演示、榜样示范	做笔记、把学习内容录下来反复播放
听觉型	长于语音辨析，接受口头指导效果好，口头表达能力强，日常表现优于考试结果	书面作业与抄录困难，运动技能差	讲授、讨论、谈话、播音	做笔记、阅读、多媒体放映

① 谭顶良 . 学习风格的研究及其在教学实践中的应用 [J]. 江苏高教，1998(5): 56–58.

续表

类型	特征与策略			
	长处	短处	匹配策略	有意失配策略
动觉型	运动节律感、平衡感好，书写整洁，易操作装配事物	通过视觉、听觉接受信息欠佳，书面测验分数欠佳	做笔记、实验、实习练习、角色扮演	讲授、阅读、多媒体放映、播音

2. 依据学习风格的认知要素制定教学策略

以场独立型与场依存型学习风格为例，研究者根据其在阅读学习中的特点提出了相应的教学策略。场独立型学习者善于理解、记忆文章中的具体细节或部分，但往往把握不住文章的主题；场依存型学习者正相反，能掌握文章总的框架结构或基本思想，但不能分析清楚文中的具体细节。所以在教学中，应着重训练前者的整体综合能力，如要求他们在分析的基础上揭示文章主题；对后者则应着重训练其对细节的分析，如要求他们理清文章脉络，并帮助他们列出提纲，促进理解、记忆。

但是，也有研究者认为，尽管学习风格的适配性是一个十分重要的问题，但在教育过程中不可能去调整指导计划和课程以适应所有学生的学习风格，在现实教育当中也不可能按照学习风格对学生进行分类教学。不仅如此，从实践的角度来看，学生所表现出来的个体差异也不仅仅只是学习风格一种，因此学习风格的个体差异也不可能在教育计划的制订上得到特殊的考虑，那么学习风格对现实教育的启示作用如何实现呢？

研究者认为，针对学习风格，教师的一个重要策略是在教学中充分利用对时间的控制。不同认知风格的学生在解决特定任务时所需时间有差异，比如，一个分析型的学生可能并非不能反映整体，但这需要时间和鼓励，尤其是在编码阶段。每个人获得一定水平的技能所需时间都是不一样的。这是教育心理学的基本原则，对学习风格的教育应用有特别启示的作用。

【本章小结】

1. 学习风格是学习者持续一贯的带有个性特征的学习方式，是学习策略和学习倾向的总和。学习风格具有三个特征：独特性、稳定性、兼有活动和个性两种功能。

2. 学习风格可以从生理、心理和社会三个层面进行分析。学习风格的生理要素主要指个体对外界环境中的生理刺激，对一天内的时间节律，对接受外界信息的不同感觉通道的偏爱以及大脑功能偏侧化的作用。学习风格的心理要素包括认知、情感和意动三个方面。其中，与学习动机有关的内控性和外控性、正常焦虑与过敏性焦虑、学习的高坚持性与低坚持性对教学有重要价值。学习风格的社会要素包括独立学习与结伴学习、竞争与合作以及是否需要成人支持等内容。

3. 认知风格是指个体偏爱的组织信息和加工信息的方式，表现为个体对外界信息的感知、注意、思维、记忆和解决问题的方式。在认知风格的早期研究中，产生了众多的认知风格类型，比较典型的有：根据个体在认知加工中对客观环境提供线索的依赖程度而划分的场依存型与场独立型；根据个体在信息加工、形成假设和解决问题过程中的速度和准确性而划分的冲动型和沉思型；根据个体在将信息“吸收”到个人记忆中表现出的差异而划分的齐平型与尖锐型；根据个体在学习以及问题解决过程中的不同逻辑推理方式而划分的序列型和整体型；根据个体在解决问题过程中的思维倾向而划分的辐合型和发散型。不同的认知风格对教学有不同的作用。

4. 认知风格的后期研究更为整合，影响较大的有三个理论。一是柯里根据人格、认知风格和行为风格的关系提出的“洋葱”模型；二是赖丁的二维理论，认为所有的认知风格都可以从整体—分析和言语—表象两个维度上加以分析；三是斯滕伯格的心理自我管理理论，提出了包括自我管理的功能（立法型风格、执法型风格和司法型风格）、形式（专制型、等级型、平等竞争型和无政府型）、水平（全局型和局部型）、范围（内倾型和外倾型）和倾向（保守型和激进型）五个方面的13种思维风格。

5. 学习风格具有重要的教学实践价值，适应学习风格差异的教学至少应包含两方面的内容：一是采用与学习风格中的长处或学习者偏爱的方式相一致的教学对策；二是针对学习风格中的短处进行有意识弥补的教学策略。为此，教师必须识别学生的学习风格；灵活采用多种教学方式；采用多样化的评价方式。

【实践·反思·探究】

1. 什么是学习风格？它由哪些要素构成并有何特点？

2. 什么是认知风格？五种认知风格各自的特点是什么，对教学有何意义？

3. 适应学习风格差异的教学的含义是什么？如何针对不同类型的学习风格进行因材施教？

【推荐阅读】

1. 程宏宇．认知风格影响课堂学习行为机制初探：基于跨文化比较研究的视角 [M]. 杭州：浙江大学出版社，2012.

2. 康纳．聪明的孩子是如何学习的 [M]. 朱可静，译．北京：九州出版社，2017.

第十一章　学习迁移

【学习目标】

- 理解学习迁移的含义和分类。
- 理解并掌握学习迁移的理论。
- 根据学习迁移规律进行教学，促进学生的学习迁移。

【知识导图】

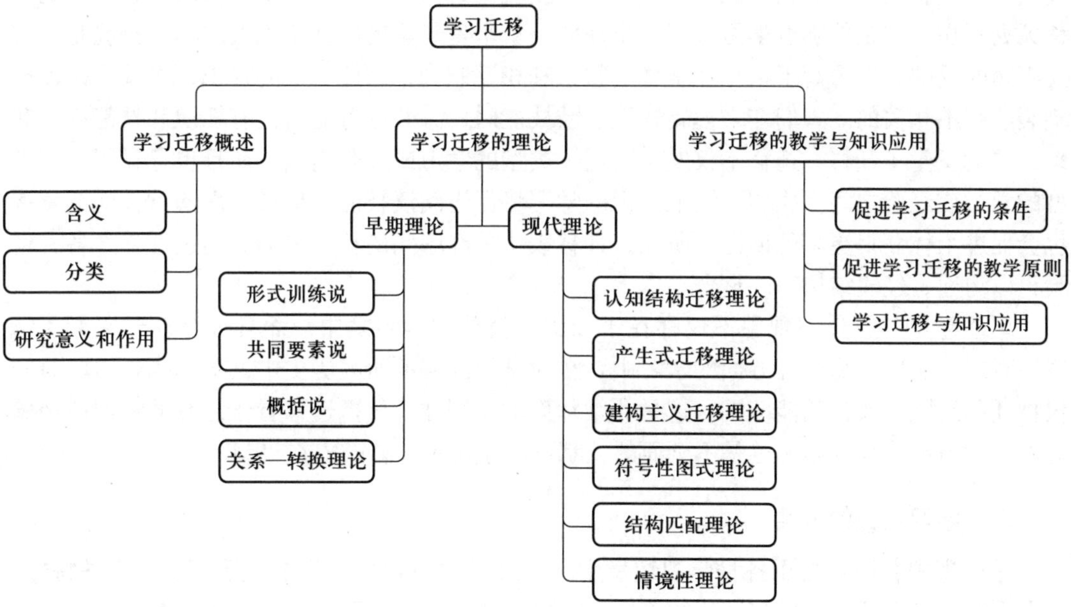

你是否曾有过这样的经验：当你千辛万苦地学会了骑自行车之后，发现再去学骑摩托车要比想象中容易得多；当你理解了“加法交换律”之后，对“乘法交换律”的学习要轻松得多；如果你读高中时认真学过生物，那么现在对生理心理学的学习和理解就会更快一些；如果你从小习得闽南语，那么将有助于你对日语的学习……

这种类似“举一反三”“触类旁通”的学习现象，就是本章将要探讨的学习迁移。本章将介绍学习迁移的含义、分类，不同的研究者如何解释学习迁移现象，以及如何根据学习迁移的规律，在教学过程中实现“为迁移而教”，真正提高教学成效。

第一节 学习迁移概述

布鲁纳曾提出：学习的最终目的是为人的终身发展提供服务，服务的方式是多种多样的，但有两种方式是不可或缺的，一种是通过学习去适应某些工作，心理学家将之称为训练的特殊迁移，另一种则是原理和态度的迁移。

一、什么是学习迁移

学习迁移（transfer of learning）是指一种学习对另一种学习的影响，即学生获得的知识经验、认知结构、动作技能、学习策略和方法等与新知识、新技能之间所发生的影响，其实质是经验的整合。它广泛存在于知识、技能与行为规范的学习中。可以说，学习的迁移无处不在，它是伴随着学习过程而出现的一个平常却重要的现象。人的知识经验是对客观事物的反映，而客观事物存在着普遍联系和相互制约，因此，人的知识、经验不是彼此割裂、互不相关的。人们在掌握新知识、新技能时，总会尽可能与已有知识和技能联系起来，这就发生了迁移。迁移不仅发生在同一类型的学习或经验内部，而且也存在于不同类型的学习或经验之间。比如，词汇知识的学习将促进阅读技能的形成，而阅读技能的掌握也会促进个体获得更多的词汇。所以，迁移表明了经验间的相互影响。通过迁移，各种经验得以沟通，经验结构得以整合。

要注意的是，迁移现象不仅存在于知识、技能的学习之中，而且也存在于兴趣、情感、意志、态度、品德等方面的学习中。在对学习迁移的研究历史中，有相当长一段时间仅把迁移局限于操作技能范围，这是非常片面的。同样，仅把迁移看作已有的学习或经验对新的学习或经验的影响也是不全面的，都不利于揭示迁移的内在机制。

二、学习迁移的分类

迁移现象普遍存在于各种学习情境中，这种普遍性同时也赋予了迁移具有多种特性。为了更好地理解迁移，根据迁移的多样性，可以从不同的角度对迁移进行分类。

（一）正迁移、负迁移和零迁移

依据迁移所产生的效果，可将迁移划分为正迁移、负迁移和零迁移。

1．正迁移

正迁移（positive transfer），又称积极迁移，是指一种学习对另一种学习产生的积极影响或促进作用，如会写铅笔字，就容易学会写钢笔字；先学加法，就容易学会乘法；会骑自行车，就容易学会骑摩托车。因此，在学习新知识和解决新问题的过程中，已有的知识、技能能够很好地得到利用，当产生“触类旁通”的学习效果时，正迁移就出现了。教育工作中所说的“为迁移而教”，就是指正迁移在教学中的应用。如孔子要求自己的学生要做到“由此以知彼”，就是要求学生在学习中要多利用正迁移。

2．负迁移

负迁移（negative transfer），又称消极迁移，是指一种学习对另一种学习产生的消极影响或阻碍、干扰作用，如在立体几何中搬用平面几何的“同时垂直于一条直线的两直线相互平行”的定律，可能干扰学生的学习效果。又如，在化学学习中，无机化学中所学的化合反应会对有机化学中加成反应的学习产生干扰；无机化学中同素异形体概念的学习会对有机化学中同构异形体的学习产生干扰。[①]

值得注意的是，一方面，已有知识和技能对学习新知识、新技能可能产生干扰，增加学习的困难；另一方面，已掌握的新知识、新技能也可能干扰已有知识和技能的应用。前者如在英语学习中，学生经常会采用母语中近似的音去代替英语中的发音，把母语的重音和语调模式不自觉地用在朗读英语句子或说话中，造成语音错误。后者如学过英语的儿童比没有学过英语的儿童所犯的EM（English- motivated，因为受英语知识的影响而出现的）拼音错误要多。[②]因此，在教学过程中要注意合理组织教学以消除两种学习间的交互影响。例如，在学习新技能时，一开始就注意动作的精确性，注意与旧技能的区别，经过反复练习，达到熟练程度后，干扰作用就会大大减少或消除。另外，学习的正迁移与干扰并不是绝对的，有时两种技能既有正迁移也有干扰。中国人学习日语，一开始汉语对学习日文（含有大量汉字）有正迁移，而随着学习的深入，汉语句子里的词序与日语句子里的词序有些是相反的，就产生了干扰作用。

3．零迁移

零迁移（zero transfer），又称中性迁移，是指两种学习间不存在直接的相互影响。许多经验间存在着各种直接或间接的关系，但由于多种原因，个体未能意识到经验间的内在联系，不能主动地进行迁移，使某些经验处于惰性状态，表现为零迁移。例如，二语习得过程中，学习者会出现词汇回避现象，如中国学生学习英语时，用“say big words”代替“exaggerate”；来华留学生学习汉语时，用“花太多钱”代替“浪费”等。之所以不愿意使用这些被替代词，是因为学习者感觉没有把握能使用好这些词语，从而出现语言学习过程中的零迁移。[③]这一现象也应引起教育者的重视，因为这一现象可能源于学习者主观上能迁移但不愿意用，它是学习者不愿承担习得过程中的风险而采取的一种消极手段。对此，教育者应采取措施限制学生使用回避策略，鼓励他们主动进行正向迁移，促进能力的提高。

（二）顺向迁移与逆向迁移

依据迁移作用的方向，可将迁移分为顺向迁移和逆向迁移。

1．顺向迁移

顺向迁移（forward transfer）是指先前学习中所获得的经验对后继学习的影响。当学生面临新的学习情境和问题时，如果利用已有知识和技能获得了新知识，解决了新问题，这

---

① 王世存，王后雄．中学化学学习中负迁移成因及教学对策[J]. 课程・教材・教法，2012, 32(1): 101–105.

② 董燕萍，鲁守春．外语对母语的负迁移：来自汉语拼音学习的证据[J]. 中国外语，2010, 7(3): 42–47.

③ 王永德．目的语在第二语言习得中的迁移[J]. 心理科学，2008, 32(2): 418–420.

种迁移就是顺向迁移。用认知主义的观点来看，顺向迁移是一种“同化”作用，它是把已有的知识经验运用到同类事物中去，揭示新事物的意义和作用，从而把新事物纳入已有的认知结构中。如在学习了物理概念“平衡”以后，就会对以后所学习的化学平衡、生态平衡、经济平衡等产生影响。日常生活中所说的“举一反三”指的就是顺向迁移。

顺向迁移有助于新知识的理解和掌握，如果教师在教学过程中明确教材中前后、新旧知识间的内在联系，找到旧知识的延伸点和新知识的生长点，就能有效地促进顺向迁移。例如，为了教基本几何体的投影，教学时先讲点投影，再讲线投影，最后讲面投影，在此基础上过渡到基本几何体的投影。这种教材内容的编排是旧知识的延伸，形成了新知识的生长点，从而使问题迎刃而解。

2. 逆向迁移

逆向迁移（backward transfer）是指后继学习对先前学习的影响，即后继学习引起先前学习中所形成的认知结构的变化。用认知主义的观点来看，逆向迁移是一种“顺应”作用，它是要把已有知识经验用到新的异类事物中，对已有的知识经验进行重新改组，以形成能包含新事物的新的认知结构的过程。例如，在学习了动物概念之后，再学习植物、微生物的概念，就会使已有的动物概念发生变化，特别是在动物和植物、微生物的联系与区别上，丰富了动物的概念。

逆向迁移有助于对已有知识的巩固和完善，但在教学中，逆向迁移的应用远不如顺向迁移充分。教师在对学困生补差补缺时，通常采用延长学习时间的方法，这无疑会加重学生的课业负担。能否利用后续学习的时机，在完成后续教学任务的同时，借助后续学习某些教学环节和具体训练过程解决先前的遗留问题呢？这是完全可能的。因为学生对某一概念、性质、法则、定理的认知、理解、运用可能不是一蹴而就的，允许存在多次反复的过程，才能达到认识全面，理解深刻，运用自如的程度。同时，从认知结构来看，学生已有的知识结构和有待形成的新知识结构之间有相关性，有共同要素，二者之间具有互补性。

（三）纵向迁移与横向迁移

依据迁移中所产生的不同抽象和概括水平，可将迁移划分为纵向迁移和横向迁移。

1. 纵向迁移

纵向迁移（vertical transfer），也称垂直迁移，是指不同抽象和概括层次的各种学习之间的相互影响。认知主义心理学家认为，学习者已有认知结构中的经验是按照抽象和概括的不同水平有层次地组织在一起的。从学习内容的逻辑关系来说，有的学习内容的抽象性和概括性较高，这种学习内容在学生的认知结构中是一种上位结构；有些学习内容的抽象性与概括性较低，在学生的认知结构中属于下位结构。以“角”和“直角”这两个概念来举例，二者的抽象性与概括性就不同。前者抽象性与概括性较高，属于上位概念；后者抽象性与概括性较低，属于下位概念。这两个概念在认知结构中属于两个不同的层次。纵向迁移也就是指上位的较高层次的经验与下位的较低层次的经验之间的相互影响。

纵向迁移又可分为两种。一种是自上而下的迁移，即上位结构向下位结构的迁移。例如，已掌握的“心理学原理”有助于向“教育心理学知识”迁移。另一种是自下而上的迁移，即下位结构向上位结构的迁移。例如，已经掌握了有关猴子、猩猩、猫、狗、牛、马等知识，有利于向“哺乳动物”概念迁移。在学习中，我们经常有这样的经历：遇到一部分较难的内容，怎么学都觉得没有学透，但是由于时间的原因，只能往下学习新的更难的内容。出人意料的是，学完了更难的内容。回头看之前的内容，豁然开朗。原来没学透的内容现在变得一点都不难了，这就是不同层次的学习间所产生的一种纵向迁移。

2．横向迁移

横向迁移（lateral transfer），又称水平迁移、侧向迁移，是指处于同一抽象和概括层次的学习间的相互影响。此时，学习内容间的逻辑关系是并列的，抽象性和概括性程度相当。例如，数学课上学习了三角函数后能够促进物理课学习计算斜面上下滑物体的加速度；有关写钢笔字的经验可以向写毛笔字迁移；等等。横向迁移是对一个事物的思考转到与之相似或相关事物的思考，学生的知识是在同一个水平层次上进行迁移的过程。

教学中除了在纵向遵循由一般到具体，不断分化的原则以外，教师还应从横向加强学习内容之间的联系，引导学生探索学习内容之间的异同，培养学生综合分析问题、解决问题的能力。通过横向比较，不仅拓宽了学生的思维范围，而且把相关知识一线相连，促进学生形成良好的认知结构，减少思维定势的干扰。

加涅非常强调纵向迁移与横向迁移的分类。他认为，个体通过学习所要形成的心理结构是一个网络化的结构，要解决其上下左右的沟通与联系，必须通过纵向迁移与横向迁移才能实现。

（四）特殊迁移与普遍迁移

依据迁移内容的不同，可将迁移划分为特殊迁移和普遍迁移。

1．特殊迁移

特殊迁移（specific transfer），也称特殊成分的迁移、具体迁移，是指具体知识或动作技能的迁移。在这种迁移过程中，学习者已有经验的组成要素及其结构没有发生变化，即抽象的结构没有变化，只是将一种学习中习得经验的组成要素重新组合并移用于另一种学习之中。例如，在跳水比赛的各个项目中，其基本动作都是一样的：弹跳、空翻、入水等。如果运动员在某一项目中将这些基本动作熟练掌握，那么他在学习新的跳水项目时，就可以把这些基本动作加以不同组合，新的学习内容就能迅速掌握。

在这里，仅是把已有的动作经验成分组合在新的动作序列中，已有经验成分并没有发生变化。新手与专家在学习一个项目时的差别在于，他们对各个基本动作的熟练掌握程度以及组合的程度不同。艺术体操的各种编排、国家颁布的几套广播体操的基本动作都是如此。再如，小学生在分别学完加减乘除的运算法则以后，在四则混合运算的学习中，就可以把已有经验加以重新组合来解决问题，而在后者的学习中并没有增加新的心智动作。

2．普遍迁移

普遍迁移（general transfer），也称为非特殊成分的迁移，是指一种学习中所习得的一般原理、原则和态度对另一种具体内容学习的影响，即将原理、原则和概念具体化，运用到具体的事例中。

布鲁纳非常强调这种迁移。他认为，普遍迁移是“教育过程的核心”，原理和态度的迁移在本质上，一开始是学习一个普遍的观念，而不是学习技能，然后这个普遍的观念可以用作认识后继问题的基础，这些后继问题是开始所掌握的观念的特例。如果将习得的这些原理、态度应用于以后的各种学习情境中，则后继学习将会变得较为省力、有效。也就是说，所掌握的知识、技能和态度越基本，则对于新情况、新问题的适应性就越广。例如，学习金属的热胀冷缩原理后，很容易掌握各种金属的一般特征；掌握了有理数的计算，直接影响到其他各种运算的学习。

（五）自迁移、近迁移与远迁移

依据迁移范围的不同，可将迁移划分为自迁移、近迁移和远迁移。

自迁移（self transfer），即个体所学的经验影响着相同情境中的任务的操作，自迁移经常表现为原有经验在相同情境中的重复。

近迁移（near transfer），即把所学的经验迁移到与原来的学习情境比较相似的其他情境中，如校内某些学科之间的迁移，或同一学科内不同内容学习之间的迁移。

如果个体能将所学的经验迁移到与原来的学习情境极不相似的其他情境中，即产生了远迁移（far transfer），如将校内学习的知识经验迁移到校外的实际生活中去。

简而言之，如果个体经验能迁移到结构特征与表面特征都基本相同的其他情境中，属于自迁移。如果能迁移到表面特征与结构特征都相似的其他学习情境中，属于近迁移。如果能迁移到表面特征不相似，但结构特征相似的其他学习情境中，则属于远迁移。当然，自迁移、近迁移与远迁移的区分是相对的，可以视具体的情形而定。

（六）低阶迁移与高阶迁移

根据迁移的自动化程度不同，可将迁移分为低阶迁移和高阶迁移。

1．低阶迁移

低阶迁移（low-road transfer），是指对经过充分练习的技能产生的自发的、无意识的迁移。例如，有着多年开车经验的司机可以很轻松地驾驶从朋友那里借来的车。低阶迁移的关键是对该技能有着充分的练习，而且练习是在变式的情境中进行的，直到可以无意识地执行这项技能。

2．高阶迁移

高阶迁移（high-road transfer），是指有意识地应用先前习得的抽象知识于新的情境。这种应用可分为两种情形。第一，在当前的学习中想到今后的应用。例如，在学习教育心理学原理时想到这些原理将来会在教育和教学实践中如何应用。第二，在面对新的问题时，回头思考先前习得的知识在新情境中的应用。例如，在学习物理时考虑在代数中学过的数学原理在物理学中的应用。高阶迁移的关键是有意识地进行抽象概括，或精心地鉴别出不限于特殊情境、能普遍应用的原理、主要观点、策略或步骤。这样的抽象和概括成为学生反思的一部分，可以用来指导将来的学习与问题解决。

除了上述的几种划分外，还可以从迁移发生的领域把迁移划分成知识的迁移、动作技能的迁移、情感和态度的迁移等。例如，掌握了加法运算规律的学生，容易学好乘法运算规律，这是一种知识的迁移；学会在走路中掌握身体平衡的孩子，会将这种保持身体平衡从移动的技能运用到跑步中去，这是一种动作技能的迁移；一个受到了老师不公正对待的孩子，一提到学习就很厌烦，甚至连游戏也不想参加，这是一种情感和态度的迁移。

通过从不同的角度来分析迁移的种类，可以帮助我们拓宽对迁移的认识，从整体上把握迁移。同时，迁移的种类不同，对其教学要求的条件也不一样，因此了解迁移的分类也有利于促进对不同迁移规律的研究。这样，才能在教育工作中充分认识并灵活应用迁移规律，提高教学成效。

三、学习迁移的研究意义和作用

学习迁移一直是教育心理学的核心课题，对这一课题进行研究不仅具有重要的理论意义，还具有丰富的实践价值。

1．丰富学习理论

学习迁移理论是学习理论的重要组成部分，对其进行研究可以丰富学习理论。完善的学习理论不仅要说明学习是如何发生的，学习过程是如何进行的，还要说明学习结果（知识、技能、行为方式、态度、策略等）在今后的学习中是如何变化和产生影响的。学习迁移不仅关系到已有知识经验的变化和应用，而且本身就是影响学习的一个重要条件。著名心理学家辛格利（M. K. Singley）和安德森（J. R. Anderson）认为，学习迁移的研究是对所有的综合性的认知学习理论一个严格的、必要的检验。[①] 因此，对学习迁移的实质与规律的揭示，有助于建立完善的学习理论。

2．检验教育目的

学习迁移机制是知识、技能向能力转化的心理机制，是检验教育目的的重要指标。教育的最终目的是促使学生习得的知识、技能向能力转化，促进学生的全面发展。根据现代心理学对能力的理解，能力的形成一方面依赖于知识、技能的掌握，另一方面也依赖于所掌握知识和技能的类化。在知识、技能的掌握过程中，必然存在着先前经验对新学习的影响，即存在着迁移；而知识、技能的掌握过程也只有在学习的迁移过程中才能实现。能力的形成和发展是通过知识、技能的获得及广泛迁移，而使这些经验不断整合及类化来实现的。通过探讨学习迁移的规律，可为知识、技能向能力转化提供科学的依据。因而，能否发生学习迁移就成为检验教育目的的一个重要指标。

3．完善认知结构

学习迁移的作用在于使习得的经验得以概括化、系统化，它直接影响到问题的解决，并有助于学生认知结构的不断完善。学习的目的不是把经验储存在大脑中，而是要将所获得的经验应用于各种不同的实际情境中去，解决现实世界的各种问题。但如何有效地应用这些经验，如何有效地解决问题，都要通过迁移才能实现。只有通过广泛的迁移，原有的经验才能得以改造，才能被概括化、系统化，从而广泛、有效地调节个体的活动，解决实际的问题。迁移是习得的知识、技能与社会规范向能力与品德转化的关键。可见，已有经验在应用的过程中，一方面解决了当前的问题，另一方面又使得原有的心理结构更为完善、充实，形成一种稳定的调节机制，广泛有效地调节人的活动，更好地解决现实中的问题。

4．指导教育教学

迁移规律对于学习者、教育工作者以及有关的培训人员具有重要的指导作用。应用有效的迁移原则，学习者可以在有限的时间内学得更快、更好，并在适当的情境中主动、准确地应用已有的经验，防止已有经验的惰性化。教育工作者以及有关的培训人员在进行教学和培训系统的设计时，在教材的选择与编排、教学方法的确定、教学活动的安排、教学成效的考核等方面若科学利用迁移规律，将有助于提高教学和培训的效率。

① SINGLEY M K, ANDERSON J R. The transfer of cognitive skill[M]. Cambridge: Harvard University Press, 1989: 1.

第二节 学习迁移的理论

自从有了学习活动以来，学习迁移的现象就一直为人们所关注，不同的研究者从不同的理论基础和哲学基础出发对迁移发生的原因、过程以及影响因素等进行研究和解释，形成了众多有关迁移的理论和解释。

一、早期的学习迁移理论

（一）形式训练说

最早的迁移理论是“形式训练说”，它开辟了学习迁移理论研究的先河，具有重大的历史价值。形式训练说是以官能心理学为理论基础的。官能心理学认为，人的心智是由许多不同的官能组成的，这些官能包括注意、意志、记忆、知觉、想象、推断、判断等，每一种官能都是一个独立的实体，分别从事不同的活动。如利用记忆官能进行记忆和回忆，利用思维官能从事思维活动。由于对各种官能施加的训练不同，各种官能及其组成的活动会有不同的强弱，记忆的官能通过记忆的训练而得到增强，推理和想象的官能则通过推理和想象的训练得以增强。

在此基础上，形式训练说认为，迁移就是官能得到训练而发展的结果，也就是说，迁移要经过一个“形式训练”的过程才能产生。形式训练说认为，若两种学习涉及相同的官能，则前面的学习会使该官能的能力得到增强，并对后来也涉及该官能的学习产生促进作用，从而表现出迁移效果。不仅如此，由于心智是由许多不同的官能组成的整体，一种成分的改进会加强其他的各种官能。可见，从形式训练说的观点来看，迁移是通过对各种官能的训练，以提高各种能力，如注意力、记忆力、推理力、想象力等而实现的，而且迁移的产生将是自动的。

形式训练说把训练和改进各种官能作为教学的最重要目标。它认为，学习的内容不甚重要，重要的是学习的难度和训练价值，学习要想收到最大的迁移效果，就应该经历一个“痛苦的”过程。在形式训练说看来，某些学科可能具有训练某一或某些官能的价值，如难记的古典语法（如拉丁语等）、深奥的数学及自然科学中的难题，这些内容能够训练记忆、推理和判断等心理官能。一旦新的官能在这些学习中得到训练，就能够通过迁移解决其他类似的问题。因为学习的具体内容是会忘记的，其作用是有限的，只有通过这种形式的训练获得官能的发展，才能迁移并促进其他知识的学习。

一些受官能心理学影响的教育学家认为，学校教材的选择上不必重视其实用价值，只需重视它们对心理官能训练所具备的形式。如果某种教材所体现的教育活动属于记忆形式，则不管它的内容如何，它就具备训练记忆官能的价值。同样，如果某种教材内容具有推理活动的形式，那它就有助于训练推理的官能。依此类推，所有的官能都可以通过某种形式的学科而加以训练。

形式训练说的观点曾在欧美盛行了两百多年，至今，在国内外仍有一定的影响。但是各种官能是否可以分别训练，使之提高，从而自动地迁移到一切活动中去呢？教学的主要目标是不是训练各种官能呢？形式训练说对这些问题的回答虽然十分肯定，但它的鼓吹者和信奉者并没有拿出经得起科学检验的证据。相反，在 20 世纪初，形式训练说的观点就受到一些心理学实验研究的挑战。

形式训练学说关于迁移的解释是从唯心主义的观点出发的，缺乏足够的实验依据，因而必将被更进步的学说代替。但形式训练学说所揭示的这种以能力改善为基础的迁移现象对学校的教育教学仍具有重要的参考价值。

（二）共同要素说

桑代克通过实验证明，特殊的训练确实存在着一定的迁移。但是，这只是特殊经验的事实、技能、方法乃至态度的迁移，这种训练并不能提高一般的观察力、记忆力、注意力等。为此，在对形式训练说进行批驳的基础上，桑代克以刺激—反应的联结理论为基础，提出了学习迁移的共同要素说，认为只有当两种心理机能具有共同成分作为因素时，一种心理机能的改进才能引起另一种心理机能的改进。也就是说，只有当学习情境与迁移情境具有共同成分时，一种学习才能对另一种学习产生影响，即产生学习迁移。并且，相同的因素越多，迁移的可能性就越大。桑代克所谓的共同要素或共同成分，指的只是共同的刺激—反应的联结。

桑代克的共同要素说解释了迁移现象中的一些事实，对迁移理论做出了重要贡献。这一理论对当时的教育界也起到一定积极的作用，使学校脱离了形式训练说的影响，在课程设置上开始重视应用学科，教学内容也开始与实际应用相结合。但是，共同要素说只注重学习情境在客观方面的特点对迁移的影响，即学习的迁移只是相同联结的转移，人们在特殊情境中需要的每一种知识、技能、概念或观念，一定要作为一种特殊的刺激—反应的联结来学习，这样，迁移的范围就大大缩小了。另外，根据共同要素说，在两种没有共同要素或共同成分的过程之间，两个完全不相似的刺激—反应联结之间，不可能产生迁移，这就忽视了学习者主体特点对迁移的影响，否认了迁移中复杂的主体认知因素的作用，难以解释有意义学习的现象。因此，这种迁移理论表现出机械的、片面的色彩。然而，它对考察联结性的知识技能的迁移现象的探索做出了重要的贡献。

（三）概括说

桑代克的共同要素说把注意力集中在前、后的学习活动所共有的那些成分上，而心理学家贾德（C. H. Judd）的理论则不同。贾德并不否认两种学习活动之间存在的共同成分对迁移的影响，但也不认同共同要素说将共同成分看成迁移产生的决定性条件。他认为，两种活动之间存在共同成分只是产生迁移的必要前提，迁移产生的关键在于学习者能够概括出两组活动之间的共同原理。而且，概括化的知识是迁移的本质，知识的概括化水平越高，迁移的范围和可能性越大。所以，贾德的迁移理论被称为“概括说”。

【微课】
概括说

贾德的研究及理论对我们有两方面重要的启示。第一，概括说实质上是涉及有共同原理的两种学习情境，它给“共同要素”这个范畴注入新的具体内容。第二，它指明在这类学习的两种情境中发生迁移的主要原因是学习主体对学习情境的共同原理的概括。[①] 由于强调了学习者主体的重要性，概括说第一次使迁移研究具有了认知的成分，为迁移理论的发展做出了重要的贡献。

根据概括说，教师在课堂中的讲授，最主要的是鼓励学生对基本概念、基本原理进行

① 莫雷．论学习迁移研究 [J]. 华南师范大学学报（社会科学版），1997(6): 50–58, 75, 138.

概括。同样的教材内容，由于教学方法不同，会使教学结果大相径庭，学生的迁移效果也不尽相同。但应看到，原则的概括有着较大的年龄差异，年幼的学生要形成原则的概括不太容易，因为通过概括化而产生迁移的前提是学会原理、原则，这与学习材料的性质以及学生的能力等因素密切相关。原则概括化的能力会随着年龄的增长而提高，但在每一年龄阶段上，有意识地培养概括能力的教学会有助于学生概括能力的提高和积极迁移的发生。

同时，应注意到在对知识进行概括时常会出现两种错误：一种是过度概括化，即夸大了两种学习情境之间的相同点，忽略了差异，在学习中表现为把已学到的原则生搬硬套到新知识的学习中；另一种是错误的概括化，这会造成对学习机械的定势，从而导致负迁移的产生。因此，概括化经验只是影响迁移成功与否的条件之一，并不是迁移的全部。

（四）关系—转换理论

在概括说的基础上，格式塔心理学家通过研究对迁移理论做了进一步发展。他们认为，迁移的发生不在于两个学习情境之间具有多少共同要素或学习者掌握了多少原则，而在于学习者能否突然发现两种学习情境之间的关系，这才是实现迁移的根本条件。也就是说，迁移的产生主要是对两次学习情境中原理、原则之间关系的"顿悟"，学习者迁移的不是两个情境的共同成分，而是两个情境中共同的关系。他们强调个体的作用，认为只有学习者发现两个事物之间的关系，才能产生迁移，个体对关系的"顿悟"是获得迁移的真正本质。

苛勒（W. Kohler）认为，个体越能发现事物之间的关系，则越能加以概括和推广，迁移的产生也就越普遍。而对事物间关系的发现是建立在对事物理解后的顿悟基础上的，对事物的理解力越强，概括的可能性越大，越容易顿悟事物间的关系。据此，格式塔心理学家们提出了迁移的"关系说"。

斯彭斯（K. W. Spence）把辨别新刺激（如对不同颜色的图片）的迁移称为转换。他进一步解释说，转换是由于原来阳性和阴性刺激引起的兴奋或抑制泛化的结果。这种转换理论得到其他一些实验的支持。这些实验同时还发现了转换的一些特点或条件，如训练时的刺激与测验时的刺激差别越大，转换越不容易发生；用语言来表达刺激之间关系的能力越高则越易发生转换，即语言对转换有调节作用；智力年龄较高的儿童在转换方面要超过那些智力年龄较低的儿童；等等。

苛勒提出的关系理论与斯彭斯的转换理论类似，常被合称为"关系—转换理论"。这一理论与共同要素说等其他迁移理论并非全然矛盾、毫不相容，如果把苛勒实验中的"两个图片中颜色较深的一个"作为两个实验任务中的共同要素的话，则两种理论对实验的解释并不矛盾。

从对以上几种理论的分析可看出，从桑代克开始，通过实验提出的各种迁移理论之间的差异只是表面上的冲突，源于各自研究或强调的方面不同，如共同要素说侧重的是学习的刺激物或学习材料方面的特性；概括说强调的是学习主体对学习材料的加工，是学习者对学习材料中知识经验的概括，以及对两种学习情景中类似的原理、原则的概括；关系—转换理论所强调的是对两种学习情景中关系的顿悟，也可视为学习者从两种学习材料中概括出了两者的关系这一复杂的"要素"或"原理"，从一定意义上，可认为是对概括说的发展。此外，桑代克的一项实验表明，被试的智力越高，学习中的迁移越大，这一结论与贾德的概括说相符合，因为学生对原理原则的概括能力本身就是智力的一部分，这与关系—转换理论也有不谋而合之处，因为对情境之间关系的顿悟和理解，与学习者的智力是密切相关的。

二、现代的学习迁移理论

（一）认知结构迁移理论

认知结构迁移理论是奥苏贝尔提出的一种新的学习迁移理论。奥苏贝尔认为，一切有意义的学习都是在已有学习的基础上产生的。在有意义的学习中，学生已有认知结构的特征始终是影响新的学习与保持的关键因素。对新学习产生影响的不只是两个学习之间的相似性，更重要的是储存在个人长时记忆的认知结构变量。其中，认知结构是迁移得以产生的重要中介，已有认知结构的清晰性、稳定性、概括性、包容性、连贯性和可辨别性等组织特性都始终影响着新的学习的获得与保持。奥苏贝尔从学生的认知结构方面研究了主要的认知结构变量对学习迁移的影响，是对学习迁移理论研究的深入。

奥苏贝尔认为，认知结构就是学生头脑内的知识结构。广义地说，它是学生已有的观念的全部内容及其组织；狭义地说，它是学生在某一学科的特殊知识领域内的观念的全部内容及其组织。学生原有的认知结构是实现学习迁移的最关键因素。当学生已有的认知结构对新知识的学习发生影响时，迁移就产生了。

对于有意义学习与迁移的关系，奥苏贝尔认为，一切新的有意义学习都是在已有学习的基础上产生的，因此，一切有意义学习必然包括学习迁移，而已有的学习对新知识学习的影响是通过学习者已有认知结构的作用实现的。

奥苏贝尔还对课堂学习中的迁移问题提出了自己的见解。他认为，在一般的课堂学习中，并不存在孤立的课题 A 和课题 B 的学习。学习 A 是学习 B 的准备和前提，对于 B 也不是孤立地学习，而是在与 A 的相互联系中学习。因此，学校课堂中的学习迁移，比实验室条件下的学习迁移所指的范围更加广泛。无论在哪种形式的课堂学习中，凡有已经形成的认知结构影响新的认知结构的地方，都有学习迁移现象存在。迁移的效果主要不是指提高了运用一般原理于特殊事例的能力，即所谓派生类属学习能力，而是指提高了相关类属学习、总括学习和并列学习的能力。

奥苏贝尔提出了影响新的学习与保持的三个认知结构变量：已有知识的可利用性、原有知识的巩固性和新旧知识的可辨别性。通过操纵与改变这三个认知结构变量可以促进新知识的学习与迁移。

1. 已有知识的可利用性

已有知识的可利用性是指在学习新的任务前，学生已有认识结构中是否具有可以用来同化新知识的适当观念。根据有意义接受学习理论，已有知识与新学习的知识具有三种不同的关系，即上位、下位和并列的关系。奥苏贝尔认为，如果已有认知结构中有可以利用的上位的、概括程度高和包容范围广的知识，则新的学习将以下位学习的形式出现。下位学习一般比上位学习和并列学习容易进行。因此，学生良好的认知结构的第一个重要特征是他掌握的知识的概括水平和包容范围。概括程度越高和包容范围越广的知识，越有助于同化新的知识，也就越有助于迁移。如果在学习新知识时，学生认知结构中缺乏这样的上位观念，教师可以从外部给学生的认知结构嵌入一个这样的观念，使之起到吸收

【微课】先行组织者在教学上的运用

与同化新知识的作用，这样从外部嵌入的观念被称为“先行组织者”。

2. 已有知识的巩固性

已有知识的巩固性是指同化新知识的、起固定作用的原有知识的稳定性和清晰性。原有知识越巩固，越易促进新知识的学习。倘若在利用已有知识同化新知识时，已有知识本身不巩固，则不但不会产生积极的作用（正迁移），反而可能会出现干扰（负迁移）。奥苏贝尔及其合作者在 1961 年研究了已有知识的巩固性对新学习的影响。研究中让被试学习基督教知识，经过测验将被试的成绩分成中上水平和中下水平，然后将这些被试分成三个等组。第一组在学习佛教材料前，先学习一个比较性组织者（指出佛教和基督教的异同）；第二组在学习佛教材料前先学习一个陈述性组织者（仅介绍一些佛教观念，其抽象水平与要学习的材料相同）；第三组在学习佛教材料前，先学习一个有关佛教历史和传记的材料。在实验后的第三天和第十天进行保持测验。结果表明，不论哪一组，凡已有基督教知识掌握较好的被试，在学习佛教知识后的第三天和第十天的保持成绩均较优。

3. 新旧知识的可辨别性

新旧知识的可辨别性是指在学习新任务前，学生已有知识与要学习的新知识之间的异同是否能清晰分辨。可辨别性是建立在已有知识的巩固性基础之上的。如果一个学生的已有知识是按一定的结构、分层次严密组织好的，则他在遇到新的学习任务时，不仅能迅速在已有认知结构中找到新知识的固定点，而且也易于辨别新旧知识的异同。

（二）产生式迁移理论

产生式迁移理论以安德森（J. R. Anderson）等人为代表，着重研究了认知技能的迁移问题，提出了迁移的产生式理论。产生式理论认为：产生式法则是认知的基本成分，一个产生式法则包括一种条件表征和一种动作表征，条件表征用于再认情境中的特征模式，动作表征用于形成一种符号性信息。个体在最初学习任务中所形成的表征是产生式法则的集合，同样，在新的情境（迁移情境）中也形成产生式法则的集合的表征。若两表征含有相同的产生式或者产生式的交叉与重叠，则可以产生迁移。

产生式迁移理论事实上是桑代克共同要素说的现代解释。在桑代克时代，心理学没有找到适当的形式来表征人的技能，而用外部的刺激—反应联结来表征人的技能，并不能反映技能学习的本质。信息加工理论的心理学家用产生式（production）和产生式系统（production system）表征人的技能，这样就抓住了迁移的心理实质。先后两项技能学习产生迁移的原因，不应该用它们共有的刺激—反应联结的数量来解释，而应该用它们之间共有的产生式数量来解释。安德森等人将产生式作为学习任务之间的共同要素，使产生式迁移理论既能容纳原有的概括化理论，又能容纳认知结构的迁移理论。

安德森等人针对产生式迁移的多项研究得出了以下三个结论。①迁移量的大小与正负，主要依赖两个任务的共有成分量，而这种共有成分量是以产生式系统来考察的。如果两个情境有共同的产生式或有产生式的交叉、重叠，就可以产生迁移。②表征和练习程度是迁移产生的主要决定因素。不同领域的迁移各不相同，按其共有的符号成分的数量而不同。③迁移量也依赖于学习或迁移时注意的指向所在。

根据产生式的形成过程，产生式迁移理论将迁移划分为四种：

程序性知识—程序性知识迁移。它是指训练阶段所获得的产生式能直接用于完成迁移任务时的迁移。

陈述性知识—程序性知识迁移。它是指训练阶段所获得的陈述性知识结构有助于迁移阶段产生式的获取。任何技能的学习总是从陈述性阶段开始的，然后进入程序性阶段，所以每一技能的学习都会反映这种迁移。

陈述性知识—陈述性知识迁移。它是指已有的陈述性知识结构促进或阻碍了新的陈述性知识的获取。这一课题在心理学界一直受到广泛的研究，如早期的语言与联想迁移研究以及奥苏贝尔的认知结构迁移研究。

程序性知识—陈述性知识迁移。它是指获得的认知技能促进了陈述性知识的获得。

（三）建构主义迁移理论

关注学生在学校里的学习，使学习更加贴近外部世界的真实情境，现已成为当代学习理论的一个潮流。20 世纪 90 年代前，在西方的教育心理学中，以皮亚杰、布鲁纳、奥苏贝尔等为代表的重视认知结构的学习论和以加涅为代表的信息加工学习论一直占据着重要位置。认知主义学习论比行为主义学习论加深了对学习的认识，强调学习的内部心理过程以及内部的心理表征，这是一个巨大的进步。但是，认知主义在研究学习时还是采取行为主义者的立场（特别是信息加工学习论），强调学习中的客观性，而忽略了主观性，而且他们研究的都是经过简化的学习，与真实的生活情境存在一定的差距，忽视了学习的复杂性、建构性、社会性和情境性等特征。在建构主义看来，学习迁移实际上就是知识在新条件下的重新建构，这种建构同时涉及知识的意义与应用范围两个不可分割的方面，而知识的应用范围总是与一定的物体、内容、活动以及社会情境联系在一起的。

建构主义对学习的过程、知识的表征以及应用等进行了重新理解。对这些问题的理解有两个共同的特征：一是十分重视学习者在学习过程中的主观能动性；二是特别强调情境的作用。在建构主义看来，学习迁移的关键特征包括以下三个方面。①

第一，先前的经验对迁移而言是必要的，并要达到相当的熟悉程度（是理解性的学习程度，而非仅靠记忆事实）。学习的迁移可以看作在已有知识上的建构。这种已有知识不仅包括学生带到课堂上的个体学习、学生经过各个发展阶段所获得的一般经验，而且还包括学生作为社会角色（与种族、阶层、性别和文化有关）而习得的知识。因此，学生是带着社会角色和日常生活经验的知识，而不仅仅是先前的学习经验进入课堂的。学生的这些知识既可能促进学习，也可能产生阻碍作用。

第二，过度情境化的知识并不利于迁移，学生对不同情境中共同的深层抽象表征有助于促进迁移。在建构主义看来，学生对知识的理解总是伴随知识使用的范围和条件。如在策略学习中，学生不只是学到了一个策略，还获得了每个策略具体的应用条件，但过度强调情境的知识并不利于迁移的发生。因此，学习与情境之间的关系于迁移而言始终是一对有待解决的矛盾。已有研究表明，学习与情境之间的关系取决于知识是如何获得的。在复合而非单一情境中，学生通过在深层意义上抽象出共同的概念特征而形成富有弹性的知识表征来提高迁移能力。如阅读了“将军攻占要塞”短文后，在解答“医生医治患有恶性肿瘤病人”的问题中，只有在深层意义上抽象出这两个问题所隐含的共同概念特征的学生才能表现出良好的学习迁移。

第三，迁移是个主动的、动态的过程，而不是某一类学习经验的被动产物。学生在已

① 石雷山. 不同学习理论下的迁移观 [J]. 内蒙古师范大学学报（教育科学版），2006, 19(7): 15–18.

有知识经验与问题之间生成联系，识别、抽象和匹配源问题与目标问题之间共同或类似的内在联系，都离不开学生的主动建构。在不同的复合情境中发现其背后所隐含的深层意义上的共同概念特征并形成富有弹性的知识表征，更离不开学习者的主动建构。

（四）符号性图式理论

符号性图式理论以霍利约克（K. J. Holyoak）、巴索克（M. Bassok）和吉克（M. L. Gick）等人为代表。符号性图式理论认为，最初学习中包含了一种形成抽象的符号图式，即抽象的结构特性的学习过程。这种图式是一种可被激活的数据结构，即当新的情境特征与该图式中的符号匹配时，就可以激活、提取和应用这种表征。简而言之，当原有的表征与新的表征相同或相似时，即产生迁移，图式匹配或表征相同是迁移的决定因素。

符号性图式理论认为，要产生迁移，学生需获得充分的一般性的符号图式（即抽象的结构特性），并能将此图式解释为迁移情境的表征。未能迁移是因为学习活动中没有包括足够的经验，未能将不同事件的特征匹配到符号图式中，也就是说，起特殊作用的非结构特性（即表面特性）也能影响迁移。

（五）结构匹配理论

结构匹配理论以金特纳（D. Gentner）等人为代表。该理论假定，迁移过程中存在着一个表征匹配的过程，包括事件的结构特征、内在关系与联系等，若两表征匹配，则可以产生迁移。其中，事件的结构特征或本质的关键特征的匹配在迁移过程中起决定作用，事件的表面特征与具体特征对迁移的影响是微不足道的。抽象的表征是在迁移情境中构建的，这种构建仅部分依赖于最初学习情境中有关信息的提取。

（六）情境性理论

情境性理论以格林诺（J. G. Greeno）为代表。情境性理论认为，迁移问题主要是说明在一种情境中学习去参与某种活动，将如何影响在不同情境中参与另一种活动的能力。学习是个体与环境中事件的相互作用，是对情境中所具有的特征的一种适应。通过相互作用而形成的是动作图式，动作图式是活动的组织原则，而不是符号性的认知表征。迁移就在于如何以不变的活动结构或动作图式来适应不同的情境。这种活动结构的建立既取决于最初的学习情境，又取决于后来的迁移情境。

第三节 学习迁移的教学与知识应用

美国心理学家比格（M. L. Bigge）曾说：学习的效率大半要依学生们所学材料的数量和质量而定。因此，学习迁移是教育最后必须寄托的柱石。本节将重点阐述如何在教学实践中为学习迁移而教。

一、促进学习迁移的条件

在现代信息社会中，知识信息大量涌现，而且更新很快，这就要求学生的学习能够做到举一反三，闻一知十。然而，迁移的发生不是自动的，它还需要具备以下条件。

（一）学习材料之间的共同因素

根据桑代克的共同要素说，两种学习材料或对象在客观上具有某些共同点是实现迁移的必要条件。两种材料之间存在的共同因素越多，越容易发生学习迁移。共同因素对学习迁移的影响可以从不同的角度来进行研究，现代心理学倾向于从学习对象的构成成分来分析。

现代心理学把学习对象的构成成分区分为结构成分和表面成分两大类。结构成分是指学习任务中与最终所要达到的目标或结果有关的成分；表面成分是指学习任务中与最终目标的获得无关的成分。如果两个任务具有共同的结构成分，则会产生正迁移；结构成分不同则不能促进正迁移，甚至会产生负迁移。但不管是表面的还是结构的相似性，都将增加学习者对两个任务的相似程度的知觉，而知觉的相似性决定迁移量的多少，两种情境的结构相似性则决定迁移的正或负。

（二）已有经验的概括水平

根据贾德的概括说，知识经验的概括水平是影响知识迁移的重要因素之一。已有知识经验概括水平越高，越容易向具体情境迁移，效果也越好。心理学家奥弗曼（Overman）曾进行过实验，将小学二年级学生分成四个等组，每组 112 人，采用四种不同的方法训练他们学习两个两位数相加、三个两位数连加以及两个两位数与一个一位数相加。各组训练方法如下：

A 组：不概括，教师只告诉学生怎样写、怎样加。

B 组：要求概括，教师不但告诉学生怎样写、怎样加，并帮助概括出“写数字时要向右对齐”这一规则。

C 组：只说理，即只告诉学生个位数只能与个位数相加，十位数只能与十位数相加的原理，但不告诉“写数字时要向右对齐”的原则。

D 组：兼用 BC 两法。

训练 15 天后，用未教过的题进行测试，求出四组的迁移百分比。结果发现，C 组并不比 A 组有更多有意义的迁移，而 B 组与 D 组则产生了较大的积极迁移。可见，学生对已有经验的概括水平越高，越能顺利实现迁移。

（三）学习定势

定势（set）也称为心向，它是指先于一定活动而指向活动对象的一种心理准备状态。具有利用已有知识去学习新知识的心理准备状态比没有这种准备状态更有利于已有知识对新知识学习的迁移。研究者曾经让被试学习无意义音节，结果发现，事先被告知用有意义的概念去学习的被试其学习效果要好得多。学习定势是一种特殊的心理准备状态，是由先前学习引起的，对以后的学习活动能产生影响的心理准备状态，对学习具有定向作用。

定势既可以成为积极迁移的心理背景，又可以成为消极迁移的心理背景。关键在于学生能否具体地分析当前的学习情境，从中找出哪些是可以利用已有知识和策略来学习和解决的，哪些需要打破已经形成的反应定势，灵活处理创造性地进行解决。

（四）认知结构

现代认知理论强调认知结构在迁移过程中的作用。认知结构是由人们过去对外界事物进行感知、概括的一般方式或经验所组成的观念结构。它的清晰性和稳定性直接关系到新知识学习的效果。认知心理学的研究表明，信息能否提取在很大程度上依赖于信息在记忆中是如何组织的。合理组织的信息易于提取，也易于迁移。此外，要产生迁移，原有的认知结构必须能够被有效地激活、提取。这就要求在建构经验结构时，应该强调这些经验的适用性条件，以便以后在适当的情境中能够充分利用、迁移有关经验。同时，还可以提供适当的机会让学生在真实的情境中应用所学的经验。

（五）智力水平

许多心理学家（如桑代克）的实验研究都证实迁移不是自动发生的，在同等条件下，每个人迁移的效果总是有差异的，也就是说，迁移还受个人的智力水平这一主观条件影响。

桑代克对中学生的学习进行了大量研究后发现，被试者的智力水平越高，迁移越大。智力在迁移中占重要地位。智力是影响学习的一个重要因素，智力水平高低与学习好坏具有中等程度相关，智力水平不仅影响学习的数量，而且影响学习的质量。学生的智力水平是有差异的，所以并不能期望所有的学生都有同样的迁移量。教学实际表明，学生智力水平高，概括力与理解力也高，因而对总的情境的知觉就比较完善，分析问题和解决问题的能力就强，表现在学习上为反应快，接受好，理解深，运用活，善于把学习的东西融会贯通，举一反三地去揭示和发现新问题，并自行纠正错误，验证答案。

二、促进学习迁移的教学原则

当今教育界流行着“为迁移而教”的口号，但要真正做到为迁移而教却不是一件容易的事情，它要求教师在掌握有关学习迁移的理论及其影响因素的基础上，充分应用迁移规律，积极促进学生的学习迁移。

（一）合理确定教学目标

教学目标是一切教学工作的出发点和最终归宿，一切教学工作都是为了教学目标服务的。因此，确立系统、明确而具体的教学目标是促进学习迁移的重要前提。由于任何学习都是在已有学习基础上的连续、分步构建的过程，而最终形成的心理结构也是具有一定层次关系的网络结构，因此，某一单元或某一堂课的教学目标的确立必须从所要构建的心理结构的整体来考虑。同时，教学目标的表述应明确而具体，不能含糊笼统，应让学生能够确切把握其含义。这样，学生对于与学习目标有关的知识易于形成联想，有利于迁移的发生。

（二）科学精选教学材料

确立了合理的教学目标，就要精选教学材料以实现教学目标。在教学过程中，教师并不是把一门学科的所有内容都一步步地教给学生，学生也不是毫无选择地学习所有内容，这不仅不可能，而且没有必要。要想使学生在有限的时间内掌握大量有用的经验，教学内容就必须精选。精选的标准就是符合迁移规律，即选择那些具有广泛迁移价值的科学成果作为教材的基本内容。所谓具有广泛迁移价值的内容，就是学科的基本概念、基本原理、基本法则、基本方法、基本态度等。这些基础知识已经把相关经验全部概括化，比个别经验和事实更具普遍性，具有实现迁移的可能性。所以，一个人掌握的基础知识和基本技能越多，就越容易掌握新的知识和技能。

当然，在选择这些基础知识作为教材内容的同时，还必须包括基本的、典型的事实材料。大量实验证明，在讲授概念、原理等基本知识的同时，配以具有典型代表性的事例，并阐明概念、原理的适用条件，有助于迁移的发生。此外，精选教材还要随科学技术发展而不断变化和更新。虽然学科的基本概念、基本原理具有较高的稳定性，但随着科学技术的迅猛发展，原来作为学科基本内容的素材可能会失去其原有的作用。所以，应及时注意科学新成果的出现，以新的、更重要的、迁移范围更广的原理、原则来代替。

（三）合理编排教学内容

精选的教材只有通过合理的编排，才能充分发挥其迁移的效能，学习与教学才能省时省力，否则迁移效果小，甚至会阻碍迁移的产生。怎样才能合理编排教学内容呢？从迁移的角度来看，其标准就是使教材达到结构化、一体化和网络化。

结构化是指教材内容的各构成要素具有科学的、合理的逻辑联系，能体现事物的各种内在关系，如上下、并列、交叉等关系。只有结构化的教材，才能在教学中促进学生重构教材结构，进而构建合理的心理结构。

一体化是指教材内容的各构成要素能整合为具有内在联系的有机整体。只有一体化的教材，才能通过同化、顺应与重组的相互作用，不断构建心理结构。为此，我们既要防止教材中各要素之间的相互割裂、支离破碎，又要防止它们相互干扰或机械重复。

网络化是一体化的引申，指教材各要素之间上下左右、纵横交叉的联系要沟通，要突出各种基本经验的联结，这既有助于了解已有学习中存在的断裂带及断裂点，也有助于预测以后学习的发展带、发展点，为迁移的产生提供直接的支撑。

结构化、一体化和网络化是一致的，其关键是建立教材内容之间的上下、左右、纵横交叉的联系。通过对教材内容进行系统、有序的分类、整理与概括，我们可以将烦琐、无序、孤立的信息转化为简明、有序、相互联系的内容结构。而有组织的合理的教材结构又可以促进学生对教材内容的深层次加工与理解，有助于学生构建合理的知识结构，使学生的学习达到融会贯通。

（四）有效设计教学程序

合理编排的教学内容要通过合理的教学程序得以体现、实施，教学程序是使有效的教材发挥功效最直接环节。教学程序可以从两个方面考虑：一是宏观方面，即对学习的先后顺序的整体安排；二是微观方面，即具体的每一节课的安排。无论是宏观的整体的教学规划还是微观的每一节课的教学活动，都应体现迁移规律，应该把各门学科中具有最大迁移价值的基本内容的学习置于首要地位。处理好这种教学与学习的程序是非常必要的，否则教学效率受到影响，学生学起来感到吃力，不易把握所学内容的内在联系，进而直接影响着认知结构的构建，同样也影响到迁移。

在宏观上，教学中应将基本的知识、技能和态度作为教学的主干结构，并依此进行教学。因为基本的知识、技能、态度等都具有适应面广、包容性大、概括性高、派生性强等特点，作为主干教材，可以最大限度地发挥其效用。在微观上，应合理组织每一堂课的教学内容，合理安排教学顺序，依据从已知到未知、从简单到复杂、从具体到抽象等顺序来沟通新旧经验、建构经验结构。在激发学习动机、引入新内容、揭示重点难点、反馈等诸环节上都应精心设计，以利于学生真正理解、掌握所学习的内容，并能将所掌握的内容进行适当的迁移。

（五）教会学生学会学习

学习不只是要让学生掌握一门或几门学科的具体知识与技能，而且还要让学生学会如何去学习。学习方法可以说是促进有效学习的手段、措施，是培养学生迁移能力，使学生学会学习的前提条件。“工欲善其事，必先利其器。”掌握学习方法不仅可以促进对所学内容的理解，而且可以改善学生的迁移能力，如教他们掌握一些迁移的策略并鼓励他们将其应用到个人生活或其他情境中去。

彭宁顿（N. Pennington）和雷德（B. Rehder）曾提出，死记硬背式学习的结果是只有在高度相似的问题之间才能产生迁移，而理解式学习却能在低度相似或完全陌生的问题之间出现迁移。因此，教师在教学中要重视引导学生对各种问题进行深入分析，帮助学生掌握和认识问题之间的关系，寻找新旧知识或课题的共同特点，归纳知识经验的原理、法则、定理、规律的一般方法，发展学生分析问题和解决问题的能力，重视对学习方法的学习，以促进更有效的迁移。

由于大部分学生都不能自发地掌握一些有效的学习方法，因此更需要教师的指导与教授。这意味着教学中仅教给学生组织良好的信息是不够的，还必须教授必要的学习方法。传统教学的主要弊端就是忽视学习方法的教授，这就使学生的学习能力的培养难以落实到实处。授之以鱼，不如授之以渔。教授必要的学习方法，可以从根本上改善迁移能力，提高学习与教学的效率。

（六）为学生提供从现实中学习的机会

很多时候，学校教育极少考虑将知识向课堂或课本以外迁移。教师越是试图向学生灌输信息，迁移发生的可能性就越小。如果学校及教师尽可能地为学生提供现实世界的问题解决及思维挑战的机会，情况就会有所不同。一般来说，两种情境的相似度越高，学生就越容易将一种情境中掌握的信息迁移至另一种情境，学校及教师可以邀请各行各业人士与学生座谈，将现实世界带入课堂。或者在课程安排中增加参观博物馆、商业企业、大学等活动，让他们感受真实的世界。这样的学习机会必定会增加学习迁移。

三、学习迁移与知识应用

学生对知识的学习过程一般分为三个阶段：获得、保持和应用。其中，应用阶段就是检验知识掌握与否以及掌握程度的一个重要手段，而学习迁移就是原有知识在新的学习情境中的运用。

（一）知识应用的概念

知识应用是指运用所获得的知识解决同类或类似问题的过程，这个过程就是把理性知识具体化的过程。例如，运用概念、定理、定律去解答有关具体问题；运用逻辑知识去写说明文和议论文；运用数学知识去做某些作业等。知识的应用是知识掌握的最后一个环节，与知识的获得、知识的保持紧密联系，共同构成知识学习过程。它既以前两者为前提，又是检验知识掌握程度的手段。

知识的应用形式可分为课堂应用和实际应用两种。课堂应用在学校教学中十分普遍。课堂提问、讨论、课堂练习、作业等都是常见的课堂应用。通过这些应用，学生进一步理解所学的知识内容，增强保持效果，并举一反三。

实际应用主要是指将所学知识用于解决实际问题，使理论知识与实际相联系。这既可以培养学生的动手能力，又可以激发学生的学习兴趣。知识的实际应用可以赋予知识以生命力，使学生与社会生活直接接触，从而开阔视野，增长见识。

（二）知识应用与学习迁移的关系

知识应用既是检验学生对知识理解和保持的一种手段，也是使学生加深理解和巩固知识的重要方式。知识应用的具体过程因要解决的课题的性质与难度而有所不同，但一般都包含课题类化和知识的具体化等环节。课题的类化是指学生通过思维把握具体课题内容的实质，找到它与相应知识的关联，从而把当前的课题纳入已有知识系统；知识的具体化是指把已学概念、原理、法则运用于解决问题、求取答案上。

课题的类化和知识的具体化实际上是一个知识迁移的过程。知识的应用是把概括性的理论具体化，如完成作业与解决实际问题等。具体化过程中复杂的智力活动可以实现理论向有关具体事物的迁移。例如，在作业过程中，在学习命题时存在思维技能的迁移；重现有关知识时，存在记忆技能的迁移；在课题类化中存在归类技能的迁移；在验算时存在元认知技能的迁移。总之，在应用过程中都有迁移现象，理论性知识如果不能迁移到具体情境中去，就不能实现应用。因此，在现代认知心理学中，知识应用和学习迁移属于同一性质的问题，或者说，人们正是通过知识应用来实现知识迁移的。

知识应用何以能够促进学习迁移，是心理学家十分关心的问题。现代认知心理学认为，知识应用可以提高认知结构的可利用性、可辨别性，以及清晰性与稳定性。这一方面可以使人们已有的陈述性知识得到优化，使人们的已有知识经验在头脑中得到很好的储存，在人们要解决有关问题时，保证能够及时地提取，回答有关的问题。

另一方面，它还有助于所掌握的陈述性知识向程序性知识的转化，人们通过练习可以使有关知识进一步得到熟练，从而形成有关的技能，这就实现了陈述性知识向程序性知识的转化。这样，人们在遇到有关问题时，就能够根据有关条件顺利地得出某种结论，使问题迎刃而解，这就是“熟能生巧”的道理。毫无疑问，知识应用和学习迁移是有着密切关联的，知识应用可促进迁移的发生及其效果，而充分利用迁移学说揭示的规律去提高学生应用以解决问题的能力，也是教学中教师必须重视的问题。

知识应用与学习迁移既有联系也有区别，它们的区别表现在：知识应用是用已有知识和理论去解决具体问题，而学习迁移则是关于已有知识技能对新知识技能学习所产生的影响，后者涉及的面要宽一些。负迁移就不是知识应用，由此可见二者是不同的。

【本章小结】

1. 学习迁移是指一种学习对另一种学习的影响。从不同的角度可以对迁移进行不同的划分，从迁移产生的效果可分为正迁移、负迁移和零迁移，从迁移产生的方向可分为顺向迁移与逆向迁移，从迁移产生的不同抽象和概括水平可分为纵向迁移和横向迁移，从迁移的内容可分为特殊迁移和普遍迁移，从迁移范围不同可分为自迁移、近迁移和远迁移，从迁移的自动化程度可分为低阶迁移和高阶迁移。

2. 历史上不同的心理学家对学习迁移做出了不同的解释。早期的学习迁移理论包括形式训练说、共同要素说、概括说和关系—转换理论。形式训练说认为，通过训练导致学习者的记忆、想象、思维等官能改善，从而导致学习迁移出现。共同要素说强调学习任务中共同成分的重要性。概括说则强调学习者发现学习任务中共同原理的重要性。在概括说的基础上，关系—转换理论进一步认为，学习者发现两种学习情境之间的关系才是迁移的根本条件。

3. 20 世纪 60 年代后，比较有影响的是奥苏贝尔的认知结构迁移理论，安德森的产生式迁移理论以及建构主义迁移理论。认知结构迁移理论强调认知结构在迁移中的作用，比较适合解释有意义的陈述性知识学习迁移；产生式迁移理论强调两种学习之间产生式规则的重叠，适合解释技能的学习迁移；建构主义迁移理论强调迁移的本质是知识的重建，是知识在新条件下的应用。

4. 促进学习迁移的条件有五个：学习材料之间的共同因素，已有经验的概括水平，学习定势，认知结构和智力水平。促进学习迁移的教学原则包括合理确定教学目标，科学精选教学材料，合理编排教学内容，有效设计教学程序，教会学生学会学习，为学生提供从现实中学习的机会。教师在教学中必须依据迁移的实质、过程与机制、影响迁移的条件等迁移理论，充分发挥迁移的作用，提高教学成效。

5. 知识应用与学习迁移既有联系也有区别，它们的联系表现在知识应用是学习迁移的重要条件，而区别表现在学习迁移的涉及面更宽一些。

【实践·反思·探究】

1. 根据本章介绍的迁移实验模式，设计一个实验，比较两种教学方法的迁移效果。
2. 结合你的教学实习，谈谈在实际的教学过程中，应如何促进学生的学习迁移。

【推荐阅读】

1. 皮连生．教育心理学[M].4版．上海：上海教育出版社，2011.
2. 陈琦，刘儒德．教育心理学[M].2版．北京：高等教育出版社，2011.

第十二章　网络与学习

【学习目标】

- 了解网络学习的含义、特征、理论与过程。
- 理解影响网络学习行为的因素。
- 了解移动学习的教学优势。
- 了解网络学习（包括移动学习）中的不良行为。
- 掌握高效率网络教学的策略。

【知识导图】

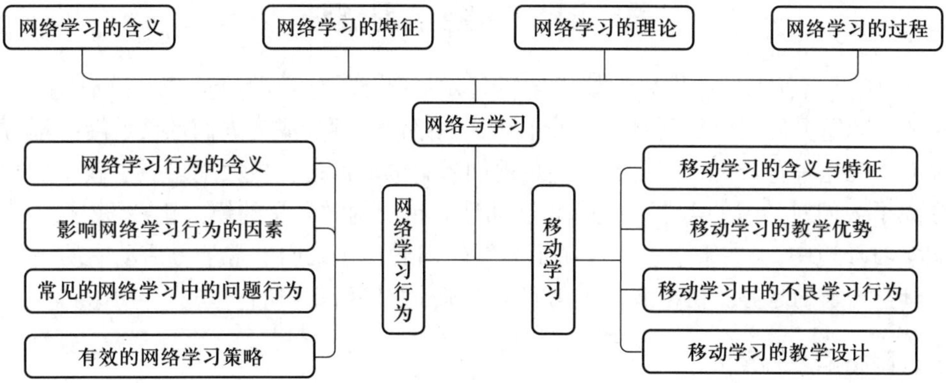

张老师是一所中学的物理老师。自从网络教学兴起之后，他一直希望利用网络优势开展教学改革，激发学生网络学习的兴趣，提高教学效果。当他听说“翻转课堂”这一新兴的网络学习形式后，也想在自己的物理课程教学中使用。于是他自学了微课的相关制作方法，花了很多课余时间，把初二物理的课程拍成微课。然后，他给自己班上的学生布置了“翻转课堂”的作业：要求学生在每节课上课的前一天晚上，上网去观看规定的微课视频，并完成相应预习的作业。在第二天的课堂上，他就针对课程中较难的内容进行讲解，同时进行更加灵活的练习。

一开始，学生们对这种上课的形式似乎有兴趣，多数同学回家后，都上网去看微课，并完成预习作业。但两周之后，张老师发现，上课时只有少数同学能跟上自己的节奏，多数同学上课的状态都不好，似乎听不懂。通过向家长了解后张老师发现，多数学生晚上并没有认真观看课程视频，部分学生一边看视频一边看无关网页，有的学生一上网就开始打游戏，还有部分学生甚至没有完成老师布置的观看微课的任务。张老师进一步与学生进行了沟通，这些学生说，其他科作业很多，没有时间看视频。

张老师开始疑惑了：学生的网络学习的效果为什么不好呢？问题出在哪儿？

网络在学生的日常生活与学习中的影响越来越大，它就像一把双刃剑，让教师既爱又恨。如何让学生学会正确使用网络，使网络促进学生的学习，同时，最大限度地削弱网络对学习的负面影响？本章将从网络学习概述、网络学习行为、网络与移动学习三个方面展开论述。

第一节 网络学习概述

进入21世纪以来，现代科学技术的迅猛发展推动了人类社会全面进入信息化时代。信息化的一个重要表现就是网络的无处不在，网络已经逐步成为人们社会生活中不可缺少的一部分。在这种背景下，网络不可避免地向教育领域渗透，极大地拓展了教育的时空界限，提高了人们对学习的需求、效率和能动性。传统的教和学的模式正在发生重大改变。在新的学习环境中，“网络学习”被赋予丰富的内涵，在人们日常学习活动中所占的比例也呈现日益增长的趋势。在本节中，我们首先来了解网络学习的一些基本知识。

一、网络学习的含义

什么是网络学习？网络学习源自对英文E-Learning的理解。学界一般认为，E-Learning有广义与狭义之分。广义的E-Learning是指一切采用电子技术手段实施的教育、培训、学习等活动，而狭义的E-Learning是指在线学习或网络化学习，是一种基于网络的全新的学习方式。本书的网络学习是指狭义的E-Learning。我们可以从以下几个方面对网络学习进行理解。

首先，从学习的工具来看，网络学习是通过网络进行的学习过程。网络作为知识与信息的载体，是传统学习媒体的自然延伸。不同的只是网络的信息容量更大，集中了那些传统学习媒介的特点。因此网络不但可代替传统学习媒介而存在，其功能与效率方面也更强大。

其次，从学习的对象来看，网络学习是学习网络本身的过程。网络本身涉及诸多技术，如计算机软硬件、通信等。通过网络顺利地进行学习，前提条件就是能够驾驭和使用网络本身。随着网络新兴技术与知识不断推陈出新，网络学习本身成了一个动态过程。

再者，从学习的资源来看，网络学习是开发和利用网络知识与信息资源的过程。网络具有海量资源可供学习者利用，而当学习者参与其中时，本身也在不断提供资源。所以，网络实际上是一个支持教与学的资源库，我们通过网络学习则是对此资源的开发、利用与再生。

最后，从学习的环境来看，网络学习环境包括学习资源、认知工具以及相应的学习模式、策略和氛围。知识则通过多种形式，包括多媒体形式来表征，并通过网络进行传输。与传统意义的学习场所教室相比，网络学习具有超越时空界限的特点。此外，网络还有学习形式多样性、师生角色的多重性、学习情境丰富性等特点。①

二、网络学习的特征

网络学习既然是网络化学习，它就受制于网络。网络的典型特点包括开放性、虚拟性、匿名性、平等性及便捷性，等等，这些特点必然会对网络学习者产生影响。总结众多学者的观点，网络学习具备如下特征。

开放性与灵活性。互联网是一个资源自由获取、自由传播的空间，学习者通过使用互联网，可以随时随地地获取网络上的知识与资源。随着科技发展，学习者可以灵活使用电脑、手机等不同的联网设备，达到获取知识的目的。

自主性与个性化。传统教学有时间、地点、内容上的限制，而网络学习则给了学习者极大的自由，让学习者自主选择学习的时间和地点。同时，学习者可以根据自身的需求和学习情况，对互联网上的知识进行筛选，有目的、有针对性地进行学习。

多样性与丰富性。互联网使得资源的获取变得轻松简单，学习者足不出户就能获得海量的资源。与传统学习相比较，网络学习让学习者获得不同学科、不同难易程度的学习资源变得轻而易举，学习选择也变得丰富而多样。

交互性与合作性。教师与学习者之间、学习者与学习者之间存在着交互活动。学习者可以向教师提供学习反馈，教师也能根据学习者提供的反馈来指导学习者进一步学习。学习者之间可以使用学习社区等平台相互交流，相互促进。

生态化与终身性。网络学习的生态化是指网络教与学系统可看作一种生态系统，容易形成结构相对稳定、功能有效发挥的、有机体与环境和谐共处的有机系统，从而促进学习者学习。主要表现为网络学习的内容和学习过程都具有生态化，学习的目的也更侧重于个体的发展。此外，人的一生的发展是不断改变、动态变化的，我们并不能够在学习准备阶段就充分获取一生所需的全部知识，而是需要根据当下的需求来进行学习，网络学习给终身学习提供帮助和支持。

从上述五个方面我们可以看到，网络学习不同于传统的学习模式。那么，这种崭新的学习模式，都基于哪些学习理论呢？

① 张剑平，陈仕品，张家华．网络学习及其适应性学习支持系统研究 [M]. 北京：科学出版社，2010: 5.

三、网络学习的理论

一般认为，网络学习作为一种新兴的学习方式，其理论包括建构主义学习理论、行为主义学习理论、人本主义学习理论。这些学习理论在前面的章节都已经介绍过了。不过，网络学习最重要的理论是建构主义学习理论，其中包括建构主义学习论中的协作学习和学习共同体观点。下面，我们将对此进行简单介绍。

（一）网络学习意味着更多的主体性

建构主义认为，学习环境是学习者可以在其中进行自由探索和自主学习的场所。在此环境中，学生可以利用各种工具和信息资源来达到自己的学习目标。学生不仅能得到教师的帮助与支持，而且学生之间也可以相互协作和支持。由此可见，网络学习的环境正符合建构主义的这个观点，即网络学习环境是“以学生为中心”的环境，是一个支持与促进学习的场所。

（二）“网络情境”对意义建构有重要作用

建构主义认为，学习总是与一定的社会文化背景即“情境”相联系。在实际情境中，学习者在自身已有知识经验的基础上，通过“同化”与“顺应”才能达到对新知识的意义建构。在传统的课堂讲授中，由于不能提供实际情境所具有的生动性、丰富性，因此这会使学习者对知识的意义建构产生困难。网络学习具有灵活性、多样性、内容丰富性等特点，有助于创造一个有利于知识建构的“情境”，从而完成新知识的意义建构。随着新兴信息技术的不断出现，例如，虚拟现实技术，我们对现实情境的模拟越来越逼真，建构主义理论提出的“情境学习”在网络学习环境中会变得越来越容易。

（三）“网络学习”意味着更多的合作学习

建构主义认为，学习者与周围环境的交互作用，对于学习内容的理解起着关键作用。学生可以在教师的组织和引导下一起讨论与交流，共同建立学习群体并成为其中一员。通过这样的协作学习环境，学习者群体（包括教师与学生）的思维与智慧就可以被整个群体共享，即整个学习群体共同完成对所学知识的意义建构。在网络学习过程中，学生与教师通过便捷的网络交流平台与工具，很容易进行交互学习与协作学习，形成学习共同体，共同完成意义建构。

（四）网络学习可以利用各种信息资源来支持“学”

建构主义认为，为了支持学习者的主动探索与完成意义建构，在学习过程中，我们要为学习者提供各种信息资源，这些信息资源主要用于支持学生的自主学习与协作式探索。网络提供了海量的信息资源，提供了便捷的交流工具，满足了学生在获取资源方面的需求，促进了他们的主动探索与意义建构的过程。

四、网络学习的过程

在了解了网络学习的基本理论之后，我们再来看看网络学习都是怎样进行的。一个有效的网络学习过程应该包括如下七个步骤。

（一）明确学习目标

在网络学习的过程中，学习者通过接触网络上的音频、视频、文字资源，产生学习知识的兴趣，明确自身的学习目标。心理学研究发现，学习目标越明确，激发出的学习动机越强烈，学习效果越明显。网络环境提供了内容丰富的学习资料，这有利于学生形成自主学习的目标，从而提升网终学习的最终效果。

（二）搜集学习内容

学习目标明确之后，就可以进行学习内容搜集。学习者通过联网设备，在网络中查找相关的学习资料。选择学习内容时，可以根据网上资料的相关性高低进行，也可以根据知识的新旧来进行。

（三）整理搜集到的内容

学习者在查找资料的同时，要对原先问题进行调整，进一步明确要解决的问题是什么、该怎么做、解决方案是否合适自身。由于网络上的学习资料海量庞杂，即使是某个领域的专家也不能够掌握该领域的所有信息。所以，在整理学习内容的时候，需要根据学习目标，有取舍、有思考地进行，这一点非常重要。

（四）制订学习计划

学习者在对学习内容进行整理之后，需要不断反问自己如下一些问题，比如，问题解决的期望程度是什么，学习时间如何安排，安排的时间能否解决目标问题，问题的难度是否符合自身能力范围等，从而逐形成自己的学习计划。值得注意的是，制订学习计划应该根据自己的实际情况，做到因地制宜，因人制宜。切忌把时间安排得过于紧凑，要预留一定的缓冲与休息时间，以防无法完成计划而使学习动机受损。

（五）吸收与反思学习内容

制订计划后，要严格执行计划，进行有效学习。网络学习的内容，不管是陈述性知识，是程序性知识，还是认识策略，学习者都需要在自己已有知识经验的基础上，通过阅读、思考、练习等方式来进行学习。在学习过程中，要加强反思与监控，提升元认识水平，从而提升学习效果。

（六）评价学习效果

有效的学习不是一味输入的过程，还需要经过提取的考查来验证学习的效果。网络的效果评价可以采取自评或他评的方式进行，也可以采取自测的方式进行。学习效果的良好评价能够让学习者增强自我效能感，激发学习兴趣，并促进良好学习习惯培养。

（七）迁移与应用

学习者在有效的学习后，学习内容就不是资料的堆砌，而是成为个人知识结构的一部分。储存在个人心理结构中的知识是灵活多变的，不是只局限于某个问题的解决。个人思维活动的材料，应该能够被应用到相似或同质问题的解决中。此外，在网络学习中，学生可以自主对学习内容的方向、难易进行选择，更加灵活、更加有针对性地学习。同时，网络的虚拟环境让学习者有反复练习知识的机会。这样，当学习者掌握了知识之后，才比较容易应用到真实的情境当中去。

值得说明的是，上述对网络学习七个阶段的划分，目的是说明这个过程的规律性，加深对这个过程的特点与功能的理解。但在实际的网络学习过程中，各阶段之间是相互渗透、相互转化的，并没有明确的界限。

第二节 网络学习行为

网络学习是一种新兴的学习方式，受到了学生们的喜爱。不过，正如本章开始的案例中所呈现的问题一样，许多学生在网络学习中出现了一些问题，使网络学习的效果不佳。在这一节，我们将从网络学习行为入手，分析网络学习行为的特征，探讨其影响因素，从中发现导致学生网络学习问题行为的原因，然后提出一些改善网络学习问题行为及提升网络学习效果的策略。

一、网络学习行为的含义

关于网络学习行为的含义，目前国内外学者意见不一，并没有一个统一而明确的意见。国内研究网络学习行为的学者彭文辉的定义在学界较有代表性。他认为，学习行为是指在学习过程中发生的各种与学习相关的行为，如各种学习活动等，而网络学习行为是指发生在网络环境中，与学习相关的各种行为。

【微课】网络学习的过程分析

网络学习行为概念所涉及的内涵和外延，涵盖了心理学与行为科学、教育学及学习科学，以及信息科学与技术。因此，我们可以把网络学习行为看成三个逻辑领域的交集。心理学与行为科学探讨的是行为的原因和各相关因素的相互影响；教育学及学习科学探讨个体行为在学习中的意义以及促进学习效果的行为特征；信息科学与技术则研究在信息技术环境下，个体学习行为及其客体的形式化表示、识别和评价等。这三个领域逻辑内涵缺一不可，它们共同构成网络学习行为的概念体系和研究焦点。[①]

二、影响网络学习行为的因素

影响网络学习行为的因素大体上可分为两大因素，即内在因素和外部因素。

（一）内在因素

1．学习动机

相比传统学习而言，网络学习更需要学习者从事知识的检索和探究的自愿行为，且有一定的学习兴趣和动机[②]。首先，网络学习动机激活网络学习行为。强的学习动机首先可以激发学生求知欲和学习热情，从而采取网络学习行为，主动获取和加工信息。其次，学习动机帮助学生明确学习目标。网络中浩如烟海的学习资源容易使学生感到迷茫和无所适从。学习动机正如指南针，让学生明确自己的学习目标，从而有方向地搜集学习资料。最后，学习动机会影响学生网络学习行为的持续时间和所做出的努力，维持监督自身的学习行为。研究发现，学生在网络学习过程中常常会出现偏离行为。学习动机不足、学习目标不明也是中学生常常发生网络学习偏离行为的重要原因。

2．网络学习的先前经验

先前经验是指学习者在进行网络学习之前的准备状态，包括对网络学习的态度以及对网络学习的已有知识。学习态度与学习过程存在联系，学习者只有对新的学习媒介和学习

---

① 彭文辉．网络学习行为分析及建模 [M]. 北京：科学出版社，2013.

② 刘儒德，江涛．学习者特征对网络学习的影响 [J]. 中国电化教育，2004(6): 11–15.

环境有认同感，并始终持有积极的态度，才有可能主动应用学习资源和学习策略，取得良好的学习效果。学习者在网络学习方面的已有知识是指他在进行特定网络课程学习之前所具有的知识准备状态，包括网络系统知识和专业知识两个方面。网络系统知识有助于学习者开展网络学习活动，而学习者熟悉学习所需的专业领域知识，必然会促进其选择高效的学习策略，获得最佳的学习效果。

3. 元认知策略的运用能力

从前面的学习中我们已经对元认知策略有所了解，元认知策略是学习者对认知过程的认知与控制。网络学习是一种需要自主学习能力的学习方式，因此，元认知策略的运用在网络学习中显得特别重要，它直接决定了学习者的自我组织、自我管理学习的能力。元认知能力强的学习者，能把握学习目标，对下一步所需要的学习策略和学习活动具有清晰的认识，并能控制、调节自己的学习活动，使学习过程免受无关信息干扰，从而提高学习效率。

4. 自我效能感

自我效能感对网络学习的影响包括以下几个方面。

第一，自我效能感影响学习动机。在网络学习环境中，自我效能感高的学生对网络学习更有积极性，更能掌握知识与技能，学习成绩会更好。成绩好会引发师生对学生的高评价，从而使他产生好的学习体验。好的学习体验将进一步提升学生的自我效能感，因此再次提高其学习动机。反之，低自我效能感则会引发与上述情况相反的恶性循环。①

第二，自我效能感影响学生对学习活动和内容难度的选择。网络学习中，自我效能感高的学生倾向于设置较高的学习目标，选择具有挑战性的学习任务与内容。自我效能感低的学生倾向于逃避学习，所进行的大多数是被动的接受学习。②

第三，自我效能感影响学生对网络学习的认同和持久性。自我效能感高的学生对网络学习的态度非常热情，认为网络学习能帮助他们获得更多的知识和技能。不仅如此，他们在学习过程中遇到困难时能有效地克服学习中的不利因素，并积极、持久地进行学习活动。自我效能感低的学生由于对自己进行网络学习行为的能力没有信心，而不认同网络学习方式，进行网络学习的时间也不持久。③

第四，自我效能感影响学生对有效学习策略的选择和对策略执行过程的监控。自我效能感高的学生在学习过程中倾向于采用较复杂的学习策略以及主动性强的探究学习。自我效能低的学生在进行网络学习时倾向于对学习内容采取较低层次的学习策略。

第五，自我效能感影响学习者对最终学业成败的归因。自我效能感高的学生比自我效能感低的学生更能进行正确的归因，更能全面地评价和审视自己。④

5. 学习风格

从前面的学习中，我们知道学习风格是指学习者持续、一贯的带有个性特征的学习方法，包括生理、心理和社会三个层面。其中，心理层面中的认知风格涉及学习者所偏向和习惯的处理信息的方式，与网络学习关系密切。比如，场独立型的学习者认知组织能力

---

① 彭文辉. 网络学习行为分析及建模 [M]. 北京：科学出版社，2013.

② 朱晓菊，孙祯祥. 自我效能感对网络学习质量的影响分析 [J]. 远程教育杂志，2006(1): 27-29.

③ 彭文辉. 网络学习行为分析及建模 [M]. 北京：科学出版社，2013.

④ 朱晓菊，孙祯祥. 自我效能感对网络学习质量的影响分析 [J]. 远程教育杂志，2006(1): 27-29.

强，具有认知优势，善于解决高难度、发散性和需要灵活思维的问题，表现出对网络环境的较强适应性；而场依存型的学习者则具有很好的沟通能力，具有人际交往的优势，但在新异环境中用已有知识结构去解决新问题时便会显露出弱势。

认知表征风格上的个体差异直接表现在学习者对信息接收方式的选择和偏爱上，如视觉型学习者喜欢通过图表、画面等视觉性刺激来接收信息，而听觉型学习者更喜欢通过听别人讲解来接收新知识，网络学习的课程材料的表征形式对不同认知表征风格的学习者会有截然不同的学习效果。

6. 学习者的人格特征

学习者的人格特征也会影响网络学习的适应性和持续性，较为突出的是学习者在网络学习中对不确定性的忍受力和对网络学习的焦虑。对不确定性的忍受力是指个体对不确定情境或观念的适应能力。网络学习环境具有不确定性情境的许多特征，如结构不良、信息量大、新异刺激多以及规则不明确等，忍受力高的学习者能够接纳规则和程序都尚不清楚的新情境，喜欢尝试解决复杂问题，更有利于网络课程的学习；忍受力低的学习者则可能无法面对这些情况，转而寻求其他解决途径。

学习者对网络学习的焦虑涉及对网络环境的焦虑和对学习内容的焦虑。对网络环境的焦虑是由于学习者不能对学习媒介和学习环境进行控制，缺乏适应网络学习的能力所致；对学习内容的焦虑则与学习者原有的知识水平和自我效能感有直接关联。

（二）外在因素

外在因素包括社会环境与技术环境。[①] 社会环境包括群体环境、组织环境、生活环境、国家政策和行业政策等。这里，与学生网络学习行为有着直接关系的是群体环境。

群体环境对网络学习行为产生的影响主要体现在四个方面。[②]

1. 从众行为

从众行为是指由于受到来自他人或群体的真实的或想象的压力，一个人的行为或意见发生了改变。[③] 网络学习行为中的从众行为并不少见。研究发现，某些学习者本来不喜欢在交流模块发表自己的学习想法并与他人讨论，而该个体所在群体的其他成员却在网络上踊跃发言。受其他群体成员的影响，这位学习者也开始尝试在网络中与他人交流看法与心得，最终与群体行为保持一致。

2. 竞争行为

在人类的活动中，竞争无处不在。竞争可能给个体带来压力，从而增强行为的动力，也可能使群体间矛盾加深，影响群体的协作关系。在网络学习过程中，群体中的个体难免会卷入竞争。如在一些网络学习平台中，学习成绩排在前几名的学习者的名字会醒目地显示在首页。作为一种荣耀，这一方面会激励其他网络学习者，而另一方面也会使某些网络学习者产生羡慕、嫉妒等复杂情绪，从而影响网络学习群体的协作。

3. 责任分散效应

责任分散效应，又称旁观者效应，是指在要求一个群体共同完成任务时，群体中的每

---

① 彭文辉. 网络学习行为分析及建模 [M]. 北京：科学出版社，2013.

② 彭文辉. 网络学习行为分析及建模 [M]. 北京：科学出版社，2013.

③ ARONSON E, WILSON T D, AKERT R M. 社会心理学：第 5 版 [M]. 2 版. 侯玉波，等译. 北京：中国轻工业出版社，2007.

一个个体的责任感会减弱，就像责任分散到每一个人的身上一样。在没有明确责任归属的情况下，当事人越多，采取主动行为的人就越少。[①]在网络学习群体中也可能会发生责任分散效应。如在网络学习中，教师布置了一个学习任务，要求学习者组织一个群体，群体内部分工，最后提交一篇作业到网络平台。在此情况下，网络学习群体中就可能出现相互推诿的现象，各自想让对方提交作业，从而产生责任分散效应。

4．社会促进或干扰效应

社会促进或干扰效应是指在他人在场的情况下，个体的工作绩效就会受到影响，或是正向或是负向。在学生进行网络学习活动的过程中，会出现社会促进或干扰效应。如在网络讨论模块中，一些学生可能会因为网络讨论小组其他同学的学习而表现得特别活跃，学得特别有效率，这就是社会促进效应。在学生尚未掌握某知识点与技能时，教师或其他同学的在场，可能会使该学生的表现更加慌乱，导致错误频频，这就是社会干扰效应。

技术环境包括网络基础环境、网络学习资源与网络学习平台等。网络基础环境是指保证网络学习行为发生的计算机设备、网络通信环境，它们是进行网络学习行为的前提条件。网络学习资源是指网络学习平台以外的各种学习材料，包括课件、案例库、题库、学习网络、网络课程等一切数字的和非数字的内容。网络学习平台是指支持网络学习的软件系统。学生通过网络学习平台操作与学习内容，进行各种学习活动。[②]因此，平台提供的功能对网络学习行为起着最主要的约束作用。另外，网络学习平台的易用性、稳定性和认知有用性影响着网络学习行为。其中，认知有用性是指学生对网络学习平台能提高其学习效率和成绩的主观感受。如果学生觉得某网络学习平台具有良好的认知有用性，则其学习满意性和学习成绩都会比较高。此外，网络学习平台的人性化设计也有助于减轻学生的认知负担，缓解学习时的消极情绪。

三、常见的网络学习中的问题行为

在网络学习中，我们经常会发现一些学生存在较多不合理、不应该和不正确的行为，比如，容易分心、走神，放下当前应该研习的内容去做无关的事情；经常随意无目的地浏览一些网页等。这些行为，我们称之为网络学习的问题行为，它是指在网络学习过程中所表现出来的不符合正常学习规范、不满足正常学习要求、影响自身或他人进行有效学习的行为。一般而言，常见网络学习问题行为包括以下几种形式。

学业逃离问题。学业逃离问题是指在学习过程中，经常离开学习平台，从事其他活动。例如，无目的的网上漫游，长时间离开机器（空挂机现象），频繁离开—进入学习环境等。

行为缺失问题。行为缺失问题是指在学习过程中缺乏某些必要的学习活动和学习环节。例如，从不或很少完成下列的行为：练习或自我测试，参与学习讨论，参与其他协作学习，完成老师布置的学习任务，阅读学习内容的重点与难点，进行拓展阅读或深度阅读。

行为不当问题。行为不当问题是指在学习过程中存在的各种不恰当的行为。例如，学

① 孙泽厚，罗帆．管理心理与行为学 [M]. 武汉：武汉理工大学出版社，2008.

② 余胜泉，何克抗．网络教学平台的体系结构与功能 [J]. 中国电化教育，2001(8): 60–63.

习行为伴随着非学习行为，如聊天、游戏等，无目的地浏览网页，网络测评中的不诚实作答，网络交流时的不当言语，网络协作时不遵守规则等。

学习时间分配不当问题。学习时间分配不当问题是指在学习期间未合理安排学习时间问题。例如，两次学习时间间隔太久，单次学习时间过短，学习周期变动过于频繁。

四、有效的网络学习策略

影响网络学习行为的因素诸多，因此，我们可以从学生、教师及课程三方面入手，改善学生在网络学习的问题行为，提升其网络学习效果。

（一）学生方面

1．促使学生建立新的学习信念

要纠正学生的问题学习行为，必须改变学习者对事物的看法。所以，要通过了解有问题行为的学生关于网络学习的不当信念，改变这些信念，从而促进学生的动机与行为关联、增强其自我效能感，达到改变学生行为的目的。也就是使学生建立新的学习信念，使学生认识到，要到达自己的学习目标，必须达到特定的学习过程要求，从而改善其网络学习的态度及行为。

2．激发学生的学习动机

一些专家学者对学习动机与自主学习、学习任务等学习因素进行了深入研究，他们发现，学生在进行学习的过程中首先要产生由外界刺激引发的学习兴趣。学习动机是学生所受刺激与学习行为的中间变量，学生要在受到刺激并产生学习动机后才能发生真正的学习行为。由此可以看出，学习动机在一定程度上促进了学生的自我管理能力。因此，培养学生的学习动机对学习者进行网络自主学习有着至关重要的作用。

3．基于元认知理论提高学生自身管理能力

元认知是对认知的认知，它描述了人类自我意识在认知上的一种功能，认知过程是它的活动对象。元认知可以帮助学生调整自身的学习状态和学习进程。学生可以通过提高自身的元认知能力来提高管理自主学习的能力，从而合理地激发和维持自身的学习动机和学习兴趣，改善网络问题学习行为。

为提高学生的元认知，教师在课堂上应注意教授学生有效的学习策略，将它们运用到网络学习当中，提高网络学习行为的有效性。具体的网络学习策略可分为五类：认知加工策略、及时复习策略、时间管理策略、监控与调节策略和自主学习策略。下面，我们就简单介绍这些策略。

（1）认知加工策略

多感官混合刺激法。书本上的知识，如果仅仅是阅读概念，则很难形成深刻认识。教师可以借助多媒体设备，让学生通过观看影像、音频、图像等，加深学生的理解与记忆。

思维导图法。近年来，思维导图在学生群体中得到广泛应用。学生在每个单元知识学习之后，可自主进行思维导图的绘制。这不仅有利于学生对学过知识进一步回顾以加深记忆，还能让自身的认知结构更富有逻辑性。

【微课】
网络学习中的
异同比较法

异同相较法。异同相较法是在已有知识结构基础上，将新学到的知识与已有知识中相关成分进行比较分析，归纳相同点与不同点，进一步加深知识的理解。同时，对知识进行深度加工，也更容易理解新的知识。

（2）及时复习策略

心理学研究表明，在理解的基础上的及时复习是一种有效的记忆策略。艾宾浩斯的遗忘曲线告诉我们，知识的遗忘速度先快后慢。只有及时地复述及练习，知识在记忆中保存的时间才能更加长久。教师可以发挥网络学习多感官参与和互动性强的特点，采用学生乐于接受的方法来提醒与督促学生及时复习。

（3）时间管理策略

传统教学是让学生在固定的时间与地点进行学习，而网络学习给了学生极大的自由来对学习时间进行安排。这就要求学生要有较强的时间管理能力。教师可以通过鼓励学生自主安排学习时间，使用学习软件来进行每天定时打卡，组织网络学习团队来进行相互监督、鼓励等方法，从而顺利地执行原先制订的学习计划。

（4）监控与调节策略

在学习过程中，及时对学生所学内容进行反馈能够让学生的学习行为更加有效。学生可以使用学习平台上的自测功能，在每个学习节点对所学内容进行总结和小测，将学习到的知识加以组织，变成自己能够理解运用的知识。同时，教师还要帮助学生有意识地监控自己的学习进程，并进行反思评估，及时调整学习方向和进程。

（5）自主学习策略

网络环境使学生在学习过程中主动表达学习困境更为方便。针对学生遇到的困难，通过学习平台，网络教育中的教师和其他学生则可以提供及时的建议与帮助。学生要自主规划、推动及监控自己的学习。教师在这一过程提供必要协助，比如指导、监控及反馈，锻炼学生自主学习能力。

（二）教师方面

1. 培养教师的网络教育观念

与传统教育相比，网络教育中的教师除了要传授知识外，还要更加注重学习监控和学生管理。因此，在网络学习条件下，要加强对网络教育专业人员的培养，培养教师网络学习的素养，培养教师对网络教学的兴趣和热情，促使教师全心投入网络教学当中，使教师在网络学习中为学生提供有效的指导和服务。

2. 进行必要的技术训练

在进行网络教学前，教师首先要对教学对象的学习需要进行分析，了解学习者的学习特征、学习风格。要做到这一点，就要在进行网络教学前，对教师进行必要的技术训练，培养教师对网络教育的直接兴趣和热情，使教师有能力为学生提供有效的指导和服务。

（三）课程方面

1. 优化教学内容的设计

加强教学内容的设计，在内容和形式上不断激发学生的学习兴趣，保持学生的学习动机。改善网络学习内容的结构，使用丰富的内容和生动的形式，使其适合学生的特点。要优化教学设计、恰当组织远程课程，减少无关信息的干扰，减少学生在网络导航方面的负担。学习内容之间要有比较紧密的逻辑关系，并根据教学目标对学习内容进行精简，避免同一类学习内容重复出现。

2. 保障学习资源的可获得性

在网络学习中，教师要为学生提供恰当的学习资源，使得学生能够收集必要的学习信息，访问学习资源，帮助学生解决学习困难。

3. 改进课程评价模式

改进课程的评价模式，使学生在学习过程中随时进行反思调整。及时收集学生对课程的评价反馈，根据学生的反馈对课程的教学方法、教学模式、教学内容进行调整，满足学生的学习需求，激发学生的学习兴趣，促进学生的动机与行为的关联，增强学生的学习动机。

第三节 移动学习

随着移动互联网技术的普及，在当今社会，我们到处可见使用手机、平板电脑等移动设备上网的人。人们通过手机等设备，进行信息交流、游戏娱乐或是学习、工作，这似乎已经成为21世纪人类社会的一种生活方式。因此也诞生了网络学习的一种崭新的形式——移动学习。本节将介绍移动学习的内涵与特征，移动学习的教学优势，移动学习中的不良学习行为，以及如何进行关于移动学习的教学设计。

一、移动学习的含义与特征

使用移动设备，通过移动网络进行的随时随地的学习，我们统称为移动学习。不过，移动学习的精确定义是什么，至今没有一个统一的说法。其原因有二：一是由于移动通信技术在不断发展，其领域的内容也在发生变化；二是在不同时期，人们对移动学习的认识和使用模式都具有显著的差异。当前大部分学者普遍认为，移动学习的本质在于两点。一是移动学习必须是使用移动技术，在设备上体现为能在任何地点、任何时间提供信息访问能力。二是移动学习更加强调学而非教，在移动学习中更强调自主学习。

至于移动学习与网络学习的关系，一般认为，移动学习是网络学习的延伸，是网络学习的一种新的形式。移动学习除了具备网络学习的一般特点外，还具备以下特征。

（一）不受时间地点的限制

传统教学要求教师和学生在指定的时间到指定的地点进行一对多的教学。在移动教学过程中，教师可以采用多媒体设备进行形式丰富的教学，学生可以通过电子设备获得信息资料，根据自己的学习进度选择教学视频，还可以反复观看教学视频达到知识获取的目的，这样也减轻了教师的工作负担。移动学习在网络学习的优势的基础上，进一步不受时间和地点的限制。移动学习所采用的设备如手机、平板电脑等，都具有可携带性，能够在线连接互联网，使得学习随时随地都可以进行。

（二）学习过程灵活

传统学习要求学生用整块的时间学习知识和掌握技能。移动学习则允许学生利用碎片化的时间进行学习。例如，学生可以在等候公交车的间隙，打开学习平台来背单词、温习课文等，从而促进学生有效利用时间。

（三）知识信息迅速获取

除了在学校教育阶段获得系统的知识以外，学生在工作生活中也将不断产生学习需求，需要尽快获得某一领域的知识。移动学习提供了一种及时有效的信息获取方式。当某一问题出现时，学生可随时通过搜索引擎查询相应的内容，通过自学的方式来满足知识获取需要。

（四）需要更多创新与改革

移动学习的最大特点是依赖移动通信技术和移动设备。以智能手机为例，学生利用智能手机进行在线网络课程学习的同时，其网络资源的接收和传送也受到了通信质量的影响。另一方面，移动学习内容也受到了智能手机屏幕、掌上电脑的物理尺寸的局限。因此，移动学习需要进一步的创新和改革。

二、移动学习的教学优势

移动学习发展到今天，它已经不再仅仅是一个理论上的可能性，而是实实在在的教育实践。前文我们谈到移动学习的特征，这些特征使移动学习在课堂教学模式、教学资源、评价方式等诸多方面具有优势，给教师教学提供一些新的手段。

（一）教师教学模式多样化

移动学习不同于以往课堂中的面对面教学，移动学习可以允许学生的学习过程以指定教学内容学习与答疑解惑的混合形式出现。教师可以在不同环节切入讨论，学生也可以利用讨论区来进行课程回顾，加深理解。

（二）教学资源可充分重复利用

传统课堂的课程内容发生在当下即时，当学生在课堂中出现走神、没跟上教学进度等情况时，就无法再重复听到之前的内容，而移动教学则将这一问题完美解决。学生可以反复收听教学重点，也可以仔细消化教学难点以加深理解。同时，传统学校中师资队伍质量不均的问题也将在移动学习中得到解决。一名教师的课堂不仅仅可以是面对一个班的学生，网络教学资源更允许教师面对成千上万的学生，名师足不出户即可“走遍天下”。

（三）评价方式客观化

在传统一对多的教学模式中，评价标准、评价体系多由教师主观完成，而移动学习的评价包含多样，包括学生自评、教师与其他学生他评、平台数据评价。平台数据评价是根据学生使用学习平台过程中产生的数据进行的，如学习总时长、每日学习时间段、课后小测的平均分等数据来客观呈现。

（四）学习反馈及时

在以往的教学过程中，教师若根据批改作业、批改考卷的方式来了解学生学习过程中的难点与易错点，则需要花费一个较长时程的学习周期，不能立即获取学生的反馈。移动学习可以让学生主动、及时地上传反馈，从而得到教师及时解答。同时，移动学习还允许学生使用在线机器人来进行答疑解惑，更是提升了反馈的及时性。比如，学习软件中不同的学习问题都被划分在不同的功能区中。学生输入想要咨询的问题，如果系统已有相同或相似问题，那么系统会自动给出预设的答案以供参考。

（五）学习者组群激发学习动机

除了以学习软件为平台，许多网络社交平台都有专区供学习者交流使用，如天涯论坛、百度贴吧、知乎等。许多社交平台针对的是不同阶段的学习者，如初中生群体、高中生群体、初学者讨论区、专家讨论区等。学生可根据自己的学习程度，寻找适合自己的学习社交平台，进行知识与技能上的讨论。在学习者组群的气氛影响下，学生能够产生归属感，更喜欢选择自主或互动的学习模式。

（六）教学资源丰富有利于自适应学习

根据移动学习时间碎片化的特点，教学知识多以丰富化及碎片化的方式呈现。以美国斯坦福大学的研究为例，移动学习的学习知识点只需要学生利用碎片化的时间即可进行学习。同时，移动学习的技术手段还能满足不同学生的需求。即便有阅读障碍的学生在线观看网络视频或图片音频，同样能达到知识学习的目的。

（七）促进终身学习和教育公平

随着科技发展，人们连接网络的成本越来越低。在许多教育欠发达地区，学习者可以通过移动设备来进行学习。移动学习对于不同种族、不同年龄层次、不同社会地位和经济条件的人来说，门槛越降越低，这有利于促进教育公平，也给终身学习提供了帮助支持。

三、移动学习中的不良学习行为

虽然与传统的学习方式相比，移动学习具有很多优势，但如果不能予以合理使用，学生仍无法充分地从移动学习中获益，甚至会降低学习效率，反受其害。学生进行移动学习时，很容易出现如下几种不良的学习行为。

（一）学习资源庞杂，学习目的不明确

移动学习建立在网络中庞杂的学习资源的基础上。学生在学习的过程中，容易发生学习目的不明确的问题。学生长时间阅读碎片化的知识，难以构成学习体系。学生花费大量时间在学习资源的碎片化阅读中，对系统知识难以真正融会贯通。

（二）注意力容易转移，难以沉浸学习

不管是哪个学科的学习，学生的投入程度都会对学习效果造成影响。移动学习发生在移动设备上，后台手机应用软件的消息推送可能打断学生的学习，将学生的注意力转移到其他地方。同时，移动设备搭载的软件多元，各种游戏、在线新闻、社交平台等软件带来的即时快感十分强烈，学生拿起移动设备后，很容易不知不觉地开始使用其他软件，难以回到学习中。

（三）自学能力差，学习动力不足

在传统的课堂学习中，教师在讲授过程中会与学生进行互动，提醒走神的学生，监管课堂纪律。移动学习以学生单独完成学习任务为主，要求学生自主进行学习资料阅读、独立思考和完成课后习题，这些过程十分依赖学生的自学能力。学生往往由于缺乏外部监管、自控力差而造成学习动力消退，学习半途而废。

四、移动学习的教学设计

随着移动学习的出现，我们如何根据其独特的优势来改善我们的教学设计，帮助提高学生移动学习的效率，成为一个值得研究的新课题。下面，我们就介绍一种基于交互距离理论的移动学习的教学设计框架，希望对从事移动学习课程开发的教师有所启示。[①]

交互距离理论是一种远程学习经典概括性的理论。交互距离是指在远程学习的环境

① 艾利，提森纳克斯．通过移动学习增加教育机会 [M]. 王迎，陈海山，侯松岩，编译．北京：中央广播电视大学出版社，2015: 15–25.

中，师生之间会形成一个需要跨越的心理空间和交流空间，这是一个在师生间可能产生误解的空间。交互距离理论认为，远程学习受三种相互关联的因素影响：一是课程结构；二是教师与学生的对话；三是学生的自主权。课程结构是衡量课程内容灵活性的指标，高结构化的课程说明课程内容被严格设置，灵活性差，无法根据学习者的个人需求与偏好进行调整。低结构化的课程则相反。这三因素之间的关系是：随着课程结构增加，交互距离随之增加；随着对话增加，交互距离随之减少；随着交互距离增加，学生的自主权随之增加。

另外，移动学习还可以根据学习活动的性质分为个体活动和社会活动。个体活动是指学生与其他学习者没有沟通。社会活动是指学习者之间共同学习，分享想法并构建知识。

基于交互距离理论的移动教学设计框架根据高与低交互距离和个体与社会活动的对比结果制订了一个教学框架，产生了四种移动学习及相应教学设计要点。

（一）高交互距离和社会移动学习活动

这种类型的移动学习活动具有以下特点：学生和教师之间的心理距离和物理距离较大；学生与他人共同学习，参与团队活动，与他人接触、交流、沟通与合作；学习的内容与课程的流程被明确规定，并且借由移动设备实现；学生之间存在交互活动，学生与教师直接的交流接触较少，主要以学生单方面听讲为主。

例如，某校高一年级的一节讨论课。教学分为两大阶段：第一阶段，教师对当天所学内容进行简单讲解，并将学生进行分组；第二阶段，分组后的学生需要回答平板电脑上呈现的情境讨论题，并得出结论。课程中，学生结合已有知识，彼此沟通讨论，并最终形成一致结论。活动结束后，每个小组派一名同学阐述本组的结论。教师在课程活动中的参与度很低，工作主要体现在前期的题目设置和课程安排上。

由此可见，高交互距离和社会移动学习活动的教学设计要求课程的结构化程度高。活动的流程、活动资料以及活动中需要探讨的问题都是事先准备好的。这样的教学设计注重学生之间的交流。因此，教学设计需要侧重两个方向：一是需要对搭载于移动设备上的学习资料、任务或问题进行设计；二是需要引导与促进学生间互动的产生。

（二）高交互距离和个人移动学习活动

这种类型的移动学习具有以下特点：学生和教师之间的心理距离和物理距离较大；学生通过移动设备，对已经设计好的结构化的内容进行独立学习；学生自主掌握学习的进度与安排；学生和学习内容之间存在互动，学生与教师之间的交流较少。

例如，一个给偏远山区学生设计的移动学习课程项目。该项目实施者通过移动设备为学生提供相关课程，课程主题为学习中华成语，课程内容包括每个成语的读写方式、发音、含义，以及系列动画和对应文字构成的生动小故事。这个项目旨在通过这种教学设计提高偏远山区学生的文化知识储备。

在高交互距离和个人移动学习活动学习中，课程的结构化程度要求高。教学设计者需要了解目标群体后进行教学设计。同时，知识材料库的创建需要结构组织良好的学习材料，如可读性强的文本和视频材料。

（三）低交互距离和社会移动学习活动

这种类型的移动学习具有以下特点：学生和教师之间的心理距离和物理距离较小，教学结构灵活多变；学生与他人共同学习，参与团队活动，与他人接触、交流、沟通与合作；学生与教师、其他学生之间存在互动。

例如，在一个学习电脑技能的课程中，学生使用移动设备参与讨论学习。每个学生有独立账号，可以登录课程讨论区进行讨论。学生在学习过程中，共同收看教师播放的资料文件，每个学生可以使用自己的移动设备来调整阅读的进度。课程中，学生发送截图、文字、语音、视频片段等内容到课程的讨论区，已经学会某部分课程内容的学生还可以回答其他学生提出的问题，课程讨论气氛热烈。不仅如此，教师在此过程中，还可以针对学生提出的难点问题答疑解惑，鼓励学生提出好想法和好问题，师生间关系融洽。课程中，教师组织了团队答题游戏比赛，让学生分组答题，利用移动设备及时反馈，给学习增添了趣味性。

在低交互距离和社会移动学习活动中，教师的鼓励能提高学习的氛围，增加学生的自信心，让学生积极踊跃地参与到学习活动中。

（四）低交互距离与个性化移动学习活动

这类移动学习的特点是：学生和教师之间的心理距离和物理距离较小，教学结构灵活多变；教师引导学生学习的进度与安排；学生和学习内容之间存在互动。

例如，某实验小学五年级科学兴趣小组的课外活动课。教师带学生来到动物园，在移动设备搭载的课程平台上进行学习。在这节课，学生要在动物园内寻找十种最感兴趣的动物，并将动物的图片拍照上传到课程平台。课程平台中装载的数据库支持“扫一扫”功能，可以通过拍摄动物照片或园内提供的二维码自动识别出该种动物，并且呈现文字介绍及视频介绍。学生可以通过课程平台记录观察心得和体会。教师鼓励学生对动物进行多方面的观察，并提出问题。同时，移动设备可以对学生进行实时定位，确保学生安全。学生学习是以自我探索和独立学习为主，而搭载在移动设备上的课程平台则提供了技术支持。

在这种学习过程中，学生学习具有很大的灵活性和趣味性，但教师需要做好引导和支持工作，对学生的探索发现给予鼓励和肯定。

【本章小结】

1．网络学习指在线学习或网络化学习，是一种基于网络的全新的学习方式。它既可以是学习的工具、学习的对象、学习的资源，还可以是学习的环境。它具有开放性与灵活性、自主性与个性化、多样性与丰富性、交互性与合作性、生态性与终身性等特征。

2．影响网络学习行为的因素分为内部因素与外部因素。内部因素包括学习动机、网络学习的先前经验、元认知策略的运用能力、自我效能感、学习风格以及学习者的人格特征。外在因素包括社会环境与技术环境。

3．当前学生中常见的网络学习的问题行为包括：学业逃离问题、行为缺失问题、行为不当问题和学习时间分配不当问题。

4．针对网络学习行为的影响因素，可以从三方面入手提升网络学习的效果：一是学生方面，促使学生建立新的学习信念，激发学生的学习动机，基于元认知理论提高学生自身管理能力。二是教师方面，培养教师的网络教育观念，进行必要的技术训练。三是课程方面，优化教学内容的设计，保障学习资源的可获得性，改进课程评价模式。

5．移动学习在教学上拥有独特的优势，包括教师教学模式多样化、教学资源可重复利用、评价方式客观化、学习反馈及时、学习者组群激发学习动机、教学资源丰富有利于自适应学习、促进终身学习和教育公平。

6. 移动学习的教学设计是教师面临的新的教学挑战。基于交互距离理论的移动学习的教学设计框架把移动学习分为四种类型，包括高交互距离和社会移动学习活动、高交互距离和个人移动学习活动、低交互距离和社会移动学习活动以及低交互距离与个性化移动学习活动，并提出了各类教学设计应注意的要点。

【实践·反思·探究】

1. 网络学习、移动学习与传统学习方式有什么区别?

2. 网络学习的开放性与灵活性、自主性与个性化等特征吸引学生，但是这些特征也容易导致自主性与自控力尚不完善的中小学生产生网络学习的问题行为，降低学习效率。这个问题应该怎么解决呢?

3. 如何在教学中利用移动学习提升教学效果?

第十三章　教师心理

【学习目标】

- 了解教师角色的含义和分类。
- 了解教师角色的心理特征。
- 掌握新手—熟手—专家的教师成长观。
- 掌握应对教师职业压力、职业倦怠的策略。

【知识导图】

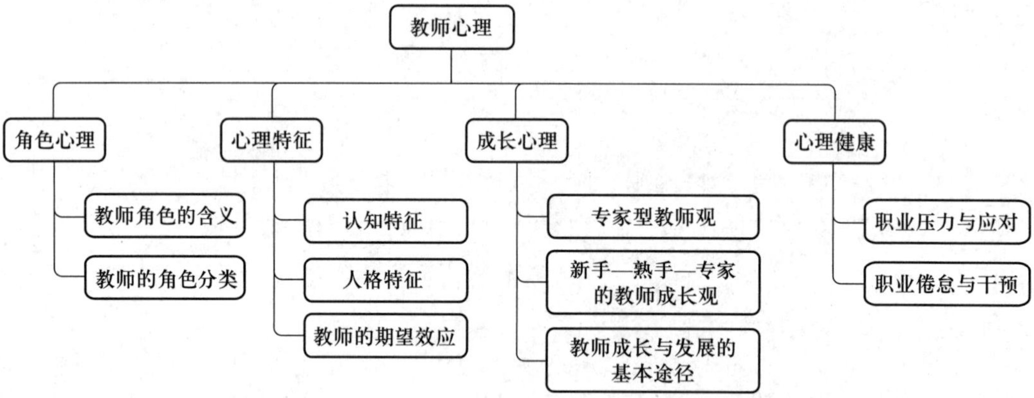

一个寒冬的早晨，同学们正在晨读，书声朗朗。我刚到校，来到班上，面对着全班同学。这时，一个学生走进教室。我大声说："××，你为什么又迟到？把手放下站好！"忽然，我听到有人叽咕："……自己也迟到……"一个女同学正在向旁边的同学使眼色，脸上露出不服气的神情。我心头一惊，正要发作的火一下子熄灭了。这件事使我陷入深思。平时，一些看起来很细小、很微不足道的事情，由于我没有重视，结果会给学生带来潜移默化、耳濡目染的影响。课上，有的学生被叫到黑板前做题，写完后随手将粉笔往台上扔，没有轻轻地放回粉笔盒；班干部用教鞭敲击讲台面，要同学安静下来……这不都是我的行为在学生身上的再现吗？我深刻意识到，在学生面前，教师的一举一动都要十分审慎。数十双眼睛就像数十面明澈澈的镜子，照得教师毫发毕现，容不得有丝毫的懈怠。

教师的言行是学生学习和模仿的榜样。夸美纽斯曾说过，教师的职务是用自己的榜样行为教育学生。那么教师只有示范者这一种角色吗？除此以外，教师还有哪些角色呢？在现代社会，由于社会结构和教育结构的复杂性，需要教师适应多种多样的角色。教师不是作为单一角色出现，而是一个"角色丛"或"角色集"。教师在学生的学习中起着组织、帮助、指导和管理的作用，其心理状态和特征是影响学生学习的重要因素。因此，了解并促进教师的心理成长就显得尤为重要。近十几年来，关于教师的角色心理、教师心理特征、教师成长心理以及教师的心理健康等方面的研究取得了一系列重要研究成果，本章拟从这几个方面进行介绍。

第一节　教师的角色心理

教师既是一种社会角色，又是这一社会角色的承担者。教师在学生的学习中起着组织、监督、帮助、指导和管理的作用，其角色心理和心理特征是影响学生成长的重要因素。那么，教师究竟是如何影响学生的呢？研究者们在不断探索这些问题答案的过程中，积累了丰富的相关理论和实证研究成果。

一、角色与教师角色

在心理学中，角色（role）是指个体在社会关系中的特定身份和与之相关联的行为模式。当个体产生为自己的社会身份所规定的行为模式时，便充当了角色。在传统教学中，教师的角色是比较单一的，其基本职责主要限于阐明事理、监督学生。然而今天，科技的飞速发展和社会的急剧变革使得教育在各方面都发生了巨大的变化，教师的角色也相应地向多重性转变。

二、教师的角色分类

具体而言，教师要扮演以下几个重要角色。

1. 学习的指导者与促进者

教师一直被认为是知识的传授者。现代教育心理学的研究表明，学生的学习是一个积极主动的知识建构过程，教师还应充当学生学习的指导者和促进者的角色。促进者是从教育目的的角度提出的。教育的目的不在于改造、塑造一个人，而是促进人的发展。国际 21 世纪教育委员会提出，以往的教育是以经济的增长为目的的教育，21 世纪的教育是“旨在促进人的发展的教育”。因此，作为学习的指导者，教师要引导学生去掌握基础知识和基本技能，指导学生在获得科学知识的同时学会如何学习并发展各种能力；作为学习的促进者，教师要善于调动学生学习的积极性，培养学生的学习能力，为学生的学习提供帮助和支持。

2. 行为规范的示范者

在学生道德品质和健康人格的培养过程中，教师的示范是至关重要的。尤其对正处于成长过程中的中小学生来说，他们不仅善于模仿，而且出于对教师的一种特殊的信任感，更是常常把自己尊敬与爱戴的教师视为效法的楷模。教师必须充分意识到自己的榜样作用，不断反省自己的思想品德、行为作风和处世态度，使自己的一言一行都成为学生的表率。

3. 班集体的管理者

在学校教育情境中，学生的学习活动一般都以集体方式进行，为了保证教学活动的顺利进行，促进学生的全面发展，教师还要充当好管理者的角色。首先，要通过管理为学生创设一个良好的学习环境，使学生养成自觉遵守纪律的习惯。其次，要通过管理营造良好的集体气氛和舆论，使班集体成为一个人际和谐的群体。再次，要通过管理建立民主的师生关系，使师生关系成为一种教育力量。

4. 学生心理健康的保健者

学生正处于身心发展的重要阶段，由于各方面因素的影响，难免会产生一些心理问题或心理障碍。这些心理问题或心理障碍若不及时消除，轻者会影响学生的学习和生活，重者会导致心理疾病，严重时会影响学生的身心健康发展。因此，维护学生的心理健康，发展学生健全的人格是现代教师的重要职责。一方面，教师要掌握心理健康的基本知识和技能，帮助学生防止各种心理问题的产生，或当学生出现心理障碍时能给予及时的帮助。另一方面，教师要善于创设有利于学生人格成长的环境，促进学生人格的和谐完整，使其主动地适应和探索环境，发挥自身的潜能。

5. 教育教学的研究者与反思者

由于教师工作的复杂多样性，教师在实际工作中会遇到一些依靠现有理论和自身经验无法解决的问题，这就要求教师能够开展教学科研活动，成为科研型的教师，从而能够以一定的理论为基础，灵活地解决教学中的各种实际问题。要充当好教育科研人员的角色，首先要求教师能够掌握教育科研方法，并注重运用所掌握的方法来解决自己在教育实践中所遇到的问题；其次，要求教师具有探讨问题的意识，注意收集资料，勤于动脑思考和反思，不满足于工作中的“轻车熟路”。教学是全方位的，对教学理论、教学观念的反思贯穿于教学活动的各个环节。有教学的地方就有反思，就需要反思。因此，教师不仅仅是教育教学的研究者，更要成为一名善于总结经验的反思者。

第二节 教师的心理特征

现代教师充当着多样化的角色，而这些角色是否成功，则取决于教师的心理特征。一个优秀的教师必须具备良好的认知特征与人格特征。

一、教师的认知特征

教师的认知特征主要决定其能否有效地塑造学生的认知结构，使学生形成相应的能力。一般来说，教师的认知特征主要指其知识结构和教学能力。

（一）教师的知识结构

教学是一种认知活动，它要求教师必须具备良好的知识结构。在众多的关于教师知识结构的研究成果中，舒尔曼（L. S. Shulman）所建构的教师知识结构是最具有影响的；斯滕伯格对专家型教师的专业知识进行了分析，提出了一个较有代表性的教师知识结构；申继亮和辛涛等人把教师的知识结构视为教师认知活动的基础，提出了一个具有中国特色的教师知识结构。[①] 表 13–1 列出了教师的知识结构。

表 13–1　教师的知识结构

研究者	教师知识结构
舒尔曼	①学科内容知识；②一般教学法知识；③课程知识；④学科教学法知识；⑤有关学生的知识；⑥有关教育情境的知识；⑦其他课程知识
斯滕伯格	①内容知识；②教学法的知识；③实践的知识
申继亮、辛涛	①本体性知识（教师所具有的特定学科知识）；②实践性知识（教师在面临实现有目的的行为中所具有的课程情境知识和与之相关的知识）；③条件性知识（教师所具有的教育学和心理学知识）

（二）教师的教学能力

一般认为，教师的教学能力应包括：组织和运用教材的能力；言语表达能力；组织教学的能力；对学生学习困难的诊治能力；教学媒体的使用能力等。申继亮等人则采用内隐理论的研究范式，对教师的教学能力进行了系列研究，把教师的教学能力分成以下几个方面。

1．教学认知能力

教学认知能力是指教师对所教学科的定理法则和概念等内容的概括化程度，以及对所教学生的心理特点和自己所使用的教学策略的理解程度。它包括四个方面：概念，是指揭示出概念的本质特征；类同，是指概括出两者的共同特征；运算，是指关系转化和推理；理解，是指对学生的动机水平、年龄特点、个体差异和教学策略的理解。

2．教学操作能力

教学操作能力是指教师在教学中使用策略的水平，其水平高低主要看他们是如何引导学生掌握知识、积极思考、运用多种策略解决问题的，它是教师课堂教学能力的集中体现。它主要包括这几个方面的教学能力。①制定教学目标的能力。重点是具备制定课堂教学目标的能力，即能制定各教学单元的具体目标，并且生成一堂课的教学目标。②编制教学计划的能力。教师要编一个课程、教学单元以及各堂课的教学计划，都要具备一定的能力。③教学方法的选择及运用能力。在教学中教师要安排各种具体的活动，各种教

① 林崇德，申继亮，辛涛．教师素质的构成及其培养途径 [J]. 中国教育学刊，1996, 6(2): 16–22.

学活动都要求教师有一定的方法和策略。④教学材料和教学技术的选择能力。教师要能够正确地对所教的教材做分析评价，看到其内容序列和结构等方面的优劣，并帮助学生选择合适的辅导材料。⑤课堂管理能力。教师要在课堂教学中对学生进行一定的管理，要激发学生的学习兴趣，组织学习小组，调控教学进程以及学生的合作讨论等活动，并处理课堂中的偶发事件。⑥对学习和教学进行测试和评价的能力。教师要根据教学目标、教学内容，选择或编制一定的测验，并恰当地选择测验，对学生的学习给予恰当的反馈评价。

教师综合运用各种策略解决各种问题和冲突的能力常常表现为教育机智，这是教师面临复杂的教育情境时所表现出来的机敏、迅速而准确的判断和反应能力，它源于教师敏锐的观察、灵活的思维和果敢的意志，也源于他的教育经验和知识的积累以及对学生的了解和关爱。

3．教学监控能力

教学监控能力是指教师为了保证教学达到预期的目的而在教学的全过程中，将教学活动本身作为意识对象，不断对其进行积极主动的计划、控制、检查、评价、反馈和调节的能力。这种能力主要可分为三个方面：一是教师对自己的教学活动的事先计划和安排；二是对自己实际教学活动进行有意识的监察、评价和反馈；三是对自己的教学活动进行有意识地自我控制、调节、校正。

在这个教学能力结构中，教学认知能力是基础，教学操作能力是教学能力的集中体现，而教学监控能力是关键。

二、教师的人格特征

【微课】教师的人格特征

当教师具备了一定的知识和能力后，其人格特征就成为影响教学的重要因素，教师优良的人格特征是影响和塑造学生健康人格的重要途径。

（一）职业信念

教师的职业信念是具有动力作用的教育观念系统，它直接支配、调节教师的教育教学活动，影响着教师的教育教学成效。有关教师职业信念的心理研究主要集中在教学效能感和教学归因两方面。

1．教学效能感

教学效能感是指教师对自己影响学生行为和学习结果的能力的一种主观判断，它包括一般教育效能感和个人教学效能感。一般教育效能感是指教师对教与学的关系，对教育在学生发展中的作用等问题的一般看法和判断，个人教学效能感是指教师对自己的教学效果的认识和评价。教师的教学效能感是解释教师动机的关键因素，它影响着教师对教育工作的积极性、努力程度，以及克服困难的坚持程度，等等。

研究表明，教学效能感高的教师对学生寄予较高的期望，认为自己对学生的成长负有责任并相信自己能教好学生；在课堂教学中，效能感高的教师注意对全班学生的指导，不断探索新的教学方法；在对学生进行指导时，效能感高的教师比较民主，更多地鼓励学生自由探索解决问题的方法，而不是以表扬、批评等外部强化来控制学生；当学生失败时，效能感高的教师表现得很有耐心，他们会通过重复问题、给予提示等方法去促进学生对问题的理解。

研究表明，教师的自我效能感和学生的学业是互惠的关系，即教师的自我效能感和学生学业发展可以相互促进。[①] 教师的自我效能感对教师的职业认同感有促进作用，通过提高教师对人际关系的满意度来提升教师的自我效能感，从而提高教师的职业认同感。[②]

2．教学归因

教学归因倾向主要是指教师将学生的学业表现归于外部或内部原因的倾向。这种稳定的倾向是教师的人格特征之一，对教师的教学活动以及学生的学业成绩都会产生明显的影响。其中，具有外部归因倾向的教师认为，学生的学业表现多由学生的能力、学生的家庭、教学条件等外部因素决定，自己无法控制和把握。因此，在教学上他们往往不愿投入更多的精力，做出更多的努力，在面对挫折时易采取职业逃避策略，做出怨天尤人或者听之任之的消极反应。具有内部归因倾向的教师则认为，学生的学业表现是由教师决定的，因此，他们更愿意对学生的学业成败承担个人责任，能比较主动地调节自己的教学行为，积极地影响学生的学习活动。

（二）职业性格

盖兹达（Gazda）等人在综合众多已有研究的基础上，指出优秀教师性格品质的基本内核是“促进”。所谓促进是指对学生的行为有所帮助，包括提高学生的学习能力，增强他们的自尊心和自信心，缓和他们的焦虑感，提高他们的果断性，以及形成并巩固他们待人处世的积极态度，等等。促进包括理解学生、与学生相处、了解自己三个成分。

1．理解学生

有效的教学，在很大程度上取决于教师对学生的理解。一个教师只有具备宽容、敏感性、移情理解和客观性品质，才有可能更深刻地认识自己的教育对象。

宽容。宽容是指个人具有灵活的认知参照系，能够体察他人且不带任何偏见。对教师而言，宽容能够使他摆脱固定的先入为主之见，不受自身的期待所限，接纳学生的各种不同价值观念、信息与看法，对身体、智力、感知、运动、社交及情绪上各有异同的学生表示关切，从而与他们和睦相处。教师的宽容特质在很大程度上鼓励了学生的独立性、自主性和人格的发展。

敏感性。敏感性是指一个人对其人际关系中出现的变化能够及时做出情绪反应的特质。这种特质是有效教育的一个主要因素。尽管宽容的特质可以使教师对学生做出全面和确切的了解，但他却未必能对已知的学生的困难、情感和需要做出情绪反应。具有敏感性的教师则有可能在学生产生某种需要、情感、冲突以及困难时，做出更迅速、更深入、更自然的反应。

移情理解。移情理解是敏感性的特殊表现，是指能够深入别人内心，并“同情”他们的情绪反应。在教学情境中，移情理解使教师能够将自己置于学生的位置，充分体验学生的思想和情感，从而给予学生一定的建议和指导，帮助他们解决问题。

客观性。客观性是指能够退后一步，并以一种中性、无强加的参照系来看待所发生的

① CAPRARA G V, BARBARANELLI C, STECA P, et al. Teachers' self-efficacy beliefs as determinants of job satisfaction and students' academic achievement: a study at the school level[J]. Journal of school psychology, 2006, 44(6): 473–490.

② CANRINUS E T, HELMS-LORENZ M, BEIJAARD D, et al. Self-efficacy, job satisfaction, motivation and commitment: exploring the relationships between indicators of teachers' professional identity[J]. European journal of psychology of education, 2012, 27(1): 115–132.

事件。这种品质使教师在教学情境中能够更好地控制自己情绪，避免主观随意性的诱惑，从而适当地思考与行动，促进学生的发展。

2. 与学生相处

教学是一个师生交往的过程。要与学生有效地交往，教师除了要具备理解学生的品质之外，还需要具备其他一些特殊品质。

真诚。真诚是指开诚布公，行事不伪饰，不以个人的权威或职业地位作掩护。有的教师时常以个人的职业地位或权威掩饰自己的弱点，这样做无疑会脱离学生。

非权势。非权势是指不持居高临下、盛气凌人的态度。非权势的教师力戒对学生时时刻刻采取不必要的帮助态度，而是允许学生犯错误、认识错误，允许学生跌倒了再爬起来，让学生通过自身的努力去获得发展。

积极相待。积极相待基于这样一种设想：如果帮助者对要帮助的人持积极、认可的态度，那么发展和变化最有可能发生。教师对学生的认可和亲切的积极态度，会使学生感到更安全，更有价值，更向往成功和发展。

沟通技能。教育基本上是一个沟通的过程，要用言语来传达各种抽象的情感、见解与观念。对教师而言，沟通不仅意味着具有充分的词汇、合乎逻辑与明确清楚的表达方式，而且意味着要针对学生的水平，在各种情境下用学生最能理解的语言来表达思想和观点，同时懂得倾听也是不可缺少的。

3. 了解自己

教师应该对自己执教过程中产生的心理状态有所了解和控制，这是教师保持心理健康和有效施教的一个重要方面。

安全感和自信。教师的工作是极富挑战性的，他必须与众多学生有效交流并完成教学任务，因此，情绪上的安全感与自信对教师尤为重要。具有安全感与自信的教师不会产生不必要的紧张与害怕情绪，他能够从容地面对众多学生，镇静、客观地解决出现的问题，并安抚学生的情绪。同时，教师在情绪上的成熟感和安全感常常会感染学生，从而成为学生喜欢并乐意追随的楷模。

教师的需要。爱的需要和自尊的需要是人的两个基本的心理需要。教师要得到学生的爱，不仅需要持续地爱护学生，而且要在思想上以平等的态度对待学生，重视学生的爱并乐于接受学生的爱。只有这样，教师才能真正爱学生从而也爱自己。自尊的需要也是如此。教师如果能始终关心学生，有效地教学，学生总会做出积极的反应，那么教师就能从中感受到自身的价值，获得职业的自尊和自豪感。

三、教师的期望效应

教师除了以其认知特征和人格特征影响学生之外，研究表明，教师的期望也会影响学生的发展。

（一）什么是教师的期望效应

教师的期望是指教师对学生未来发展潜力的推测。教师如果根据自己对学生的了解而形成一定的期望，就会使该学生的学习成绩和行为表现发生符合这一期望的变化，这被称为教师的期望效应。

对教师期望效应进行经典研究的是罗森塔尔（R. Rosenthal）等人。他们对一所学校中

1—6 年级的小学生做了一次所谓的预测未来发展的测验（实际只是普通的智力测验）。然后，随机地在各个班级抽取少数学生，故意告诉这些学生的教师，他们是班级里最有发展潜力的学生，要求教师注意长期观察，但不要告诉学生本人。研究人员以此方式使教师对这些学生的发展产生积极的期望。八个月后，当再次对这些学生进行智力测验时，奇迹出现了。那些被说成是发展潜力大的学生与其他学生相比，智力测验成绩有了明显提高，而且表现出更有适应能力、更有魅力、求知欲更强等倾向。这一结果表明，教师的期望会传递给学生，使学生朝着教师期望的方向变化。罗森塔尔把这一现象称作皮格马利翁效应。皮格马利翁是古希腊神话中一个主人公的名字，相传他是塞浦路斯的国王，善雕刻。他对自己用象牙雕刻的女像产生了爱恋之情，日夜祈祷，希望能和她生活在一起。他热诚的期望竟然使雕像复活并与他结为伴侣。研究者借用这个典故生动地说明了教师的期望效应，意指期望会带来期望对象的戏剧性变化。

（二）教师期望效应的产生过程

那么，教师的期望是如何对学生产生影响的呢？主要包括以下几个过程。

首先，教师综合获得的有关学生各方面的信息，结合自己的经验对学生的未来发展做出预想，形成一定的期望，并通过言行表现出来。研究表明，教师对不同期望的学生所表现出的行为有很大差异。对于高期望的学生，教师更多地表现出积极和肯定的行为。例如，更易于创造一种亲切温暖的心理氛围，与这些学生有更多的交流，给予他们更多较难的学习材料，给予他们更多的表扬和鼓励，等等。对于低期望的学生，教师则更容易表现出消极和否定的行为。

然后，当学生获得教师传来的不同期望信息以后，产生自我认知和自我评价，并据此对教师做出不同的行为反应，从而强化了教师原先形成的期望。于是，教师坚持按自己的期望去影响学生，而学生则逐步朝着教师期望的方向发展。

（三）如何建立积极的期望

很多研究指出，教师期望对学生的影响并不是一个有意识的过程，有很多教师并没有明确意识到自己的期望，也没有特意去控制自己的行为，只是在不知不觉中表现出自己的期望，而对学生的影响也是在潜移默化的过程中发挥着作用。因此，教师应该了解教师期望的效果，并有意识地运用教师期望去影响学生。为了充分发挥教师期望的积极影响，教师应注意以下两点。

第一，要认真了解每个学生的特点，发现他们的长处，对每个学生都建立起积极的期望。第二，教师要不断反省自身的行为和态度，不要由于自己的不公正而影响了学生的发展。

研究表明，教师不仅会对学生个体产生期望，也会对班级有整体的期望，这种期望是指向班级所有学生的。研究者使用自我描述问卷对学生的自我知觉进行测量，结果发现，高期望教师所带的学生的数学和阅读的自我知觉水平在学年间得到了提高，而那些由低期望教师所带的学生的自我知觉水平则出现了严重下降。①

① RUBIE-DAVIES C, FLINT A, MCDONALD L. Teacher beliefs, teacher characteristics, and school contextual factors: what are the relationships?[J]. British journal of educational psychology, 2012, 82(2): 270-288.

第三节 教师的成长心理

教师作为一种职业，必然经历从新手到专家的专业成熟过程，这就是教师专业发展的阶段。斯滕伯格认为，专家型教师就是具有某种教学专长的人。成为专家型教师是大部分新手型教师的理想。因此，从专长的角度看教师的成长心理，了解教师对教学胜任能力的发展过程，探讨从新手型教师成长为专家型教师的规律，已成为一种新的教师专业发展观。

一、专家型教师观

教师质量是学校质量的根本保障。只有促进新手型教师尽快成长为熟手型教师、专家型教师，学校的长足发展才有保障。

从一名新教师成为一名专家型教师要经历一个较为漫长的过程。专家是具有领域专长的人，是在特定领域具有专业知识和能力的人，他们能够有效地思考和解决该领域的问题，从而表现出良好的专业行为。教学是一种专业活动，教师作为专业人员，其专业发展的核心就是专长的形成和发展问题。促进教师的专业发展，就是不断提高教师教学专长的活动。

要成为某个领域的专家，需要在特定领域长时间地学习和不断地实践。在对国际象棋、物理、音乐、历史、医学等领域的研究都证明了所谓的“十年规则”现象，即任何一个专业活动领域的新手要成为专家至少需要 10 年的工作经验。大量的教学实践经验是教学专长形成的必要条件，由于教学问题的高度复杂性，教学专长的形成甚至需要比 10 年更长的时间，不经过大量的课堂教学实践是不可能成长为专家型教师的。

（一）专家的特征

综合当前各方面的研究，一般认为，专家主要具有以下特征。①有意义的认知模式。由于专家具有大量组织良好的、区分性高的图式性知识，使得专家具有比新手更强的模式识别能力和表征能力。②组织良好的知识。专家的知识不仅仅是相关领域的事实和公式的罗列，相反，它是围绕核心概念或“大观点”（big idea）进行组织的。也就是说，专家的知识经过了良好的编辑、组织，他们拥有大量而且富含联系的组块类知识，这使得他们能以组块的方式获取信息和提取信息解决问题。③表征问题深入。在解决问题时，专家往往能“一眼”看到问题条件中的隐含关系，而新手只注意到问题的显著特征。因此，专家对问题的表征方式能帮助他们采取更有效的问题解决办法。④较强的技能自动化与自我监控能力。尽管在问题解决的初始阶段，专家有时比新手还慢，但他们还是会比新手更快更好地解决问题，这主要是由于专家具有较强的技能自动化与自我监控能力。

（二）从新手到专家的教师专长发展

不同的领域或任务，决定了该领域专长的特点。采用“新手—专家”的范式，研究教学领域专长的发展，其目的是找出新手型教师与专家型教师之间的差别，确定在教学领域内专家所需的“因素”，明确新手型教师向专家型教师转变的规律，以促进新手型教师尽快成长为专家型教师。

新手—专家比较研究是认知心理学家研究专门领域的知识时经常采用的方法。这一方法最初应用在象棋、物理、数学、医学等研究领域，20 世纪 70 年代后期被应用于研究教师的认知。心理学家试图通过对专家型教师和新手型教师的对比研究，找出两者之间的差异，发现从新手型教师成长为专家型教师的规律，以促进新手型教师尽快成长为专家型教师。

斯滕伯格认为，专家型教师就是教学专长突出的人。他以“新手—专家”的范式对专家型教师的共同特点进行了概括，如表 13–2 所示。

表 13–2　专家型教师的基本特征

特征			例子
知识（数量和组织）	内容知识		知道几何的原理
	教学法知识	具体内容	知道教授几何原理的课程计划和日程表
		非具体内容	知道用最小的中断来布置和收回家庭作业的常规
	实践知识	外显	知道学区为特殊教育服务的标准
		缄默	知道怎么为一个不符合成绩标准的学生申请获得特殊教育的服务
效率	自动化		一边提前思考课程计划，一边思考布置和回收家庭作业
	自我调节	计划	预想到在执行课程计划时的困难
		监控	在执行课程计划时发觉学生不能理解或缺乏兴趣
		评价	根据所遇到的困难，修正课程计划以便将来使用
	认知资源的再投入		利用布置和回收家庭作业的机会观察并评价某个特殊学生的举动
洞察力	选择性编码		注意到学生在坐标上的右上象限的外面绘点有困难
	选择性联合		注意到将在右上限的外面绘点的困难和计算内点距离的困难综合在一起，反映了学生没有掌握负数的概念
	选择性比较		将负数和欠债进行类比，以便清除学生的错误概念

1．丰富的和组织化的专门知识

专家与新手之间最基本的差异在于专业知识方面。斯滕伯格认为，专家型教师具备以下三类知识。

一是内容知识，即有关所授学科内容的知识。这部分的知识主要来自以内容为基础的课程和学校外的经验。例如，一位数学教师的内容知识，既可以来自他学过的数学课程，也可以来自他在校外运用数学、阅读和讨论有关数学问题的经验。

二是教学法知识，包括一般的教学法知识和具体的教学法知识。前者是指怎样进行教学的知识，包括如何提高学生的动机，如何在课堂上管理不同水平的学生，以及如何设计和实施测验等，这部分知识主要来自教育学、心理学等课程。后者是指怎样对所教的具体内容进行教学的知识，包括怎样解释一个具体概念（比如负数），怎样说明和解释某个过程和方法，怎样纠正学生在学科知识上的一些错误的理论和概念等。当教师将所学的教学法知识运用到所教的特定学科内容中时，他就会逐渐获得这些具体的教学法知识。

三是实践知识，即教学赖以产生的社会和政治背景的知识，包括外显知识和缄默知识两个方面。例如，专家型教师要懂得怎样争取有限的学校资源来为自己的学生提供所需的材料、物资、器材和其他工具。而且在学校资金紧缺的时期，专家型教师必须能够很熟练地进行活动，以使自己的学生获得所需要的服务。这类知识对专家型教师适应教学中遇到的实际情况——包括教师被认可和保持专家型教师的头衔都十分重要。

专家型教师与新手型教师在以上三类知识中都存在明显差异。例如，一般的教学法知识的缺乏使得新手型教师要花更多的时间来维持课堂秩序、进入教学内容、保持课堂纪律和抓住学生的注意力。而具体的教学法知识的缺乏则使新手型教师在没有事先准备的情况下，很难想出一些合适的课题例子或解释。

专家和新手的差别不仅在于他们拥有的知识量，而且在于他们是如何在记忆中组织这些知识的。例如在物理问题解决中，专家和新手对物理问题进行分类的方式是不同的。专家型教师对物理问题的深层结构敏感，往往根据与问题解决途径有关的物理原理对问题进行分类。新手型教师则对物理问题的表层结构更敏感，常常根据问题陈述中的实体对问题归类。

总之，与新手型教师相比，专家型教师不但知识丰富，更具有一个组织良好且易于提取的知识实体，拥有更多的从教学过程中获取知识的能力，这保证了他们能更好地理解和解决问题。

2. 解决教学问题的高效率

在专家擅长的领域里，专家解决问题的效率比新手更高，他们能在较短的时间内完成更多的工作，或是只需要更少的努力。专家解决问题的高效率不仅和他们将熟练的技能进行了自动化有关，而且和他们有效地计划、监控和修正问题解决途径的能力有关。

首先，专家型教师拥有自动化的教学技能。心理过程可以分为两种，一种是要花费大量的思考和能量的，另一种是相对容易、自动化的。有些心理技能经过广泛的练习逐渐自动化，最初存在的困难随着练习逐渐消失，变得很自然、相对不需要消耗多少资源。这样，专家型教师就可以凭借他们所拥有的丰富经验的优势，不费什么力气便可以表现得很出色，而新手型教师则需要花费巨大的努力来完成工作。这就好比有经验的司机驾车时不需要考虑如何操纵汽车、换挡和刹车等基本的技术问题，因此在开车去单位的路上他们可以同时思考一天的工作计划，而新司机则必须全神贯注于运用驾驶技术开车。

其次，专家型教师善于监控自己的心理过程。与新手型教师相比，专家型教师更善于做计划、监督自己的进步以及评价自己的表现。在解决工作中的问题时，专家型教师会花更多的时间去理解需要解决的问题，而新手型教师则把大量的时间用于尝试各种解决问题的办法，很少花时间来考虑问题本身。同时，专家型教师也更可能监督自己解决问题的过程，确保其正确性。当出现新情况时，专家型教师更可能更新和仔细思考问题的表征。

最后，专家型教师善于将“节约”的心理资源再投入高水平的认知活动中。由于技能自动化而节省下来的心理资源并没有简单地使专家更容易解决问题，有研究者认为这种能量和心理资源的“再投资”是成为专家的关键，这也是真正的专家和有经验的非专家人员的区别所在。在解决问题时，有经验的非专家力图使问题适合已有方法，而真正的专家却在连续不断利用自己的知识和技能，逐渐建立更复杂的图式，寻找更多、更巧的解决办法。

总之，专家型教师能够高效地解决问题。由于具有丰富的经验，专家型教师能够迅速有效地且只需花费很少的认知努力来完成各种教学任务。这些自动化了的技能使他们能够将注意集中于更高水平的推理和问题解决中。在接触问题时，他们具有计划性且善于自我觉察，在时机不成熟时，他们不会提前进行尝试。

3. 创造性的洞察力

专家和非专家都要运用知识，通过分析来解决问题，但专家更能创造性地解决问题，他们的解答方法既新颖又恰当，往往能够产生独创的、富有洞察力的解决办法。那么，他们是如何对问题进行思考的呢？研究者发现以下三个方面的原因使得专家型教师在问题解决上优于新手。

一是专家型教师善于区分与问题解决有关的信息和无关的信息。例如，别人认为无关紧要的细小环节，专家型教师会发现它非常重要；反过来，对于人人紧抓不放的某些细节，专家型教师会发现它其实并不重要。这种对信息与问题解决有关还是无关的判断，就是专家型教师能够比新手型教师更具洞察力的原因。

二是专家型教师善于按照有利于问题解决的方式对信息进行结合。他们能够发现那些单独看来与问题解决无关的两个信息当结合在一起进行分析时可能就与问题解决有关的情况。例如，专家型教师认识到将“昂贵的新衣服”与“成绩下降”看似无关的现象结合起来，就可能说明该学生花很多时间在校外工作上。这种从综合信息中抽取新意义的能力是专家型教师比新手型教师更具洞察力的另一原因。

三是专家型教师善于将其他情境中获得的知识应用在教学领域中。他们在解决问题时善于观察和类比。他们也常常在学生比较熟悉的事物和比较陌生的事物之间运用类比，如把负数比作欠债，以便清除学生的错误观念。

在一次小学科学同课异构活动中，小王（新手型教师）和任老师（专家型教师）均执教六年级《小苏打和白醋的变化》一课，其主题是小苏打和白醋混合后产生二氧化碳、水和醋酸钠。

在课程内容的把握上，任老师在实验的基础上讲解了“小苏打和白醋反应产生了新物质，属于化学变化”这一核心概念。小王特别关注学生能否掌握小苏打和白醋反应的现象和结果，却始终没有说明该反应的本质是化学变化。可见，任老师更好地把握了本节课的核心概念。

其次，在对小学科学知识结构的把握上，任老师刻意提到四年级的知识“小苏打可溶于水”，并帮助学生将这一旧知识与当前看到的现象（小苏打在白醋中消失）建立联系，说明任老师能看清不同年级的科学知识之间的纵向联系，能从整体上驾驭小学科学知识体系。

在对课程资源的掌握上，任老师用“小资料”介绍了各种气体的性质，说明他掌握了更丰富的课程资源。[①]

① 范增. 小学科学专家型教师和新手型教师 PCK 比较的个案研究 [J]. 湖南第一师范学院学报，2016, 16(5): 10–12, 30.

总之，专家型教师在解决教学领域内的问题时是极富洞察力的。他们能够鉴别出有助于问题解决的信息，并能够有效地将这些信息联系起来。而且，专家型教师还能借助观察和类比的方法，形成和完善对问题的思考。通过这些过程，专家型教师总是能够找到既新颖又恰当可行的问题解决方案。

研究者对新手型教师和专家型教师就“如何看待好老师所应具有的特征”这一问题展开调查，总结出了专家型教师的 6 个特征：教学行为的表达及元认知能力较强；能把握较深层次的知识结构体系；具有“举一反三”的教学技能；能适应不同年龄段学生，采用灵活多样的授课方式；对教学系统有全面的理解；具有成熟的职业管理规划能力。[①]

二、新手—熟手—专家的教师成长观

连榕等人提出了“新手—熟手—专家”的教师成长观。他们认为，在新手型教师逐渐成长为专家型教师的过程中，熟手型教师是其成长的关键阶段。熟手型教师是能按常规熟练地处理教学问题但教学创新水平不高的教师。熟手肯定是昨天的新手，但不一定是明天的专家。实际上，许多教师的专业发展往往停滞在这一阶段，习惯于熟手的角色，直至教师职业生涯结束也未成长为专家。因此，熟手是从新手型教师成长为专家型教师的关键阶段，教学专长能否在成熟的水平上不断得到新的提高是问题的核心。图 13–1 是教师专长发展的心理历程。

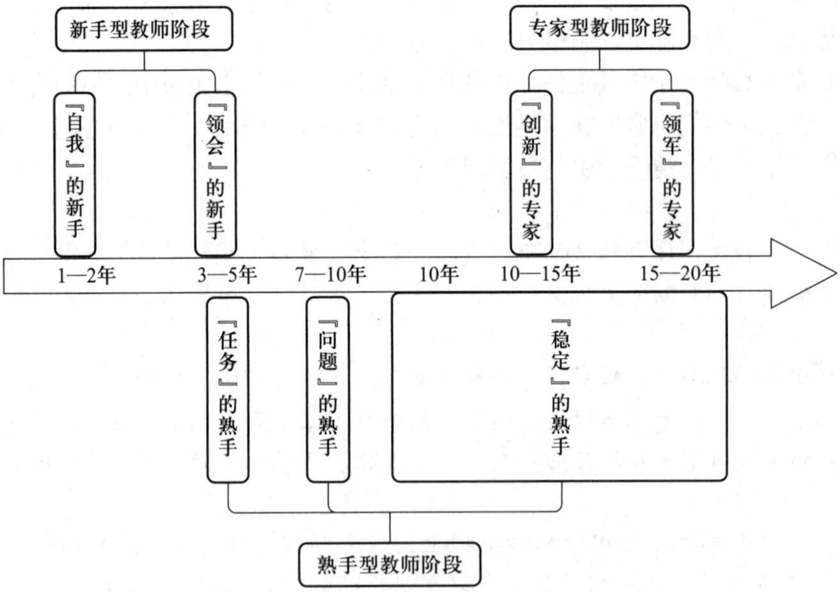

图 13–1 教师专长发展的心理历程

1. 从新手到熟手：常规水平的胜任

新手型教师经过 3—5 年的教学实践，在获取了必需的教学经验后，一般都能顺利地成长为熟手型教师。成长的重要机制是在实际教学操作中，所教学科的内容知识与教学法

① SMITH K. Teacher educators' expertise: what do novice teachers and teacher educators say? [J]. Teaching and teacher education, 2005, 21(2): 177–192.

的知识在教师自身的教学经验中较好地得以融合，教师获得了在常规水平上熟练地处理教学问题的胜任能力。

（1）新手型教师的成长阶段

新手型教师的成长分为两个亚阶段。①“自我的”新手（从教后的1—2年）。其特点是注重表现自我，外部动机强烈，行为积极，正在形成对教学的初步认识。②“领会”阶段的新手（从教后的3—5年）。其特点是在获得了最初的教学经验，开始初步胜任教学的同时，也领悟到了教学的高度复杂性，了解到了成长为一个优秀教师的艰辛。

（2）新手型教师的特征

新手型教师具备以下特征。

认知。教学策略体现了教师的教学认知能力，与熟手型教师相比，重视课前准备是新手型教师在教学策略上的特点。因此，新手的课堂教学基本上是课前准备的一个按部就班的展开过程，他们对课堂的调节能力不高，更多的是以自己准备好的教学内容为中心。

人格。热情、外向、活力、活泼等是新手型教师相对熟手型教师具有的更明显的外部行为特点。

工作动机。新手型教师的工作动机在成就目标上是以成绩目标为主，即他们更关注外界对其教学状况的评价，更关心的是能否向他人证明自己的能力，解决生存问题是其关注的焦点。

职业心理。在教师职业承诺和教师职业倦怠的状况上，新手型教师和熟手型教师没有不同，且都不如专家型教师。即在职业承诺上低于专家型教师，而在职业倦怠上高于专家型教师。

学校情境心理。学校情境（物质支持、教师群体文化、共享的态度等）是影响教师教学专长发展的重要外部因素，在这方面，新手型教师却可以比熟手型教师感受到更多的学校领导、同事群体和相关物质条件的支持，其积极的情绪多于熟手型教师。

2. 从熟手到专家：创新的水平的胜任

在成长为熟手型教师后，教师继续成长为真正的专家型教师还需要7—10年左右的教学专业实践，成长的关键在于熟手型教师的教学专长发展能否从常规水平的胜任提升到创新水平的胜任。

（1）熟手型教师的成长阶段

熟手型教师成长的分为三个亚阶段。①“任务”阶段的熟手（从教后的3—5年）。这时的教师已经具有了对教学的基本胜任能力，能有序安排自己的教学活动，对自己的教学能力有了自我肯定的态度，开始成为承担繁重教学任务的骨干教师。②“问题”阶段的熟手（从教后的7—10年）。这时教师的职业自我满足感开始下降，有了教师职业的单调重复、封闭、繁杂、责任大、负荷重、报酬低的感受，因此这阶段是教师情绪困扰最多，最容易出现心理问题和心理障碍的时期。③“稳定”阶段的熟手（从教10年以后）。在组织帮助和个人努力下解决了前一阶段的问题后，教师的成长稳定在一个较为平缓、平静、平和的时期（职业高原），个体与环境取得了平衡，完全形成了较高的在常规水平上对教学的胜任能力。

（2）熟手型教师的特征

熟手型教师具备以下几个特征。

认知。熟手型教师课堂中的教学策略（管理、方法、动机、指导）水平较高，基本的教学操作程序已熟练掌握，对课堂教学的调节能力和控制水平比新手型教师高，能胜任常规水平的教学，但对全过程的监控能力、教学机智不如专家型教师，因而，熟手型教师的教学创新水平不高。

人格。熟手型教师具有随和、能关心他人、乐群、宽容的人格特点，但情绪稳定性和自我调节能力不如专家型教师，因而，熟手型教师的专长发展的自主性不强。

工作动机。熟手型教师的成就目标已从新手型教师的以成绩目标为主转化为以任务目标（关注教学的本身价值，关注学生的理解和兴趣）为主，对教学问题的理解比新手型教师更深入，但与专家型教师强烈而稳定的内部动机相比，熟手型教师内部动机还不强，教师的角色信念还可能动摇，从教学工作中获得的乐趣与满足也不如专家型教师。

职业心理。熟手型教师的职业承诺低于专家型教师，职业倦怠水平高于专家型教师，主要表现为情感投入程度低于专家型教师，教师职业的责任感、荣誉感、义务感和成就感低于专家型教师，因而，熟手型教师的教师职业信念还未牢固确立。

学校情境心理。熟手型教师的心理契约（指教师所感知的学校与教师的相互责任和期望）低于专家型教师，比专家型教师更少感受到学校领导、同事群体和相关物质条件的支持，比专家型教师可能更多地产生苦恼、烦闷、抑郁、无助、疲倦、焦虑等消极情绪。因而，熟手型教师是心理问题较多的一个教师群体。

3．专家型教师的继续成长

（1）专家型教师的成长阶段

专家型教师的成长分为两个亚阶段。①“创新”的专家型教师（从教 10—15 年后）。这时的特点正如斯滕伯格描述的：丰富的和组织化的专门知识、解决教学问题的高效率、对教学问题的洞察力强。②“领军”的专家型教师（从教 15—20 年后）。这时，他对所在学校、所在地区的教学改革和发展有了很大的影响力，成为某一学科或某个地区教学的领军人物。

（2）专家型教师的特征

专家型教师具备以下几个特征。

认知。教学策略以课前的计划、课后的评估、反思为核心。与熟手型教师相比，专家型教师的重要特征是：善于通过对教学的计划、评估和反思来改进教学，从而产生教学的创新，不断提高自己的教学水平。杨翠蓉、吴庆麟、周成军进行了教学计划过程中知识提取的比较研究，结果发现，专家型教师的教学计划过程更周密、审慎，表现出更精致、联系性更强的教学专长。[①]

人格。具有鲜明的情绪稳定性、理智、着重实际、自信心强和批判性强的人格特点。与熟手型教师相比，专家型教师能够更好地控制和调节自己的情绪，理智地处理教育教学中的各种问题，能自觉而实际地对教学进行评估和反思。

工作动机。具有强烈且稳定的内在工作动机。专家型教师教学动机的特点可以归纳为

① 杨翠蓉，吴庆麟，周成军．教学决策的专家—新手比较研究 [J]. 中国特殊教育，2012(9): 88-93.

对教育事业由衷的爱，表现在他们把教学工作当作自己的一种乐趣，真正热爱教学工作；把教育当作自己的终身追求；教学工作中的自觉性高，能够主动研究教育教学过程中出现的问题；乐于和学生交往，把学生当成自己的朋友。

职业心理。对教师职业的情感投入程度高，职业的义务感和责任感比较强。与新手型教师和熟手型教师相比，专家型教师真正热爱教师职业，对工作负责，能不断追求教师事业深层次的价值所在。具有良好的师生互动、强烈的职业成就感。与新手型教师和熟手型教师相比，专家型教师更能热情、平等地对待学生，师生关系融洽，他们能不断得到成功的反馈，得到各方面的认可，从而产生强烈的成就体验。

学校情境心理。与熟手型教师相比，专家型教师能感受到更多的来自学校的关心、重视和支持，有着更为和谐、友好的人际关系。他们对自己的工作、生活有较高的评价，工作的成就提高了他们的自尊，主观幸福感高。

表 13–3 列出了新手—熟手—专家的教师成长心理比较

表 13–3 新手—熟手—专家的教师成长心理比较

因素	新手型教师	熟手型教师	专家型教师
教学策略	以课前准备为中心	课中教学操作熟练	以课前的计划、课中的灵活、课后的反思为核心
人格特征	活泼、热情、外向	随和、能关心他人、乐群、宽容	情绪稳定、善于自我调节、理智、重实际、自信和批判性强
工作动机	以绩效目标为主	开始以任务目标为主	内部动机强烈且稳定
职业承诺 职业倦怠	承诺较低而倦怠较高	承诺较低而倦怠较高	职业的情感投入度高，师生互动好，职业的义务感、责任感、成就感强
情境心理	能感受到支持，有满意感，心理契约和主观幸福感较高	支持感和满意感不高，心理契约和主观幸福感较低	支持感和满意感强，心理契约和主观幸福感高

三、教师成长与发展的基本途径

教师成长与发展的基本途径主要有两个方面。一方面通过师范教育培养新教师作为教师队伍的补充，另一方面通过实践训练提高在职教师教学水平，为新手型教师向专家型教师的转变提供所必需的知识和经验。具体可包括以下几个方面。

1. 观摩和分析优秀教师的教学活动

课堂教学观摩可分为组织化观摩和非组织化观摩。通过观摩分析，师范生和在职教师可以学习到优秀教师的教育机制和教学能力，从而能更好地驾驭专业知识、进行教学管理、调动学生积极性等。

2. 开展微格教学

微格教学指以少数的学生为对象，在较短的时间（5—20min）内尝试做小型的课堂教学，可以把这种教学过程摄制成录像，课后再进行分析。微格教学是训练新手型教师、提高教学水平的一条重要途径，其对师范生和在职教师都是很有效的。

微格教学可以使教师更加直接和深入地分析自己的教学行为，增强了改进教学的针对性，因而往往比正规课堂教学的经验更有效。有研究表明，微格教学的效果在四个月后仍很明显。

3. 教学决策训练

教师是课堂教学活动的主导者，对教学活动持有最后的决策权，而“好”的教学有赖于高品质的教学决策。教学决策训练是指在了解和掌握将要教授的班级状况的基础上，新手型教师在指导者的指导下观看其他教师对此班级的现场教学或教学录像，从中找到自己教学的最佳行为的过程。在此过程中，指导者会向新手型教师展示更恰当的教学行为，同时给予说明，因此新手型教师可以获得近乎实际上课的教学经验，从而改善其教学行为，提高自身的教学能力和水平。

4. 反思教学经验

对教学经验的反思，又称反思性实践或反思性教学，这是教师着眼于自己的教学活动过程来分析自己做出的某种行为、决策以及所产生的结果，是一种通过提高教师的自我意识水平来促进其能力发展的手段。为提升教学效能，教师必须反思教学中发生的事，以批判和分析的观点，正确地察觉各种可行的途径，并做出合理、有意义的决定，改进教学。

教师对自己的教学进行反思，有助于教师自身教学能力的提高。波斯纳（G. J. Posner）提出了一个教师成长公式：经验+反思=成长。他认为经验的反思非常重要，没有反思的经验是狭隘的经验，至多只能形成肤浅的知识。如果教师仅仅满足于获得经验而不对经验进行深入思考，那么他的发展将大受限制。

第四节 教师的心理健康

教师职业的特殊性，决定了心理健康对于教师来说更为重要。心理健康是教师工作的基础和前提条件，因为教师的心理健康直接影响着学生的心理健康，教师心理健康是促进学生心理健康成长的保障，对学生的心理健全发展起着极其重要的作用，同时还影响着学生的学习效果以及师生之间的良好关系，等等。只有心理积极、健康的教师，才能正确地对待不同的学生，创造一种和谐的学习氛围，使学生积极上进、心情愉快，促进学生人格、情感的健康发展。

教师心理健康还直接关系到教师自身的幸福，直接影响教师的人际交往态度与行为，会影响其家庭关系与生活质量。教师的心理健康主要包括以下几个方面。

一、教师的职业压力与应对

压力（stress）是个体在面对刺激时因心理上感受到威胁而产生的一种紧张、压迫和焦虑的情绪状态。教学是最有压力的职业之一。教师这一职业角色，无论是教师本身还是外界社会，都赋予了它更高的要求和特殊的职业含义。今天的教师们不仅承载着传道、授业、解惑的重任，还承受着来自自身、学校及外界社会等各方面的压力。压力，已成为现代社会中教师的共同体验，难怪有人说：“压力就像空气一样无时无刻不在挤压着教师。”因此，充分认识教师的职业压力，帮助教师采用积极的应对方式，对维护与促进教师心理健康具有重要意义。

下面是高考结束后，记者对某重点中学杨老师的采访：

高考上线率、一本上线率，上名牌大学的学生人数有多少，这些目标的最终落实就压在了教师的肩上，教师的压力不言而喻。教师颈椎、腰椎有问题都是因为长久伏案，或者教室里面站的时间过长。患有咽炎的教师很多。年龄稍微大一点的，患有心脏、脑血管病等都很多。很多人都处于一种长期透支的状态。杨老师说，他已经连续四轮每送走毕业生后就会发生一段时间的高烧。

杨老师告诉记者，他们 40 岁左右的人，基本上一两年就会有人因压力过大猝死，情况特别严重。他认识一个老师，在一个普通学校比较优秀，最后去了重点中学教重点班，带班一年，身体就快垮了，之后修整了半年才上班。[①]

教师作为高压力的职业，压力或源自学生，包括学生的不正当行为、纪律问题、低学习动机；或源自工作条件，如时间压力、低薪资、低社会地位、高工作负荷、班级规模过大；或源自教学工作本身，包括教师角色冲突和角色模糊以及教学的情绪性要求，还包括与领导、同事和学生家长的人际关系等。

1. 教师职业压力理论

柯利柯夫（C. Kyriacou）和苏利夫（J. Sutliffe）认为，当教师觉得外界的要求或期望超过自身的能力或者自己难以达到这些要求时，就会产生压力。他们将教师职业压力定义为由教师工作的各个方面所导致的消极反应，包括潜在的、致病的生理变化和心理变化。

柯利柯夫和苏利夫首先将压力源分为潜在压力源和实际压力源。潜在压力源是那些可能对个体产生威胁，造成压力的因素。个体通过自己的认知评价将潜在压力源转化为实际压力源，如果个体认为这些潜在的因素会对自己构成威胁，那么这些潜在压力源就转化为实际压力源了，反之则不会。

实际压力源是真正给个体带来压力感受的因素，是教师主观感受到的。在这个评价过程中，教师的人格、需要、适应能力、、信念、态度和价值观等都会影响教师的认知评价。例如，适应能力强的教师不会因为要上公开课而焦虑，而适应能力弱的教师则可能会惴惴不安，紧张焦虑，吃不好睡不好，甚至可能失眠。

另外，他们还区分了物理压力源和心理压力源。所谓物理压力源就是指诸如班级规模过大，班级学生过多，教学任务过重等客观存在的个体无法改变的因素。而心理压力源则是会对教师心理状态产生影响的因素，比如，与同事关系不好，与领导关系不好，师生关系恶化，等等。当然，教师的压力还不仅仅只是来源于工作，一些非职业压力也会给教师造成压力感受，比如，家庭压力，经济压力等。当实际压力源对教师的生理、心理和行为产生影响的时候，个体适应机制开始发挥作用，帮助教师处理压力环境，缓解压力的威胁。如果适应机制不恰当或者压力超过了适应机制所能处理的范围，那么压力就产生了，表现为生理、心理、行为上的消极反应。生理上，可能导致教师身体疾病增多，如头疼、疲劳、炎症等；心理上，表现为焦虑、紧张、压迫、无助、忧郁、缺乏自信等消极情绪；

① 饶淑园 . 教师职业压力与管理 [M]. 广州：暨南大学出版社，2010.

行为上，表现为易冲动、暴躁、行为失控、工作效率低、缺勤等不良行为。

在柯利柯夫和苏利夫的模型的基础上，有研究者强调了与教师压力有关的情感和社会组织观点。他们认为，教师的情绪状态影响着他们对工作要求的认知判断。

2．教师职业压力的应对策略

教师职业压力是影响教师心理健康的重要因素，过大的职业压力必然会影响教师心理健康水平。研究发现，压力因素影响了教师的一般紧张度水平，然后导致其心理和生理机能的紊乱。

如何缓解职业压力，调适心情，对教师来说极其关键。应对策略就是教师面对职业压力时采用改变认知和行为方式，调整情绪的方法。主要包括以下两大类。

（1）直接行动法

所谓直接行动法就是对压力做出积极的处理，找到压力源，从根本上消除压力，包括积极地处理压力源的所有策略：找出职业压力的来源，减少过多、过重的职业压力，调整个人的期望水平，制定合适的工作目标；改变易增加压力的行为方式，处理好工作与休闲的关系；扩展应对资源，善于寻求和利用社会支持。

（2）缓解职业压力法

即努力减轻由职业压力引起的消极情绪体验，包括积极认知，形成面对压力的良好心态；主动应对，提高抗压能力；掌握调控方法，缓解不良情绪；熟悉所处的环境，寻求有用信息；加强营养和体育锻炼。

二、教师的职业倦怠与干预

学者们普遍认为职业倦怠是影响教师心理健康最严重的问题，教师的职业特殊性使教师成为职业倦怠的高发人群。当前，职业倦怠已成为损害教师身心健康的首要问题，有效的干预可以帮助教师减少和消除倦怠。

（一）职业倦怠的含义

“倦怠”一词最早由美国临床心理学家弗罗伊登伯格（H. J. Freudenberger）提出。职业倦怠是指个体在长期工作压力下，缺乏应对资源和应对能力而产生的身心耗竭状态。职业倦怠易产生于助人职业（如医护人员、警察、社会工作者、教师等）。在这些职业里，工作的特征是高情感，高奉献。

谢老师，男，年龄41岁，教龄21年，工作经验相当丰富，曾经获得市级五一劳动奖章、市优秀教师，是英语学科的带头人。下面是记者对谢老师的采访：

记者：您对现阶段的工作和学生学习状态持怎样的态度？

谢老师：长期的班主任工作，让身体觉得很疲惫，每天都在全身心地付出，对工作兢兢业业，不辞辛苦，不计个人的利益得失；而且要对高三年级的教学进行安排，周末加班工作，结果学生的学习成绩提高得仍然很慢；许多知识重复讲了很多遍，却得不到学生的重视；温习以前的知识和学习新的知识时，学生们都是用同样的态度来对待；学习效率很低，见效很慢。

记者：在教育岗位拼搏奋斗了二十一年，身体情况怎么样？

谢老师：由于每周要批改不计其数的作业，致使我的一只眼睛视力严重下降，同时还落下了颈椎痛的毛病。工作时间稍长些，颈椎就疼，而且经常会感觉腰酸背痛的。虽然自己的身体经常出现生病和不舒服的时候，但是我也从没请假休息过，因为我要陪着学生们共同学习和成长，他们需要我。可是，往往期待值却与学生们的实际情况存在着太大的差距，偶尔也会感觉灰心和失望，而且每天都要面对学校领导不断施加的压力，所以无论是从身体方面还是身心方面，每天都感觉到很疲惫。①

马斯拉奇（C. Maslach）认为职业倦怠主要包括三个维度：情绪耗竭、去人性化、个人成就感低。情绪耗竭是由于持续的努力没有得到回报，能量枯竭而产生的疲惫感觉；由于教师经历了情绪耗竭，他们对学生失去了积极的情感，就进入第二阶段——去人性化，教师为避免承受压力体验，以冷漠或消极的态度对待学生；无数的没有回报的努力经历可能导致个人成就感低，这个阶段的教师沉溺于失望的情绪中而不愿再为学生的进步努力。

（二）教师职业倦怠的来源

职业倦怠所产生的生理、情绪、认知和行为等方面的问题，会造成教师严重的身心疾病。职业倦怠正打击着无数具有爱心和理想并乐于奉献的教师，使他们逐渐放弃自己的专业工作，这个重大的疾病正在折磨着教学职业，如果不能及时有效的纠正，那么就会达到流行的程度。

教师职业倦怠（teacher burnout）是在长期的工作压力和自身心理素质的互动下形成的，其影响因素是多方面的，主要包括个人因素、社会因素和教师职业的工作特点。

1. 个人因素

首先从教师个人说起，教师的人格因素是影响教师产生职业倦怠的个人因素之一，在职业倦怠的形成中扮演着重要角色，是有些教师比其他人更容易产生职业倦怠的关键原因。有人曾总结了 17 个已被研究证实过的个人因素，认为其中的 9 个会加重倦怠：外控制源、性别（男性占更大的比例）、年龄（更年轻）、受教育水平（更低）、教学经验（更多）、未解决的个人生活困扰、A 型人格、疏离及无意义感。例如，A 型人格个体的职业倦怠发生率偏高，往往在多年高质量、热情、大量工作后，突然对工作不感兴趣，出现明显症状，甚至不能继续工作。研究者认为，个人相信的内控点与外控点的不同影响了倦怠的产生。马斯拉奇等人的研究发现，教师对工作的期望值高而成功的可能性低、低努力、低自信、外控、使用逃避的应对策略等都会影响职业倦怠的产生。另外，有研究表明，倦怠容易发生在教师生涯的早期，也就是说，年轻教师比老教师更容易体验到倦怠。未婚教师比已婚教师、教育程度高的教师比教育程度低的教师更易于产生职业倦怠现象。

2. 社会因素

教师是社会文明的传递者，代表着崇高与神圣，社会对教师的期望高、要求高。人们往往不容许教师犯任何错误，教师的一点点错误通常会被大势渲染，使教师的尊严、人格受到损害。但是，在这种近乎苛刻的要求下，教师的社会地位并没有提高，甚至不少教师的物质生活水平还比较低，合理的要求得不到满足，正常的利益得不到保障。与其他社会行业相比，教师的付出远比获得的回报多，这样容易造成教师的认知不平衡，使教师对自己的职业失去热情，甚至可能产生离开教师岗位的念头。

---

① 杨秀玉，杨秀梅 . 教师职业倦怠解析 [J]. 外国教育研究，2002, 29 (2): 56–60.

3. 教师的职业特点

教师职业本身的特点是教师产生职业倦怠的最重要的因素。教师工作具有长期性、复杂性、重复性和负荷大等特点。教师职业的长期性决定了教师往往是终身从事的职业。在这个过程中，知识的不断更新，学生问题的日益严重，教学改革和教研要求的提高，等等，都使教师面临着重重压力。教师不但要不断充实自己的知识体系，适应教育改革的大环境，还要了解不同时代背景下学生的心理特征。这些都容易使教师身心疲惫，对职业产生厌倦感。同时，作为一种特殊的社会职业，其职业特征决定了教师是一个需要高度投入、高奉献的职业，这种职业特点极有可能使教师的心理能量在长期的奉献过程中消耗过多，出现情绪耗竭，继而出现职业倦怠。

有学者认为，角色冲突与角色模糊也是影响教师职业倦怠的显著因素。当个体面对种种冲突情境而又被期望做出角色行为时，角色冲突就会出现。教师是一种多角色的职业，对学生而言，教师同时承担着“师长”“领导者”“权威”“朋友”“管理者”等多种角色。在家庭和社会中，教师还可能扮演妻子或丈夫，父亲或母亲，他人的子女等多重角色。教师每天要频繁地进行多种角色的转换，如果教师不能及时进行角色转换，或面对多种角色不能顺利进行调节时，就会出现角色冲突，影响工作效果。角色模糊则是指个体由于对其职业的权利、义务、责任等缺乏清晰的、一致的认识而感到对工作无法胜任。这种角色定位模糊也易导致压力的产生。

（三）教师职业倦怠的干预

目前，职业倦怠普遍存在于教师队伍中，严重影响着教师的心理健康。教师应当合理地预防、积极地应对以减少和消除职业倦怠。主要有两种途径：个体干预和组织干预。

1. 个体的自我干预

个体干预的目的是通过改变个体自身的某些特点来增强适应工作环境的能力。个体干预的主要方法有：放松训练、认知压力管理、时间管理、社交训练、压力管理和态度改变等。下面主要介绍几种干预方法。

（1）观念的改变

弗罗伊登伯格认为，职业倦怠主要源自对自己的付出与回报不一致感。当个体认为自己的付出没有回报或者回报少于付出时，就会产生职业倦怠。因此，教师要学会正确看待自己的工作，要清楚自己的能力和机会，避免因不恰当的期望而产生职业倦怠。同时，教师要摒弃一些错误观念，如学生必须完全听老师的。如果教师无法接受学生有和自己不一致的观点，那么就会使自己的情绪被学生的行为表现左右，容易造成情绪耗竭。

（2）积极的应对策略

用积极、有建设性的行动而不是逃避来对待问题，尽最大可能改变环境。科学合理地管理自己的时间，合理分配精力，分清事情的缓急轻重，先处理重要的紧急的事情，再顾及次要的事情。要培养学生的自我管理能力，不能一手包办所有事情，人的精力毕竟是有限的。

（3）归因方式

使个体成为更加内控的人，把原因归结为个体可以控制的因素，如能力和努力，知道通过自己的努力可以改变很多事情。尽量避免把事情都归因于外控的因素，如运气。当自己有职业倦怠的症状时，要勇于面对现实，反思自己的压力来源，主动寻求专业人士的帮助。

（4）发展工作以外的爱好和创造性活动

教师在工作之余应多培养一些兴趣爱好，以便实现修身养性、放松心情、缓解压力的效果。除了体育锻炼之外，还可以选择养宠物，栽几盆花，练习书法，打太极拳等比较平静的方式。另外，音乐对情绪有调节作用。甚至可以根据自身的特长，选择一些富有创造性的活动，如写诗，画画，从中不仅可以享受创造的快乐，体会艺术的美妙，还可以获得满足感和成就感。

2. 组织的有效干预

马斯拉奇等人提出了职业倦怠的工作匹配理论，他们认为当员工与工作的六个方面越不匹配，就越容易出现职业倦怠。①工作负荷，指工作过量。②控制，指个体对工作中所需的资源没有足够的控制，或者指个体对使用他们认为有效的工作方式没有足够的权威。控制与职业倦怠中的无力感有关。③报酬，可以指经济报酬，更多的是指生活报酬。④社交，指和工作场所中的其他人没有建立积极的联系，有可能由于工作把个体隔离或者没有社会联系，或者是与他人有冲突。⑤公平，由于工作量与报酬的不一致所引起，即认为付出得不到回报。⑥价值，指价值观的冲突。

因此，职业倦怠的组织干预可以从以上几个方面来进行。削减过度的工作时间，降低工作负荷；明确教师任务分配、阐明角色和责任，向教师提供建设性的反馈，更多地接纳教师对学校管理、制度的意见；在评定工作业绩时，力争做到公平公正，教师的优点、贡献要放在重要位置，不要只看到不足；提供与教师工作相关的培训和信息；尽可能解决教师的个人问题，使教师感受到关怀；提供教师帮助项目。教师帮助项目包括个人心理健康指导，压力管理和应对，职业改变咨询等，协助教师处理自身的情绪。教师帮助项目的内容还可延伸到工作以外，包括儿童照顾项目、营养保健项目等。

给教师减压，提高教师处理学生行为问题的能力，学会与学生家长进行建设性的交流有助于减少教师的职业倦怠。王钢、苏志强、张大均的研究也证明，幼儿教师胜任力可以缓解职业压力对职业倦怠的不利影响。[①]

职业倦怠在很大程度上是由职业特点、组织因素决定的，最有效的干预是把组织的改变和个人的改变结合在一起。职业倦怠不仅会造成个体职业的和社会功能的损害，而且给组织带来破坏性的影响。教师是职业倦怠的高发人群，认识、评估、干预教师职业倦怠对保障教师的健康幸福有重要意义，而且对人才的培养、社会的可持续发展有重大意义。

【本章小结】

1. 现代教师的角色是：学生学习的指导者与促进者、行为规范的示范者、班集体的管理者、学生心理健康的保健者、教育教学的研究者与反思者。能实现这些角色作用的教师应具备良好的认知特征与人格特征。

2. 罗森塔尔等许多心理学家进行了一系列研究证明，学生的智力发展与老师对其关注程度有相关关系。由于在教育界被教师广泛应用，所以又称为“教师期望效应”。

---

① 王钢，苏志强，张大均．幼儿教师胜任力和职业压力对职业幸福感的影响：职业认同和职业倦怠的作用[J]. 心理发展与教育，2017, 33(5): 622–630.

3．良好的职业心理特征是教师在教学专业活动过程中形成的，经历了从新手型教师到熟手型教师，最后成长为专家型教师的专长发展历程。专家型教师就是教学专长突出的人，具有丰富的和组织化的专门知识、解决教学问题的高效率、创造性的洞察力的特点。

4．心理健康是教师工作的基础和前提条件，其关键在于：一是如何理解和应对教师的职业压力，应对策略主要包括直接行动法和缓解职业压力法；二是如何理解和应对教师的职业倦怠，情绪耗竭、去人性化、个人成就感低是职业倦怠的三个特点。

5．教师应当合理地预防、积极地应对以减少和消除职业倦怠。应对有两种途径：个体干预和组织干预。

【实践·反思·探究】

1．怎么理解教师职业心理特征？

2．在实际教学中，如何运用教师的期望效应？

3．根据新手—熟手—专家的教师专长发展历程的研究，结合自己的学习谈谈今后如何才能成长为专家型教师？

4．如何帮助教师缓解和消除职业倦怠？

5．深入中小学听课，了解不同类型教师的教学特点。

6．就你心目中的一个优秀教师，分析其人格特点。

【推荐阅读】

1．连榕．教师职业生涯发展[M]. 北京：中国轻工业出版社，2008.

2．连榕．教师专业发展[M]. 北京：高等教育出版社．2007.

主要参考文献

1. 阿德勒 . 儿童的人格教育 [M]. 彭正梅，彭莉莉，译 . 上海：上海人民出版社，2016.
2. 艾利，提森纳克斯 . 通过移动学习增加教育机会 [M]. 王迎，陈海山，侯松岩，编译 . 北京：中央广播电视大学出版社，2015.
3. 白学军 . 心理学概论 [M]. 北京：北京师范大学出版社，2015.
4. 博林，德温，里斯 – 韦伯 . 教育心理学：第 2 版 [M]. 连榕，缪佩君，陈坚，等译 . 北京：机械工业出版社，2018.
5. 陈琦，刘儒德 . 教育心理学 [M].2 版 . 北京：高等教育出版社，2011.
6. 陈琼珍 . 现代人格及其塑造 [M]. 广州：中山大学出版社，2018.
7. 陈英和 . 认知发展心理学 [M]. 北京：北京师范大学出版社，2013.
8. 费尔德曼 . 发展心理学：人的毕生发展：第 6 版 [M]. 苏彦捷，邹丹，等译 . 北京：世界图书出版公司，2013.
9. 黄希庭，郑涌 . 心理学导论：第 3 版 [M]. 北京：人民教育出版社，2015.
10. 黄越岭 . 虚拟中的交互：网络学习情境性评价研究 [M]. 北京：科学出版社，2016.
11. 加洛蒂 . 认知心理学：认知科学与你的生活：第 5 版 [M]. 吴国宏，等译 . 北京：机械工业出版社，2015.
12. 李青 . 移动学习：让学习无处不在 [M]. 北京：中央广播电视大学出版社，2014.
13. 连榕 . 教师职业生涯发展 [M]. 北京：中国轻工业出版社，2008.
14. 连榕 . 教师专业发展 [M]. 北京：高等教育出版社，2007.
15. 连榕，李宏英，等 . 发展与教育心理学 [M]. 福州：福建教育出版社，2007.
16. 连榕，罗丽芳 . 教育心理学概论 [M]. 北京：北京大学出版社，2009.
17. 林崇德 . 发展心理学 [M].2 版 . 北京：人民教育出版社，2010.
18. 陆有铨 . 皮亚杰理论与道德教育 [M]. 北京：北京大学出版社，2012.
19. 马斯洛 . 动机与人格：第 3 版 [M]. 许金生，等译 . 北京：中国人民大学出版社，2012.
20. 帕尔默 . 九型人格 [M]. 徐扬，译 . 北京：华夏出版社，2016.
21. 彭文辉 . 网络学习行为分析及建模 [M]. 北京：科学出版社，2013.
22. 皮连生 . 教育心理学 [M].4 版 . 上海：上海教育出版社，2011.
23. 桑特洛克 . 青少年心理学：第 11 版 [M]. 寇彧，等译 . 北京：人民邮电出版社，2013.
24. 司继伟 . 青少年心理学 [M]. 北京：中国轻工业出版社，2010.

25. 苏彦捷 . 发展心理学 [M]. 北京：高等教育出版社，2012.

26. 王雪松，潘杰，程玉虎 . 知识迁移学习方法及应用 [M]. 北京：科学出版社，2017.

27. 伍尔福克 . 教育心理学：第 12 版 [M]. 伍新春，等译 . 北京：机械工业出版社，2015.

28. 西格尔 . 青春期大脑风暴：青少年是如何思考与行动的 [M]. 黄珏苹，译 . 杭州：浙江人民出版社，2015.

29. 谢弗 . 社会性与人格发展：第 5 版 [M]. 陈会昌，等译 . 北京：人民邮电出版社，2012.

30. 张大均 . 教育心理学 [M].3 版 . 北京：人民教育出版社，2015.

31. 张庆林 . 网络学习与教学：互联网背景下的新理念和新模式 [M]. 合肥：安徽教育出版社，2012.

32. COON D，MITTERER J O. 心理学导论：思想与行为的认识之路：第 13 版 [M]. 郑钢，等译 . 北京：中国轻工业出版社，2014.

33. SHAFFER D R，KATHERINE K. 发展心理学：儿童与青少年：第 9 版 [M]. 邹泓，等译 . 北京：中国轻工业出版社，2016.

34. SOUSA D A. 心智、脑与教育：教育神经科学对课堂教学的启示 [M]. 周加仙，等译 . 上海：华东师范大学出版社，2013.